北海道外来植物便覧

― 2015年版 ―

五十嵐 博 ★著

北海道大学出版会

542. アニスヒソップ（シソ科）

578. ホコガタハナガサ（クマツヅラ科）

675. ミツバオオハンゴンソウ（キク科）

303. キレハアオイ（アオイ科）

ヤマノイモ科・ユリ科・ヒガンバナ科・キジカクシ科・ガマ科・カヤツリグサ科　　Plate 1

Plate 1　①18. ナガイモ（ヤマノイモ科），②43. クチベニズイセン（ヒガンバナ科），③21. ヤマユリ（ユリ科），④47. オランダキジカクシ（キジカクシ科），⑤42. ナツズイセン（ヒガンバナ科），⑥59. モウコガマ（ガマ科）　在来種？，⑦63. クシロヤガミスゲ（カヤツリグサ科）

Plate 2　カヤツリグサ科・イネ科・ケシ科

Plate 2　①66. ナガバアメリカミコシガヤ（カヤツリグサ科），②67. セフリアブラガヤ（カヤツリグサ科），③114. セイヨウウキガヤ（イネ科），④119. ムギクサ（イネ科），⑤146. ムラサキナギナタガヤ（イネ科），⑥147. ハナビシソウ（ケシ科）

ケシ科・キンポウゲ科・マメ科　Plate 3

Plate 3　① 151. ヒナゲシ（ケシ科），② 153. アカネグサ（ケシ科），③ 169. コバノハイキンポウゲ（キンポウゲ科），
④ 182. アメリカホドイモ（マメ科），⑤ 187. ガレガ（マメ科），⑥ 189. コマツナギ（マメ科）

Plate 4　バラ科・スミレ科・アカバナ科・アオイ科・アブラナ科・タデ科

Plate 4　①235. モミジバヘビイチゴ（バラ科），②271. アメリカスミレサイシン（スミレ科），③271. シロバナアメリカスミレサイシン（スミレ科），④271. フキカケスミレ（スミレ科），⑤271. プリケアナ（スミレ科），⑥286. オオアカバナ（アカバナ科），⑦303. キレハアオイ（アオイ科），⑧311. ニンニクガラシ（アブラナ科），⑨372. フイリオオイタドリ（タデ科）

サクラソウ科・アカネ科・オオバコ科・リンドウ科・ゴマノハグサ科　　Plate 5

Plate 5　①454. コガネクサレダマ（サクラソウ科），②456. シラホシムグラ（アカネ科），③534. ハイテングクワガタ（オオバコ科），④464. ハナハマセンブリ（リンドウ科），⑤511. ヒナウンラン（オオバコ科）・酒井信氏撮影，⑥528. カワヂシャモドキ（オオバコ科），⑦538. シロモウズイカ（ゴマノハグサ科）

Plate 6　シ ソ 科

Plate 6　① 542. アニスヒソップ（シソ科），② 544. カラミント（シソ科），③ 549. フイリオドリコソウ（シソ科），④ 552. ラショウモンカズラ（シソ科），⑤ 561. タイマツバナ（シソ科），⑥ 562. イヌハッカ（シソ科）

シソ科・クマツヅラ科　　Plate 7

Plate 7　①563. ハナハッカ（シソ科），②566. セイヨウウツボグサ（シソ科），③570. オオバイヌゴマ（シソ科），④576. ヤナギハナガサ（クマツヅラ科），⑤581. マルバクマツヅラ（クマツヅラ科），⑥578. ホコガタハナガサ（クマツヅラ科）

Plate 8　キキョウ科・キク科

Plate 8　① 582. ソバナ（キキョウ科），② 616. ヤグルマアザミ（キク科），③ 595. エゾノチチコグサ（キク科），④ 613. エゾギク（キク科），⑤ 614. ヒレアザミ（キク科），⑥ 585. ハタザオギキョウ（キキョウ科）

キク科　Plate 9

Plate 9　①618.クロアザミ（キク科），②622.キクタニギク（キク科），③629.オオキンケイギク（キク科），④630.ハルシャギク（キク科），⑤636.ムラサキバレンギク（キク科），⑥645.イトバアワダチソウ（キク科）

Plate 10　キク科・スイカズラ科・セリ科

Plate 10　①654. ホソバヒマワリ（キク科），②672. ハイコウリンタンポポ（キク科），③682. トキワアワダチソウ（キク科），④675. ミツバオオハンゴンソウ（キク科），⑤700. セイヨウカノコソウ（スイカズラ科），⑥710. イギリスゼリ（セリ科）

はじめに

　本書は図鑑ではない。北海道に記録された帰化植物（外来植物）を調べるための本である。各種文献の何頁に掲載されているかを確かめるために役立つものである。

　『北海道帰化植物便覧－2000年版－』を自費出版してから15年経ってしまった。5年ごとに改訂版を出す予定などと書いていたが，ドタバタしていて果たせなかった。その間に滝田謙譲(2001)『北海道植物図譜』，清水・森田・廣田(2001)『日本帰化植物写真図鑑』，清水建美編(2003)『日本の帰化植物』，梅沢俊(2007)『新北海道の花』，植村ほか(2010)『日本帰化植物写真図鑑(2)』，北海道(2010)『ブルーリスト』，浅井元朗(2015)『植調雑草大鑑』など新しい出版などにより帰化植物は外来植物と名前も変わり，多くの種が追加掲載されてきた。

　北海道内で新しい帰化植物は毎年確認されるがそろそろ改訂版の出版をと考え，切りのよい2015年版を出すことにした。2015年は例年にまして多くの新しい確認が相次いだ。2015年度は過去に確認された場所の追跡調査も行った。種により増加したもの，消滅したものなど変化が多かった。今後もガーデニングブームで世界各国から新しい植物が移入され，これらが各地に逃げ出すのであろう。定着するかどうかを確かめなければならない日々が今後も続く。

　学名に関してはAPG Ⅲの分類体系に基づいた邑田・米倉(2012)『日本維管束植物目録』，邑田・米倉(2013)『維管束植物分類表』を参考とした。

　写真に関して2000年版では梅沢俊氏，松井洋氏にお世話になったが今回は五十嵐が撮影したものを使った。ヒナウンラン（オオバコ科）の1枚だけは函館市の酒井信氏から借用した。基本的に梅沢俊氏の2007年出版の『新北海道の花』に掲載されていない種や新しく確認された種などを選んだ。

2016年2月　　五十嵐　博

目　次

Plate
はじめに　　i
本書について　　v
主な参考文献　　vii

種子植物・裸子植物……………………………………　1
種子植物・被子植物・基部被子植物……………………　2
種子植物・被子植物・単子葉植物………………………　3
真正双子葉類・基部真正双子葉植物……………………　32
中核真正双子葉類・バラ類………………………………　37

おわりに……………………………………………………　169
和名索引……………………………………………………　171
学名索引……………………………………………………　183

本書について

1. 収録数について
 　本書には710種(分類群)の外来植物を掲載した．亜種，変種，品種に関しては整理番号を付けていない．710種以外に消滅の可能性などがあり，番号を付けていない種を数種含んでいる．

2. 分布図について
 　確認が1地点や未確認種などを除いた特徴的な313種を添付した．

3. 分類体系について
 　最新のAPG Ⅲに基づき，科・属の順列は邑田仁監修・米倉浩司著(2013)『維管束植物分類表』の整理番号を科名の前に入れた．

4. 学名について
 　邑田仁監修・米倉浩司著(2012)『日本維管束植物目録』を参考とした．これらに掲載されていない種に関しては参考文献として挙げたものを参照した．また，科名，属名，学名などの変更がわかるように旧名も極力列記したがすべてではない．

5. 種の記載について
 　(1) 通し番号・和名(邑田・米倉(2013)『維管束植物分類表』による整理番号＋科名)・学名の後の解説を以下の順で記載した．
 　①学名に関わる邑田・米倉(2012)『日本維管束植物目録』収録頁(収録されていない場合はなし)，②原産地，③原因，④参考文献，⑤分布確認の有無．なお文献は「著者名(発行年)書名掲載頁・発見場所(記載されていない場合はなし)」の順に表記した．煩わしいので『　』や読点は付さなかった．
 　(2) 最近確認した種や未発表の種などは，目立つように和名をゴシック体とし，四角く囲んだ．

6. 北海道(2010)「ブルーリスト」について
 　カテゴリー区分を明記した．A2：17種，A3：106種，B：419種，D：107種，合計で639種である．指定ランクの高いA2，A3は太字で示した．

7. 環境省指定の特定外来生物と要注意外来生物について
 　特定外来生物：4種および要注意外来生物：47種は，注意を喚起する意味で太字で目立つようにした．

8. 北海道(2015)指定外来種について
 　太字で目立つようにした．

9. 主な参考文献の扱いについて
 　前著『北海道帰化植物便覧』(五十嵐，2000)では，初報告を確認するために多くの文献を参考としたが，今回は分布などに重点を置いた．また，同定に参考になる図鑑類を収録した．

主な参考文献(アルファベット順)

浅井元朗(2015). 植調 雑草大鑑. 全国農村教育協会.

旭川帰化植物研究会(2015). 旭川の帰化植物.

Christopher Grey-Wilson (1996). 完璧版 野生の写真図鑑 WILD FLOWERS—オールカラー 英国と北西ヨーロッパのワイルドフラワー500 (地球自然ハンドブック). 日本ヴォーグ社.

原松次(1981). 北海道植物図鑑(上). 噴火湾社.

原松次(1983). 北海道植物図鑑(中). 噴火湾社.

原松次(1985). 北海道植物図鑑(下). 噴火湾社.

原松次(編著)(1992). 札幌の植物－目録と分布表. 北海道大学図書刊行会.

北海道(2010). 北海道の外来種リスト(北海道ブルーリスト・ネット版).

五十嵐博(2001). 北海道帰化植物便覧・2000年版. 私家版.

角野康郎(2014). 日本の水草. 文一総合出版.

勝山輝男(2005). 日本のスゲ. 文一総合出版.

川島淳平(2010). スイレン ハンドブック. 文一総合出版.

牧野富太郎(著)・大橋広好(編)(2008). 新牧野日本植物圖鑑. 北隆館.

Marjporie Blamey & Christopher Gyay-Wilson (1989). The Illustrated Flora of Brotain and Northern Europes. Hodder & Stoughton.

Marjorie Blamey, Richard Fitter & Alastair Fitter (2003). Wild Fowers of Britain & Ireland. Bloomsbury Natural History.

松下(宮野)和江・高田令子(2011). 北海道のアカネハンドブック. ニムオロ自然研究会.

茂木透・石井英美・崎尾均・吉山寛ほか(2000). 樹に咲く花・離弁花①(山渓ハンディ図鑑3). 山と渓谷社.

邑田仁(監修)・米倉浩司(著)(2012). 日本維管束植物目録. 北隆館.

邑田仁(監修)・米倉浩司(著)(2013). 維管束植物分類表. 北隆館.

永田芳男・畦上能力(1996). 山に咲く花(山渓ハンディ図鑑2). 山と渓谷社.

中居正雄(1994). 苫小牧地方植物誌. 苫小牧民報社.

中居正雄(2000). とまこまいの植物. 苫小牧民報社.

長田武正(1972). 日本帰化植物図鑑. 北隆館.

長田武正(1976). 原色日本帰化植物図鑑. 保育社.

長田武正(1989/1999). 増補・日本イネ科植物図譜. 平凡社.

佐藤孝夫(1990). 北海道樹木図鑑. 亜璃西社.

清水矩宏・森田弘彦・廣田伸七(2001). 日本帰化植物写真図鑑. 全国農村教育協会.

清水建美(編)(2003). 日本の帰化植物. 平凡社.

高橋英樹(監修)・松井洋(編)(2015). 北海道維管束植物目録. 私家版.

滝田謙譲(1987). 東北海道の植物. 私家版.

滝田謙譲(2001). 北海道植物図譜. 私家版.

滝田謙譲(2004). 北海道植物図譜・補遺. 私家版.

植村修二・勝山輝男・清水矩宏・水田光雄・森田弘彦・廣田伸七・池原直樹(2010). 日本帰化植物写真図鑑第2巻. 全国農村教育協会.

植村修二・勝山輝男・清水矩宏・水田光雄・森田弘彦・廣田伸七・池原直樹(2015). 増補改訂日本帰化植物写真図鑑第2巻. 全国農村教育協会.

梅沢俊(2007). 新北海道の花. 北海道大学出版会.

山田隆彦(2010)スミレ ハンドブック・文一総合出版.

山岸喬(1998). 日本ハーブ図鑑. 家の光協会.

山渓カラー名鑑(1998). 園芸植物. 山と渓谷社.

その他:

植物研究雑誌, 植物地理・分類研究, 北方山草(北

方山草会会誌),ボタニカ(北海道植物友の会会誌),クラムボン(日高の森と海を語る会会誌),モーリー(北海道新聞野生生物基金),利尻研究,小樽市(総合)博物館紀要など

種子植物・裸子植物
SPERMATOPHYTA・GYMNOSPERMAE

1. イチョウ(2.2.2.1：イチョウ科)
 Ginkgo biloba L.
 ②中国原産，③植栽，④佐藤孝夫(1990)北海道樹木図鑑 p.62，北海道(2010)ブルーリスト・B，旭川帰化植物研究会(2015)旭川の帰化植物 p.71，⑤植栽の確認のみ

2. カラマツ(2.2.4.1：マツ科)
 Larix kaempferi (Lamb.) Carriére
 ①邑田・米倉(2012)日本維管束植物目録 p.35 右，②本州原産，③植栽・各地に逸出，④佐藤孝夫(1990)北海道樹木図鑑 p.69，五十嵐博(2001)北海道帰化植物便覧 p.7，滝田謙譲(2001)北海道植物図譜 p.84・釧路市高山，北海道(2010)ブルーリスト・B，⑤各地で確認済み

3. ヨーロッパトウヒ・ドイツトウヒ(2.2.4.1：マツ科)
 Picea abies (L.) Karst.
 ①邑田・米倉(2012)日本維管束植物目録 p.35 右，②欧州原産，③植栽・稀に逸出，④佐藤孝夫(1990)北海道樹木図鑑 p.68，滝田謙譲(2001)北海道植物図譜 p.81・釧路町村田公園，北海道(2010)ブルーリスト・B，旭川帰化植物研究会(2015)旭川の帰化植物 p.71，⑤各地で確認済み

4. バンクスマツ(2.2.4.1：マツ科)
 Pinus banksiana Lamb.
 ②北米原産，③植栽・稀に逸出，④佐藤孝夫(1990)北海道樹木図鑑 p.76，⑤各地で確認済み

5. チョウセンゴヨウ・チョウセンゴヨウマツ(2.2.4.1：マツ科)
 Pinus koraiensis Siebold. et Zucc.
 ①邑田・米倉(2012)日本維管束植物目録 p.36 左，②本州中部・朝鮮・中国など原産，③植栽・稀に逸出，④佐藤孝夫(1990)北海道樹木図鑑 p.73，北海道(2010)ブルーリスト・B，⑤各地で確認済み

6. ヨーロッパクロマツ・オウシュウクロマツ(2.2.4.1：マツ科)
 Pinus nigra Aenold
 ②欧州原産，③植栽・稀に逸出，④佐藤孝夫(1990)北海道樹木図鑑 p.75，⑤各地で確認済み

7. ストローブマツ(2.2.4.1：マツ科)
 Pinus storobus L.
 ②北米原産，③植栽・稀に逸出，④佐藤孝夫(1990)北海道樹木図鑑 p.72，旭川帰化植物研究会(2015)旭川の帰化植物 p.71，北海道(2010)ブルーリスト・B，⑤各地で確認済み

8. ヨーロッパアカマツ・オウシュウアカマツ(2.2.4.1：マツ科)
 Pinus sylvestris L.
 ②欧州原産，③植栽・稀に逸出，④佐藤孝夫(1990)北海道樹木図鑑 p.75，北海道(2010)ブルーリスト・B，旭川帰化植物研究会(2015)旭川の帰化植物 p.71，⑤各地で確認済み

9. スギ(2.2.6.2：ヒノキ科，旧・スギ科)
 Cryptomeria japonica (L. f) D. Don.
 ①邑田・米倉(2012)日本維管束植物目録 p.36 右，②本州原産，③植栽・稀に逸出，④佐藤孝夫(1990)

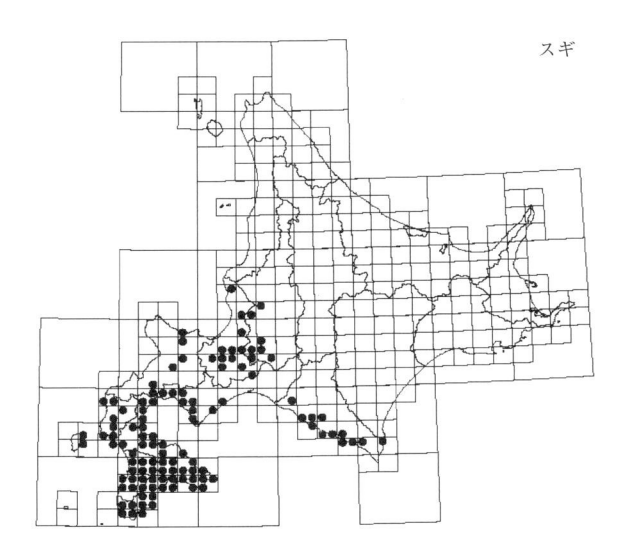

スギ

北海道樹木図鑑 p.78, 滝田謙譲(2001)北海道植物図譜 p.85・恵山, 北海道(2010)ブルーリスト・A3, ⑤各地で確認済み・分布図は植栽も含む・道南などに多い

種子植物・被子植物・基部被子植物
ANGIOSPERMAE・BASAL ANGIOSPERMAE

10. フサジュンサイ・ハゴロモモ(2.3.2.1：ジュンサイ科：旧スイレン科)

Cabomba caroliniana A. Gray

①邑田・米倉(2012)日本維管束植物目録 p.37 左, ②北米原産, ③水草の遺棄・稀, ④滝田謙譲(2001)北海道植物図譜 p.303・南幌町, 清水・森田・廣田(2001)全農教・日本帰化植物写真図鑑 p.78, 清水建美編(2003)平凡社・日本の帰化植物 p.77, 山崎真実(2004)水草研究会誌 80：37-38・石狩市茨戸川・大野町八郎沼, 梅沢俊(2007)新北海道の花 p.174・南幌町三重沼, 北海道(2010)ブルーリスト・A3, 角野康郎(2014)文一総合出版・日本の水草 p.38, 旭川帰化植物研究会(2015)旭川の帰化植物 p.74, **環境省・要注意外来生物**, ⑤南幌町三重沼, 北斗市八郎沼, 函館市五稜郭公園などで確認済み

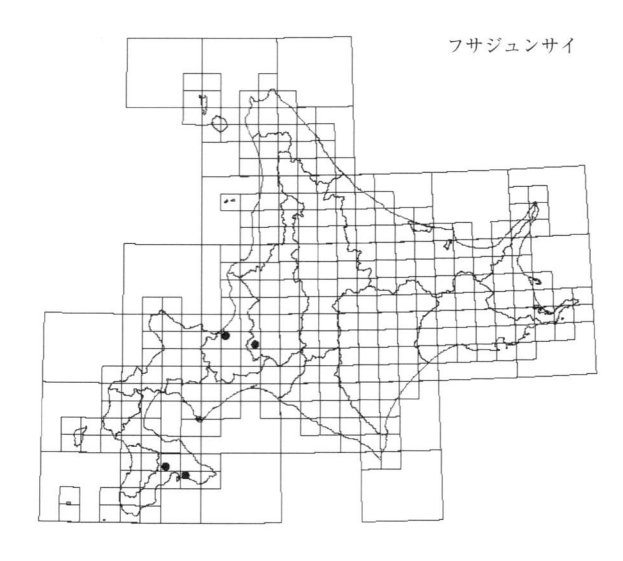

フサジュンサイ

11. スイレン (2.3.2.2：スイレン科)

Nymphaea hybrida

②原産地不明, ③園芸種・植栽・各地に逸出, ④川島淳平(2010)スイレンハンドブック p.32, 角野康郎(2014)文一総合出版・日本の水草 p.52, ⑤各地で確認済みだが植栽も含む

12. ドクダミ (2.3.5.1：ドクダミ科)
 Houttuynia cordata Thunb.
①邑田・米倉(2012)日本維管束植物目録 p.38 左，②本州原産，③薬用植栽・各地に逸出，④原松次(1981)北海道植物図鑑(上)p.279・福島町，五十嵐博(2001)北海道帰化植物便覧 p.34，滝田謙譲(2001)北海道植物図譜 p.309・旭川市永山，梅沢俊(2007)新北海道の花 p.189・蘭越町，北海道(2010)ブルーリスト・A3，浅井元朗(2015)全農教・植調雑草大鑑 p.273，⑤各地で確認済み

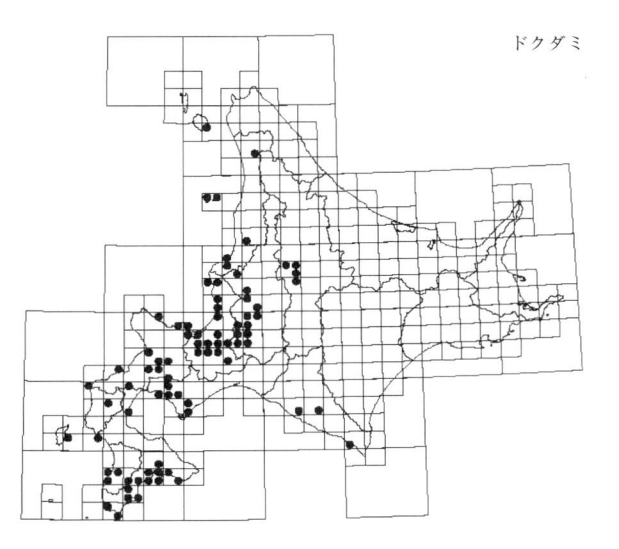

ドクダミ

13. ウマノスズクサ (2.3.5.3：ウマノスズクサ科)
 Aristolochia debilis Siebold et Zucc.
①邑田・米倉(2012)日本維管束植物目録 p.38 左，②本州原産，③植木付で移入，④山崎真実(2012)北方山草 29：125-126・札幌市，⑤未確認

14. フタバアオイ (2.3.5.3：ウマノスズクサ科)
 Asarum caulescens Maxim.
①邑田・米倉(2012)日本維管束植物目録 p.38 右，②本州原産，③移入種の可能性，④原松次(1985)北海道植物図鑑(下)p.45・松前町，五十嵐博(2001)北海道帰化植物便覧 p.34，北海道(2010)ブルーリスト・B，⑤未確認・松前藩時代からの移入では

種子植物・被子植物・単子葉植物
MONOCOTYLEDONEAE

15. オオカナダモ (2.3.9.5：トチカガミ科)
 Egeria densa Planch.
①邑田・米倉(2012)日本維管束植物目録 p.44 左，②南米原産，③噂では茨戸川などで生育・不明(水草の遺棄)・稀，④清水・森田・廣田(2001)全農教・日本帰化植物写真図鑑 p.404・北海道分布なし，清水建美編(2003)平凡社・日本の帰化植物 p.236・北海道分布なし，角野康郎(2014)文一総合出版・日本の水草 p.88：北海道分布なし，**環境省・要注意外来生物**，⑤未確認

16. コカナダモ (2.3.9.5：トチカガミ科)
 Elodea nuttallii (Planch.) St. John
①邑田・米倉(2012)日本維管束植物目録 p.44 左，②北米原産，③不明(水草の遺棄)・稀，④滝田謙譲(2001)北海道植物図譜 p.1058・石狩市茨戸真薫別川，清水・森田・廣田(2001)全農教・日本帰化植物写真図鑑 p.404，清水建美編(2003)平凡社・日本の帰化植物 p.236：北海道分布なし，角野康郎(2014)文一総合出版・日本の水草 p.89，北海道(2010)ブルーリスト・A3，**環境省・要注意外来生物**，⑤石狩市美登位石狩川・札幌市篠路拓北川・千歳川などで確認済み

17. トチカガミ (2.3.9.5：トトカガミ科)
 Hydrocharis dubia (Blume) Backer
①邑田・米倉(2012)日本維管束植物目録 p.44 左，②本州原産，③移入種・稀，④梅沢俊(2014)花新聞 vol.351：札幌市清田区平岡公園・移入の可能性，角野康郎(2014)文一総合出版・日本の水草 p.92，⑤未確認だが他の種に着いてきた可能性

18. ナガイモ (2.3.11.5：ヤマノイモ科)
 Dioscorea polystachya Turcz. 【Plate 1 ①】
①邑田・米倉(2012)日本維管束植物目録 p.46 右，②中国原産，③食用栽培・各地に逸出，④原松次(1981)北海道植物図鑑(上)p.244・上磯町(北斗市)，

原松次(1985)北海道植物図鑑(下)p.225・函館市,原松次(1992)札幌の植物no.1021・三角山・市街地・篠路・八剣山・北大構内・藻岩山,五十嵐博(2001)北海道帰化植物便覧p.141,北海道(2010)ブルーリスト・B,⑤各地で確認済み

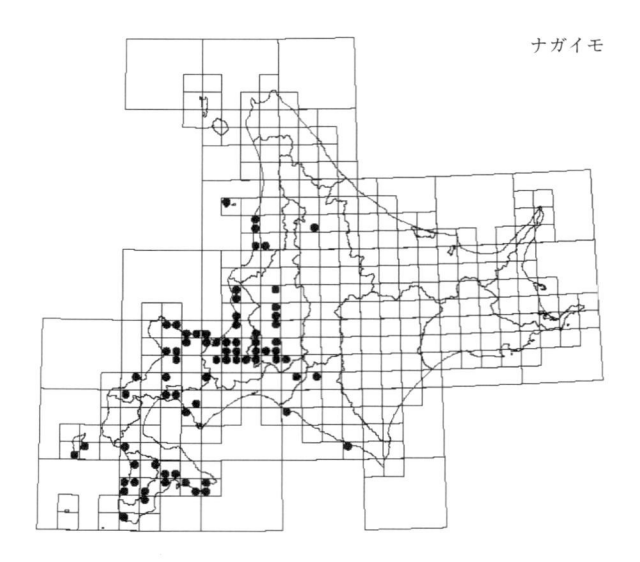

ナガイモ

19. イヌサフラン・コルチカム(2.3.13.3：イヌサフラン科：旧ユリ科)

Colchicum autumnale L.

②欧州原産,③植栽され稀に逸出,④野草の写真図鑑(1996)日本ヴォーグ社・WILD FLOWERS p.281,山渓カラー名鑑(1998)園芸植物 p.556,北海道(2010)ブルーリスト・B,⑤旭川市などで確認済み

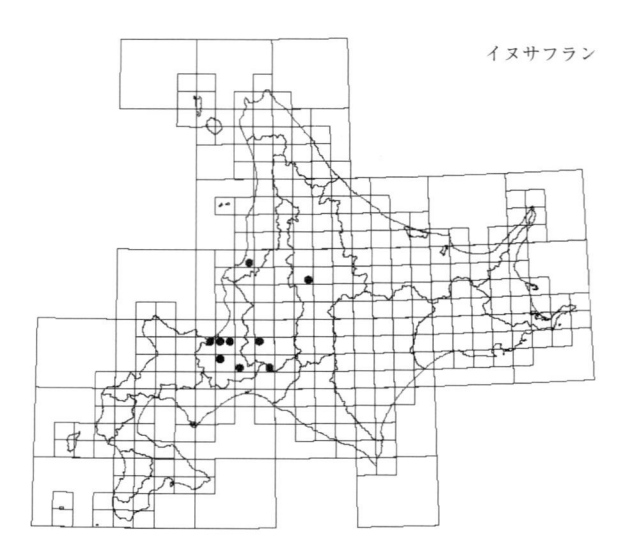

イヌサフラン

20. バイモ・アミガサユリ(2.3.13.6：ユリ科)

Fritilaria thunbergii Miq.

①邑田・米倉(2012)日本維管束植物目録p.49左,②中国原産,③植栽され稀に逸出,④原松次(1985)北海道植物図鑑(下)p.49：松前町,五十嵐博(2001)北海道帰化植物便覧p.138,梅沢俊(2007)新北海道の花p.78・松前町,北海道(2010)ブルーリスト・B,⑤未確認

21. ヤマユリ(2.3.13.6：ユリ科)　　【Plate 1③】

Lilium auratum Lindl.

①邑田・米倉(2012)日本維管束植物目録p.49左,②本州原産,③植栽され稀に逸出,④原松次(1983)北海道植物図鑑(中)p.228・松前町,五十嵐博(2001)北海道帰化植物便覧p.138,梅沢俊(2007)新北海道の花p.197・松前町(渡島半島南部に帰化・二次的),北海道(2010)ブルーリスト・B,⑤函館市,松前町などで確認済み

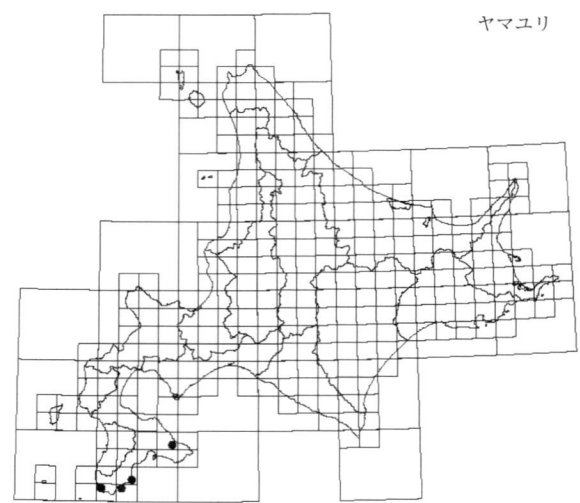

ヤマユリ

22. オニユリ(2.3.13.6：ユリ科)

Lilium lancifolium Thunb. var. *lancifolium*

①邑田・米倉(2012)日本維管束植物目録p.49右,②中国原産,③植栽され各地に逸出・ムカゴがあるので鳥散布で拡大,④原松次(1981)北海道植物図鑑(上)p.245・白老町,原松次(1985)北海道植物図鑑(下)p.229・奥尻町,原松次(1992)札幌の植物no.990・石狩町・篠路・滝野公園・屯田・中沼・東

米里・羊ヶ丘，五十嵐博(2001)北海道帰化植物便覧 p.139，滝田謙譲(2001)北海道植物図譜 p.1094，梅沢俊(2007)新北海道の花 p.80・苫小牧，北海道(2010)ブルーリスト・B，⑤各地で確認済み

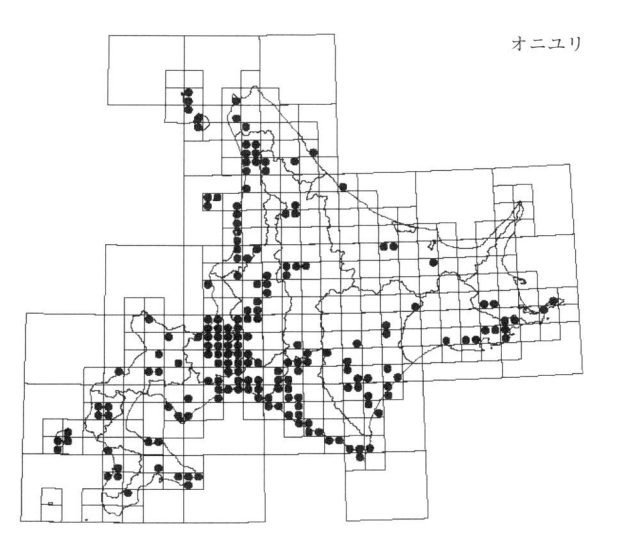

オニユリ

23. コオニユリ(2.3.13.6：ユリ科)
 Lilium leichtlinii Hook. f. f. *pseudotigrinum* (Carriére) H. Hara et Kitam.
①邑田・米倉(2012)日本維管束植物目録 p.49 右，②中国原産，③植栽され稀に逸出，④五十嵐博(2001)北海道帰化植物便覧 p.139，滝田謙譲(2001)北海道植物図鑑 p.1094・中川町志文内川，梅沢俊(2007)新北海道の花 p.80・鹿追町，北海道(2010)ブルーリスト・B，⑤礼文島で確認済み

24. チューリップ(2.3.13.6：ユリ科)
 Tulipa gesnariana L.
②小アジア原産，③植栽され稀に逸出，④山渓カラー名鑑(1998)園芸植物 p.589，北海道(2010)ブルーリスト・B，⑤廃棄したものを各地で確認済み

25. ヒメヒオウギズイセン・モントブレチア
　　(2.3.14.3：アヤメ科)
 Crocosmia × crocosmiiflora (Lemoine) N. E. Br.: Tritonia × crocosmaeflora Lemoine
①邑田・米倉(2012)日本維管束植物目録 p.58 左，②アフリカ原産，③植栽され各地に逸出，④長田武正(1972)北隆館・日本帰化植物図鑑 p.194，長田武正(1976)保育社・原色日本帰化植物図鑑 p.363，野草の写真図鑑(1996)日本ヴォーグ社・WILD FLOWERS p.296，山渓カラー名鑑(1998)園芸植物 p.521，五十嵐博(2001)北海道帰化植物便覧 p.143，清水・森田・廣田(2001)全農教・日本帰化植物写真図鑑 p.414，清水建美編(2003)平凡社・日本の帰化植物 p.239，北海道(2010)ブルーリスト・B，⑤各地で確認済み

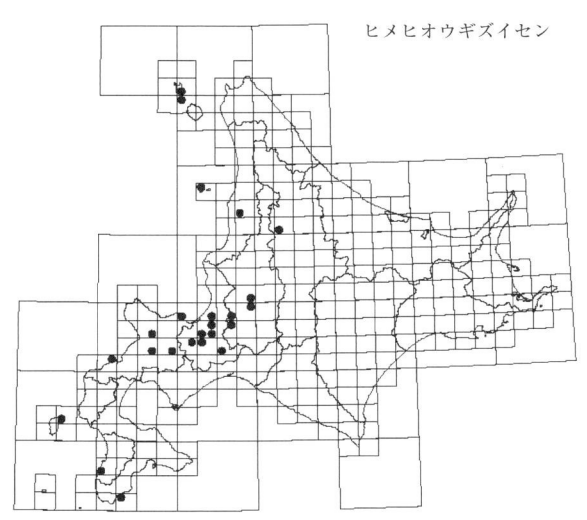

ヒメヒオウギズイセン

26. クロッカス(2.3.14.3：アヤメ科)
 Crocus vernus Allioni
②欧州原産，③植栽・稀に逸出，④山渓カラー名鑑(1998)園芸植物 p.522，五十嵐博(2001)北海道帰化植物便覧 p.141，北海道(2010)ブルーリスト・B，⑤各地で確認済み

27. ハナショウブ(2.3.14.3：アヤメ科)
 Iris ensata Thunb. var. *ensata*
①邑田・米倉(2012)日本維管束植物目録 p.58 左，②園芸種，③植栽，④五十嵐博(2001)北海道帰化植物便覧 p.141，北海道(2010)ブルーリスト・D，⑤逸出は未確認・疑問

アヤメ科

28. ドイツアヤメ・ジャーマンアイリス
　　（2.3.14.3：アヤメ科）
　　Iris germanica L.
②欧州原産，③植栽・稀に逸出，④野草の写真図鑑(1996)日本ヴォーグ社・WILD FLOWERS p.294, 山渓カラー名鑑(1998)園芸植物 p.541, 五十嵐博(2001)北海道帰化植物便覧 p.141, 清水建美編(2003)平凡社・日本の帰化植物 p.239, 北海道(2010)ブルーリスト・B，⑤各地で確認済み

29. キショウブ(2.3.14.3：アヤメ科)
　　Iris pseudacorus L.
　　　シロバナキショウブ
　　Iris pseudacorus L. f. *albiflorum*
札幌市茨戸・美瑛町聖台ダム
①邑田・米倉(2012)日本維管束植物目録 p.58 左，②欧州原産，③植栽され各地に逸出，④長田武正(1976)保育社・原色日本帰化植物図鑑 p.361, 原松次(1992)札幌の植物 no.1026・石狩町・中沼・北大構内，野草の写真図鑑(1996)日本ヴォーグ社・WILD FLOWERS p.295, 五十嵐博(2001)北海道帰化植物便覧 p.142, 滝田謙譲(2001)北海道植物図譜 p.1126・釧路市大楽毛海岸, 清水・森田・廣田(2001)全農教・日本帰化植物写真図鑑 p.412, 清水建美編(2003)平凡社・日本の帰化植物 p.239, 梅沢俊(2007)新北海道の花 p.78・札幌市西野, 北海道(2010)ブルーリスト・**A2**, 浅井元朗(2015)全農教・植調雑草大鑑 p.278, 旭川帰化植物研究会(2015)旭川の帰化植物 p.84, **環境省・要注意外来生物**，⑤各地で確認済み

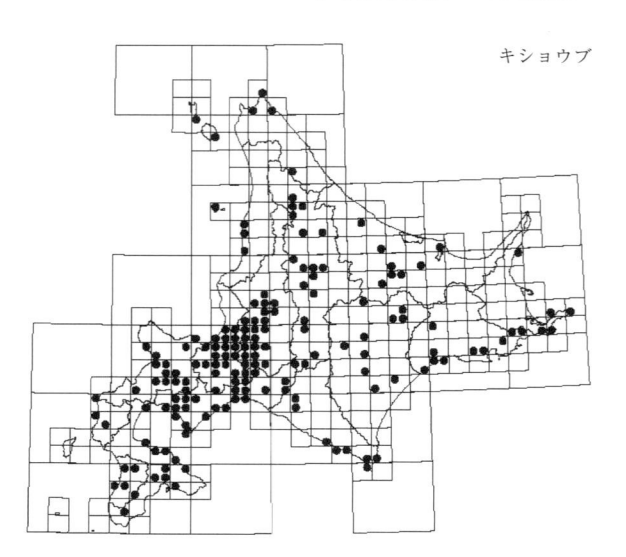

30. シロアヤメ(2.3.14.3：アヤメ科)
　　Iris sanguinea Hornem. f. *albiflora* Makino
①邑田・米倉(2012)日本維管束植物目録 p.58 左，②園芸種，③植栽され稀に逸出，⑤浜中町・苫小牧市などで廃棄したものを確認済み

31. ヒトフサニワゼキショウ(2.3.14.3：アヤメ科)
　　Sisyrinchium mucronatum Michx.
①邑田・米倉(2012)日本維管束植物目録 p.58 右，②北米原産，③植栽も稀にあるが芝種子混入で各地に拡大，④原松次(1985)北海道植物図鑑(下) p.49・釧路市, 五十嵐博(2001)北海道帰化植物便覧 p.143, 滝田謙譲(2001)北海道植物図譜 p.1127・釧路町オビラシケ・弟子屈町いなせランド, 清水・森田・廣田(2001)全農教・日本帰化植物写真図鑑 p.414, 清水建美編(2003)平凡社・日本の帰化植物 p.239, 梅沢俊(2007)新北海道の花 p.337・釧路市阿寒湖スキー場, 北海道(2010)ブルーリスト・B, 旭川帰化植物研究会(2015)旭川の帰化植物 p.84, ⑤各地で確認済み

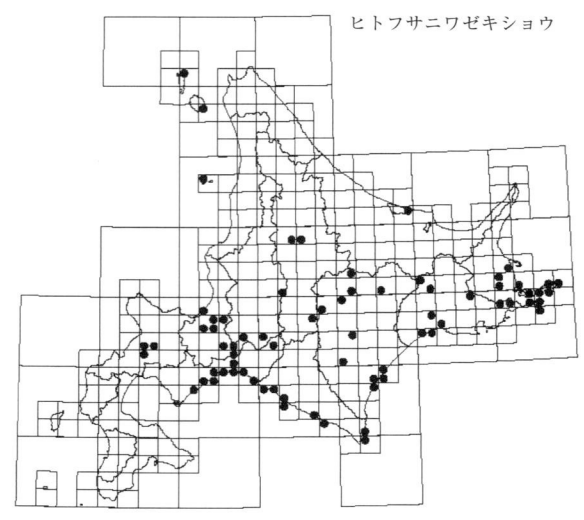

キショウブ

ヒトフサニワゼキショウ

32. ニワゼキショウ（2.3.14.3：アヤメ科）
　　Sisyrinchium rosulatum E. P. Bicknell: *Sisyrinchium atlanticum* Bicknell
①邑田・米倉(2012)日本維管束植物目録 p.58 右，②北米原産，③植栽？不明，④長田武正(1972)北隆館・日本帰化植物図鑑 p.193，長田武正(1976)保育社・原色日本帰化植物図鑑 p.362，山渓カラー名鑑(1998)園芸植物 p.546，五十嵐博(2001)北海道帰化植物便覧 p.142，清水・森田・廣田(2001)全農教・日本帰化植物写真図鑑 p.412，清水建美編(2003)平凡社・日本の帰化植物 p.239，北海道(2010)ブルーリスト・D，ヒトフサニワゼキショウとの誤同定の可能性が高い，⑤未確認・植栽も見かけない

33. ヤブカンゾウ・オニカンゾウ（2.3.14.4：ススキノキ科：旧ユリ科）
　　Hemerocallis fulva L. var. *kwanso* Regel
①邑田・米倉(2012)日本維管束植物目録 p.58 右，②中国原産，③植栽・各地に逸出・在来種説あり，④原松次(1985)北海道植物図鑑(下) p.52・白老町，原松次(1992)札幌の植物 no.986・石狩町・市街地・東部緑地・北大構内，五十嵐博(2001)北海道帰化植物便覧 p.138，清水建美編(2003)平凡社・日本の帰化植物 p.13・史前帰化，梅沢俊(2007)新北海道の花 p.79・足寄町，北海道(2010)ブルーリスト・B，⑤各地で確認済み

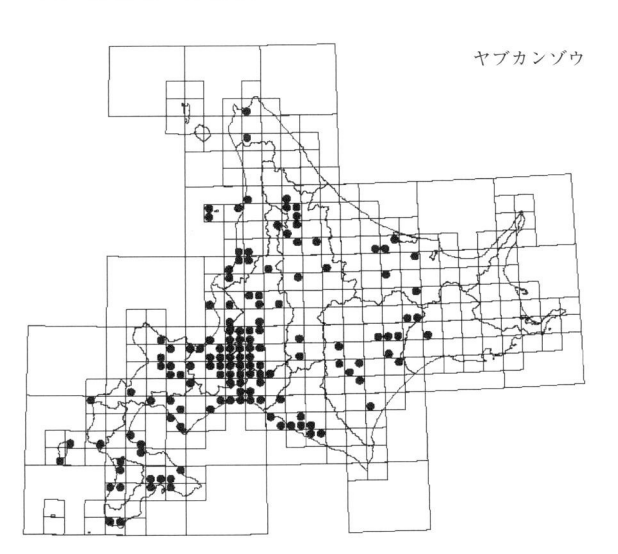

34. ラッキョウ（2.3.14.5：ヒガンバナ科：旧ユリ科）
　　Allium chinense G. Don
①邑田・米倉(2012)日本維管束植物目録 p.58 右，②中国原産，③植栽・稀に逸出，④五十嵐博(2001)北海道帰化植物便覧 p.137，北海道(2010)ブルーリスト・D，⑤未確認

35. キバナギョウジャニンニク（2.3.14.5：ヒガンバナ科：旧ユリ科）
　　Allium moly L.
②欧州原産，③植栽・報告は一例のみ・疑問種，④五十嵐博(2001)北海道帰化植物便覧 p.137・横山春男(1951)十勝植物誌・帯広市の掲載のみ，北海道(2010)ブルーリスト・D，⑤未確認

36. ニンニク（2.3.14.5：ヒガンバナ科：旧ユリ科）
　　Allium sativum L.
②欧州原産，③植栽・稀，④山岸喬(1998)日本ハーブ図鑑 p.18，五十嵐博(2001)北海道帰化植物便覧 p.137，北海道(2010)ブルーリスト・B，⑤札幌市屯田，石狩市石狩浜などで確認済み

37. ニラ（2.3.14.5：ヒガンバナ科：旧ユリ科）
　　Allium tuberosum Rottler ex Spreng.
①邑田・米倉(2012)日本維管束植物目録 p.59 左，②本州原産，③栽培され各地に逸出，④五十嵐博(2001)北海道帰化植物便覧 p.137，北海道(2010)ブ

8　ヒガンバナ科

ルーリスト・B，⑤各地で確認済み

38．スノードロップ・ユキノハナ(2.3.14.5：ヒガンバナ科)
　　Galanthus nivalis L.
②欧州原産，③植栽・稀に逸出，④原松次(1992)札幌の植物 no.1019・市街地，野草の写真図鑑(1996)日本ヴォーグ社・WILD FLOWERS p.292，五十嵐博(2001)北海道帰化植物便覧 p.140，北海道(2010)ブルーリスト・B，⑤札幌市などで確認済み

39．スノーフレイク・ハルノマツユキソウ
　　(2.3.14.5：ヒガンバナ科)
　　Leucojum aestivum L.
①邑田・米倉(2012)日本維管束植物目録 p.59 右，②欧州原産，③植栽・稀に逸出，④原松次(1992)札幌の植物 no.1020・市街地，野草の写真図鑑(1996)日本ヴォーグ社・WILD FLOWERS p.291，五十嵐博(2001)北海道帰化植物便覧 p.140，北海道(2010)ブルーリスト・B，⑤札幌市北大構内で確認済み

40．ヒガンバナ(2.3.14.5：ヒガンバナ科)
　　Lycoris radiata (L'Hér) Herb.
①邑田・米倉(2012)日本維管束植物目録 p.59 右，②中国原産，③不明，④五十嵐博(2001)北海道帰化植物便覧 p.140，清水建美編(2003)平凡社・日本の帰化植物 p.13・史前帰化，北海道(2010)ブルーリスト・D，⑤未確認

41．キツネノカミソリ(2.3.14.5：ヒガンバナ科)
　　Lycoris sanguinea Maxim.
①邑田・米倉(2012)日本維管束植物目録 p.59 右，②本州原産，③不明，④五十嵐博(2001)北海道帰化植物便覧 p.140，北海道(2010)ブルーリスト・D，⑤未確認

42．ナツズイセン(2.3.14.5：ヒガンバナ科)
　　Lycoris × squamigera Maxim.　【Plate 1 ⑤】
①邑田・米倉(2012)日本維管束植物目録 p.59 右，②欧州原産，③植栽・稀に逸出，④長田武正(1972)北隆館・日本帰化植物図鑑 p.195，長田武正(1976)保育社・原色日本帰化植物図鑑 p.364，山渓カラー名鑑(1998)園芸植物 p.494，五十嵐博(2013)北方山草 30：101-104，⑤2013 年に奥尻島で確認済み

43．クチベニズイセン(2.3.14.5：ヒガンバナ科)
　　Narcissus poeticus L.　　　　　　　【Plate 1 ②】
②欧州原産，③植栽・稀に逸出，④野草の写真図鑑(1996)日本ヴォーグ社・WILD FLOWERS p.292，山渓カラー名鑑(1998)園芸植物 p.498，五十嵐博(2001)北海道帰化植物便覧 p.140，北海道(2010)ブルーリスト・B，⑤札幌市，旭川市，根室市などで確認済み

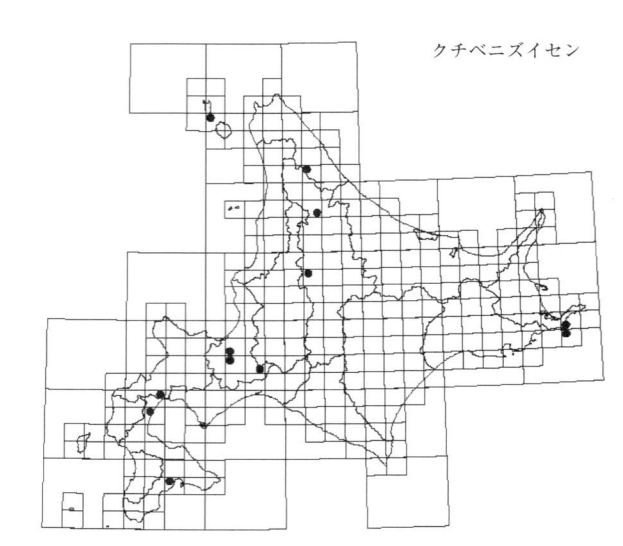

クチベニズイセン

44．スイセン(2.3.14.5：ヒガンバナ科)
　　Narcissus tazetta L. var. *chinensis* M. Roem.
①邑田・米倉(2012)日本維管束植物目録 p.59 右，②中国原産，③植栽・各地に逸出，④長田武正(1972)北隆館・日本帰化植物図鑑 p.194，五十嵐博(2001)北海道帰化植物便覧 p.141，北海道(2010)ブルーリスト・B，旭川帰化植物研究会(2015)旭川の帰化植物 p.84，⑤各地で確認済み

　　ヤエズイセン・ヤエザキズイセン(2.3.14.5：
　　ヒガンバナ科)
　　Narcissus tazetta L. var. *plenus*
②中国原産，③植栽・各地に逸出，④五十嵐博

(2001)北海道帰化植物便覧 p.141, 北海道(2010)ブルーリスト・B, ⑤各地で確認済み

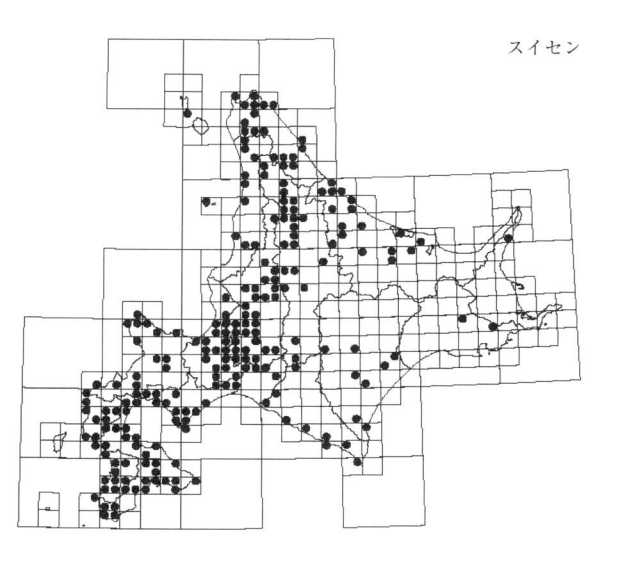

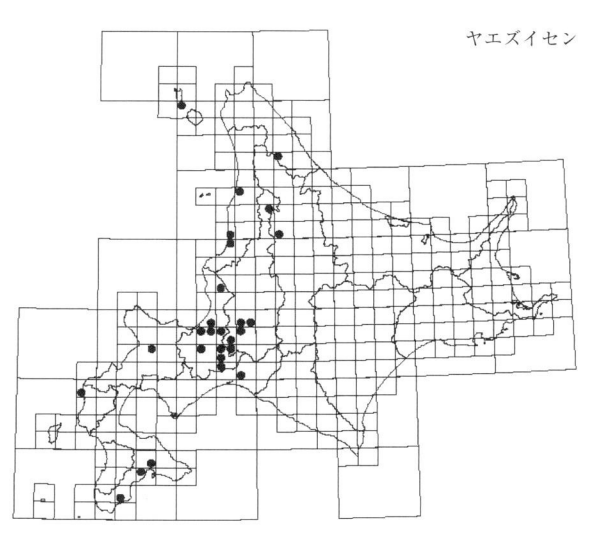

スイセン

ヤエズイセン

45. タマスダレ(2.3.14.5：ヒガンバナ科)
Zephyranthes candida (Lindl.) Herb.
②南米原産, ③植栽され稀に逸出・オオアマナとの誤認の可能性, ④五十嵐博(2001)北海道帰化植物便覧 p.141, 清水・森田・廣田(2001)全農教・日本帰化植物写真図鑑 p.408, 北海道(2010)ブルーリスト・B, ⑤島牧村, 札幌市, 千歳市などで確認済み

46. クサスギカズラ(2.3.14.6：キジカクシ科：旧ユリ科)
Asparagus cochinchinensis (Lour.) Merr.
①邑田・米倉(2012)日本維管束植物目録 p.59 右, ②本州原産, ③植栽・稀に逸出, ④五十嵐博(2001)北海道帰化植物便覧 p.138, 北海道(2010)ブルーリスト・D, ⑤未確認

47. オランダキジカクシ・アスパラガス
(2.3.14.6：キジカクシ科：旧ユリ科)
Asparagus officinalis L. 【Plate 1 ④】
①邑田・米倉(2012)日本維管束植物目録 p.59 右, ②欧州原産, ③食用野菜・植栽・各地に逸出, ④五十嵐博(2001)北海道帰化植物便覧 p.138, 梅沢俊(2007)新北海道の花 p.381, 北海道(2010)ブルーリスト・B, 旭川帰化植物研究会(2015)旭川の帰化植物 p.82, ⑤各地で確認済み・種子には柄があり在来種のキジカクシと識別できる

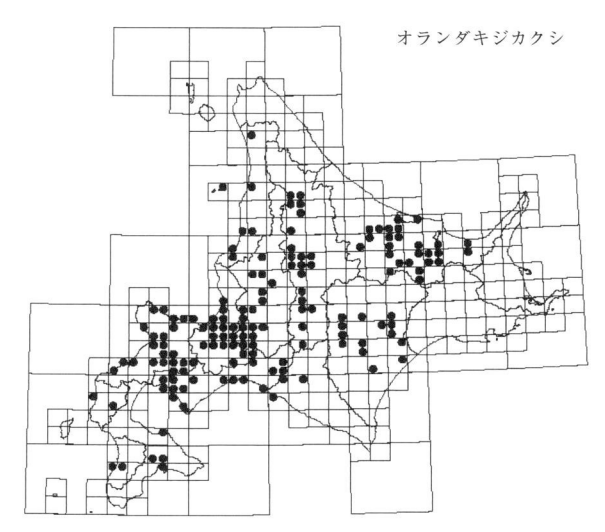

オランダキジカクシ

48. ユキゲユリ・チオノドクサ(2.3.14.6：キジカクシ科：旧ユリ科)
Chionodoxa luciliae Boiss.
②欧州原産, ③植栽・稀に逸出, ④山渓カラー名鑑(1998)園芸植物 p.554, 原松次(1992)札幌の植物 no.976・市街地, 五十嵐博(2001)北海道帰化植物便覧 p.138, 北海道(2010)ブルーリスト・B, ⑤札幌市で確認済み

49. ドイツスズラン・セイヨウスズラン
（2.3.14.6：キジカクシ科：旧ユリ科）
Convallaria majalis L.
②欧州原産，③植栽・稀に逸出，④野草の写真図鑑（1996）日本ヴォーグ社・WILD FLOWERS p.289, 山渓カラー名鑑（1998）園芸植物 p.557, 五十嵐博（2001）北海道帰化植物便覧 p.138, 北海道（2010）ブルーリスト・B, 旭川帰化植物研究会（2015）旭川の帰化植物 p.82, ⑤札幌市で確認済み

50. ヒアシンス（2.3.14.6：キジカクシ科：旧ユリ科）
Hyacinthus orientalis L.
②欧州原産，③植栽・稀に逸出，④山渓カラー名鑑（1998）園芸植物 p.568, 北海道（2010）ブルーリスト・B, ⑤札幌市で確認済み

51. ヤブラン（2.3.14.6：キジカクシ科：旧ユリ科）
Liriope muscari (Decne.) L. H. Bailey
①邑田・米倉（2012）日本維管束植物目録 p.61 左，②本州原産，③植栽・稀に逸出，④五十嵐博（2001）北海道帰化植物便覧 p.139, 梅沢俊（2007）新北海道の花 p.284・ヒメヤブランの文中，北海道（2010）ブルーリスト・B, ⑤函館市で確認済み

52. ルリムスカリ（2.3.14.6：キジカクシ科：旧ユリ科）
Muscari botryoides (L.) Mill.
①邑田・米倉（2012）日本維管束植物目録 p.61 左，②欧州原産，③植栽・稀に逸出，④五十嵐博（2001）北海道帰化植物便覧 p.139, 北海道（2010）ブルーリスト・D, ⑤未確認

53. ムスカリ（2.3.14.6：キジカクシ科：旧ユリ科）
Muscari neglectum Guss. ex Ten.: *Muscari armenicum*
①邑田・米倉（2012）日本維管束植物目録 p.61 左，②欧州原産，③植栽・稀に逸出，④野草の写真図鑑（1996）日本ヴォーグ社・WILD FLOWERS p.286, 山渓カラー名鑑（1998）園芸植物 p.581, 五十嵐博（2001）北海道帰化植物便覧 p.139, 梅沢俊（2007）新北海道の花 p.337・札幌市中央区の市街地，北海道（2010）ブルーリスト・B, 旭川帰化植物研究会（2015）旭川の帰化植物 p.83, ⑤札幌市・苫小牧市などで確認済み

54. オオアマナ・オーニソガラム（2.3.14.6：キジカクシ科：旧ユリ科）
Ornithogalum umbellatum L.
①邑田・米倉（2012）日本維管束植物目録 p.61 左，②欧州原産，③植栽・稀に逸出，④原松次（1992）札幌の植物 no.994・北大構内，野草の写真図鑑（1996）日本ヴォーグ社・WILD FLOWERS p.283, 山渓カラー名鑑（1998）園芸植物 p.582, 五十嵐博（2001）北海道帰化植物便覧 p.140, 清水・森田・廣田（2001）全農教・日本帰化植物写真図鑑 p.408, 北海道（2010）ブルーリスト・B, 旭川帰化植物研究会（2015）旭川の帰化植物 p.84, ⑤各地で確認済み

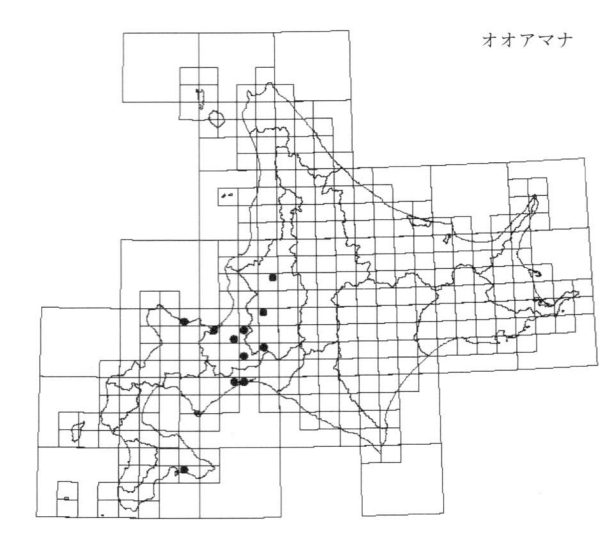

オオアマナ

55. シラー・フタバツルボ（2.3.14.6：キジカクシ科：旧ユリ科）
Scilla bifolia L.
②欧州原産，③植栽・稀に逸出，④原松次（1992）札幌の植物 no.1001・北大構内，山渓カラー名鑑（1998）園芸植物 p.584, 五十嵐博（2001）北海道帰化植物便覧 p.140, 北海道（2010）ブルーリスト・B, ⑤札幌市北大構内で確認済み

56. ムラサキツユクサ（2.3.16.1：ツユクサ科）
Tradescantia ohiensis Rafin.
　　シロバナムラサキツユクサ：*Tradescantia ohiensis* f. *alba*：苫小牧市
②北米原産，③植栽・各地に逸出，④原松次(1992)札幌の植物 no.1049・市街地，山渓カラー名鑑(1998)園芸植物 p.511，五十嵐博(2001)北海道帰化植物便覧 p.144，梅沢俊(2007)新北海道の花 p.339・札幌市，旭川帰化植物研究会(2015)旭川の帰化植物 p.84，北海道(2010)ブルーリスト・B，⑤札幌市，小樽市，苫小牧市などで確認済み，稀に白花を見かける・苫小牧市

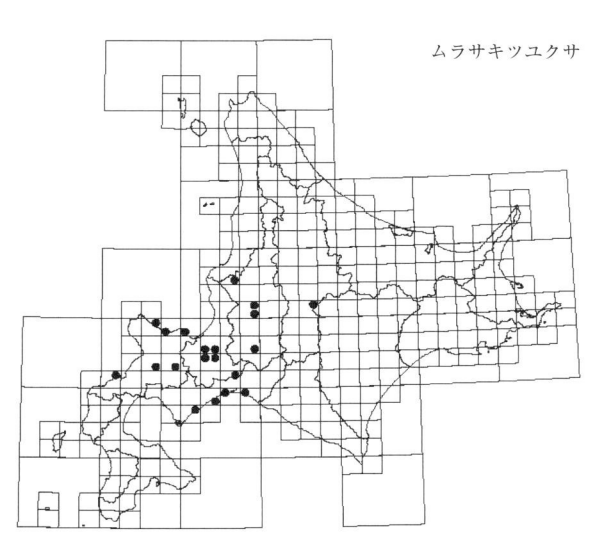

ムラサキツユクサ

57. オオムラサキツユクサ（2.3.16.1：ツユクサ科）
Tradescantia virginiana L.
①邑田・米倉(2012)日本維管束植物目録 p.62 右，②北米原産，③植栽・稀に逸出，④梅沢俊(2007)新北海道の花 p.339，北海道(2010)ブルーリスト・D，⑤未確認

58. ホテイアオイ（2.3.16.3：ミズアオイ科）
Eichhornia crassipes (Mart.) Solms
①邑田・米倉(2012)日本維管束植物目録 p.62 右，②南米原産，③植栽・遺棄，④長田武正(1976)保育社・原色日本帰化植物図鑑 p.368，清水・森田・廣田(2001)全農教・日本帰化植物写真図鑑 p.410，清水建美編(2003)平凡社・日本の帰化植物 p.238，角野康郎(2014)文一総合出版・日本の水草 p.144，北海道(2010)ブルーリスト・**A3，環境省・要注意外来生物**，北斗市八郎沼での酒井信氏からの確認情報があり翌年現地調査したが越冬出来なかったようで未確認・消滅か

59. モウコガマ（2.3.18.1：ガマ科）　【Plate 1 ⑥】
Typha laxmannii Lepech.
①邑田・米倉(2012)日本維管束植物目録 p.63 左（帰化？），②中国東北部〜欧州原産，③自生・渡来・詳細不明，④滝田謙譲(2001)北海道植物図譜 p.1281・石狩市生振石狩川河畔湿原，高橋誼(2002)北方山草 19：8-20・門別町フイハップ湿原の植生，清水建美編(2003)平凡社・日本の帰化植物 p.292，小杉和博(2007)利尻研究 26：47-48・大磯海岸・その後消滅，梅沢俊(2007)新北海道の花 p.424・石狩市石狩川下流域，植村ほか(2010)全農教・日本帰化植物写真図鑑(2) p.360，北海道(2010)ブルーリスト・B，角野康郎(2014)文一総合出版・日本の水草 p.162・**在来種・絶滅危惧種候補**，五十嵐博(2016)モウコガマの現状・北方山草 33 号へ投稿中，⑤石狩市，岩内町海岸，上砂川町空地，日高町，苫小牧市，小樽市，美唄市などで 2015 年に再確認調査を行った・小樽市を除き消滅した場所が多かった

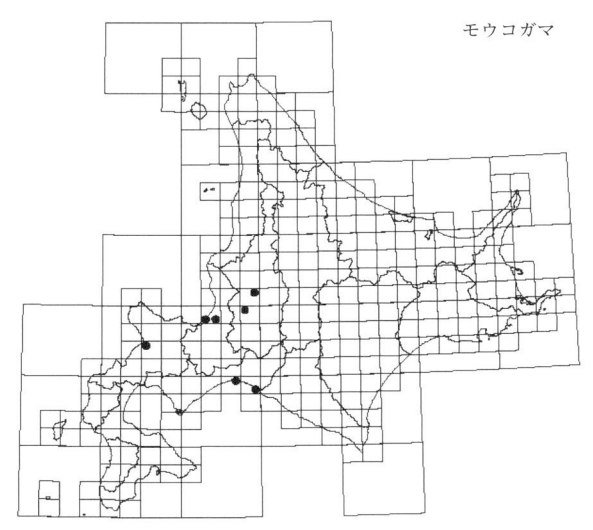

モウコガマ

12　イグサ科・カヤツリグサ科

60. アメリカクサイ (2.3.18.5：イグサ科)
　 Juncus dudleyi Wiegand
①邑田・米倉(2012)日本維管束植物目録 p.64 左，②北米原産，③牧草に混入，④清水建美編(2003)平凡社・日本の帰化植物 p.240，植村ほか(2010)全農教・日本帰化植物写真図鑑(2) p.305，五十嵐博(2015)北方山草 32・2013 年・苫小牧市，⑤最近各地で確認済み

61. オニコウガイゼキショウ (2.3.18.5：イグサ科)
　 Juncus validus Coville
①邑田・米倉(2012)日本維管束植物目録 p.64 右，②北米原産，③牧草に混入，④植村ほか(2010)全農教・日本帰化植物写真図鑑(2) p.307，五十嵐博(2015)北方山草 32・2013 年・苫小牧市，⑤苫小牧市・本別町などで最近確認済み

62. コツブアメリカヤガミスゲ (2.3.18.6：カヤツリグサ科)
　 Carex bebbii (L. H. Bailey) Olney ex Fernald
①邑田・米倉(2012)日本維管束植物目録 p.65 右，②北米原産，③牧草に混入，④植村ほか(2010)全農教・日本帰化植物写真図鑑(2) p.361：厚岸町，⑤未確認

63. クシロヤガミスゲ (2.3.18.6：カヤツリグサ科)
　 Carex crawfordii Fernald　　　【Plate 1 ⑦】
①邑田・米倉(2012)日本維管束植物目録 p.66 左，②北米原産，③牧草に混入，④五十嵐博(2001)北海道帰化植物便覧 p.164，滝田謙譲(2001)北海道植物図譜 p.1287・白糠町・札幌市手稲山，清水建美編(2003)平凡社・日本の帰化植物 p.294，勝山輝男(2005)文一総合出版・日本のスゲ p.356，北海道(2010)ブルーリスト・B，⑤各地で確認済み，2015 年度の再調査では消滅している箇所が多かった

64. アメリカヤガミスゲ (2.3.18.6：カヤツリグサ科)
　 Carex scoparia Schkuhr ex Willd.
①邑田・米倉(2012)日本維管束植物目録 p.71 左，②北米原産，③牧草に混入，④清水建美編(2003)

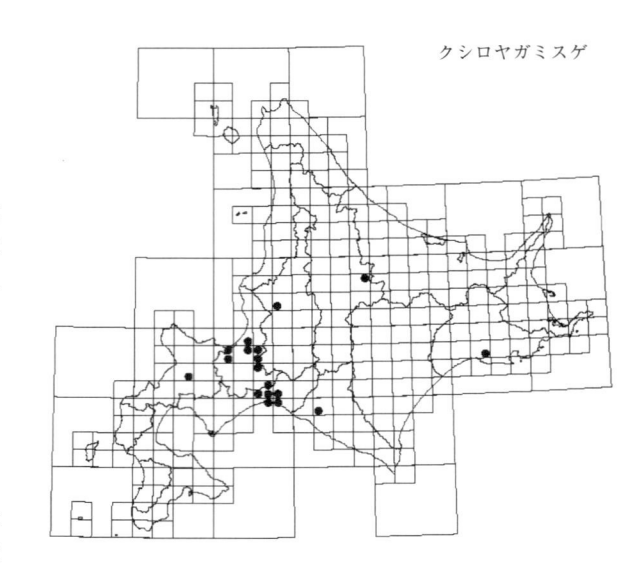

平凡社・日本の帰化植物 p.295，滝田謙譲(2004)北海道植物図譜・補遺 p.58・厚岸町上尾幌・別海町，勝山輝男(2005)文一総合出版・日本のスゲ p.357，植村ほか(2010)全農教・日本帰化植物写真図鑑(2) p.366，北海道(2010)ブルーリスト・B，⑤各地で確認済み，2015 年度の再調査では消滅している箇所が多かった

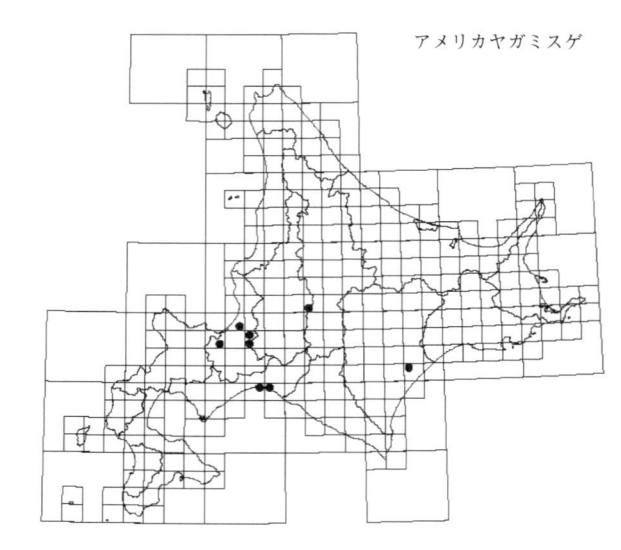

65. カタガワヤガミスゲ (2.3.18.6：カヤツリグサ科)
　 Carex unilateralis Mack.
①邑田・米倉(2012)日本維管束植物目録 p.72 左，②北米原産，③牧草に混入，④滝田謙譲(2001)北

海道植物図譜 p.1287・釧路市春採，清水建美編 (2003) 平凡社・日本の帰化植物 p.296，勝山輝男 (2005) 文一総合出版・日本のスゲ p.358，北海道 (2010) ブルーリスト・B，⑤未確認

66. ナガバアメリカミコシガヤ(2.3.18.6：カヤツリグサ科) 【Plate 2 ①】
    Carex vulpinoidea Michx.
    ①邑田・米倉(2012)日本維管束植物目録 p.72 左，②北米原産，③牧草に混入，④清水建美編 (2003) 平凡社・日本の帰化植物 p.296，滝田謙譲(2004)北海道植物図譜補遺 p.59・釧路町桂木，勝山輝男 (2005) 文一総合出版・日本のスゲ p.355，植村ほか (2010) 全農教・日本帰化植物写真図鑑(2)p.367，北海道(2010)ブルーリスト・D，⑤2015 年 8 月に苫小牧市内で確認済み・過去の確認地では消滅

67. セフリアブラガヤ(2.3.18.6：カヤツリグサ科)
    Scirpus georgianus R. M. Harper 【Plate 2 ②】
    ①邑田・米倉(2012)日本維管束植物目録 p.76 左，②北米原産，③牧草に混入，④清水建美編 (2003) 平凡社・日本の帰化植物 p.300，植村ほか(2010)全農教・日本帰化植物写真図鑑(2)p.376，⑤苫小牧市空き地で 2015 年 8 月に初確認

68. ヤギムギ(2.3.18.9：イネ科)
    Aegilops cylindrica Host
    ①邑田・米倉(2012)日本維管束植物目録 p.76 右，②欧州・中東原産，③穀物倉庫付近での確認なので飼料に混入，④長田武正(1976)保育社・原色日本帰化植物図鑑 p.393，長田武正(1993)平凡社・増補日本イネ科植物図譜 p.746，清水・森田・廣田 (2001) 全農教・日本帰化植物写真図鑑 p.416，清水建美編 (2003) 平凡社・日本の帰化植物 p.267，滝田謙譲(2004)北海道植物図譜補遺 p.49・小樽市第三埠頭，五十嵐(2005)小樽港の帰化植物・小樽市博物館紀要 18：35-42・小樽市第三埠頭，北海道(2010)ブルーリスト・B，⑤小樽市で確認済み・最近は見ていない

69. ニセコムギダマシ(2.3.18.9：イネ科)
    Agropyron desertorum (Fisch. ex Link) Schult.
    ①邑田・米倉(2012)日本維管束植物目録 p.76 右，②北米原産，③穀物倉庫付近での確認なので飼料に混入，④五十嵐(2005)小樽港の帰化植物・小樽市博物館紀要 18：35-42・小樽市第三埠頭，北海道(2010)ブルーリスト・B，⑤小樽市で確認済み・最近は見ていない

70. ヒメヌカボ・ベルベットベント(2.3.18.9：イネ科)
    Agrostis canina L.
    ①邑田・米倉(2012)日本維管束植物目録 p.76 右(帰？)，②欧州原産，③芝生で導入され稀に逸出，④長田武正(1989)平凡社・増補日本イネ科植物図譜 p.294，原松次(1992)札幌の植物 no.1055，五十嵐博(2001)北海道帰化植物便覧 p.144，清水建美編 (2003) 平凡社・日本の帰化植物 p.253，北海道(2010)ブルーリスト・B，⑤未確認

71. イトコヌカグサ・コモンベント・ハイランドベント(2.3.18.9：イネ科)
    Agrostis capillaris L.
    ①邑田・米倉(2012)日本維管束植物目録 p.76 右(帰？)，②欧州原産，③芝生で導入され稀に逸出，④清水建美編 (2003) 平凡社・日本の帰化植物 p.253，北海道(2010)ブルーリスト・D，⑤未確認

72. コヌカグサ・レッドトップ(2.3.18.9：イネ科)
    Agrostis gigantea Roth: Agrostis alba L.
    ①邑田・米倉(2012)日本維管束植物目録 p.76 右，②北半球広く分布，③芝生・牧草で導入され各地に逸出，④長田武正(1972)北隆館・日本帰化植物図鑑 p.197，長田武正(1989)平凡社・増補日本イネ科植物図譜 p.292，原松次(1992)札幌の植物 no.1054，五十嵐博(2001)北海道帰化植物便覧 p.144，滝田謙譲(2001)北海道植物図譜 p.1156・標茶町シラルトロ沼湖畔，清水・森田・廣田(2001)全農教・日本帰化植物写真図鑑 p.417，清水建美編 (2003) 平凡社・日本の帰化植物 p.254，梅沢俊(2007)新北海道の花 p.414・札幌市真駒内，北海道(2010)

14 イネ科

ブルーリスト・A3, 浅井元朗(2015)全農教・植調雑草大鑑 p.28, 旭川帰化植物研究会(2015)旭川の帰化植物 p.84, ⑤各地で確認済み

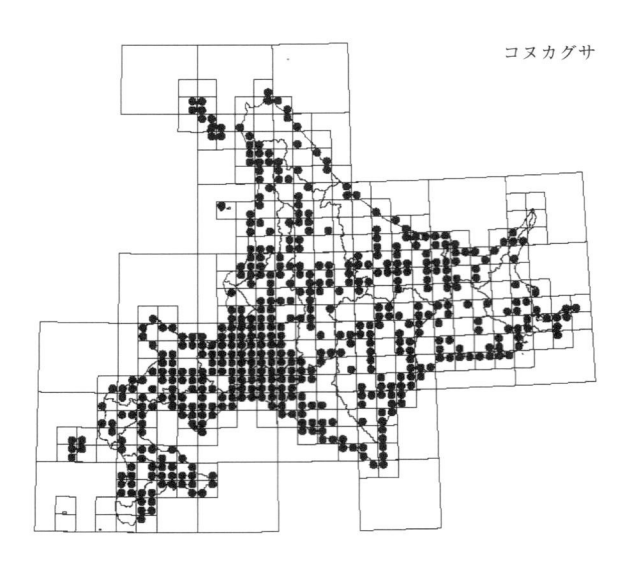

コヌカグサ

73. クロコヌカグサ・ブラックベント(2.3.18.9：イネ科)
Agrostis nigra With.
①邑田・米倉(2012)日本維管束植物目録 p.76 右, ②北半球広く分布, ③芝生で導入され稀に逸出, ④長田武正(1972)北隆館・日本帰化植物図鑑 p.198, 長田武正(1976)保育社・原色日本帰化植物図鑑 p.390, 長田武正(1989)平凡社・増補日本イネ科植物図譜 p.292, 五十嵐博(2001)北海道帰化植物便覧 p.144, 清水・森田・廣田(2001)全農教・日本帰化植物写真図鑑 p.418, 清水建美編(2003)平凡社・日本の帰化植物 p.254, 北海道(2010)ブルーリスト・B, ⑤未確認

74. ハイコヌカグサ：クリーピングベント
  (2.3.18.9：イネ科)
Agrostis stolonifera L.
①邑田・米倉(2012)日本維管束植物目録 p.76 右, ②北半球広く分布, ③芝生で導入され稀に逸出, ④長田武正(1972)北隆館・日本帰化植物図鑑 p.198, 長田武正(1989)平凡社・増補日本イネ科植物図譜 p.290, 原松次(1992)札幌の植物 no.1060, 五十嵐博(2001)北海道帰化植物便覧 p.145, 滝田謙譲(2001)北海道植物図譜 p.1160・石狩市生振石狩川河畔, 清水・森田・廣田(2001)全農教・日本帰化植物写真図鑑 p.418, 清水建美編(2003)平凡社・日本の帰化植物 p.254, 北海道(2010)ブルーリスト・B, 浅井元朗(2015)全農教・植調雑草大鑑 p.23, 286, ⑤札幌市など各地で確認済み

75. ヌカススキ(2.3.18.9：イネ科)
Aira caryophyllea L.
①邑田・米倉(2012)日本維管束植物目録 p.76 右, ②欧州原産, ③牧草に混入, ④長田武正(1972)北隆館・日本帰化植物図鑑 p.200, 長田武正(1989)平凡社・増補日本イネ科植物図譜 p.260, 清水・森田・廣田(2001)全農教・日本帰化植物写真図鑑 p.419, 清水建美編(2003)平凡社・日本の帰化植物 p.254, 北海道(2010)ブルーリスト・D, 植村ほか(2010)全農教・日本帰化植物写真図鑑(2) p.311, ⑤未確認

76. オオスズメノテッポウ・ヨウシュセトガヤ・メドウフォックステイル(2.3.18.9：イネ科)
Alopecurus pratensis L.
①邑田・米倉(2012)日本維管束植物目録 p.77 左, ②欧州原産, ③牧草で導入され各地に逸出, ④長田武正(1972)北隆館・日本帰化植物図鑑 p.201, 長田武正(1989)平凡社・増補日本イネ科植物図譜

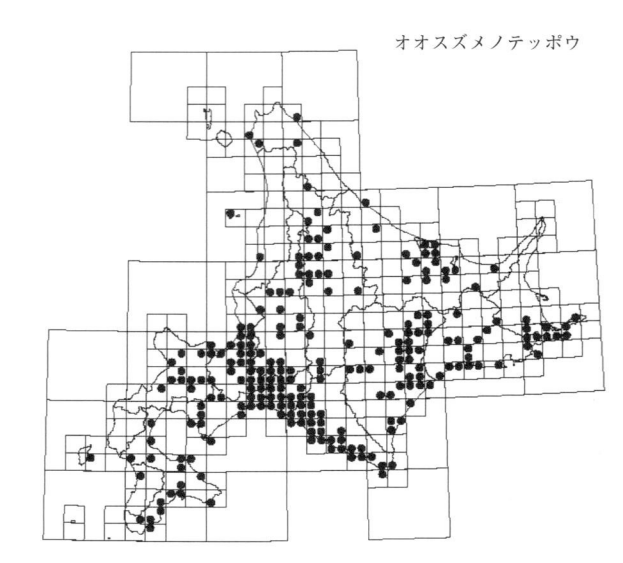

オオスズメノテッポウ

p.362, 原松次(1992)札幌の植物 no.1062, 五十嵐博(2001)北海道帰化植物便覧 p.145, 滝田謙譲(2001)北海道植物図譜 p.1162・白糠町和天別, 清水・森田・廣田(2001)全農教・日本帰化植物写真図鑑 p.420, 清水建美編(2003)平凡社・日本の帰化植物 p.255, 梅沢俊(2007)新北海道の花 p.415, 北海道(2010)ブルーリスト・B, 浅井元朗(2015)全農教・植調雑草大鑑 p.289, 旭川帰化植物研究会(2015)旭川の帰化植物 p.84, ⑤各地で確認済み

77. セイヨウコウボウ・ヨウシュコウボウ・スイートグラス(2.3.18.9：イネ科)
Anthoxanthum nitens (Weber) Y. Schouten et Veldkamp: Hierochloe odorata (L.) Beauv.
①邑田・米倉(2012)日本維管束植物目録 p.77 左, ②欧州原産, ③牧草に混入, ④五十嵐博(2001)北海道帰化植物便覧 p.155, 清水建美編(2003)平凡社・日本の帰化植物 p.258, 北海道(2010)ブルーリスト・B, ⑤未確認

78. ヒメハルガヤ(2.3.18.9：イネ科)
Anthoxanthum aristatum Boiss.
①邑田・米倉(2012)日本維管束植物目録 p.77 左, ②欧州原産, ③牧草に混入, ④長田武正(1976)保育社・原色日本帰化植物図鑑 p.385, 長田武正(1989)平凡社・増補日本イネ科植物図譜 p.276, 五十嵐博(2001)北海道帰化植物便覧 p.146, 清水・森田・廣田(2001)全農教・日本帰化植物写真図鑑 p.422, 清水建美編(2003)平凡社・日本の帰化植物 p.256, 北海道(2010)ブルーリスト・D, ⑤未確認

79. ハルガヤ・スイートバーナルグラス
　　(2.3.18.9：イネ科)
Anthoxanthum odoratum L.
①邑田・米倉(2012)日本維管束植物目録 p.77 左, ②ユーラシア原産, ③牧草・各地, ④長田武正(1972)北隆館・日本帰化植物図鑑 p.204, 長田武正(1976)保育社・原色日本帰化植物図鑑 p.384, 長田武正(1989)平凡社・増補日本イネ科植物図譜 p.270, 原松次(1992)札幌の植物 no.1063, 五十嵐博(2001)北海道帰化植物便覧 p.146, 滝田謙譲(2001)北海道植物図譜 p.1165・富良野市太陽の里キャンプ場, 清水・森田・廣田(2001)全農教・日本帰化植物写真図鑑 p.422, 清水建美編(2003)平凡社・日本の帰化植物 p.256, 梅沢俊(2007)新北海道の花 p.420・札幌市平和の滝, 北海道(2010)ブルーリスト・A3, 浅井元朗(2015)全農教・植調雑草大鑑 p.321, 旭川帰化植物研究会(2015)旭川の帰化植物 p.84, ⑤各地で確認済み

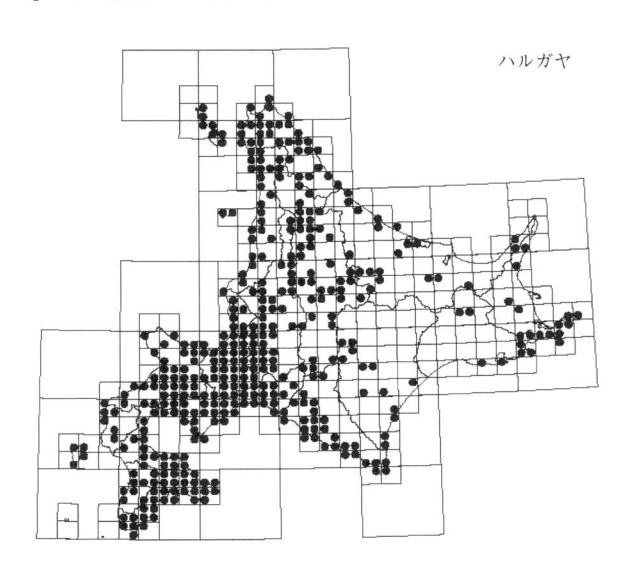

ハルガヤ

ケナシハルガヤ・メハルガヤ(2.3.18.9：イネ科)
Anthoxanthum odoratum L. ssp. *glabrescens* (Čelak.) Asch. et Graebn.: *A. odoratum* ssp. *alpinum*
①邑田・米倉(2012)日本維管束植物目録 p.77 左, ②ユーラシア原産, ③牧草・稀, ④長田武正(1989)平凡社・増補日本イネ科植物図譜 p.272, 五十嵐博(2001)北海道帰化植物便覧 p.146, 滝田謙譲(2001)北海道植物図譜 p.1165・根室市春国岱, 清水建美編(2003)平凡社・日本の帰化植物 p.256, 梅沢俊(2007)新北海道の花 p.420, 北海道(2010)ブルーリスト・A3, ⑤未確認

80. ホソセイヨウヌカボ(2.3.18.9：イネ科)
Apera interrupta (L.) P. Beauv.
①邑田・米倉(2012)日本維管束植物目録 p.77 右, ②欧州原産, ③牧草に混入, ④長田武正(1989)平凡社・増補日本イネ科植物図譜 p.352, 滝田謙譲

(2001)北海道植物図譜 p.1166・札幌市厚別区上野幌の公園，清水・森田・廣田(2001)全農教・日本帰化植物写真図鑑 p.423，清水建美編(2003)平凡社・日本の帰化植物 p.256，北海道(2010)ブルーリスト・B，旭川帰化植物研究会(2015)旭川の帰化植物 p.84，⑤未確認

81. セイヨウヌカボ(2.3.18.9：イネ科)
　　Apera spica-venti (L.) P. Beauv.
①邑田・米倉(2012)日本維管束植物目録 p.77 右，②欧州原産，③牧草に混入・稀，④長田武正(1989)平凡社・増補日本イネ科植物図譜 p.352(記載文のみ)，五十嵐博(2001)北海道帰化植物便覧 p.146，清水建美編(2003)平凡社・日本の帰化植物 p.257，植村ほか(2010)全農教・日本帰化植物写真図鑑(2) p.317，北海道(2010)ブルーリスト・B，浅井元朗(2015)全農教・植調雑草大鑑 p.286，⑤未確認

82. オオカニツリ・トールオートグラス
　　(2.3.18.9：イネ科)
　　Arrhenatherum elatius (L.) P. Beauv. ex J. et C. Presl
①邑田・米倉(2012)日本維管束植物目録 p.77 右，②欧州原産，③牧草で導入・稀，④長田武正(1972)北隆館・日本帰化植物図鑑 p.201，長田武正(1976)保育社・原色日本帰化植物図鑑 p.392，長田武正(1989)平凡社・増補日本イネ科植物図譜 p.230，五十嵐博(2001)北海道帰化植物便覧 p.146，滝田謙譲(2001)北海道植物図譜 p.1167・旭川市忠和忠別川，清水・森田・廣田(2001)全農教・日本帰化植物写真図鑑 p.424，清水建美編(2003)平凡社・日本の帰化植物 p.257，北海道(2010)ブルーリスト・B，旭川帰化植物研究会(2015)旭川の帰化植物 p.84，⑤厚沢部町で確認済み

83. ミナトカラスムギ・コカラスムギ(2.3.18.9：イネ科)
　　Avena barbata Pott ex Link
①邑田・米倉(2012)日本維管束植物目録 p.77 右，②欧州原産，③飼料に混入，④：長田武正(1972)北隆館・日本帰化植物図鑑 p.203，長田武正(1989)平凡社・増補日本イネ科植物図譜 p.236，植村ほか(2010)全農教・日本帰化植物写真図鑑(2) p.318，清水建美編(2003)平凡社・日本の帰化植物 p.257，北海道(2010)ブルーリスト・B，⑤小樽港で確認済み

84. カラスムギ・チャヒキグサ(2.3.18.9：イネ科)
　　Avena fatua L.
①邑田・米倉(2012)日本維管束植物目録 p.77 右，②欧州・西アジア・北アフリカ原産，③穀物・逸出，④長田武正(1972)北隆館・日本帰化植物図鑑 p.202，長田武正(1989)平凡社・増補日本イネ科植物図譜 p.232，原松次(1992)札幌の植物 no.1064・市街地，五十嵐博(2001)北海道帰化植物便覧 p.147，滝田謙譲(2001)北海道植物図譜 p.1170・釧路市西港，清水・森田・廣田(2001)全農教・日本帰化植物写真図鑑 p.424，清水建美編(2003)平凡社・日本の帰化植物 p.258，北海道(2010)ブルーリスト・B，浅井元朗(2015)全農教・植調雑草大鑑 p.322，旭川帰化植物研究会(2015)旭川の帰化植物 p.84，⑤札幌市で確認済み

85. ハダカエンバク(2.3.18.9：イネ科)
　　Avena nuda L.
①邑田・米倉(2012)日本維管束植物目録 p.77 右，②欧州原産，③飼料用栽培・稀，④長田武正(1989)平凡社・増補日本イネ科植物図譜 p.270，五十嵐博(2001)北海道帰化植物便覧 p.147，清水建美編(2003)平凡社・日本の帰化植物 p.258，北海道(2010)ブルーリスト・B，⑤未確認

86. オートムギ・マカラスムギ・エンバク
　　(2.3.18.9：イネ科)
　　Avena sativa L.
①邑田・米倉(2012)日本維管束植物目録 p.77 右，②欧州原産，③穀物・稀に畑から逸出，④長田武正(1972)北隆館・日本帰化植物図鑑 p.202，長田武正(1989)平凡社・増補日本イネ科植物図譜 p.234，五十嵐博(2001)北海道帰化植物便覧 p.147，滝田謙譲(2001)北海道植物図譜 p.1170・釧路市西港，清水・森田・廣田(2001)全農教・日本帰化植物写真図鑑 p.425，清水建美編(2003)平凡社・日本の帰化植

物 p.258, 北海道(2010)ブルーリスト・B, ⑤各地で確認済み

オートムギ

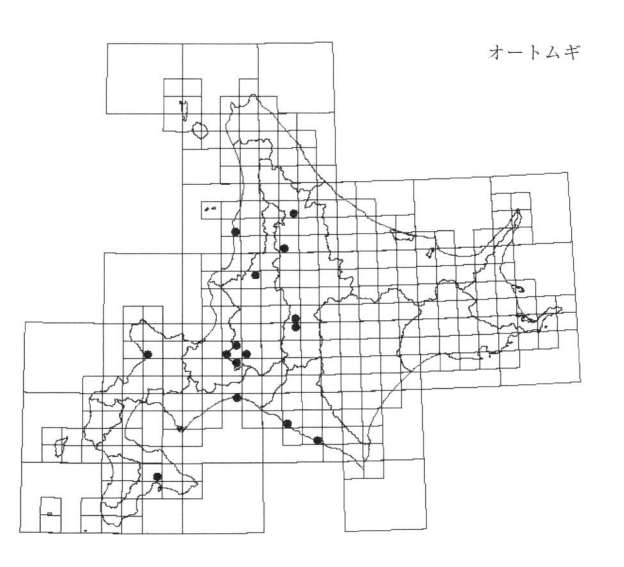

87. オニカラスムギ(2.3.18.9：イネ科)
Avena sterilis L. ssp. *ludoviciana* (Durieu) Gillet et Magne
①邑田・米倉(2012)日本維管束植物目録 p.77 右, ②欧州〜西アジア原産, ③穀物に混入, ④長田武正(1972)北隆館・日本帰化植物図鑑 p.203, 五十嵐博(2001)北海道帰化植物便覧 p.147, 清水建美編(2003)平凡社・日本の帰化植物 p.258, 植村ほか(2010)全農教・日本帰化植物写真図鑑(2)p.319, 北海道(2010)ブルーリスト・B, 浅井元朗(2015)全農教・植調雑草大鑑 p.322, ⑤未確認

88. コバンソウ・タワラムギ(2.3.18.9：イネ科)
Briza maxima L.
①邑田・米倉(2012)日本維管束植物目録 p.78 左, ②欧州原産, ③観賞用で栽培・稀に逸出, ④長田武正(1972)北隆館・日本帰化植物図鑑 p.205, 長田武正(1989)平凡社・増補日本イネ科植物図譜 p.154, 五十嵐博(2001)北海道帰化植物便覧 p.147, 清水・森田・廣田(2001)全農教・日本帰化植物写真図鑑 p.426, 清水建美編(2003)平凡社・日本の帰化植物 p.242, 北海道(2010)ブルーリスト・D, 浅井元朗(2015)全農教・植調雑草大鑑 p.292, ⑤未確認

89. ヤクナガイヌムギ・ミナトイヌムギ・ノゲイヌムギ(2.3.18.9：イネ科)
Bromus carinatus Hook. et Arn.
①邑田・米倉(2012)日本維管束植物目録 p.78 左, ②北米原産, ③牧草に混入, ④長田武正(1989)平凡社・増補日本イネ科植物図譜 p.398, 五十嵐博(2001)北海道帰化植物便覧 p.148, 清水・森田・廣田(2001)全農教・日本帰化植物写真図鑑 p.429, 清水建美編(2003)平凡社・日本の帰化植物 p.263, 滝田謙譲(2004)北海道植物図鑑補遺 p.50・函館市八幡町北海道教育大学構内, 植村ほか(2010)全農教・日本帰化植物写真図鑑(2)p.324・成写真はコスズメノチャヒキ, 北海道(2010)ブルーリスト・B, 浅井元朗(2015)全農教・植調雑草大鑑 p.294, 旭川帰化植物研究会(2015)旭川の帰化植物 p.84, ⑤各地で確認済み

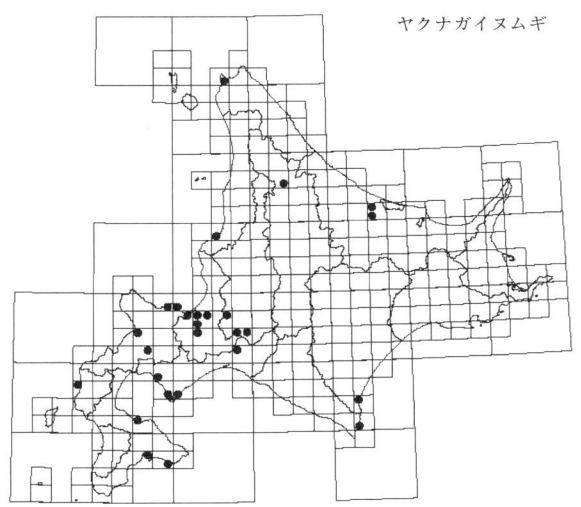

ヤクナガイヌムギ

90. イヌムギ・プレーリーグラス(2.3.18.9：イネ科)
Bromus catharticus Vahl
①邑田・米倉(2012)日本維管束植物目録 p.78 左, ②南米原産, ③牧草として導入され逸出, ④長田武正(1972)北隆館・日本帰化植物図鑑 p.206, 長田武正(1976)保育社・原色日本帰化植物図鑑 p.377, 長田武正(1989)平凡社・増補日本イネ科植物図譜 p.396, 五十嵐博(2001)北海道帰化植物便覧 p.148, 清水・森田・廣田(2001)全農教・日本帰化植物写真図鑑 p.428, 清水建美編(2003)平凡社・日本の帰化

植物 p.263，北海道(2010)ブルーリスト・B，浅井元朗(2015)全農教・植調雑草大鑑 p.294，⑤稚内市で確認済み

91. ムクゲチャヒキ(2.3.18.9：イネ科)
 Bromus commutatus Schrad.
①邑田・米倉(2012)日本維管束植物目録 p.78 左，②欧州原産，③牧草に混入，④長田武正(1972)北隆館・日本帰化植物図鑑 p.209，長田武正(1989)平凡社・増補日本イネ科植物図譜 p.388，五十嵐博(2001)北海道帰化植物便覧 p.148，清水建美編(2003)平凡社・日本の帰化植物 p.264，植村ほか(2010)全農教・日本帰化植物写真図鑑(2)p.325，北海道(2010)ブルーリスト・D，⑤未確認

92. ヒゲナガスズメノチャヒキ：オオスズメノチャヒキ・オオキツネガヤ(2.3.18.9：イネ科)
 Bromus diandrus Roth: Bromus rigidus Roth
①邑田・米倉(2012)日本維管束植物目録 p.78 左，②欧州原産，③牧草に混入，④長田武正(1972)北隆館・日本帰化植物図鑑 p.208，長田武正(1976)保育社・原色日本帰化植物図鑑 p.376，長田武正(1989)平凡社・増補日本イネ科植物図譜 p.382，五十嵐博(2001)北海道帰化植物便覧 p.150，滝田謙譲(2001)北海道植物図譜 p.1174・釧路市西港，清水・森田・廣田(2001)全農教・日本帰化植物写真図鑑 p.430，清水建美編(2003)平凡社・日本の帰化植物 p.264，北海道(2010)ブルーリスト・D，浅井元朗(2015)全農教・植調雑草大鑑 p.294，⑤未確認

93. ハマチャヒキ(2.3.18.9：イネ科)
 Bromus hordeaceus L.
①邑田・米倉(2012)日本維管束植物目録 p.78 左，②欧州〜シベリア原産，③牧草に混入，④長田武正(1972)北隆館・日本帰化植物図鑑 p.209，長田武正(1989)平凡社・増補日本イネ科植物図譜 p.390，原松次(1992)札幌の植物 no.1067，五十嵐博(2001)北海道帰化植物便覧 p.149，滝田謙譲(2001)北海道植物図譜 p.1172・札幌市東区伏古，清水・森田・廣田(2001)全農教・日本帰化植物写真図鑑 p.430，清水建美編(2003)平凡社・日本の帰化植物 p.264，北海道(2010)ブルーリスト・B，旭川帰化植物研究会(2015)旭川の帰化植物 p.84，⑤各地で確認済み

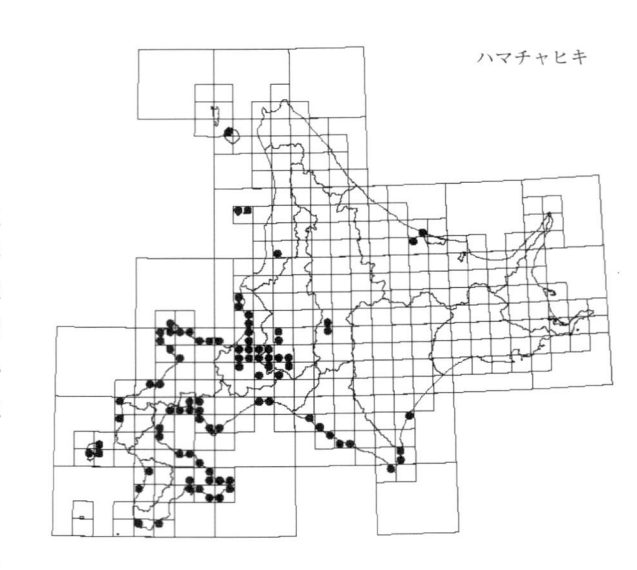

ハマチャヒキ

ハトノチャヒキ・カモメノチャヒキ(2.3.18.9：イネ科)
 Bromus hordeaceus L. ssp. *molliformis* (Lloyd) Maire et A. Weiller: Bromus molliformis Lloyd
①邑田・米倉(2012)日本維管束植物目録 p.78 右，②欧州原産，③牧草に混入，④長田武正(1972)北隆館・日本帰化植物図鑑 p.210，長田武正(1989)平凡社・増補日本イネ科植物図譜 p.270，五十嵐博(2001)北海道帰化植物便覧 p.149，清水・森田・廣田(2001)全農教・日本帰化植物写真図鑑 p.429，清水建美編(2003)平凡社・日本の帰化植物 p.265，北海道(2010)ブルーリスト・D，⑤未確認

94. コスズメノチャヒキ・エゾチャヒキ・イヌムギモドキ・スムーズブロームグラス(2.3.18.9：イネ科)
 Bromus inermis Leyss.
①邑田・米倉(2012)日本維管束植物目録 p.78 右，②欧州〜シベリア原産，③牧草として導入され各地に逸出，④長田武正(1972)北隆館・日本帰化植物図鑑 p.207，長田武正(1989)平凡社・増補日本イネ科植物図譜 p.392，五十嵐博(2001)北海道帰化植物便覧 p.148，滝田謙譲(2001)北海道植物図譜 p.1172・釧路町天寧，清水・森田・廣田(2001)全農

種子植物・被子植物・単子葉植物　19

教・日本帰化植物写真図鑑 p.429, 清水建美編(2003)平凡社・日本の帰化植物 p.265, 植村ほか(2010)全農教・日本帰化植物写真図鑑(2) p.324, 北海道(2010)ブルーリスト・A3, 浅井元朗(2015)全農教・植調雑草大鑑 p.295, 旭川帰化植物研究会(2015)旭川の帰化植物 p.84, ⑤各地で確認済み

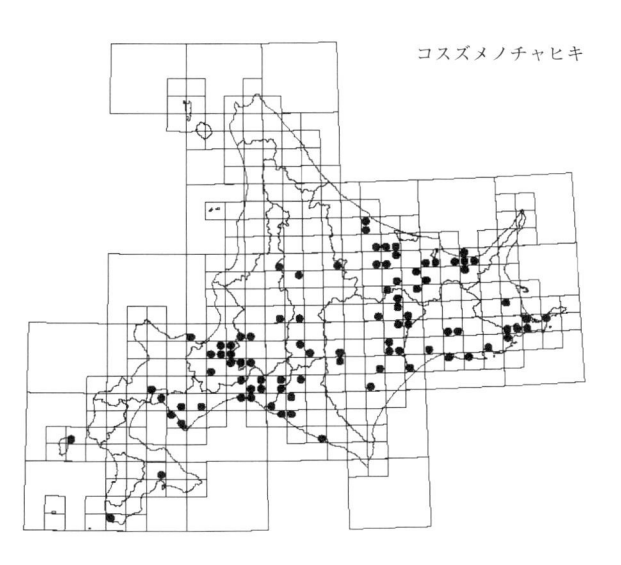

コスズメノチャヒキ

95. スズメノチャヒキ(2.3.18.9：イネ科)
　　Bromus japonicus Thunb.
①邑田・米倉(2012)日本維管束植物目録 p.78 右, ②ユーラシア原産, ③牧草に混入, ④五十嵐博(2001)北海道帰化植物便覧 p.149・参考掲載, 滝田謙譲(2001)北海道植物図譜 p.1173・釧路市西港,

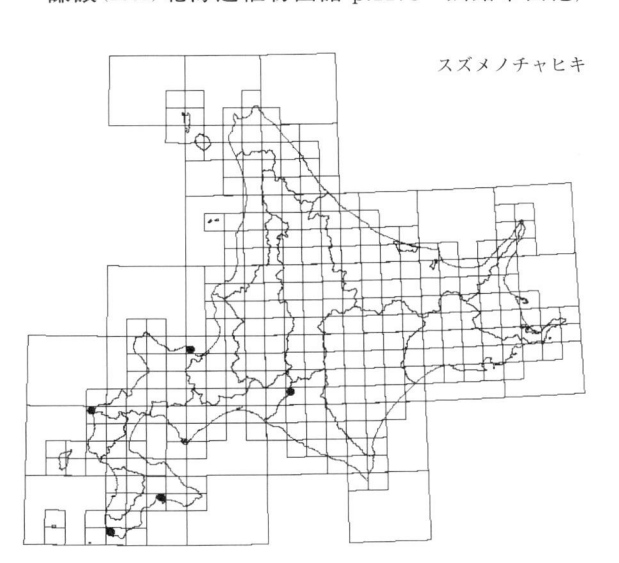

スズメノチャヒキ

清水建美編(2003)平凡社・日本の帰化植物 p.13, 262・在来種, 北海道(2010)ブルーリスト・B, 浅井元朗(2015)全農教・植調雑草大鑑 p.295, ⑤松前町などで確認済み

96. ヒバリノチャヒキ・イシカリチャヒキ
　　(2.3.18.9：イネ科)
　　Bromus racemosus L.
②北米原産, ③牧草に混入, ④五十嵐博(2001)北海道帰化植物便覧 p.149, 清水建美編(2003)平凡社・日本の帰化植物 p.267, 北海道(2010)ブルーリスト・D, ⑤未確認

97. カラスノチャヒキ(2.3.18.9：イネ科)
　　Bromus secalinus L.
①邑田・米倉(2012)日本維管束植物目録 p.78 右, ②ユーラシア原産, ③牧草に混入, ④長田武正(1972)北隆館・日本帰化植物図鑑 p.210, 長田武正(1989)平凡社・増補日本イネ科植物図譜 p.388, 五十嵐博(2001)北海道帰化植物便覧 p.150, 滝田謙譲(2001)北海道植物図譜 p.1173・釧路市西港, 清水・森田・廣田(2001)全農教・日本帰化植物写真図鑑 p.432, 清水建美編(2003)平凡社・日本の帰化植物 p.266, 北海道(2010)ブルーリスト・B, ⑤函館市で確認済み

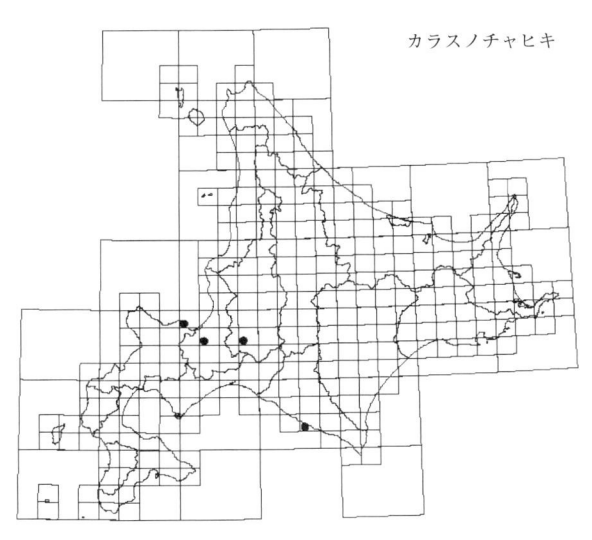

カラスノチャヒキ

98. ノゲイヌムギ・ノゲノムギ(2.3.18.9：イネ科)
　Bromus sitchensis Trin.
②北米原産，③牧草に混入，④長田武正(1989)日本イネ科植物図譜 p.398：ヤクナガイヌムギとの誤同定を報告している：道内での過去の報告は間違いを含む可能性がある，五十嵐博(2001)北海道帰化植物便覧 p.150，清水建美編(2003)平凡社・日本の帰化植物 p.263，北海道(2010)ブルーリスト・B，邑田・米倉(2012)日本維管束植物目録 p.78 左・ヤクナガイヌムギの別名，⑤未確認

99. アレチノチャヒキ・ニセキツネガヤ
　　(2.3.18.9：イネ科)
　Bromus sterilis L.
①邑田・米倉(2012)日本維管束植物目録 p.78 右，②欧州原産，③牧草に混入，④長田武正(1972)北隆館・日本帰化植物図鑑 p.208，長田武正(1989)平凡社・増補日本イネ科植物図譜 p.392，五十嵐博(2001)北海道帰化植物便覧 p.150，清水建美編(2003)平凡社・日本の帰化植物 p.266，北海道(2010)ブルーリスト・D，⑤未確認

100. ウマノチャヒキ・ヒゲナガチャヒキ・ヤセチャヒキ(2.3.18.9：イネ科)
　Bromus tectorum L.
①邑田・米倉(2012)日本維管束植物目録 p.78 右，②欧州原産，③牧草に混入・海岸部などに稀，④長田武正(1972)北隆館・日本帰化植物図鑑 p.207，長田武正(1976)保育社・原色日本帰化植物図鑑 p.375，長田武正(1989)平凡社・増補日本イネ科植物図譜 p.380，五十嵐博(2001)北海道帰化植物便覧 p.151，滝田謙譲(2001)北海道植物図譜 p.1174・北見市無加川堤防上，清水・森田・廣田(2001)全農教・日本帰化植物写真図鑑 p.433，清水建美編(2003)平凡社・日本の帰化植物 p.266，梅沢俊(2007)新北海道の花 p.422・釧路市西港，北海道(2010)ブルーリスト・B，浅井元朗(2015)全農教・植調雑草大鑑 p.295，旭川帰化植物研究会(2015)旭川の帰化植物 p.84，⑤各地で確認済み

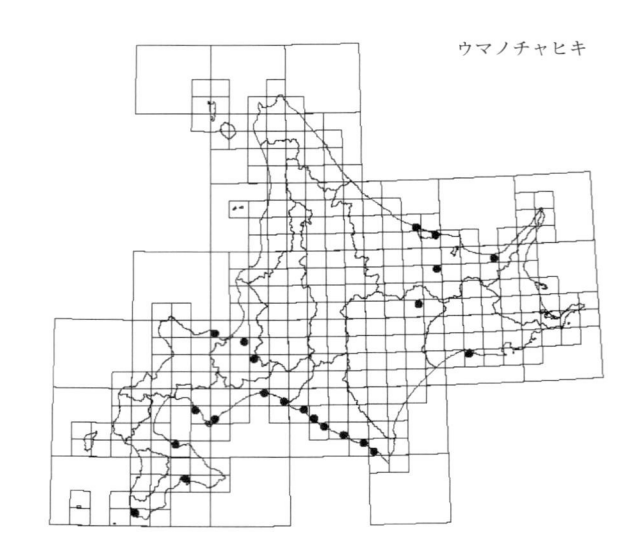

ウマノチャヒキ

101. ヒメクリノイガ(2.3.18.9：イネ科)
　Cenchrus longispinus (Hack.) Fernald
①邑田・米倉(2012)日本維管束植物目録 p.79 左，②北米原産，③牧草に混入，④長田武正(1989)平凡社・増補日本イネ科植物図譜 p.646，五十嵐博(2001)北海道帰化植物便覧 p.151，清水建美編(2003)平凡社・日本の帰化植物 p.280・伊達市・道内で過去にオオクリノイガで報告されている種は勝山輝男氏の標本同定の結果・ヒメクリノイガとなった，北海道(2010)ブルーリスト・D，⑤未確認

102. クシガヤ(2.3.18.9：イネ科)
　Cynosurus cristatus L.
①邑田・米倉(2012)日本維管束植物目録 p.79 右，②南欧州〜西アジア原産，③牧草に混入，④長田武正(1972)北隆館・日本帰化植物図鑑 p.214，長田武正(1976)保育社・原色日本帰化植物図鑑 p.379，長田武正(1989)平凡社・増補日本イネ科植物図譜 p.144，五十嵐博(2001)北海道帰化植物便覧 p.151，清水建美編(2003)平凡社・日本の帰化植物 p.243，北海道(2010)ブルーリスト・D，⑤未確認

103. ヒゲガヤ(2.3.18.9：イネ科)
　Cynosurus echinatus L.
①邑田・米倉(2012)日本維管束植物目録 p.79 右，②欧州原産，③牧草に混入，④長田武正(1972)北隆館・日本帰化植物図鑑 p.214，長田武正(1976)保

育社・原色日本帰化植物図鑑 p.379, 長田武正 (1989)平凡社・増補日本イネ科植物図譜 p.144, 五十嵐博(2001)北海道帰化植物便覧 p.152, 滝田謙譲 (2001)北海道植物図譜 p.1184・旭川市旭岡, 清水建美編(2003)平凡社・日本の帰化植物 p.243, 北海道(2010)ブルーリスト・B, 植村ほか(2010)全農教・日本帰化植物写真図鑑(2) p.330, 浅井元朗(2015)全農教・植調雑草大鑑 p.320, ⑤江別市野幌で確認済み

104. カモガヤ・オーチャードグラス(2.3.18.9：イネ科)
Dactyis glomerata L.
①邑田・米倉(2012)日本維管束植物目録 p.79 右, ②欧州～西アジア原産, ③牧草で導入され芝生としても利用され各地に逸出, ④長田武正(1972)北隆館・日本帰化植物図鑑 p.215, 長田武正(1976)保育社・原色日本帰化植物図鑑 p.391, 長田武正(1989)平凡社・増補日本イネ科植物図譜 p.206, 原松次(1992)札幌の植物 no.1077, 五十嵐博(2001)北海道帰化植物便覧 p.152, 滝田謙譲(2001)北海道植物図譜 p.1186・釧路市春採湖湖畔, 清水・森田・廣田(2001)全農教・日本帰化植物写真図鑑 p.438, 清水建美編(2003)平凡社・日本の帰化植物 p.244, 梅沢俊(2007)新北海道の花 p.416・札幌市定山渓, 北海道(2010)ブルーリスト・A3, 浅井元朗(2015)全農教・植調雑草大鑑 p.318, 旭川帰化植物研究会

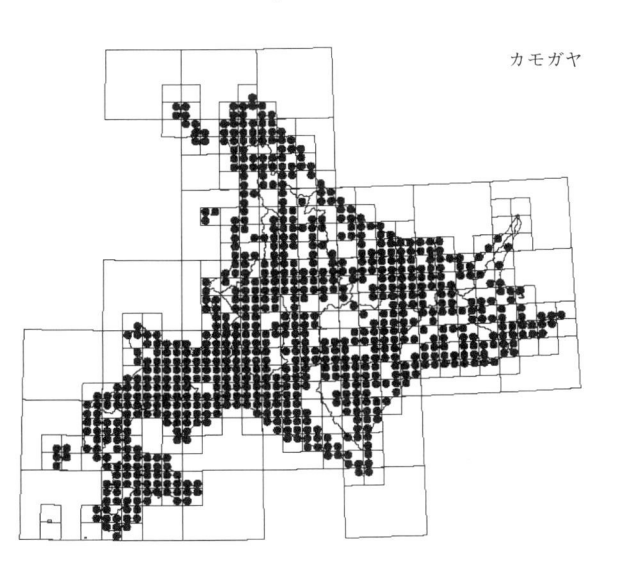

カモガヤ

(2015)旭川の帰化植物 p.84, **環境省・要注意外来生物**, ⑤各地で確認済み

105. ニコゲヌカキビ(2.3.18.9：イネ科)
Dichanthelium acuminatum (Sw.) Gould et C. A. Clark: Panicum lanuginosum Elliott: Panicum acuminatum Sw.
①邑田・米倉(2012)日本維管束植物目録 p.80 左, ②北米原産, ③牧草に混入・胆振地方に多い, ④長田武正(1972)北隆館・日本帰化植物図鑑 p.227, 長田武正(1989)平凡社・増補日本イネ科植物図譜 p.554, 原松次(1992)札幌の植物 no.1124, 五十嵐博(2001)北海道帰化植物便覧 p.160, 滝田謙譲(2001)北海道植物図譜 p.1228・釧路町天寧, 清水建美編(2003)平凡社・日本の帰化植物 p.282, 植村ほか(2010)全農教・日本帰化植物写真図鑑(2) p.347, 北海道(2010)ブルーリスト・B, ⑤各地で確認済み・漢字では似子毛糠黍と書く

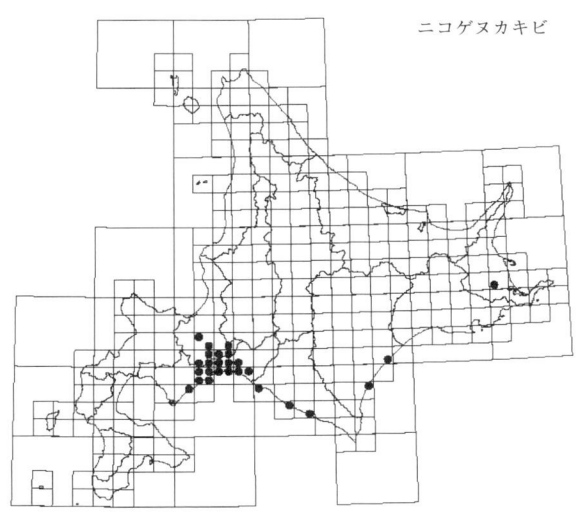

ニコゲヌカキビ

106. ハキダメガヤ(2.3.18.9：イネ科)
Dinebra retroflexa (Forssk.. ex Vahl) Panz.: Dinebra arabica Jacq.
①邑田・米倉(2012)日本維管束植物目録 p.80 右, ②アフリカ～インド原産, ③牧草に混入・稀, ④長田武正(1972)北隆館・日本帰化植物図鑑 p.216, 長田武正(1989)平凡社・増補日本イネ科植物図譜 p.468, 五十嵐博(2001)北海道帰化植物便覧 p.152,

清水・森田・廣田(2001)全農教・日本帰化植物写真図鑑 p.440, 清水建美編(2003)平凡社・日本の帰化植物 p.272, 北海道(2010)ブルーリスト・D, ⑤未確認

107. ヒエ(2.3.18.9：イネ科)
Echinochloa esculenta（A. Braun）H. Scholz
①邑田・米倉(2012)日本維管束植物目録 p.80 右, ②本州原産・栽培種, ③栽培され逸出・稀, ④長田武正(1989)平凡社・増補日本イネ科植物図譜 p.576, 五十嵐博(2001)北海道帰化植物便覧 p.152, 北海道(2010)ブルーリスト・D, ⑤北斗市(旧・大野町)で確認済み

108. シバムギ・ヒメカモジグサ・クオックグラス (2.3.18.9：イネ科)
Elytrigia repens（L.）Desv. ex B. D. Jackson: Elymus repens（L.）Beauv.
①邑田・米倉(2012)日本維管束植物目録 p.81 左, ②欧州原産, ③牧草に混入, ④長田武正(1972)北隆館・日本帰化植物図鑑 p.199, 長田武正(1989)平凡社・増補日本イネ科植物図譜 p.428, 五十嵐博(2001)北海道帰化植物便覧 p.153, 滝田謙譲(2001)北海道植物図譜 p.1194・釧路市武佐, 清水・森田・廣田(2001)全農教・日本帰化植物写真図鑑 p.416, 清水建美編(2003)平凡社・日本の帰化植物 p.268, 北海道(2010)ブルーリスト・A3, 浅井元朗(2015)全農教・植調雑草大鑑 p.287, 旭川帰化植物研究会(2015)旭川の帰化植物 p.85, **環境省・要注意外来生物**, ⑤各地で確認済み

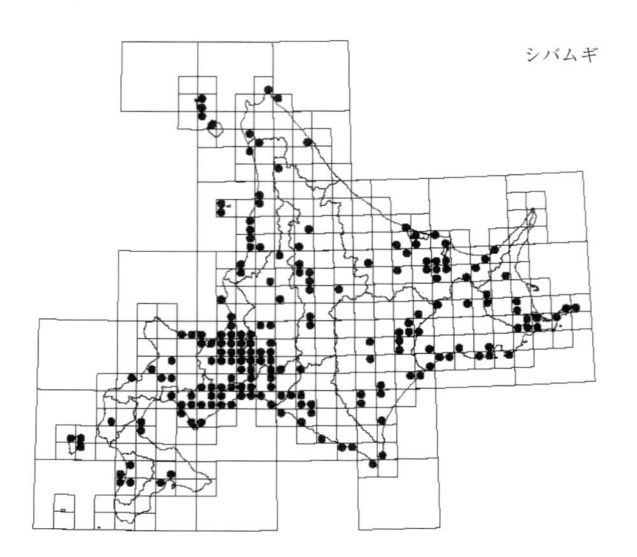

シバムギ

ノゲシバムギ・ノギナガヒメカモジグサ (2.3.18.9：イネ科)
Elytrigia repens（L.）Desv. ex B. D. Jackson var. *aristata*（Doell）Prokud.: Elymus repens（L.）Beauv. var. aristatum Baumg
②欧州原産, ③牧草に混入, ④長田武正(1989)平凡社・増補日本イネ科植物図譜 p.428, 五十嵐博(2001)北海道帰化植物便覧 p.153, 滝田謙譲(2001)北海道植物図譜 p.1194・旭川市宮前通, 清水建美編(2003)平凡社・日本の帰化植物 p.268, 北海道(2010)ブルーリスト・A3, 旭川帰化植物研究会(2015)旭川の帰化植物 p.85, ⑤各地で確認済み

109. シナダレスズメガヤ・セイタカカゼクサ・ウイーピングラブグラス(2.3.18.9：イネ科)
Eragrostis curvula（Schrad.）Nees
①邑田・米倉(2012)日本維管束植物目録 p.81 左, ②南アフリカ原産, ③牧草に混入, ④長田武正(1972)北隆館・日本帰化植物図鑑 p.217, 長田武正(1976)保育社・原色日本帰化植物図鑑 p.386, 長田武正(1989)平凡社・増補日本イネ科植物図譜 p.488, 五十嵐博(2001)北海道帰化植物便覧 p.153, 清水・森田・廣田(2001)全農教・日本帰化植物写真図鑑 p.444, 清水建美編(2003)平凡社・日本の帰化植物 p.272, 滝田謙譲(2004)北海道植物図譜補遺 p.52・札幌市手稲区山口緑地, 北海道(2010)ブルーリスト・A3, **環境省・要注意外来生物**, ⑤札幌市手稲区で確認済み・暖地種のためか道内では余り見かけない

110. コスズメガヤ(2.3.18.9：イネ科)
Eragrostis minor Host: Eragrostis poaeoides Beauv.
①邑田・米倉(2012)日本維管束植物目録 p.81 左, ②ユーラシア原産, ③牧草に混入, ④長田武正(1972)北隆館・日本帰化植物図鑑 p.218, 長田武正(1989)平凡社・増補日本イネ科植物図譜 p.474, 原

松次(1992)札幌の植物 no.1088・東札幌駅跡，五十嵐博(2001)北海道帰化植物便覧 p.154，滝田謙譲(2001)北海道植物図譜 p.1197・札幌市手稲区稲穂車両駅構内，清水・森田・廣田(2001)全農教・日本帰化植物写真図鑑 p.444，清水建美編(2003)平凡社・日本の帰化植物 p.273，北海道(2010)ブルーリスト・B，浅井元朗(2015)全農教・植調雑草大鑑 p.301，旭川帰化植物研究会(2015)旭川の帰化植物 p.85，⑤小樽港で確認済み

111. ハガワリトボシガラ(2.3.18.9：イネ科)
Festuca heterophylla Lam.
①邑田・米倉(2012)日本維管束植物目録 p.81 右，②欧州〜西アジア原産，③砂防用に導入・稀，④長田武正(1989)平凡社・増補日本イネ科植物図譜 p.114，滝田謙譲(2001)北海道植物図譜 p.1201・旭川市旭山，清水建美編(2003)平凡社・日本の帰化植物 p.245，五十嵐博(2012)新しい外来植物・ボタニカ 30：7-10，北海道(2010)ブルーリスト・B，⑤苫小牧市で確認済み

112. オオウシノケグサ・クリーピングフェスク・レッドフェスク・ハイウシノケグサ(2.3.18.9：イネ科)
Festuca rubra L.
①邑田・米倉(2012)日本維管束植物目録 p.82 左，②欧州原産，③在来種説あり・牧草に混入，④長田武正(1989)平凡社・増補日本イネ科植物図譜 p.112，原松次(1992)札幌の植物 no.1094，五十嵐博(2001)北海道帰化植物便覧 p.155，滝田謙譲(2001)北海道植物図鑑 p.1200・白糠町馬主来沼湖畔，清水・森田・廣田(2001)全農教・日本帰化植物写真図鑑 p.447，清水建美編(2003)平凡社・日本の帰化植物 p.245，梅沢俊(2007)新北海道の花 p.417，北海道(2010)ブルーリスト・B，⑤各地で確認済み

113. ヒロハウキガヤ(2.3.18.9：イネ科)：和名変更可能性種
Glyceria notata Chevall.: Glyceria fluitans (L.) R. Br.
①邑田・米倉(2012)日本維管束植物目録 p.82 左・帰？，②欧州原産，③牧草に混入・稀，④清水建美編(2003)平凡社・日本の帰化植物 p.252：庄子・浅野(1991)は誤同定の可能性で別種・内田暁友氏からの情報，北海道(2010)ブルーリスト・B，⑤斜里町の水路で確認済み

114. セイヨウウキガヤ(2.3.18.9：イネ科)
Glyceria occidentalis (Piper) J. C. Nelson
【Plate 2 ③】
①邑田・米倉(2012)日本維管束植物目録 p.82 左，②北米原産，③牧草に混入・稀，④清水建美編(2003)平凡社・日本の帰化植物 p.252，角野康郎(2014)文一総合出版・日本の水草 p.209：安平町

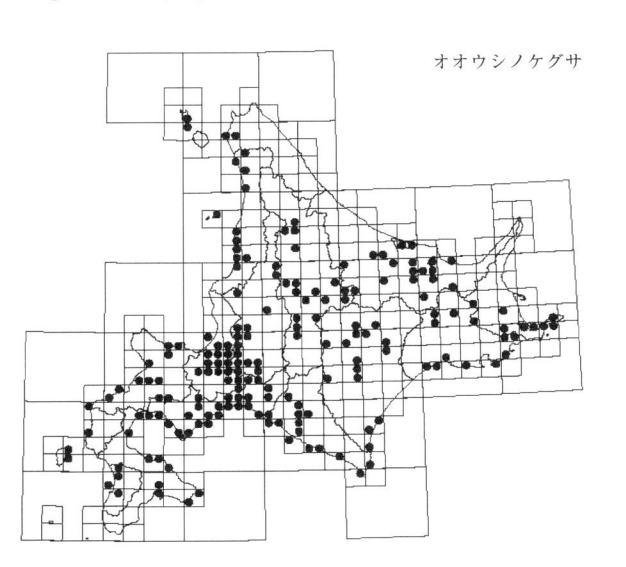

オオウシノケグサ

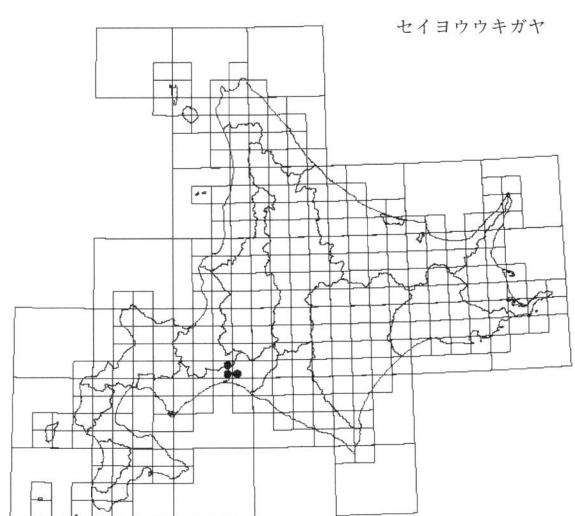

セイヨウウキガヤ

Glyceria × *occidentalis*，⑤2015年6月・角野康郎氏に安平町の産地を教わり遠浅川流域の数カ所で確認済み，北方山草33号へ投稿中

115. ムラサキドジョウツナギ (2.3.18.9：イネ科)
Glyceria striata (Lam.) A. S. Hitchc.
②北米原産，③牧草に混入，④滝田謙譲(2004)北海道植物図鑑・補遺 p.53・日高町，⑤未確認

116. シラゲガヤ・ベルベットグラス・ヨークシャーフォッグ (2.3.18.9：イネ科)
Holcus lanatus L.
①邑田・米倉(2012)日本維管束植物目録 p.82 右，②欧州原産，③牧草として導入・各地に逸出，④長田武正(1972)北隆館・日本帰化植物図鑑 p.223，長田武正(1976)保育社・原色日本帰化植物図鑑 p.387，長田武正(1989)平凡社・増補日本イネ科植物図譜 p.258，五十嵐博(2001)北海道帰化植物便覧 p.156，滝田謙譲(2001)北海道植物図鑑 p.1213・阿寒町オクルシベ，清水・森田・廣田(2001)全農教・日本帰化植物写真図鑑 p.448，清水建美編(2003)平凡社・日本の帰化植物 p.259，北海道(2010)ブルーリスト・B，浅井元朗(2015)全農教・植調雑草大鑑 p.320，⑤各地で確認済み

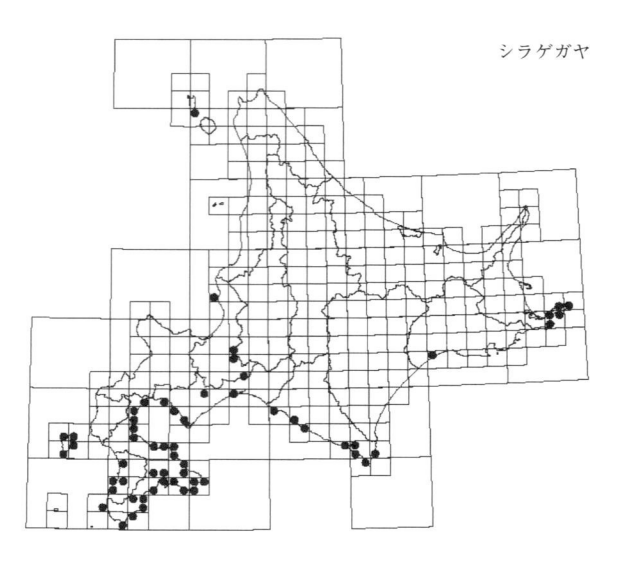

シラゲガヤ

117. ヤバネオオムギ・ヤバネムギ・ニレツオオムギ・サナダムギ (2.3.18.9：イネ科)
Hordeum distichon L.
②作物・欧州原産，③畑から稀に逸出，④長田武正(1989)平凡社・増補日本イネ科植物図譜 p.436，五十嵐博(2001)北海道帰化植物便覧 p.156，清水建美編(2003)平凡社・日本の帰化植物 p.269，北海道(2010)ブルーリスト・B，植村ほか(2010)全農教・日本帰化植物写真図鑑(2) p.338，⑤未確認

118. ホソノゲムギ・コムギクサ・リスノシッポ (2.3.18.9：イネ科)
Hordeum jubatum L.
①邑田・米倉(2012)日本維管束植物目録 p.82 右，②北米・東アジア原産，③牧草に混入，近年は庭に植栽されたものが逸出，④長田武正(1972)北隆館・日本帰化植物図鑑 p.221，長田武正(1989)平凡社・増補日本イネ科植物図譜 p.438，原松次(1992)札幌の植物 no.1103 五十嵐博(2001)北海道帰化植物便覧 p.156，滝田謙譲(2001)北海道植物図鑑 p.1214・旭川市永山，清水・森田・廣田(2001)全農教・日本帰化植物写真図鑑 p.448，清水建美編(2003)平凡社・日本の帰化植物 p.269，北海道(2010)ブルーリスト・B，植村ほか(2010)全農教・日本帰化植物写真図鑑(2) p.311，旭川帰化植物研究会(2015)旭川の帰化植物 p.85，⑤各地で確認済み

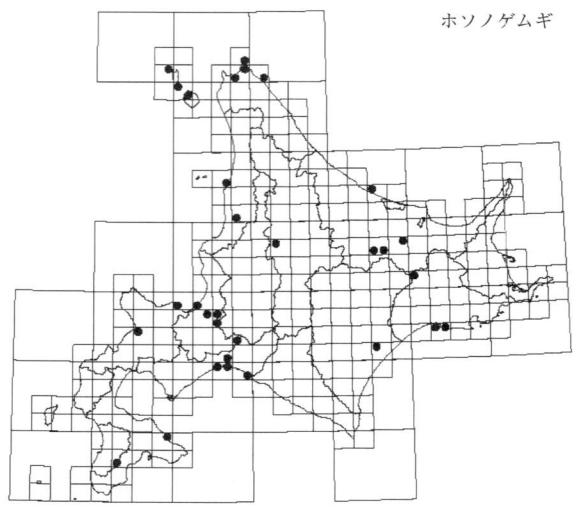

ホソノゲムギ

119. ムギクサ(2.3.18.9：イネ科) 【Plate 2 ④】
　　Hordeum murinum L.
①邑田・米倉(2012)日本維管束植物目録 p.82 右，②欧州原産，③牧草に混入，④長田武正(1972)北隆館・日本帰化植物図鑑 p.221，長田武正(1989)平凡社・増補日本イネ科植物図譜 p.436，原松次(1992)札幌の植物 no.1104，五十嵐博(2001)北海道帰化植物便覧 p.157，清水・森田・廣田(2001)全農教・日本帰化植物写真図鑑 p.449，清水建美編(2003)平凡社・日本の帰化植物 p.269，北海道(2010)ブルーリスト・B，浅井元朗(2015)全農教・植調雑草大鑑 p.323，⑤札幌市中島公園で確認済み

120. オオムギ・ヨレツオオムギ(2.3.18.9：イネ科)
　　Hordeum vulgare L.
①邑田・米倉(2012)日本維管束植物目録 p.82 右，②作物・欧州原産，③栽培され稀に逸出，④長田武正(1989)平凡社・増補日本イネ科植物図譜 p.436，五十嵐博(2001)北海道帰化植物便覧 p.157，清水建美編(2003)平凡社・日本の帰化植物 p.269，北海道(2010)ブルーリスト・B，⑤未確認

121. ネズミホソムギ(2.3.18.9：イネ科)
　　Lolium × *hybridum* Hausskn.
①邑田・米倉(2012)日本維管束植物目録 p.83 右，②欧州原産，③牧草に混入，④長田武正(1972)北隆館・日本帰化植物図鑑 p.224・ホソムギとネズミムギの雑種，五十嵐博(2001)北海道帰化植物便覧 p.157，清水建美編(2003)平凡社・日本の帰化植物 p.246，北海道(2010)ブルーリスト・B，旭川帰化植物研究会(2015)旭川の帰化植物 p.85，⑤札幌市などで確認済み

122. ネズミムギ・イタリアンライグラス・コネズミムギ・エダウチネズミムギ(2.3.18.9：イネ科)
　　Lolium multiflorum Lam.
①邑田・米倉(2012)日本維管束植物目録 p.83 右，②欧州～北西アフリカ原産，③牧草として栽培され各地に逸出，④長田武正(1972)北隆館・日本帰化植物図鑑 p.224，長田武正(1989)平凡社・増補日本イネ科植物図譜 p.128，原松次(1992)札幌の植物 no.1108，五十嵐博(2001)北海道帰化植物便覧 p.157，滝田謙譲(2001)北海道植物図譜 p.1217・標茶町阿歴内，清水・森田・廣田(2001)全農教・日本帰化植物写真図鑑 p.451，清水建美編(2003)平凡社・日本の帰化植物 p.246，北海道(2010)ブルーリスト・A3，浅井元朗(2015)全農教・植調雑草大鑑 p.310，**環境省・要注意外来生物**，⑤各地で確認済み

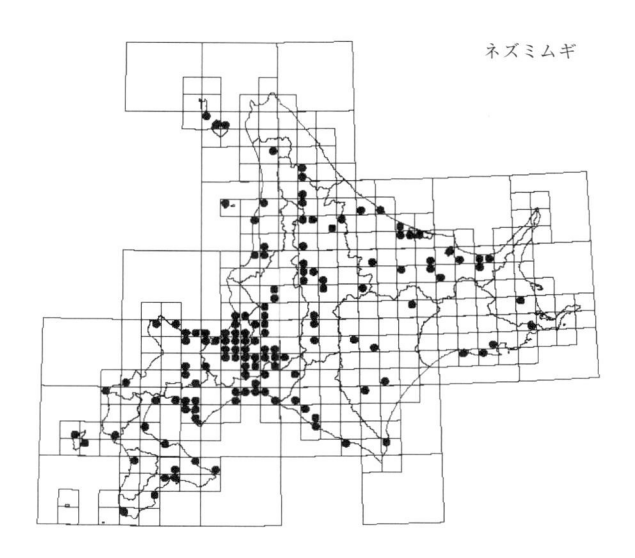

ネズミムギ

123. ホソムギ・ペレニアルライグラス・チャヒキムギ(2.3.18.9：イネ科)
　　Lolium perenne L.
①邑田・米倉(2012)日本維管束植物目録 p.83 右，

ホソムギ

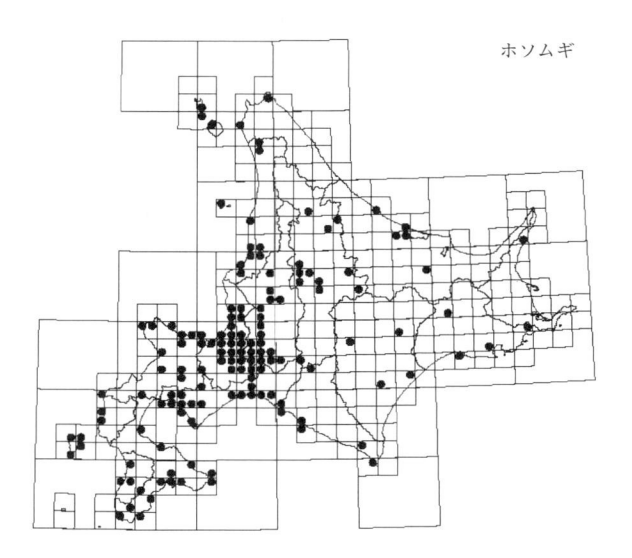

②欧州原産，③牧草として栽培され各地に逸出，④長田武正(1972)北隆館・日本帰化植物図鑑 p.224，長田武正(1989)平凡社・増補日本イネ科植物図譜 p.130，原松次(1992)札幌の植物 no.1109，五十嵐博(2001)北海道帰化植物便覧 p.157，滝田謙譲(2001)北海道植物図譜 p.1218・北見市春光町，清水・森田・廣田(2001)全農教・日本帰化植物写真図鑑 p.452，清水建美編(2003)平凡社・日本の帰化植物 p.246，北海道(2010)ブルーリスト・A3，浅井元朗(2015)全農教・植調雑草大鑑 p.310，旭川帰化植物研究会(2015)旭川の帰化植物 p.85，**環境省・要注意外来生物**，⑤各地で確認済み

124．アマドクムギ(2.3.18.9：イネ科)
Lolium remotum Schrank
①邑田・米倉(2012)日本維管束植物目録 p.83 右，②欧州原産，③アマ栽培に随伴・稀，④平山常太郎(1918)日本に於ける帰化植物 192-194，五十嵐博(2001)北海道帰化植物便覧 p.158，清水建美編(2003)平凡社・日本の帰化植物 p.246・アマの栽培が下火になるとともに衰退，北海道(2010)ブルーリスト・D，⑤未確認

125．ボウムギ・トゲムギ・トゲシバ(2.3.18.9：イネ科)
Lolium rigidum Gaudin
①邑田・米倉(2012)日本維管束植物目録 p.83 右，②欧州原産，③牧草に混入，④長田武正(1972)北隆館・日本帰化植物図鑑 p.225，長田武正(1989)平凡社・増補日本イネ科植物図譜 p.134，五十嵐博(2001)北海道帰化植物便覧 p.158，清水・森田・廣田(2001)全農教・日本帰化植物写真図鑑 p.452，清水建美編(2003)平凡社・日本の帰化植物 p.247，北海道(2010)ブルーリスト・B，⑤未確認

126．ドクムギ(2.3.18.9：イネ科)
Lolium temulentum L.
①邑田・米倉(2012)日本維管束植物目録 p.83 右，②欧州原産，③牧草に混入，④長田武正(1972)北隆館・日本帰化植物図鑑 p.225，長田武正(1989)平凡社・増補日本イネ科植物図譜 p.132，五十嵐博(2001)北海道帰化植物便覧 p.158，滝田謙譲(2001)北海道植物図譜 p.1218・釧路市西港，清水・森田・廣田(2001)全農教・日本帰化植物写真図鑑 p.453，清水建美編(2003)平凡社・日本の帰化植物 p.247，北海道(2010)ブルーリスト・A3(毒草)，⑤小樽市で確認済み

127．ハナクサキビ・キヌイトヌカキビ(2.3.18.9：イネ科)
Panicum capillare L.
①邑田・米倉(2012)日本維管束植物目録 p.84 右，②北米原産，③牧草に混入・道央圏で目立つ，④長田武正(1972)北隆館・日本帰化植物図鑑 p.228，長田武正(1989)平凡社・増補日本イネ科植物図譜 p.558，原松次(1992)札幌の植物 no.1123，五十嵐博(2001)北海道帰化植物便覧 p.159，滝田謙譲(2001)北海道植物図譜 p.1229・札幌市桑園駅付近，清水・森田・廣田(2001)全農教・日本帰化植物写真図鑑 p.454，清水建美編(2003)平凡社・日本の帰化植物 p.283，北海道(2010)ブルーリスト・B，浅井元朗(2015)全農教・植調雑草大鑑 p.325，旭川帰化植物研究会(2015)旭川の帰化植物 p.85，⑤各地で確認済み

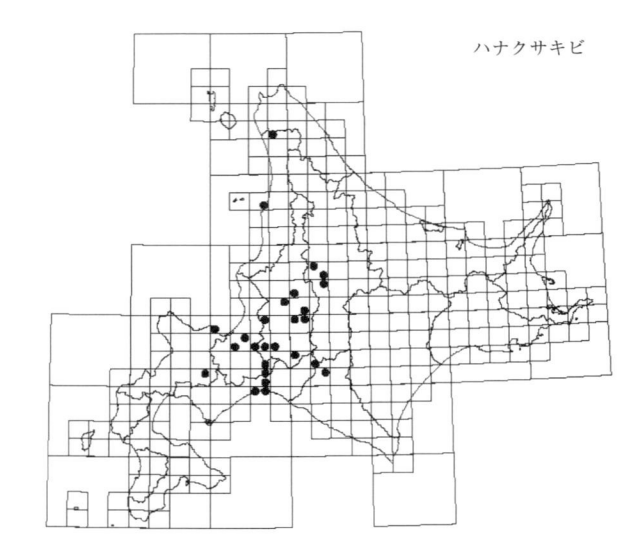

ハナクサキビ

128．オオクサキビ(2.3.18.9：イネ科)
Panicum dichotomiflorum Michx.
①邑田・米倉(2012)日本維管束植物目録 p.84 右，

種子植物・被子植物・単子葉植物　27

②北米原産，③牧草に混入・近年各地で目立ってきた印象，④長田武正(1972)北隆館・日本帰化植物図鑑 p.228，長田武正(1976)保育社・原色日本帰化植物図鑑 p.388，長田武正(1989)平凡社・増補日本イネ科植物図譜 p.552，五十嵐博(2001)北海道帰化植物便覧 p.159，滝田謙譲(2001)北海道植物図譜 p.1230・鵡川町汐見，清水・森田・廣田(2001)全農教・日本帰化植物写真図鑑 p.454，清水建美編(2003)平凡社・日本の帰化植物 p.283，北海道(2010)ブルーリスト・B，浅井元朗(2015)全農教・植調雑草大鑑 p.325，旭川帰化植物研究会(2015)旭川の帰化植物 p.85，⑤各地で確認済み

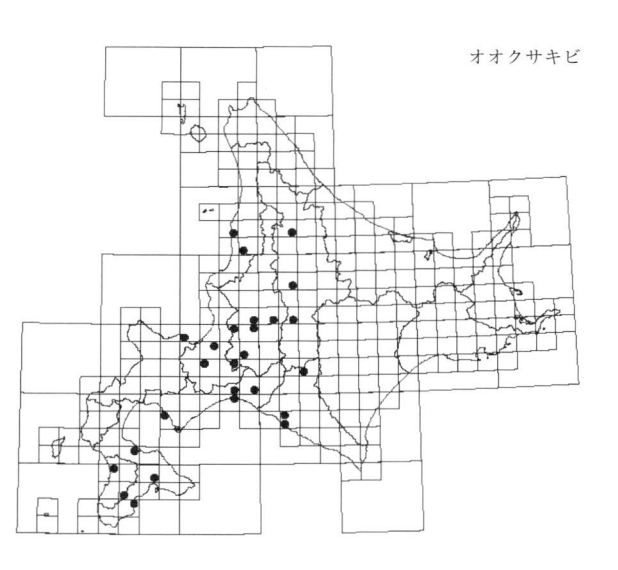

オオクサキビ

129. シマスズメノヒエ・ダリスグラス
　（2.3.18.9：イネ科）
Paspalum dilatatum Poir.
①邑田・米倉(2012)日本維管束植物目録 p.84 右，②南米原産，③暖地で牧草として導入され逸出だが道内は不明，④長田武正(1972)北隆館・日本帰化植物図鑑 p.229，長田武正(1976)保育社・原色日本帰化植物図鑑 p.380，長田武正(1989)平凡社・増補日本イネ科植物図譜 p.592，清水・森田・廣田(2001)全農教・日本帰化植物写真図鑑 p.457，清水建美編(2003)平凡社・日本の帰化植物 p.285，浅井元朗(2015)全農教・植調雑草大鑑 p.305，五十嵐博(2013)北方山草 30：101-104・⑤共和町小沢駅前で確認済み

130. クサヨシ・リードカナリーグラス
　（2.3.18.9：イネ科）
Phalaris arundinacea L.
①邑田・米倉(2012)日本維管束植物目録 p.85 左，②北半球広域原産，③牧草として導入され各地に逸出，④長田武正(1989)平凡社・増補日本イネ科植物図譜 p.282，原松次(1992)札幌の植物 no.1125，五十嵐博(2001)北海道帰化植物便覧 p.160，滝田謙譲(2001)北海道植物図譜 p.1234・釧路市春採湖湖畔，清水建美編(2003)平凡社・日本の帰化植物 p.260・在来種，北海道(2010)ブルーリスト・A3，浅井元朗(2015)全農教・植調雑草大鑑 p.319，⑤各地で確認済み

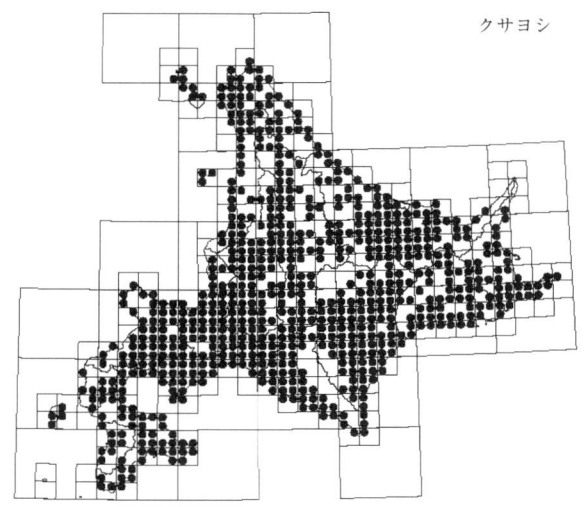

クサヨシ

リボングラス・シマヨシ(2.3.18.9：イネ科)
Phalaris arundinacea L. var. *picta* L.
②欧州原産?，③不明・稀④長田武正(1989)平凡社・増補日本イネ科植物図譜 p.282，五十嵐博(2001)北海道帰化植物便覧 p.160，⑤共和町で確認済み

131. カナリークサヨシ・ヤリクサヨシ・カナリーグラス・カナリーサード(2.3.18.9：イネ科)
Phalaris canariensis L.
①邑田・米倉(2012)日本維管束植物目録 p.85 左，②欧州原産，③鳥の餌に混入して逸出，④長田武正(1972)北隆館・日本帰化植物図鑑 p.232，長田武

正(1989)平凡社・増補日本イネ科植物図譜 p.284, 原松次(1992)札幌の植物 no.1126, 五十嵐博(2001) 北海道帰化植物便覧 p.161, 滝田謙譲(2001)北海道 植物図譜 p.1235・中川町, 清水・森田・廣田(2001) 全農教・日本帰化植物写真図鑑 p.461, 清水建美 編(2003)平凡社・日本の帰化植物 p.260, 北海道 (2010)ブルーリスト・B, 旭川帰化植物研究会(2015) 旭川の帰化植物 p.85, ⑤恵庭市で確認済み

132. ヒメカナリークサヨシ・ヒメヤリクサヨシ
   (2.3.18.9：イネ科)
   Phalaris minor Retz.
①邑田・米倉(2012)日本維管束植物目録 p.85 左, ②欧州原産, ③鳥の餌に混入して逸出, ④長田武 正(1972)北隆館・日本帰化植物図鑑 p.232, 長田武 正(1989)平凡社・増補日本イネ科植物図譜 p.286, 五十嵐博(2001)北海道帰化植物便覧 p.161, 清水・ 森田・廣田(2001)全農教・日本帰化植物写真図鑑 p.462, 清水建美編(2003)平凡社・日本の帰化植物 p.260, 北海道(2010)ブルーリスト・B, ⑤札幌市で 確認済み

133. オオアワガエリ・チモシーグラス・チモ
   シー・キヌイトソウ(2.3.18.9：イネ科)
   Phleum pratense L.
①邑田・米倉(2012)日本維管束植物目録 p.85 右, ②ユーラシア原産, ③牧草として栽培され逸出, ④長田武正(1972)北隆館・日本帰化植物図鑑 p.233, 長田武正(1976)保育社・原色日本帰化植物 図鑑 p.382, 長田武正(1989)平凡社・増補日本イネ 科植物図譜 p.370, 原松次(1992)札幌の植物 no.1127, 五十嵐博(2001)北海道帰化植物便覧 p.161, 滝田謙譲(2001)北海道植物図譜 p.1163・釧 路市高山, 清水・森田・廣田(2001)全農教・日本帰 化植物写真図鑑 p.462, 清水建美編(2003)平凡社・ 日本の帰化植物 p.261, 梅沢俊(2007)新北海道の花 p.415・札幌市, 北海道(2010)ブルーリスト・A3, 浅井元朗(2015)全農教・植調雑草大鑑 p.308, 旭川 帰化植物研究会(2015)旭川の帰化植物 p.85, **環境 省・要注意外来生物**, ⑤各地で確認済み

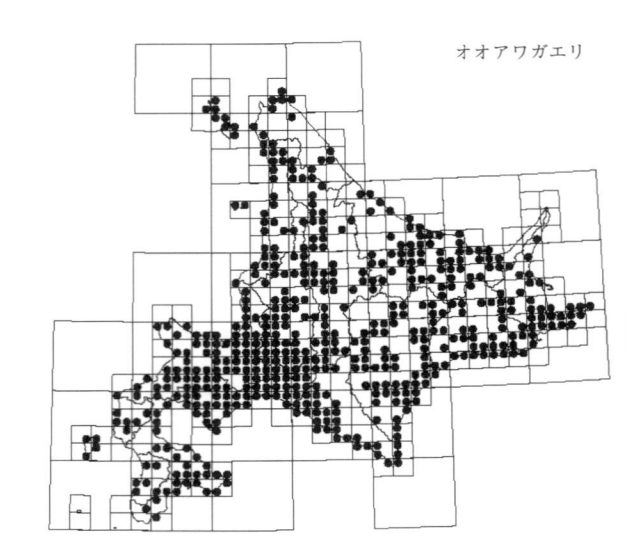

オオアワガエリ

134. アズマネザサ(2.3.18.9：イネ科)
   Pleioblastus chino (Franch. et Sav.) Makino
①邑田・米倉(2012)日本維管束植物目録 p.85 右, ②本州原産, ③植木付などにより移入され各地で 拡大, ④北海道(2010)ブルーリスト・B, ⑤各地で 確認済み

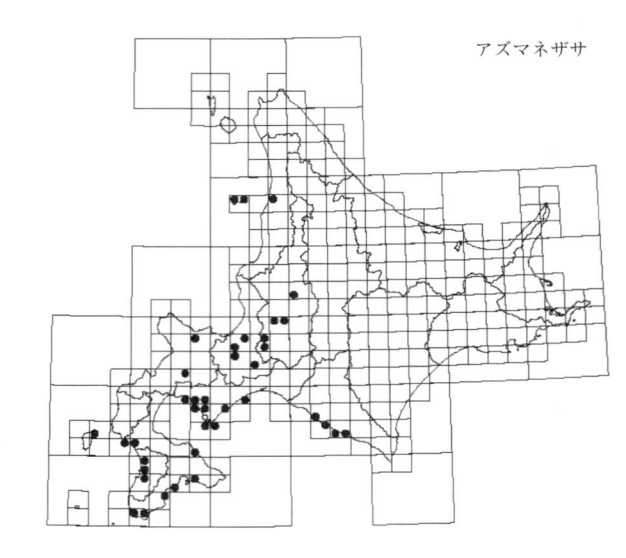

アズマネザサ

135. ムカゴイチゴツナギ(2.3.18.9：イネ科)
   Poa bulbosa L. var. *vivipara* Koeler
①邑田・米倉(2012)日本維管束植物目録 p.86 左, ②欧州原産, ③芝生混入・稀, ④長田武正(1989)平 凡社・日本イネ科植物図譜 p.204, 清水・森田・廣 田(2001)全農教・日本帰化植物写真図鑑 p.463, 清

水建美編(2003)平凡社・日本の帰化植物 p.248, 滝田謙譲(2004)]北海道植物図譜・補遺 p.54・東川町岐登牛神社境内, 梅沢俊(2007)北方山草 24:2・札幌市真駒内公園, 北海道(2010)ブルーリスト・B, ⑤札幌市中島公園, 東川町など各地で確認済み

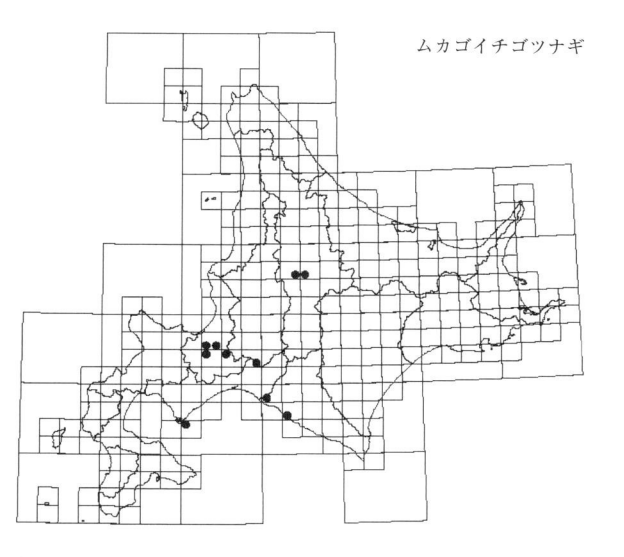

ムカゴイチゴツナギ

136. コイチゴツナギ・カナダブルーグラス
    (2.3.18.9:イネ科)
Poa compressa L.
①邑田・米倉(2012)日本維管束植物目録 p.86 左, ②欧州原産, ③芝生混入・各地に逸出, ④長田武正(1972)北隆館・日本帰化植物図鑑 p.234, 長田武正(1989)平凡社・増補日本イネ科植物図譜 p.178,

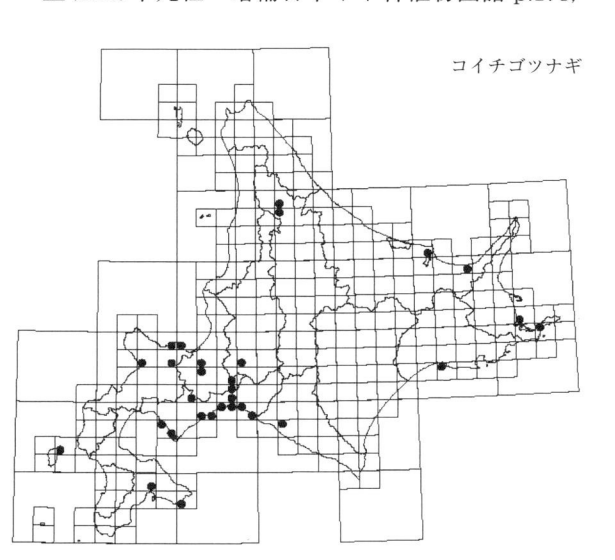

コイチゴツナギ

五十嵐博(2001)北海道帰化植物便覧 p.162, 滝田謙譲(2001)北海道植物図譜 p.1244・釧路市西港, 植村ほか(2010)全農教・日本帰化植物写真図鑑(2) p.351, 清水建美編(2003)平凡社・日本の帰化植物 p.248, 北海道(2010)ブルーリスト・B, 植村ほか(2010)全農教・日本帰化植物写真図鑑(2) p.351, ⑤各地で確認済み

137. ヌマイチゴツナギ(2.3.18.9:イネ科)
Poa palustris L.
①邑田・米倉(2012)日本維管束植物目録 p.86 右, ②北半球温帯原産, ③牧草に混入・各地に逸出, ④長田武正(1989)平凡社・増補日本イネ科植物図譜 p.174, 原松次(1992)札幌の植物 no.1134, 五十嵐博(2001)北海道帰化植物便覧 p.162, 滝田謙譲(2001)北海道植物図譜 p.1245・鶴居村下幌呂, 清水建美編(2003)平凡社・日本の帰化植物 p.249, 北海道(2010)ブルーリスト・B, 浅井元朗(2015)全農教・植調雑草大鑑 p.313, ⑤各地で確認済み

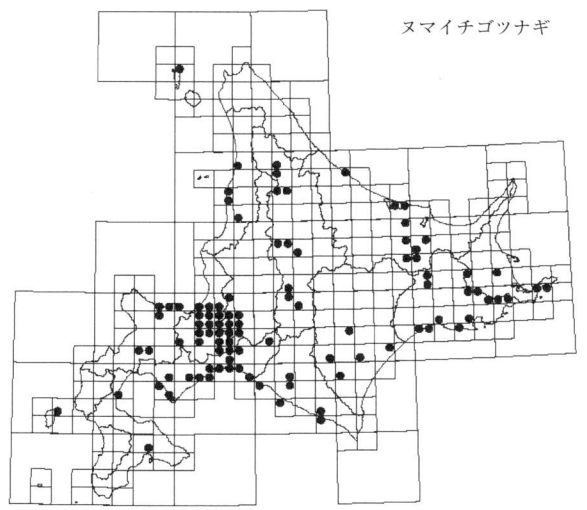

ヌマイチゴツナギ

138. ナガハグサ・ケンタッキーブルーグラス
    (2.3.18.9:イネ科)
Poa pratensis L.
①邑田・米倉(2012)日本維管束植物目録 p.86 右, ②ユーラシア原産, ③牧草・芝生として栽培され各地に逸出, ④長田武正(1972)北隆館・日本帰化植物図鑑 p.233, 長田武正(1989)平凡社・増補日本

30　イネ科

イネ科植物図譜 p.180，原松次(1992)札幌の植物 no.1135，五十嵐博(2001)北海道帰化植物便覧 p.162，清水・森田・廣田(2001)全農教・日本帰化植物写真図鑑 p.464，滝田謙譲(2001)北海道植物図譜 p.1244・釧路市高山，清水建美編(2003)平凡社・日本の帰化植物 p.249，梅沢俊(2007)新北海道の花 p.419，北海道(2010)ブルーリスト・A3，浅井元朗(2015)全農教・植調雑草大鑑 p.312，旭川帰化植物研究会(2015)旭川の帰化植物 p.85，⑤各地で確認済み

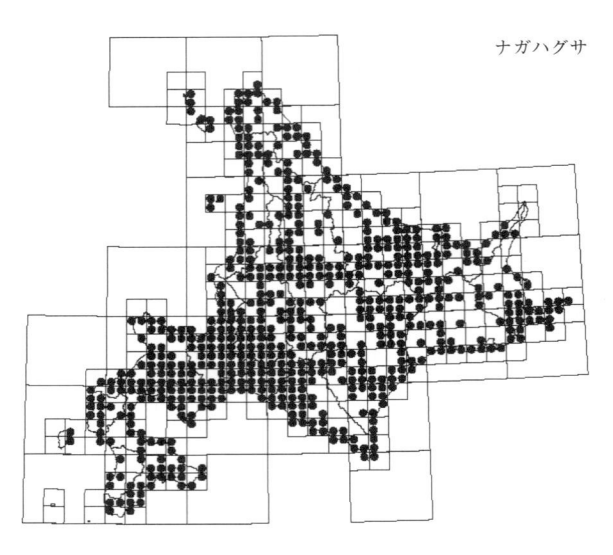

オオスズメノカタビラ

ナガハグサ

139. オオスズメノカタビラ(2.3.18.9：イネ科)
Poa trivialis L.
①邑田・米倉(2012)日本維管束植物目録 p.87 左，②欧州〜西南アジア原産，③牧草に混入・各地，④長田武正(1972)北隆館・日本帰化植物図鑑 p.234，長田武正(1989)平凡社・増補日本イネ科植物図譜 p.172，原松次(1992)札幌の植物 no.1136，五十嵐博(2001)北海道帰化植物便覧 p.163，滝田謙譲(2001)北海道植物図譜 p.1247・旭川市旭山，清水・森田・廣田(2001)全農教・日本帰化植物写真図鑑 p.464，清水建美編(2003)平凡社・日本の帰化植物 p.250，北海道(2010)ブルーリスト・A3，浅井元朗(2015)全農教・植調雑草大鑑 p.313，旭川帰化植物研究会(2015)旭川の帰化植物 p.85，⑤各地で確認済み

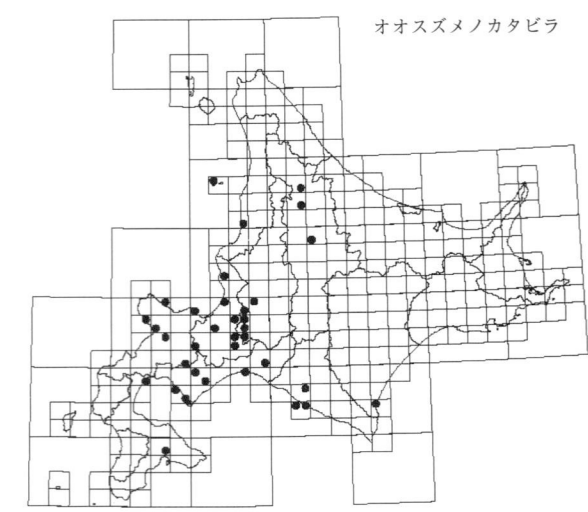

140. オニウシノケグサ・トールフェスク
（2.3.18.9：イネ科)
Schedonorus arundianaceus (Schreb.) Dumort.: *Festuca arundinacea* Schreb.
①邑田・米倉(2012)日本維管束植物目録 p.89 右，②欧州〜西アジア原産，③牧草として導入され各地に逸出，④長田武正(1972)北隆館・日本帰化植物図鑑 p.219，長田武正(1989)平凡社・増補日本イネ科植物図譜 p.124，原松次(1992)札幌の植物 no.1089，五十嵐博(2001)北海道帰化植物便覧 p.154，滝田謙譲(2001)北海道植物図譜 p.1198・釧路市武佐，清水・森田・廣田(2001)全農教・日本帰化植物写真図鑑 p.446，清水建美編(2003)平凡社・

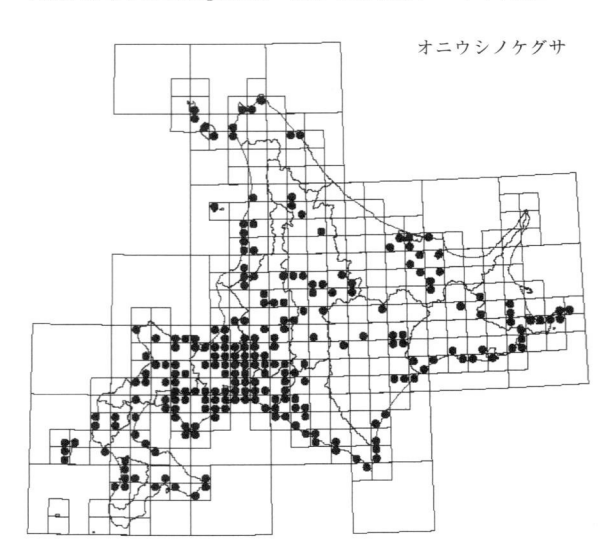

オニウシノケグサ

日本の帰化植物 p.244，梅沢俊(2007)新北海道の花 p.417，北海道(2010)ブルーリスト・A3，浅井元朗 (2015)全農教・植調雑草大鑑 p.311，旭川帰化植物研究会(2015)旭川の帰化植物 p.85，**環境省・要注意外来生物**，⑤各地で確認済み

141. オウシュウトボシガラ(2.3.18.9：イネ科)
Schedonorus giganteus (L.) Soreng et Terrell: *Festuca gigantea* (L.) Vill.
①邑田・米倉(2012)日本維管束植物目録 p.89 右，②ユーラシア原産，③牧草に混入・稀，④五十嵐博(2001)北海道帰化植物便覧 p.154，清水建美編(2003)平凡社・日本の帰化植物 p.245・北海道大学付属植物園(伊藤至：1968)，北海道(2010)ブルーリスト・B，⑤札幌市北大植物園，札幌市豊平区豊平公園内などで確認済み

142. ヒロハノウシノケグサ・メドウフェスク
　　　(2.3.18.9：イネ科)
Schedonorus pratensis (Hids.) P. Beauv.: *Festuca pratensis* Hudson
①邑田・米倉(2012)日本維管束植物目録 p.89 右，②欧州原産，③牧草として導入され各地に逸出，④長田武正(1972)北隆館・日本帰化植物図鑑 p.219，長田武正(1989)平凡社・増補日本イネ科植物図譜 p.122，原松次(1992)札幌の植物 no.1090，五十嵐博(2001)北海道帰化植物便覧 p.155，滝田謙譲(2001)北海道植物図譜 p.1199・釧路市春採湖湖畔，清水・森田・廣田(2001)全農教・日本帰化植物写真図鑑 p.447，清水建美編(2003)平凡社・日本の帰化植物 p.245，梅沢俊(2007)新北海道の花 p.417，北海道(2010)ブルーリスト・A3，浅井元朗(2015)全農教・植調雑草大鑑 p.311，旭川帰化植物研究会(2015)旭川の帰化植物 p.85，⑤各地で確認済み

143. コムギ(2.3.18.9：イネ科)
Triticum aestivum L.
①邑田・米倉(2012)日本維管束植物目録 p.91 左，②作物・欧州原産，③栽培され各地に逸出，④五十嵐博(2001)北海道帰化植物便覧 p.163，北海道(2010)ブルーリスト・B，⑤各地で確認済み

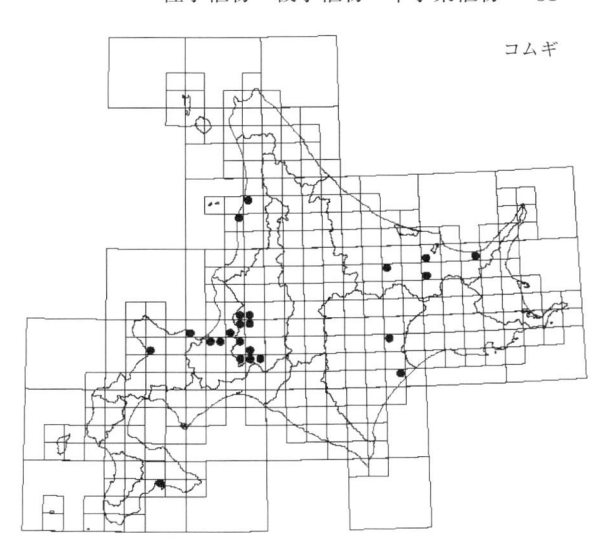

コムギ

144. イヌナギナタガヤ(2.3.18.9：イネ科)
Vulpia bromoides (L.) Gray
①邑田・米倉(2012)日本維管束植物目録 p.91 右，②欧州〜西アジア〜アフリカ原産，③芝種子に混入・稀，④長田武正(1989)平凡社・増補日本イネ科植物図譜 p.140，清水建美編(2003)平凡社・日本の帰化植物 p.251，北海道(2010)ブルーリスト・B，植村ほか(2010)全農教・日本帰化植物写真図鑑(2) p.356，五十嵐博(2012)新しい外来植物・ボタニカ 30：7-10，⑤苫小牧市・伊達市有珠善光寺などで確認済み

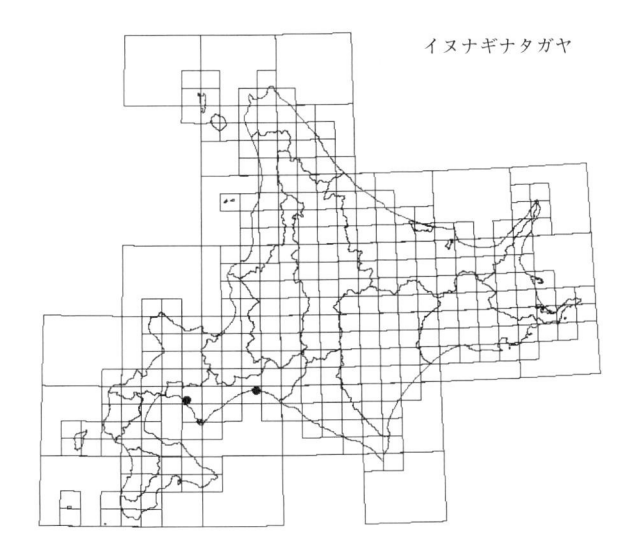

イヌナギナタガヤ

32　イネ科・ケシ科

145. ナギナタガヤ (2.3.18.9：イネ科)
　　Vulpia myuros (L.) C. C. Gmel.
①邑田・米倉(2012)日本維管束植物目録 p.91 右，②欧州〜西アジア原産，③芝種子に混入・稀，④長田武正(1972)北隆館・日本帰化植物図鑑 p.220，長田武正(1989)平凡社・増補日本イネ科植物図譜 p.136，五十嵐博(2001)北海道帰化植物便覧 p.163，清水・森田・廣田(2001)全農教・日本帰化植物写真図鑑 p.468，清水建美編(2003)平凡社・日本の帰化植物 p.251，北海道(2010)ブルーリスト・D，浅井元朗(2015)全農教・植調雑草大鑑 p.303，⑤未確認

146. ムラサキナギナタガヤ (2.3.18.9：イネ科)
　　Vulpia octoflora (Walter) Rydb.　【Plate 2 ⑤】
①邑田・米倉(2012)日本維管束植物目録 p.91 右，②北米原産，③芝種子に混入・稀，④長田武正(1972)北隆館・日本帰化植物図鑑 p.220，長田武正(1989)平凡社・増補日本イネ科植物図譜 p.142，清水・森田・廣田(2001)全農教・日本帰化植物写真図鑑 p.469，清水建美編(2003)平凡社・日本の帰化植物 p.251，⑤2015年8月28日千歳市流通の雪捨て場で初確認，その後は道央圏の各地の道路歩道などでも確認済み

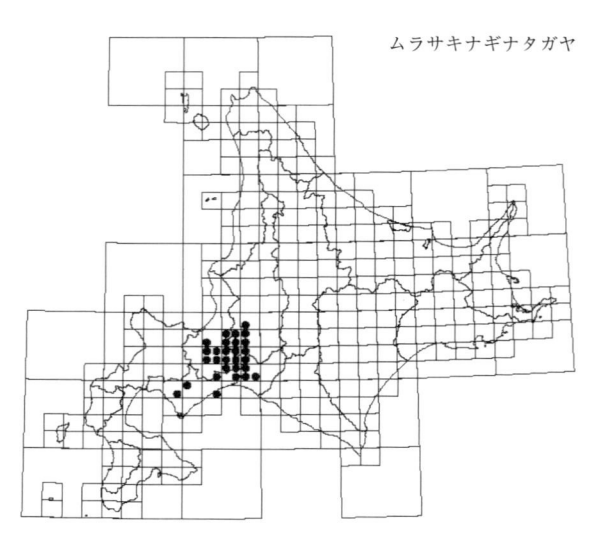

ムラサキナギナタガヤ

真正双子葉類・基部真正双子葉植物
EUDICOTS

147. ハナビシソウ・カリフォルニアポピー
　　(2.3.20.2：ケシ科)　　　　　　【Plate 2 ⑥】
　　Eschscholzia californica Cham.
②北米原産，③植栽され稀に逸出，④山渓カラー名鑑(1998)園芸植物 p.331，清水建美編(2003)平凡社・日本の帰化植物 p.80，北海道(2010)ブルーリスト・B，⑤各地で確認済み

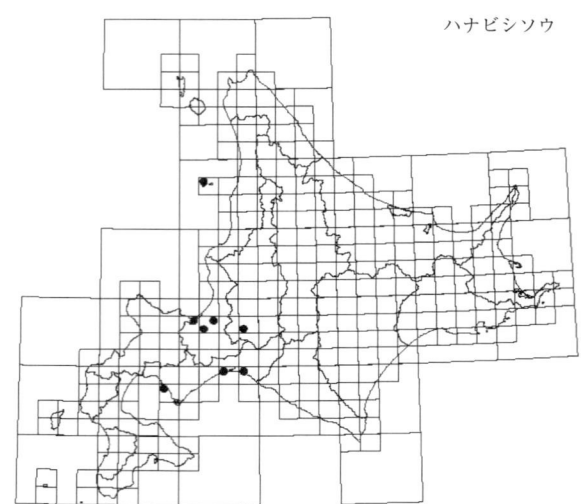

ハナビシソウ

148. カラクサケマン (2.3.20.2：ケシ科)
　　Fumaria officinalis L.
①邑田・米倉(2012)日本維管束植物目録 p.92 右，②欧州原産，③植栽され稀に逸出・消滅，④長田武正(1976)保育社・原色日本帰化植物図鑑 p.295，野草の写真図鑑(1996)日本ヴォーグ社・WILD FLOWERS p.72，五十嵐博(2001)北海道帰化植物便覧 p.36，清水・森田・廣田(2001)全農教・日本帰化植物写真図鑑 p.80，清水建美編(2003)平凡社・日本の帰化植物 p.78，北海道(2010)ブルーリスト・D，浅井元朗(2015)全農教・植調雑草大鑑 p.173，⑤未確認

149. タケニグサ・チャンパギク (2.3.20.2：ケシ科)
　　Macleaya cordata (Willd.) R. Br.
①邑田・米倉(2012)日本維管束植物目録 p.92 右，②本州原産，③移入種・稀，④志田祐一郎(2009)北方山草 26：131-132・札幌市清田区，北海道(2010)ブルーリスト・B，浅井元朗(2015)全農教・植調雑草大鑑 p.173，⑤札幌駅北口・安平町追分春日などで確認済み

150. ナガミヒナゲシ (2.3.20.2：ケシ科)
　　Papaver dubium L.
①邑田・米倉(2012)日本維管束植物目録 p.92 右，②欧州原産，③植栽され稀に逸出，④長田武正(1972)北隆館・日本帰化植物図鑑 p.151，長田武正(1976)保育社・原色日本帰化植物図鑑 p.292，五十嵐博(2001)北海道帰化植物便覧 p.36，清水・森田・廣田(2001)全農教・日本帰化植物写真図鑑 p.82，清水建美編(2003)平凡社・日本の帰化植物 p.79，北海道(2010)ブルーリスト・D，浅井元朗(2015)全農教・植調雑草大鑑 p.172，⑤未確認

151. ヒナゲシ・グビジンソウ・ノハラヒナゲシ (2.3.20.2：ケシ科) 【Plate 3 ①】
　　Papaver rhoeas L.
①邑田・米倉(2012)日本維管束植物目録 p.92 右，②欧州原産，③植栽され各地に逸出，④長田武正(1972)北隆館・日本帰化植物図鑑 p.151，長田武正(1976)保育社・原色日本帰化植物図鑑 p.293，野草の写真図鑑(1996)日本ヴォーグ社・WILD FLOWERS p.69，五十嵐博(2001)北海道帰化植物便覧 p.36，清水・森田・廣田(2001)全農教・日本帰化植物写真図鑑 p.83，清水建美編(2003)平凡社・日本の帰化植物 p.79，北海道(2010)ブルーリスト・B，旭川帰化植物研究会(2015)旭川の帰化植物 p.74，⑤各地で確認済み

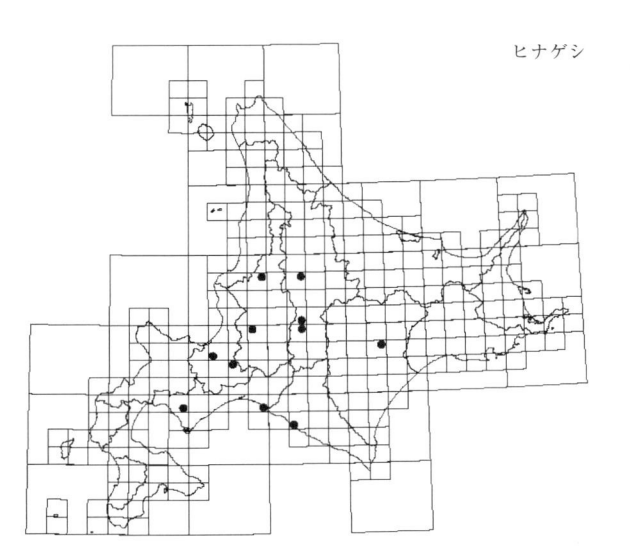

152. アツミゲシ (2.3.20.2：ケシ科)
　　Papaver somniferum L. ssp. *setigerum* (DC.) Arcang.: Papaver setigerum DC.
①邑田・米倉(2012)日本維管束植物目録 p.92 右，②欧州原産，③植栽され稀に逸出，④長田武正(1976)保育社・原色日本帰化植物図鑑 p.294，清水・森田・廣田(2001)全農教・日本帰化植物写真図鑑 p.81，清水建美編(2003)平凡社・日本の帰化植物 p.79，北海道(2010)ブルーリスト・D，浅井元朗(2015)全農教・植調雑草大鑑 p.172，⑤未確認

153. アカネグサ (2.3.20.2：ケシ科) 【Plate 3 ②】
　　Sanginaria canadensis L.
②北米原産，③植栽され稀に逸出，④五十嵐博(2015)北方山草 32，⑤2014年春・若松久仁男氏の案内により千歳市蘭越で初確認・鳥散布？

154. ゴヨウアケビ (2.3.20.3：アケビ科)
　　Akebia × pentaphylla (Makino) Makino var. *pentaphylla* (Houtt.) Decne.
①邑田・米倉(2012)日本維管束植物目録 p.92 右，②本州原産，③植栽され稀に逸出，④原松次(1981)北海道植物図鑑(上)p.176，⑤札幌市・音更町などで確認済み・本州などからの移入種と判断した，アケビ×ミツバアケビの雑種説

155. ミツバアケビ (2.3.20.3：アケビ科)
　　Akebia trifoliata (Thunb.) Koidz.
①邑田・米倉(2012)日本維管束植物目録 p.92 右，②本州原産，③植栽され各地に逸出，④原松次(1981)北海道植物図鑑(上)p.176，滝田謙譲(2001)北海道植物図譜 p.300，⑤各地で確認済み・本州

ヒナゲシ

などからの移入種と判断した

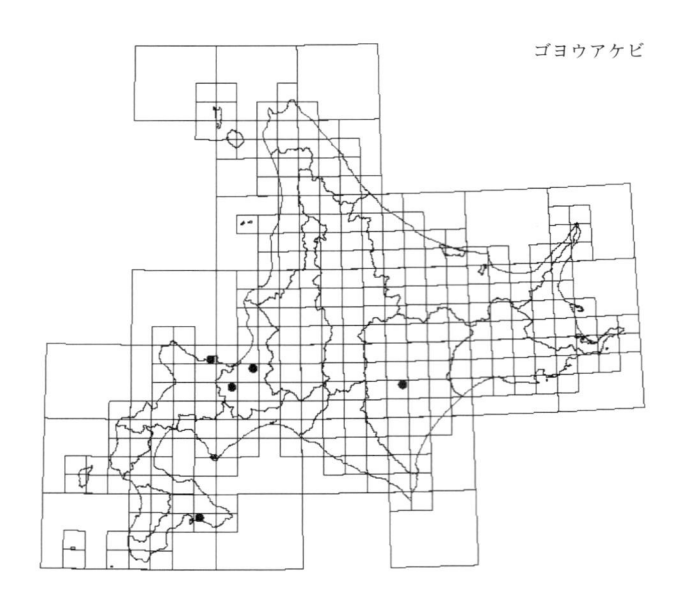

ゴヨウアケビ

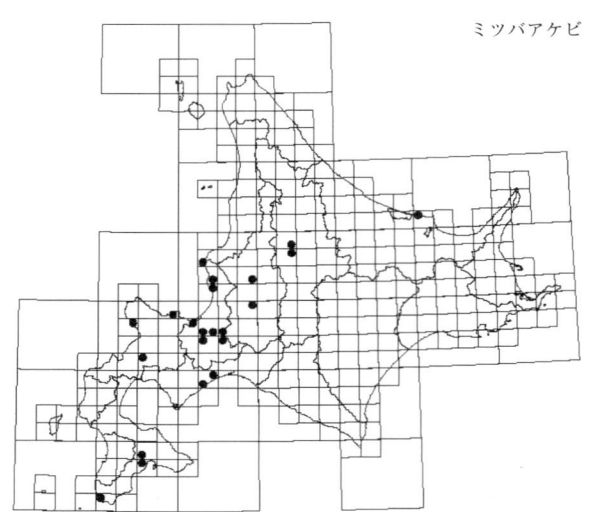

ミツバアケビ

156. メギ・コトリトマラズ(2.3.20.5：メギ科)
Berberris thunbergii DC.
①邑田・米倉(2012)日本維管束植物目録 p.93 左，②本州原産，③植栽され稀に逸出，④佐藤孝夫(1990)北海道樹木図鑑 p.126，北海道(2010)ブルーリスト・B，⑤各地で確認済み

157. バイカイカリソウ(2.3.20.5：メギ科)
Epimedium diphyllum Lodd. ex Graham
①邑田・米倉(2012)日本維管束植物目録 p.93 右，②本州原産，③植栽され稀に逸出，④滝田謙譲(2001)北海道植物図譜 p.299・旭川市旭山，北海道(2010)ブルーリスト・B，⑤旭川市旭山で確認済み

158. シュウメイギク・キブネギク(2.3.20.6：キンポウゲ科)
Anemone hupehensis (Lemoine) Lemoine var. *japonica* (Thunb.) Bowles et Stearn
①邑田・米倉(2012)日本維管束植物目録 p.95 右，②中国西南部原産，③植栽され稀に逸出，④長田武正(1972)北隆館・日本帰化植物図鑑 p.152，長田武正(1976)保育社・原色日本帰化植物図鑑 p.297，山渓カラー名鑑(1998)園芸植物 p.369，五十嵐博(2001)北海道帰化植物便覧 p.32，清水建美編(2003)平凡社・日本の帰化植物 p.75，北海道(2010)ブルーリスト・D，⑤岩見沢市で確認済み

159. オダマキ(2.3.20.6：キンポウゲ科)
Aquilegia flabellata Siebold et Zucc. var. *flabellata*
①邑田・米倉(2012)日本維管束植物目録 p.96 左，②東アジア原産，③植栽され稀に逸出，④五十嵐博(2001)北海道帰化植物便覧 p.33，北海道(2010)ブルーリスト・D，⑤未確認

ミヤマオダマキ(2.3.20.6：キンポウゲ科)
Aquilegia flabellata Siebold et Zucc. var. *pumila* (Huth) Kudô
①邑田・米倉(2012)日本維管束植物目録 p.96 左，②在来種，③植栽され稀に逸出，④滝田謙譲(2001)北海道植物図譜 p.259，梅沢俊(2007)新北海道の花 p.333，北海道(2010)ブルーリスト・B，⑤苫小牧市など各地で確認済み

160. セイヨウオダマキ(2.3.20.6：キンポウゲ科)
Aquilegia vulgaris. L
②欧州原産，③植栽され稀に逸出，④野草の写真図鑑(1996)日本ヴォーグ社・WILD FLOWERS p.68，山渓カラー名鑑(1998)園芸植物 p.371，五十嵐博(2001)北海道帰化植物便覧 p.33，北海道(2010)ブルーリスト・B，⑤新ひだか町(旧・静内町)など

で確認済み

161. リュウキンカ(2.3.20.6：キンポウゲ科)
Caltha palustris L. var. *nipponica* H. Hara
①邑田・米倉(2012)日本維管束植物目録 p.96 左，②本州原産，③移入種の可能性，④西川恒彦(1987)北日本産リュウキンカ属植物の染色体と地理的分布・国立科博専報(20)を参考に 2015 年 4 月に現地調査を行った結果，周辺には移入防雪林樹種(スギ，ドイツトウヒなど)がある・エゾノリュウキンカと比べて開花が遅い・1 箇所しかないことなどから移入種と判断した

162. キクバオウレン(2.3.20.6：キンポウゲ科)
Coptis japonica (Thunb.) Makino var. *anemonifolia* (Siebold et Zucc.) H. Ohba
①邑田・米倉(2012)日本維管束植物目録 p.97 左，②不明・園芸種，③植栽され稀に逸出，④梅沢俊(2007)新北海道の花 p.171・福島町，北海道(2010)ブルーリスト・B，⑤稚内市で確認済み

セリバオウレン(2.3.20.6：キンポウゲ科)
Coptis japonica (Thunb.) Makino var. *major* (Miq.) Satake
①邑田・米倉(2012)日本維管束植物目録 p.97 右，②不明・園芸種，③植栽され稀に逸出，④原松次(1992)札幌の植物 no.258・札幌市手稲区富丘・江別市野幌森林公園，五十嵐博(2001)北海道帰化植物便覧 p.33，滝田謙譲(2001)北海道植物図譜 p.262・江別市野幌森林公園，北海道(2010)ブルーリスト・B，⑤江別市野幌森林公園で確認済み

キクザキリュウキンカ・ヒメリュウキンカ
(2.3.20.6：キンポウゲ科)
Ficaria verna Huds.: Ranunculus ficaria L.
①邑田・米倉(2012)日本維管束植物目録 p.98 左，②欧州原産，③植栽・稀，④野草の写真図鑑(1996)日本ヴォーグ社・WILD FLOWERS p.66，清水建美編(2003)平凡社・日本の帰化植物 p.76・北米原産？，植村ほか(2010)全農教・日本帰化植物写真図鑑(2)p.54・欧州原産，⑤長沼町の矢沢敬三郎氏から画像同定依頼・植栽の可能性種・現地未確認・整理番号なし

163. ヒメタガラシ(2.3.20.6：キンポウゲ科)
Ranunculus abortivus L.
①邑田・米倉(2012)日本維管束植物目録 p.98 左，②北米原産，③牧草種子に混入・稀，④滝田謙譲(2001)北海道植物図譜 p.272・標茶町上磯分内，北海道(2010)ブルーリスト・B，⑤未確認

164. セイヨウキンポウゲ・アクリスキンポウゲ
(2.3.20.6：キンポウゲ科)
Ranunculus acris L.
①邑田・米倉(2012)日本維管束植物目録 p.98 左，②欧州原産，③牧草種子に混入・各地，④野草の写真図鑑(1996)日本ヴォーグ社・WILD FLOWERS p.64，滝田謙譲(2001)北海道植物図譜 p.278・ウマノアシガタの図は間違いでセイヨウキンポウゲ・弟子屈町札友内，清水建美編(2003)平凡社・日本の帰化植物 p.76，門田裕一(2006)植物研究雑誌 81(5)：298-301，梅沢俊(2007)新北海道の花 p.72・鹿追町，北海道(2010)ブルーリスト・B，⑤各地で確認済み・八重咲の品種も稀に見かけるが学名は不明

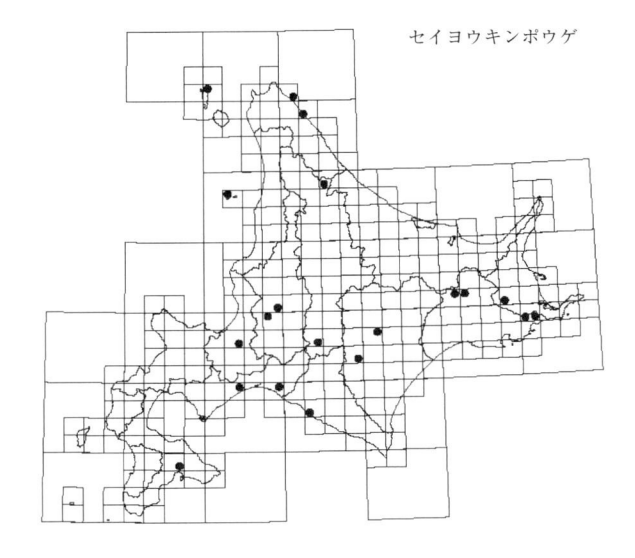

セイヨウキンポウゲ

165. チシマキンポウゲ・マルバキンポウゲ
（2.3.20.6：キンポウゲ科）
Ranunculus auricomus L.
②欧州原産，③不明・稀，④野草の写真図鑑(1996)日本ヴォーグ社・WILD FLOWERS p.65，北海道(2010)ブルーリスト・B，⑤旭川市春光台公園で確認済み（一例のみ）

166. タマキンポウゲ・セイヨウキンポウゲ・カブラキンポウゲ（2.3.20.6：キンポウゲ科）
Ranunculus bulbosus L.
①邑田・米倉(2012)日本維管束植物目録 p.98 左，②欧州原産，③植栽され逸出・稀，④長田武正(1972)北隆館・日本帰化植物図鑑 p.153，野草の写真図鑑(1996)日本ヴォーグ社・WILD FLOWERS p.65，五十嵐博(2001)北海道帰化植物便覧 p.33，清水建美編(2003)平凡社・日本の帰化植物 p.76，門田裕一(2006)植物研究雑誌 81(5)：298-301，北海道(2010)ブルーリスト・B，⑤白老町などで確認済み，セイヨウキンポウゲの和名は重複

167. ヒロハキンポウゲ(2.3.20.6：キンポウゲ科)
Ranunculus langinosus L.
①邑田・米倉(2012)日本維管束植物目録 p.98 右，②欧州原産，③芝起源・植栽？，④門田裕一(2006)植物研究雑誌 81(5)：298-301・札幌市北大構内，梅沢俊(2007)新北海道の花 p.72，北海道(2010)ブルーリスト・B，⑤札幌市で確認済み（一例のみ）

168. ホソザケキンポウゲ・ホソバキンポウゲ
（2.3.20.6：キンポウゲ科）
Ranunculus polyanthemos L.
①邑田・米倉(2012)日本維管束植物目録 p.98 右，②欧州原産，③芝起源？，④門田裕一(2006)植物研究雑誌 81(5)：298-301・札幌市羊ヶ丘農業試験場，梅沢俊(2007)新北海道の花 p.72，北海道(2010)ブルーリスト・B，邑田・米倉(2012)日本維管束植物目録 p.98-99・和名の変更，⑤札幌市羊ヶ丘で確認済み

169. コバノハイキンポウゲ(2.3.20.6：キンポウゲ科) 【Plate 3 ③】
Ranunculus repens L.
②欧州原産，③芝起源？，④滝田謙譲(2001)北海道植物図譜 p.280・ハイキンポウゲ(2)は小型の本種である，植村ほか(2010)全農教・帰化植物写真図鑑(2) p.54：ハイキンポウゲ，五十嵐博(2012)利尻研究 31：61-63，在来種のハイキンポウゲは大型なので学名は Ranunculus repens L. var. major とする，梅沢俊(2012)新北海道の花 p.73，植村ほか(2015)全農教・増補改訂・帰化植物写真図鑑(2) p.54 でコバノハイキンポウゲに変更，⑤各地で確認済み

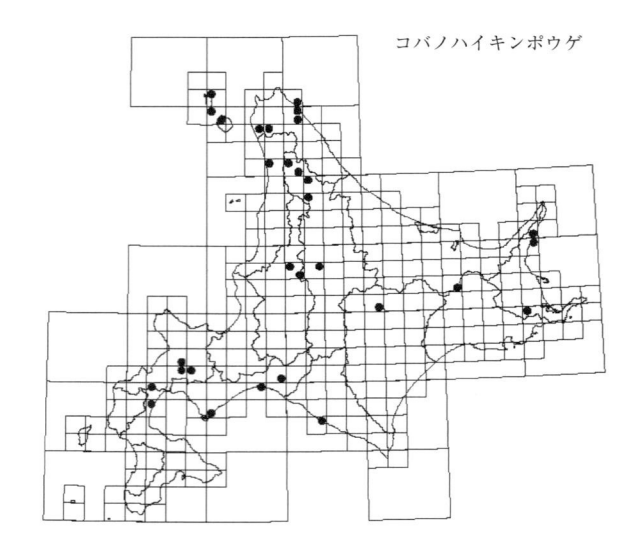

コバノハイキンポウゲ

170. モミジバスズカケノキ・プラタナス
（2.3.22.2：スズカケノキ科）
Platanus × *acerifolia* Willd.
②不明，③植栽樹木・稀に逸出・スズカケノキ×アメリカスズカケノキの雑種，④佐藤孝夫(1990)北海道樹木図鑑 p.143，北海道(2010)ブルーリスト・B，旭川帰化植物研究会(2015)旭川の帰化植物 p.74，⑤旭川市で確認済み

中核真正双子葉類・バラ類
ROSIDS

171. フサスグリ・カーランツ(2.3.27.7:スグリ科)
 Ribes rubrum L.
①邑田・米倉(2012)日本維管束植物目録 p.101 右, ②欧州原産, ③食用(種子)に植栽し稀に逸出, ④佐藤孝夫(1990)北海道樹木図鑑 p.140, 五十嵐博(2001)北海道帰化植物便覧 p.52, 北海道(2010)ブルーリスト・B, 旭川帰化植物研究会(2015)旭川の帰化植物 p.75, ⑤確認済み

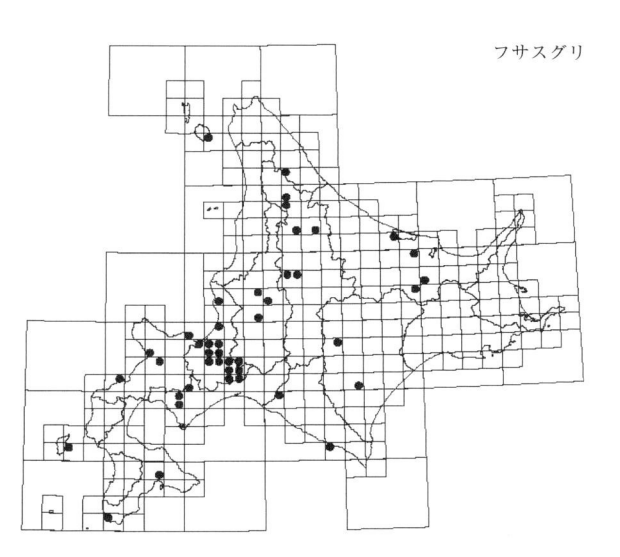

172. マルスグリ・グーズベリー(2.3.27.7:スグリ科)
 Ribes uva-crispa L.: Ribes grossularia L.
②欧州原産, ③食用(種子)に植栽し稀に逸出, ④佐藤孝夫(1990)北海道樹木図鑑 p.141, 五十嵐博(2001)北海道帰化植物便覧 p.52, 北海道(2010)ブルーリスト・B, ⑤確認済み

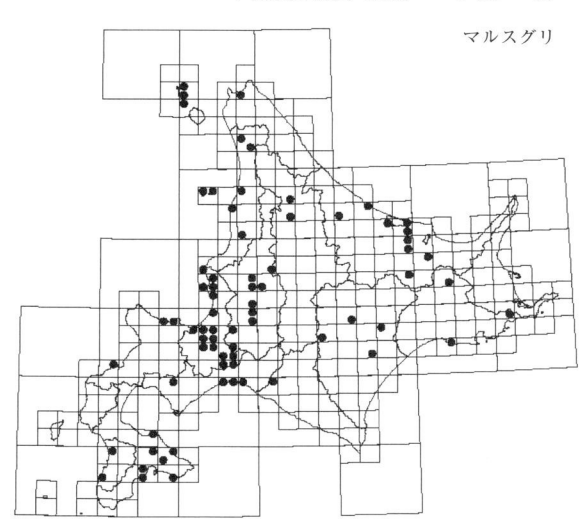

173. ヨーロッパタイトゴメ・オウシュウマンネングサ(2.3.27.9:ベンケイソウ科)
 Sedum acre L.
①邑田・米倉(2012)日本維管束植物目録 p.104 右, ②欧州・小アジア・北アフリカ原産, ③植栽され各地の道路沿いなどに逸出, ④野草の写真図鑑(1996)日本ヴォーグ社・WILD FLOWERS p.94, 五十嵐博(2001)北海道帰化植物便覧 p.50, 清水建美編(2003)平凡社・日本の帰化植物 p.98, 滝田謙譲(2004)北海道植物図譜補遺 p.12・釧路市武佐, 梅沢俊(2007)新北海道の花 p.63・釧路市, 植村ほか(2010)全農教・帰化植物写真図鑑(2) p.84, 北海道(2010)ブルーリスト・B, 旭川帰化植物研究会(2015)旭川の帰化植物 p.75, ⑤各地で確認済み

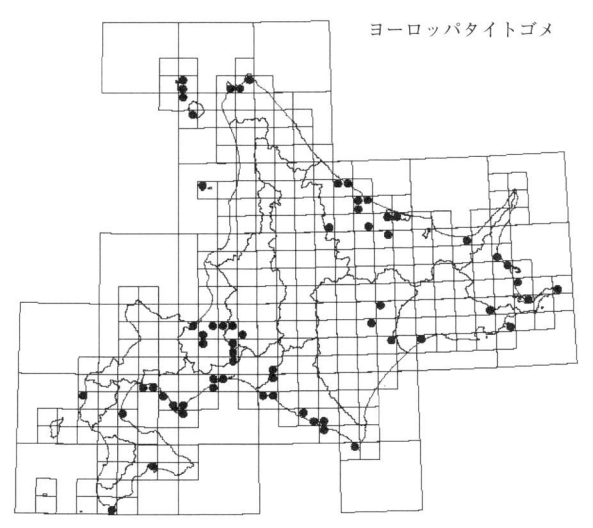

174. ヒメボシタイトゴメ・ヒメホシビジン・イギリスベンケイソウ(2.3.27.9:ベンケイソウ科)
 Sedum dasyphyllum L.
①邑田・米倉(2012)日本維管束植物目録 p.104 右,

②北アフリカ・欧州南西部原産，③植栽され稀に逸出，④清水建美編(2003)平凡社・日本の帰化植物 p.98，植村ほか(2010)全農教・帰化植物写真図鑑(2)p.85，⑤石狩市の空地で2006年に確認済み未発表

175. ウスユキマンネングサ・イソコマツ・シロガネツヅキ(2.3.27.9：ベンケイソウ科)
Sedum hispanicum L.
①邑田・米倉(2012)日本維管束植物目録 p.104 右，②欧州～小アジア原産，③植栽され各地の道路沿いなどに逸出，④五十嵐博(2001)北海道帰化植物便覧 p.51，清水建美編(2003)平凡社・日本の帰化植物 p.98，滝田謙譲(2004)北海道植物図譜補遺 p.10・苫小牧市石油備蓄基地付近，梅沢俊(2007)新北海道の花 p.175・苫小牧市苫東石油備蓄基地，植村ほか(2010)全農教・帰化植物写真図鑑(2)p.86，北海道(2010)ブルーリスト・B，旭川帰化植物研究会(2015)旭川の帰化植物 p.75，⑤各地で確認済み

ウスユキマンネングサ

176. ツルマンネングサ(2.3.27.9：ベンケイソウ科)
Sedum sarmentosum Bunge
①邑田・米倉(2012)日本維管束植物目録 p.105 左，②朝鮮・中国原産，③植栽され各地に逸出，④長田武正(1972)北隆館・日本帰化植物図鑑 p.133，長田武正(1976)保育社・原色日本帰化植物図鑑 p.256，五十嵐博(2001)北海道帰化植物便覧 p.51，清水・森田・廣田(2001)全農教・日本帰化植物写真図鑑 p.117，清水建美編(2003)平凡社・日本の帰化植物 p.98，滝田謙譲(2004)北海道植物図譜補遺 p.11・釧路市武佐，梅沢俊(2007)新北海道の花 p.63・札幌市，北海道(2010)ブルーリスト・B，浅井元朗(2015)全農教・植調雑草大鑑 p.272，旭川帰化植物研究会(2015)旭川の帰化植物 p.75，⑤各地で確認済み

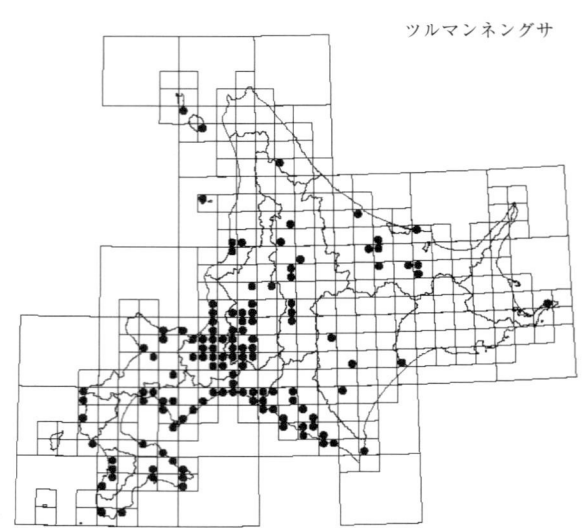

ツルマンネングサ

177. オオフサモ・スマフサモ(2.3.27.11：アリノトウグサ科)
Myriophyllum aquaticum (Vell.) Velde.: Myriophyllum brasiliense Camb.
①邑田・米倉(2012)日本維管束植物目録 p.105 右，②南米原産，③水草の遺棄・稀，④桑原義晴(1966)北海道の帰化植物・共和町堀株川河口，長田武正(1976)保育社・原色日本帰化植物図鑑 p.396，原松次(1979)北海道いぶり地方植物目録 p.14・苫小牧，原松次(1992)札幌の植物 no.578・石狩町・篠路・東米里，五十嵐博(2001)北海道帰化植物便覧 p.78，清水・森田・廣田(2001)全農教・日本帰化植物写真図鑑 p.215，清水建美編(2003)平凡社・日本の帰化植物 p.149，北海道(2010)ブルーリスト・**A3**，**環境省・特定外来生物**，札幌市などで確認済み

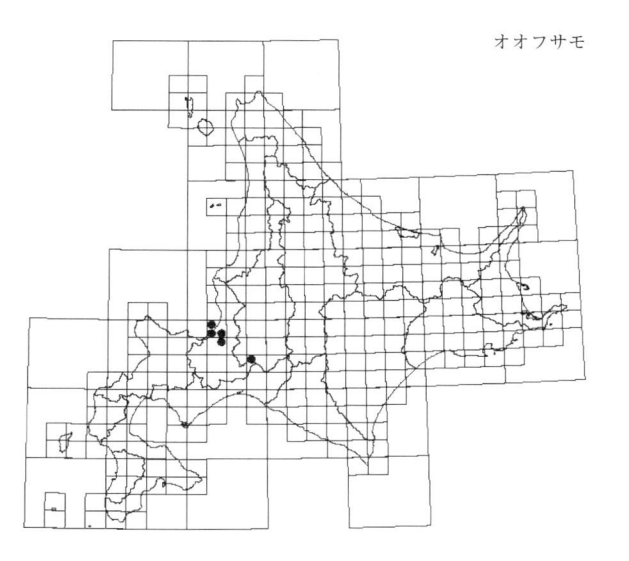

オオフサモ

新北海道の花 p.355・松前町, 北海道(2010)ブルーリスト・B, 浅井元朗(2015)全農教・植調雑草大鑑 p.248, ⑤各地で確認済み

179. アメリカヅタ(2.3.28.1：ブドウ科)
Parthenocissus inserta (J. Kern.) Fritsch.
①邑田・米倉(2012)日本維管束植物目録 p.105 右, ②北米原産, ③植栽され稀に逸出, ④長田武正(1976)保育社・原色日本帰化植物図鑑 p.197, 原松次(1992)札幌の植物 no.518, p.11・北大構内からの野生化を報告, 五十嵐博(2001)北海道帰化植物便覧 p.71, 北海道(2010)ブルーリスト・B, ⑤札幌市・小樽市などで確認済み

178. ヤブカラシ・ビンボウカズラ・ヤブガラシ(2.3.28.1：ブドウ科)
Cayratia japonica (Thunb.) Gagnep.
①邑田・米倉(2012)日本維管束植物目録 p.105 右, ②本州原産, ③植木付などで稀に移入, ④原松次(1979)北海道いぶり地方植物目録 p.16・逸出を示唆, 原松次(1981)北海道植物図鑑(上) p.92・松前町, 原松次(1985)北海道植物図鑑(下) p.145・松前町, 原松次(1992)札幌の植物 no.517・三角山・市街地・広島町・円山, p.12 で野生化を報告・道南は自生説, 五十嵐博(2001)北海道帰化植物便覧 p.71, 滝田謙譲(2001)北海道植物図譜 p.571・札幌市西区小別沢・渡島半島と石狩地方にある, 梅沢俊(2007)

180. イタチハギ・クロバナエンジュ(2.3.30.1：マメ科)
Amorpha fruticosa L.
①邑田・米倉(2012)日本維管束植物目録 p.106 左, ②北米原産, ③砂防用などで植栽され各地に逸出, ④長田武正(1972)北隆館・日本帰化植物図鑑 p.112, 長田武正(1976)保育社・原色日本帰化植物図鑑 p.247, 原松次(1983)北海道植物図鑑(中) p.161, 五十嵐博(2001)北海道帰化植物便覧 p.56, 滝田謙譲(2001)北海道植物図譜 p.472・新得町ヌプン峠, 清水・森田・廣田(2001)全農教・日本帰化植物写真図鑑 p.122, 清水建美編(2003)平凡社・日本の帰化植物 p.102, 梅沢俊(2007)新北海道の花

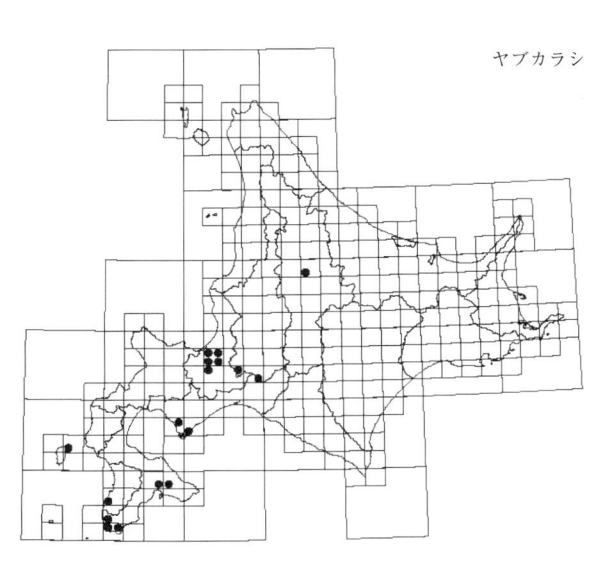

ヤブカラシ

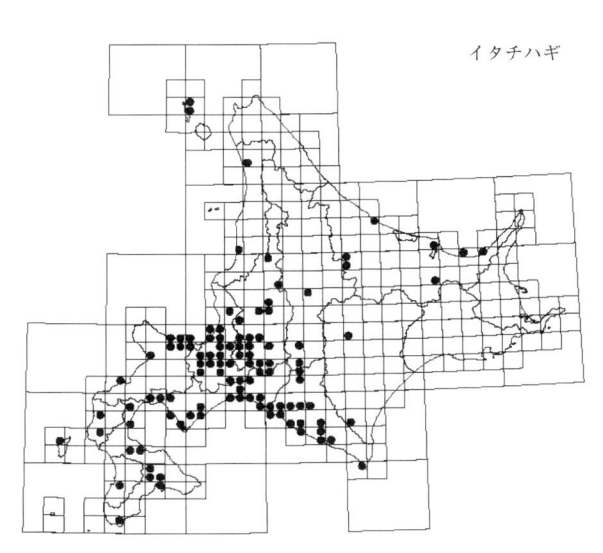

イタチハギ

40　マメ科

p.259・定山渓小天狗岳, 北海道(2010)ブルーリスト・A3, 旭川帰化植物研究会(2015)旭川の帰化植物 p.76, **環境省・要注意外来生物**, ⑤各地で確認済み

181. クマノアシツメクサ・ワタゲツメクサ・キドニーベッチ(2.3.30.1：マメ科)
Anthyllis vulneraria L.
①邑田・米倉(2012)日本維管束植物目録 p.106 右, ②欧州原産, ③観賞用が逸出説・芝生起源・稀, ④野草の写真図鑑(1996)日本ヴォーグ社・WILD FLOWERS p.123, 中居正雄(1999)苫小牧地方植物誌, 中居正雄(2000)とまこまいの植物 p.232, 五十嵐博(2001)北海道帰化植物便覧 p.56, 滝田謙譲(2001)北海道植物図譜 p.473・苫小牧市海岸沼付近, 清水建美編(2003)平凡社・日本の帰化植物 p.103・洞爺湖畔・胆振地方, 梅沢俊(2007)新北海道の花 p.51・苫小牧市, 北海道(2010)ブルーリスト・B, ⑤伊達市・苫小牧市で確認済み

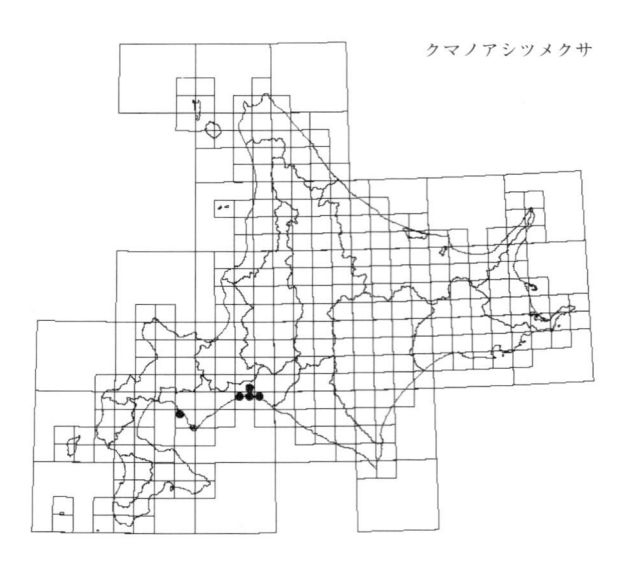

クマノアシツメクサ

182. アメリカホドイモ・アメリカホド
　　(2.3.30.1：マメ科)　　【Plate 3 ④】
Apios americana Medik.
①邑田・米倉(2012)日本維管束植物目録 p.106 右, ②北米原産, ③植栽(食用も)されたものが稀に逸出, ④長田武正(1972)北隆館・日本帰化植物図鑑 p.113, 長田武正(1976)保育社・原色日本帰化植物図鑑 p.245, 原松次(1981)北海道植物図鑑(上) p.117・白老町, 五十嵐博(2001)北海道帰化植物便覧 p.56, 滝田謙譲(2001)北海道植物図譜 p.476・室蘭市知利別町, 清水建美編(2003)平凡社・日本の帰化植物 p.103, 梅沢俊(2007)新北海道の花 p.260・苫小牧市樽前, 北海道(2010)ブルーリスト・B, 植村ほか(2010)全農教・日本帰化植物写真図鑑(2) p.91, ⑤札幌市, 恵庭市, 苫小牧市などで確認済み

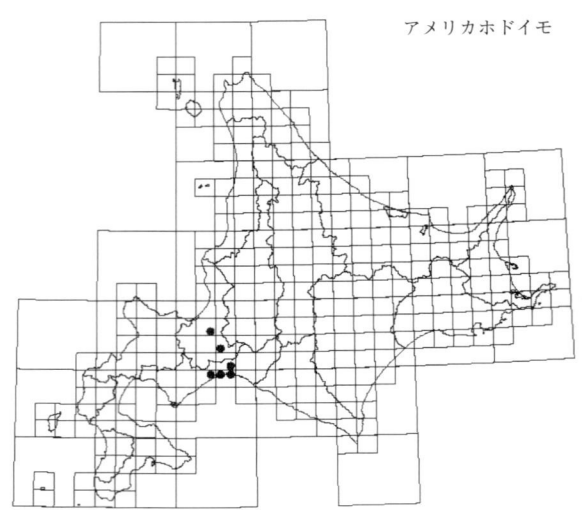

アメリカホドイモ

183. ゲンゲ・レンゲソウ(2.3.30.1：マメ科)
Astragalus sinicus L.
①邑田・米倉(2012)日本維管束植物目録 p.106 右, ②中国原産, ③緑肥, ④五十嵐博(2001)北海道帰化植物便覧 p.56：過去に上川地方で植栽記録がある, 清水・森田・廣田(2001)全農教・日本帰化植物写真図鑑 p.123, 清水建美編(2003)平凡社・日本の帰化植物 p.103, 北海道(2010)ブルーリスト・D, 浅井元朗(2015)全農教・植調雑草大鑑 p.267, ⑤未確認

184. ムレスズメ(2.3.30.1：マメ科)
Caragana sinica (Buc'hoz) Rehder
①邑田・米倉(2012)日本維管束植物目録 p.107 左, ②中国原産, ③不明・稀, ④長田武正(1976)保育社・原色日本帰化植物図鑑 p.246, 五十嵐博(2001)北海道帰化植物便覧 p.56, 清水建美編(2003)平凡

社・日本の帰化植物 p.104，北海道(2010)ブルーリスト・D，⑤未確認

185. エニシダ（2.3.30.1：マメ科）
Cytisus scoparius (L.) Link
①邑田・米倉(2012)日本維管束植物目録 p.107 右，②欧州原産，③法面緑化などで植栽され各地に逸出，④野草の写真図鑑(1996)日本ヴォーグ社・WILD FLOWERS p.107，山岸喬(1998)日本ハーブ図鑑 p.50，五十嵐博(2001)北海道帰化植物便覧 p.57，清水建美編(2003)平凡社・日本の帰化植物 p.105，梅沢俊(2007)新北海道の花 p.52・札幌市，北海道(2010)ブルーリスト・A3，旭川帰化植物研究会(2015)旭川の帰化植物 p.76，⑤各地で確認済み

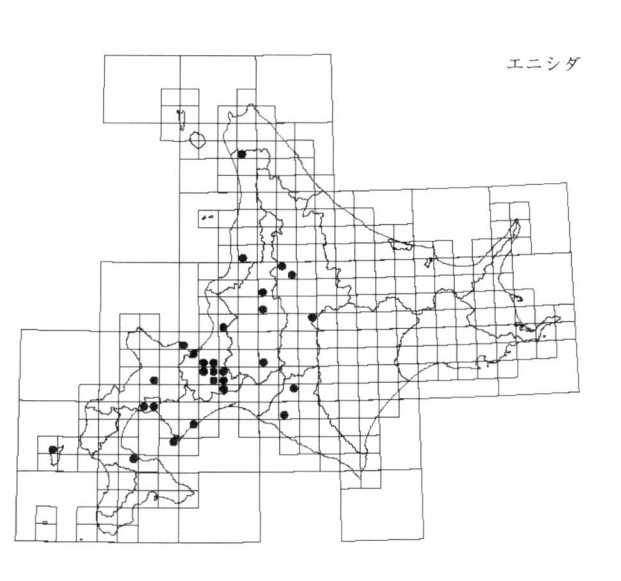

エニシダ

186. アレチヌスビトハギ（2.3.30.1：マメ科）
Desmodium paniculatum (L.) DC.
①邑田・米倉(2012)日本維管束植物目録 p.107 右，②北米原産，③不明・稀，④長田武正(1972)北隆館・日本帰化植物図鑑 p.113，長田武正(1976)保育社・原色日本帰化植物図鑑 p.223，五十嵐博(2001)北海道帰化植物便覧 p.57，清水・森田・廣田(2001)全農教・日本帰化植物写真図鑑 p.127，清水建美編(2003)平凡社・日本の帰化植物 p.106，北海道(2010)ブルーリスト・D，浅井元朗(2015)全農教・植調雑草大鑑 p.264，⑤未確認

中核真正双子葉類・バラ類　41

187. ガレガ（2.3.30.1：マメ科）　【Plate 3⑤】
Galega orientalis Lam.
②ロシア原産，③近年牧草として栽培され逸出，④野草の写真図鑑(1996)日本ヴォーグ社・WILD FLOWERS p.109・類似種，北海道(2010)ブルーリスト・D，⑤2011年1月に遠軽町の林廣志氏からの写真情報では遠軽町見晴(2010.06.29)，2013年7月に釧路市の金子光男氏からの分布情報では厚岸町尾幌・鶴居村・清里町など3箇所があり近年道内各所で増加中のようである，過去に札幌市羊ヶ丘農業試験場で植栽を確認，2015年7月：遠軽町生田原(中川博之氏情報)，遠軽町見晴(林廣志氏の案内)で確認済み・分布図は情報産地を含む

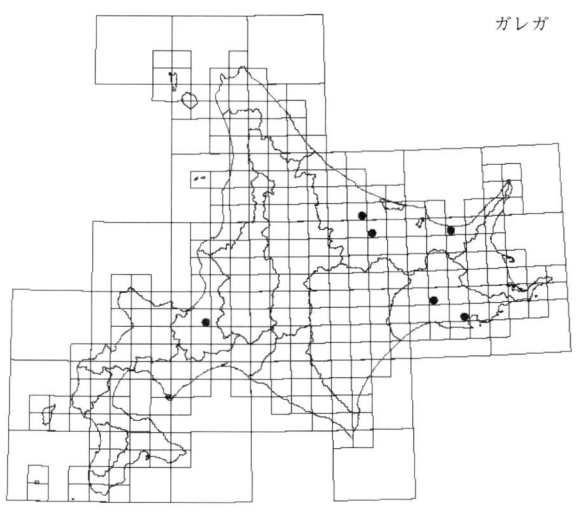

ガレガ

188. ニワフジ・イワフジ（2.3.30.1：マメ科）
Indigofera decora Lindl.
①邑田・米倉(2012)日本維管束植物目録 p.108 右，②本州原産，③庭に植栽され逸出，④五十嵐博(2001)北海道帰化植物便覧 p.57，北海道(2010)ブルーリスト・B，⑤伊達市で確認済み

189. コマツナギ（2.3.30.1：マメ科）【Plate 3⑥】
Indigofera pseudotinctoria Matsum.
①邑田・米倉(2012)日本維管束植物目録 p.108 右，②本州または外国原産？，③法面緑化種に混入，④清水建美編(2003)平凡社・日本の帰化植物

p.124，植村(2010)全農教・日本帰化植物写真図鑑(2)p.95，五十嵐博(2012)新しい外来植物・ボタニカ 30：7-10，浅井元朗(2015)全農教・植調雑草大鑑 p.267，⑤千歳市蘭越で確認済み

190. マルバヤハズソウ(2.3.30.1：マメ科)
Kummerowia stipulacea (Maxim.) Makino
①邑田・米倉(2012)日本維管束植物目録 p.108 右，②本州原産，③移入種・稀，④滝田謙譲(2004)北海道植物図譜・補遺 p.19・鵡川町汐見，五十嵐博(2015)北方山草 32，⑤近年に胆振地方〜日高地方などで見られるようになったため移入種と判断した

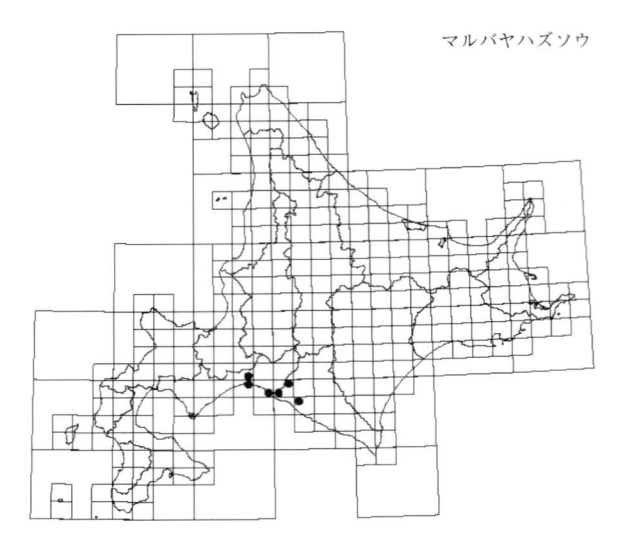

マルバヤハズソウ

191. ヒロハレンリソウ(2.3.30.1：マメ科)
Lathyrus latifolius L.
①邑田・米倉(2012)日本維管束植物目録 p.109 左，②欧州原産，③庭などに植栽され稀に逸出，④野草の写真図鑑(1996)日本ヴォーグ社・WILD FLOWERS p.114，五十嵐博(2001)北海道帰化植物便覧 p.57，滝田謙譲(2001)北海道植物図譜 p.493・弟子屈町ウランコシの道端，清水・森田・廣田(2001)全農教・日本帰化植物写真図鑑 p.129，清水建美編(2003)平凡社・日本の帰化植物 p.108，北海道(2010)ブルーリスト・B，旭川帰化植物研究会(2015)旭川の帰化植物 p.76，⑤札幌市や白老町で確認済み

192. キバナノレンリソウ・セイヨウレンリソウ(2.3.30.1：マメ科)
Lathyrus pratensis L.
①邑田・米倉(2012)日本維管束植物目録 p.109 左，②ユーラシア・アフリカ原産，③植栽され稀に逸出，④長田武正(1972)北隆館・日本帰化植物図鑑 p.114，長田武正(1976)保育社・原色日本帰化植物図鑑 p.216，野草の写真図鑑(1996)日本ヴォーグ社・WILD FLOWERS p.114，五十嵐博(2001)北海道帰化植物便覧 p.58，清水建美編(2003)平凡社・日本の帰化植物 p.108，北海道(2010)ブルーリスト・D，植村ほか(2010)全農教・日本帰化植物写真図鑑(2)p.96，⑤未確認

193. ヤナギバレンリソウ(2.3.30.1：マメ科)
Lathyrus sylvestris L.
①邑田・米倉(2012)日本維管束植物目録 p.109 左，②欧州原産，③芝生起源・稀，④大橋広好・五十嵐博(2003)植物研究雑誌・美瑛町，清水建美編(2003)平凡社・日本の帰化植物 p.108・美瑛町，滝田謙譲(2004)北海道植物図譜・補遺 p.17・美瑛町，梅沢俊(2007)新北海道の花 p.263・美瑛町，北海道(2010)ブルーリスト・B，⑤美瑛町の道路法面で確認済み

194. マルバハギ・ミヤマハギ(2.3.30.1：マメ科)
Lespedeza cyrtobotrya Miq.
①邑田・米倉(2012)日本維管束植物目録 p.109 左，②本州原産，③マメ科緑化・稀，④五十嵐博(2001)北海道帰化植物便覧 p.58，北海道(2010)ブルーリスト・A3，⑤礼文島などで確認済み

195. カラメドハギ(2.3.30.1：マメ科)
Lespedeza inschanica (Maxim.) Schindl.
①邑田・米倉(2012)日本維管束植物目録 p.109 右，②朝鮮・中国原産，③不明・稀，④長田武正(1972)北隆館・日本帰化植物図鑑 p.114，清水建美編(2003)平凡社・日本の帰化植物 p.109，滝田謙譲(2004)北海道植物図譜・補遺 p.18・大樹町浜大樹，⑤大樹町などで確認済み

196. シベリアメドハギ(2.3.30.1：マメ科)
 Lespedeza juncea (L. f.) Pers.
①邑田・米倉(2012)日本維管束植物目録 p.109 右, ②朝鮮・中国原産, ③不明・稀, ④長田武正(1972)北隆館・日本帰化植物図鑑 p.114・カラメドハギ, 五十嵐博(2001)北海道帰化植物便覧 p.58・カラメドハギ, 清水建美編(2003)平凡社・日本の帰化植物 p.110, 北海道(2010)ブルーリスト・B, ⑤未確認

197. ミヤギノハギ(2.3.30.1：マメ科)
 Lespedeza thunbergii (DC.) Nakai
①邑田・米倉(2012)日本維管束植物目録 p.110 左, ②本州原産, ③植栽され稀に逸出, ④佐藤孝夫(1990)北海道樹木図鑑 p.185, 北海道(2010)ブルーリスト・B, ⑤未確認

198. セイヨウミヤコグサ(2.3.30.1：マメ科)
 Lotus corniculatus L.
①邑田・米倉(2012)日本維管束植物目録 p.110 左, ②ユーラシア・アフリカ原産, ③不明・近年は緑化植栽・各地, ④長田武正(1976)保育社・原色日本帰化植物図鑑 p.220, 原松次(1983)北海道植物図鑑(中)p.157, 原松次(1992)札幌の植物 no.438, 野草の写真図鑑(1996)日本ヴォーグ社・WILD FLOWERS p.122, 五十嵐博(2001)北海道帰化植物便覧 p.58, 滝田謙譲(2001)北海道植物図譜 p.498・旭川市忠別川, 清水・森田・廣田(2001)全農教・日本帰化植物写真図鑑 p.132, 清水建美編(2003)平凡社・日本の帰化植物 p.110, 梅沢俊(2007)新北海道の花 p.50・札幌市, 北海道(2010)ブルーリスト・A3, 浅井元朗(2015)全農教・植調雑草大鑑 p.261, 旭川帰化植物研究会(2015)旭川の帰化植物 p.76, ⑤各地で確認済み

199. ネビキミヤコグサ(2.3.30.1：マメ科)
 Lotus pedunculatus Cav.: Lotus ulginosus Schkuhr
①邑田・米倉(2012)日本維管束植物目録 p.110 左, ②欧州・北アフリカ原産, ③不明・稀, ④長田武正(1976)保育社・原色日本帰化植物図鑑 p.222, 野草の写真図鑑(1996)日本ヴォーグ社・WILD FLOWERS p.122, 五十嵐博(2001)北海道帰化植物便覧 p.59, 滝田謙譲(2001)北海道植物図譜 p.499・旭川市上雨粉, 清水・森田・廣田(2001)全農教・日本帰化植物写真図鑑 p.133, 清水建美編(2003)平凡社・日本の帰化植物 p.110, 梅沢俊(2007)新北海道の花 p.50, 北海道(2010)ブルーリスト・B, 旭川帰化植物研究会(2015)旭川の帰化植物 p.76, ⑤未確認

200. ワタリミヤコグサ(2.3.30.1：マメ科)
 Lotus tenuis Waldst. et Kit. ex Willd.: Lotus glaber Mill.

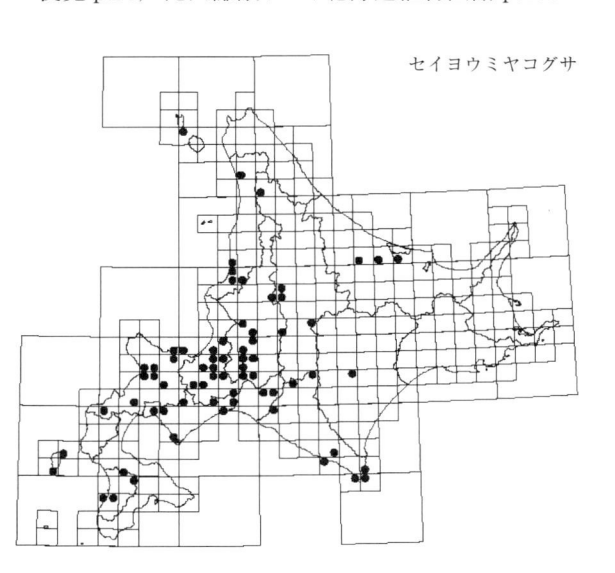

セイヨウミヤコグサ

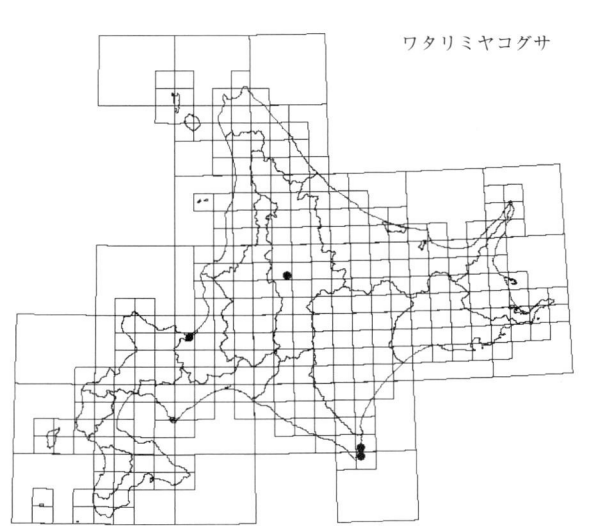

ワタリミヤコグサ

44 マメ科

①邑田・米倉(2012)日本維管束植物目録 p.110 左，②欧州・アフリカ・西アジア原産，③不明・稀，④長田武正(1976)保育社・原色日本帰化植物図鑑 p.221，原松次(1992)札幌の植物 no.440・羊ヶ丘，五十嵐博(2001)北海道帰化植物便覧 p.59，清水・森田・廣田(2001)全農教・日本帰化植物写真図鑑 p.133，清水建美編(2003)平凡社・日本の帰化植物 p.110，滝田謙譲(2004)北海道植物図譜・補遺 p.21・札幌市手稲区山口緑地，梅沢俊(2007)新北海道の花 p.50・えりも町，北海道(2010)ブルーリスト・B，⑤えりも町などで確認済み

201．キバナハウチワマメ (2.3.30.1：マメ科)
　Lupinus luteus L.
②欧州原産，③植栽され稀に逸出，④五十嵐博(2001)北海道帰化植物便覧 p.59，北海道(2010)ブルーリスト・D，⑤未確認

202．ルピナス・ノボリフジ・タヨウハウチワマメ (2.3.30.1：マメ科)
　Lupinus polyphyllus Lindl.
①邑田・米倉(2012)日本維管束植物目録 p.110 左，②北米原産，③植栽され各地に逸出，④野草の写真図鑑(1996)日本ヴォーグ社・WILD FLOWERS p.108，五十嵐博(2001)北海道帰化植物便覧 p.58，清水建美編(2003)平凡社・日本の帰化植物 p.124，梅沢俊(2007)新北海道の花 p.331・伊達市大滝，北海道(2010)ブルーリスト・A3，植村ほか(2010)全農教・日本帰化植物写真図鑑(2) p.98，旭川帰化植物研究会(2015)旭川の帰化植物 p.76，⑤各地で確認済み

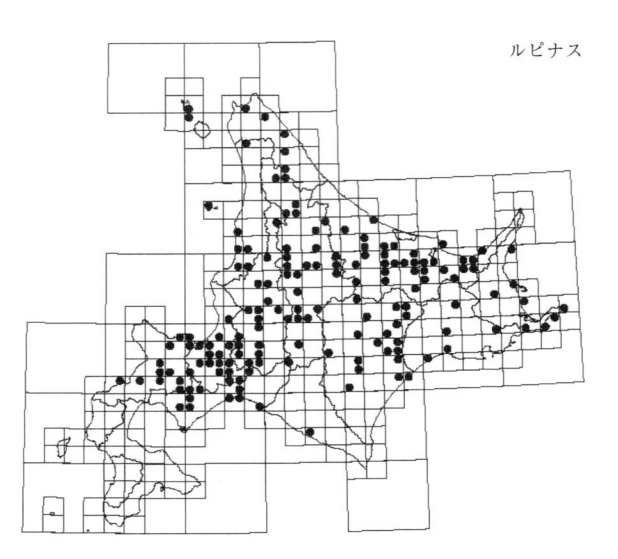

203．コメツブウマゴヤシ (2.3.30.1：マメ科)
　Medicago lupulina L.
①邑田・米倉(2012)日本維管束植物目録 p.110 左，②ユーラシア原産，③作物などの種子に混入・各地，④長田武正(1972)北隆館・日本帰化植物図鑑 p.117，長田武正(1976)保育社・原色日本帰化植物図鑑 p.237，原松次(1983)北海道植物図鑑(中) p.160・登別市，野草の写真図鑑(1996)日本ヴォーグ社・WILD FLOWERS p.118，五十嵐博(2001)北海道帰化植物便覧 p.60，滝田謙譲(2001)北海道植物図譜 p.500・札幌市大倉山，清水・森田・廣田(2001)全農教・日本帰化植物写真図鑑 p.135，清水建美編(2003)平凡社・日本の帰化植物 p.112，梅沢俊(2007)新北海道の花 p.50・千歳市，北海道(2010)ブルーリスト・A3，浅井元朗(2015)全農教・植調雑草大鑑 p.260，旭川帰化植物研究会(2015)旭川の帰化植物 p.76，⑤各地で確認済み

ルピナス

コメツブウマゴヤシ

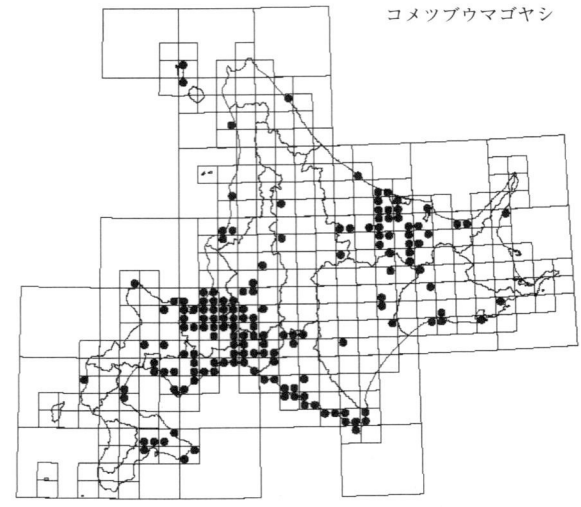

204．コウマゴヤシ (2.3.30.1：マメ科)
　Medicago minima (L.) Bartal.
①邑田・米倉(2012)日本維管束植物目録 p.110 左，②欧州・アフリカ・西アジア原産，③牧草として

導入され逸出・稀，④長田武正(1972)北隆館・日本帰化植物図鑑 p.117，長田武正(1976)保育社・原色日本帰化植物図鑑 p.238，五十嵐博(2001)北海道帰化植物便覧 p.60，清水・森田・廣田(2001)全農教・日本帰化植物写真図鑑 p.136，清水建美編(2003)平凡社・日本の帰化植物 p.112，北海道(2010)ブルーリスト・D，浅井元朗(2015)全農教・植調雑草大鑑 p.260，⑤未確認

205. ウマゴヤシ(2.3.30.1：マメ科)
　　Medicago polymorpha L.
①邑田・米倉(2012)日本維管束植物目録 p.110 右，②欧州原産，③牧草として導入され逸出・稀，④長田武正(1972)北隆館・日本帰化植物図鑑 p.116，長田武正(1976)保育社・原色日本帰化植物図鑑 p.236，五十嵐博(2001)北海道帰化植物便覧 p.60，清水・森田・廣田(2001)全農教・日本帰化植物写真図鑑 p.137，清水建美編(2003)平凡社・日本の帰化植物 p.113，北海道(2010)ブルーリスト・D，浅井元朗(2015)全農教・植調雑草大鑑 p.260，⑤未確認

206. ムラサキウマゴヤシ・アルファルファ・ルーサン(2.3.30.1：マメ科)
　　Medicago sativa L. ssp. *sativa*
　　　コガネウマゴヤシ
　　Medicago sativa L. ssp. *falcata* (L.) Arcang.
　　黄色花：稀

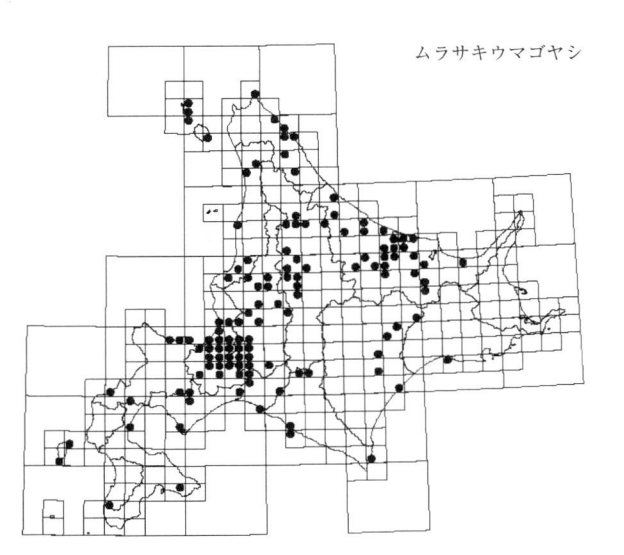

ムラサキウマゴヤシ

　　シロバナムラサキウマゴヤシ
　　Medicago sativa L. ssp. *falcata* f. *alba*
　　白花：各地
①邑田・米倉(2012)日本維管束植物目録 p.110 右，②欧州～西アジア原産，③牧草として導入され各地に逸出，④長田武正(1972)北隆館・日本帰化植物図鑑 p.117，長田武正(1976)保育社・原色日本帰化植物図鑑 p.240，原松次(1983)北海道植物図鑑(中)p.160・伊達市，野草の写真図鑑(1996)日本ヴォーグ社・WILD FLOWERS p.118，五十嵐博(2001)北海道帰化植物便覧 p.61，滝田謙譲(2001)北海道植物図譜 p.500・札幌市厚別区厚別・旭川市新開・士別市，清水・森田・廣田(2001)全農教・日本帰化植物写真図鑑 p.138，清水建美編(2003)平凡社・日本の帰化植物 p.113，梅沢俊(2007)新北海道の花 p.326・小樽市第三埠頭，北海道(2010)ブルーリスト・A3，浅井元朗(2015)全農教・植調雑草大鑑 p.261，旭川帰化植物研究会(2015)旭川の帰化植物 p.76，⑤各地で確認済み

207. コシナガワハギ(2.3.30.1：マメ科)
　　Melilotus indicus (L.) All.
①邑田・米倉(2012)日本維管束植物目録 p.110 右，②欧州原産，③不明・稀，④長田武正(1972)北隆館・日本帰化植物図鑑 p.115，長田武正(1976)保育社・原色日本帰化植物図鑑 p.234，五十嵐博(2001)北海道帰化植物便覧 p.62，清水・森田・廣田(2001)全農教・日本帰化植物写真図鑑 p.139，清水建美編(2003)平凡社・日本の帰化植物 p.114，北海道(2010)ブルーリスト・D，⑤未確認

208. シロバナシナガワハギ・コゴメハギ
　　(2.3.30.1：マメ科)
　　Melilotus officinalis (L.) Pall. ssp. *albus*
(Medik.) H. Ohashi et Y. Tateishi: Melilotus alba Medicus
①邑田・米倉(2012)日本維管束植物目録 p.110 右，②アフリカ・西～中央アジア原産，③蜜源植物として導入の説あり・各地に逸出，④長田武正(1972)北隆館・日本帰化植物図鑑 p.116，長田武正(1976)保育社・原色日本帰化植物図鑑 p.235，原松次

(1983)北海道植物図鑑(中)p.161,原松次(1992)札幌の植物 no.444,野草の写真図鑑(1996)日本ヴォーグ社・WILD FLOWERS p.116,五十嵐博(2001)北海道帰化植物便覧 p.62,滝田謙譲(2001)北海道植物図譜 p.501・釧路市春採,清水・森田・廣田(2001)全農教・日本帰化植物写真図鑑 p.138,清水建美編(2003)平凡社・日本の帰化植物 p.114,梅沢俊(2007)新北海道の花 p.143・札幌市,北海道(2010)ブルーリスト・A3,浅井元朗(2015)全農教・植調雑草大鑑 p.257,旭川帰化植物研究会(2015)旭川の帰化植物 p.76, ⑤各地で確認済み

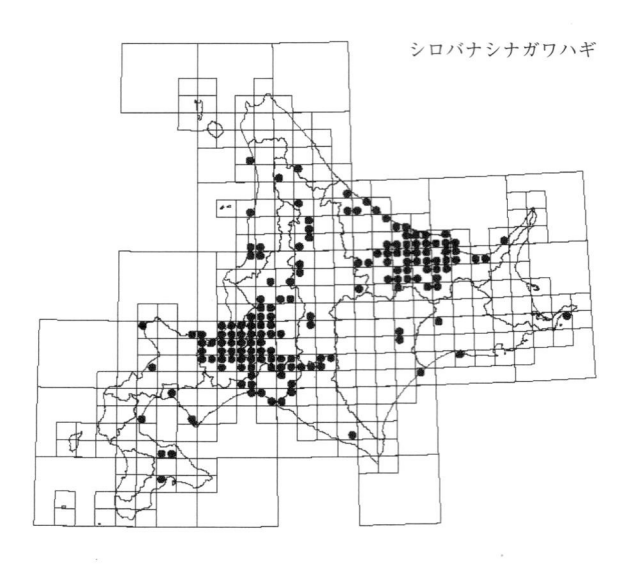

シロバナシナガワハギ

シナガワハギ・エビラハギ(2.3.30.1:マメ科)
Melilotus officinalis (L.) Pall. ssp. *suaveolens* (Ledeb.) H. Ohashi: Melilotus suaveolens Ledeb.
①邑田・米倉(2012)日本維管束植物目録 p.110 右,②ユーラシア原産,③蜜源植物として導入の説あり・各地に逸出,④長田武正(1972)北隆館・日本帰化植物図鑑 p.115,長田武正(1976)保育社・原色日本帰化植物図鑑 p.233,野草の写真図鑑(1996)日本ヴォーグ社・WILD FLOWERS p.116,原松次(1992)札幌の植物 no.445,五十嵐博(2001)北海道帰化植物便覧 p.63,滝田謙譲(2001)北海道植物図譜 p.502・札幌市東区伏古,清水・森田・廣田(2001)全農教・日本帰化植物写真図鑑 p.140,清水建美編(2003)平凡社・日本の帰化植物 p.114,梅沢俊(2007)新北海道の花 p.51・小樽市,北海道(2010)ブルーリスト・A3,浅井元朗(2015)全農教・植調雑草大鑑 p.257,旭川帰化植物研究会(2015)旭川の帰化植物 p.76, ⑤各地で確認済み

シナガワハギ

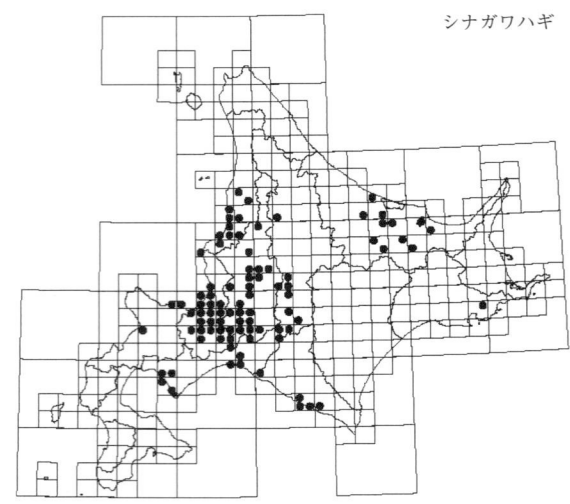

209. ハリエンジュ・ニセアカシヤ(2.3.30.1:マメ科)
Robinia pseudoacacia L.
①邑田・米倉(2012)日本維管束植物目録 p.111 左,②北米原産,③街路樹,蜜源植物などとして植栽され各地に逸出,④原松次(1981)北海道植物図鑑(上)p.120,佐藤孝夫(1990)北海道樹木図鑑 p.188,原松次(1992)札幌の植物 no.447,五十嵐博(2001)北海道帰化植物便覧 p.63,滝田謙譲(2001)北海道植

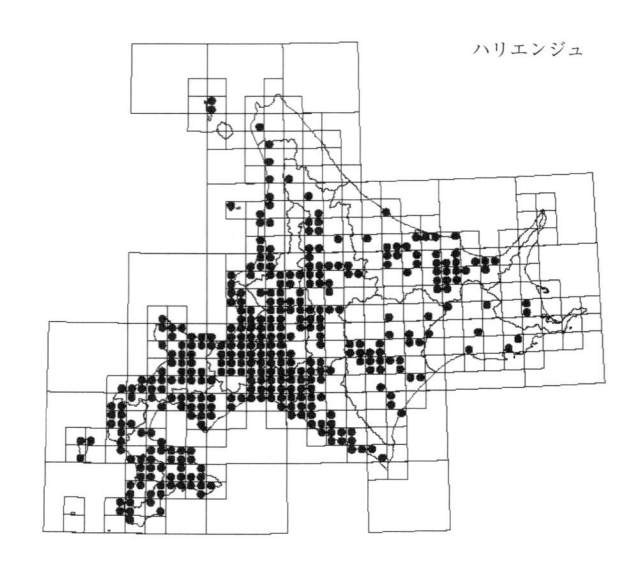

ハリエンジュ

物図譜 p.504・釧路町別保，清水建美編(2003)平凡社・日本の帰化植物 p.115，北海道(2010)ブルーリスト・**A2**，植村ほか(2010)全農教・日本帰化植物写真図鑑(2) p.143，旭川帰化植物研究会(2015)旭川の帰化植物 p.76，**環境省・要注意外来生物**，⑤各地で確認済み

210. タマザキクサフジ・クラウンベッチ
　　　(2.3.30.1：マメ科)
Securigera varia (L.) P. Lassen: Coronilla varia L.
①邑田・米倉(2012)日本維管束植物目録 p.111 右，②欧州・西アジア原産，③法面緑化・牧草などから稀に逸出，④原松次(1985)北海道植物図鑑(下) p.37・豊頃町，原松次(1992)札幌の植物 no.431・市街地・定山渓，野草の写真図鑑(1996)日本ヴォーグ社・WILD FLOWERS p.123，五十嵐博(2001)北海道帰化植物便覧 p.57，滝田謙譲(2001)北海道植物図譜 p.485・豊頃町長節湖，清水・森田・廣田(2001)全農教・日本帰化植物写真図鑑 p.126，清水建美編(2003)平凡社・日本の帰化植物 p.115，梅沢俊(2007)新北海道の花 p.260・江別市角山，北海道(2010)ブルーリスト・B，⑤豊頃町長節湖，札幌市，北広島市，江別市，当別町などで確認済み

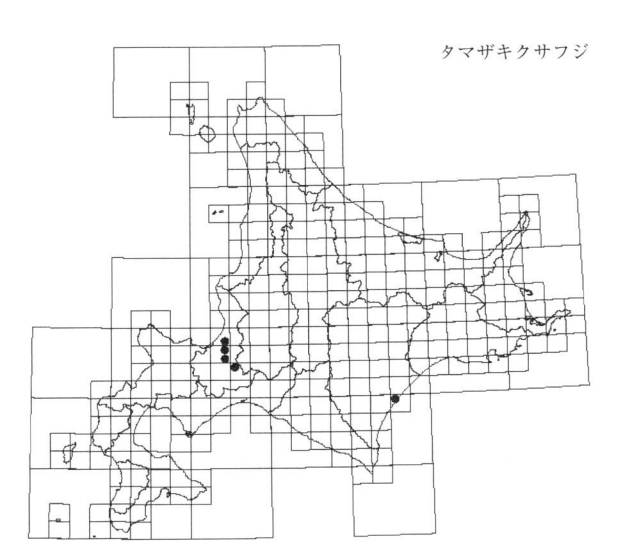

タマザキクサフジ

211. シャグマハギ・シャグマツメクサ
　　　(2.3.30.1：マメ科)
Trifolium arvense L.
①邑田・米倉(2012)日本維管束植物目録 p.112 左，②アフリカ・欧州・西アジア原産，③近年道内各地に拡大中，④長田武正(1972)北隆館・日本帰化植物図鑑 p.125，野草の写真図鑑(1996)日本ヴォーグ社・WILD FLOWERS p.121，中居正雄(2000)とまこまいの植物 p.224，五十嵐博(2001)北海道帰化植物便覧 p.64，清水・森田・廣田(2001)全農教・日本帰化植物写真図鑑 p.143，清水建美編(2003)平凡社・日本の帰化植物 p.118，滝田謙譲(2004)北海道植物図譜・補遺 p.20・風連町国道沿い，梅沢俊(2007)新北海道の花 p.261・苫小牧市，北海道(2010)ブルーリスト・**A3**，⑤各地で確認済み
＊トガリバツメクサは中居正雄(1994)の苫小牧報告のみ。誤同定の可能性がある種なので今回は削除した。

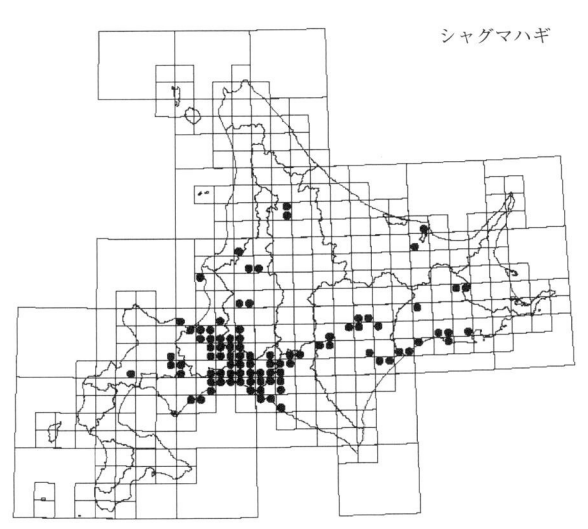

シャグマハギ

212. テマリツメクサ(2.3.30.1：マメ科)
Trifolium aureum Pollich
①邑田・米倉(2012)日本維管束植物目録 p.112 左，②欧州・西アジア原産，③クスダマツメクサとの誤認が多い・各地で見られる，④原松次(1983)北海道植物図鑑(中) p.160：テマリ，原松次(1992)札幌の植物 no.449：テマリ，滝田謙譲(2001)北海道植物図譜 p.509・弟子屈町清水の沢・テマリ，清水

48　マメ科

建美編(2003)平凡社・日本の帰化植物 p.118, 滝田謙譲(2004)北海道植物図鑑・補遺 p.22, 梅沢俊(2007)新北海道の花 p.51・富良野スキー場, 植村ほか(2010)全農教・日本帰化植物写真図鑑(2) p.109, 北海道(2010)ブルーリスト・B, 旭川帰化植物研究会(2015)旭川の帰化植物 p.77, ⑤各地で確認済み

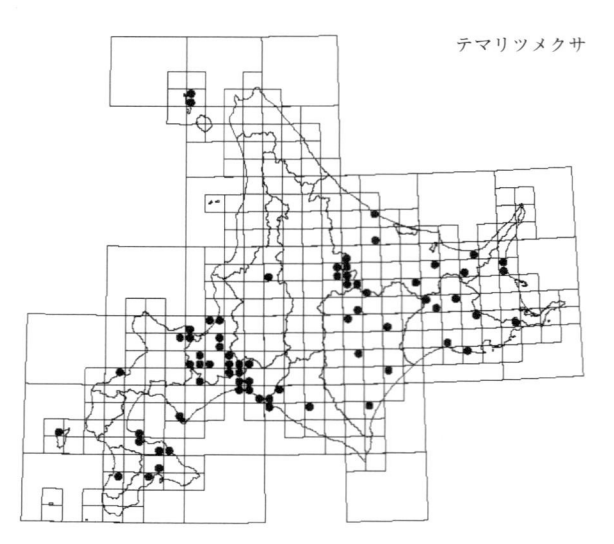

テマリツメクサ

213. クスダマツメクサ・ホップツメクサ
　（2.3.30.1：マメ科）
Trifolium campestre Schreb.
①邑田・米倉(2012)日本維管束植物目録 p.112 左, ②欧州・アフリカ・西アジア原産, ③テマリツメクサとの誤認が多い・小型で稀に確認, ④長田武正(1972)北隆館・日本帰化植物図鑑 p.123, 127, 長田武正(1976)保育社・原色日本帰化植物図鑑 p.231, 野草の写真図鑑(1996)日本ヴォーグ社・WILD FLOWERS p.121, 五十嵐博(2001)北海道帰化植物便覧 p.64：テマリ, 清水・森田・廣田(2001)全農教・日本帰化植物写真図鑑 p.144, 清水建美編(2003)平凡社・日本の帰化植物 p.118, 滝田謙譲(2004)北海道植物図譜・補遺 p.22・平取町中荷負, 梅沢俊(2007)新北海道の花 p.51(頂小葉に柄が目立つ), 北海道(2010)ブルーリスト・B, 浅井元朗(2015)全農教・植調雑草大鑑 p.259, ⑤遠軽町, 苫小牧市などで確認済み

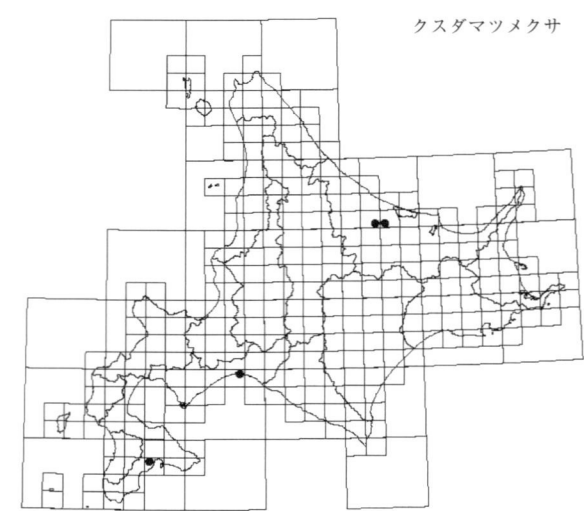

クスダマツメクサ

214. コメツブツメクサ・キバナツメクサ・コゴメツメクサ(2.3.30.1：マメ科)
Trifolium dubium Sibth.
①邑田・米倉(2012)日本維管束植物目録 p.112 左, ②欧州・西アジア原産, ③不明・稀, ④長田武正(1972)北隆館・日本帰化植物図鑑 p.123, 長田武正(1976)保育社・原色日本帰化植物図鑑 p.232, 五十嵐博(2001)北海道帰化植物便覧 p.64, 滝田謙譲(2001)北海道植物図譜 p.506・旭川市西神楽4線, 清水・森田・廣田(2001)全農教・日本帰化植物写真図鑑 p.145, 清水建美編(2003)平凡社・日本の帰化植物 p.118, 梅沢俊(2007)新北海道の花 p.50, 北海道(2010)ブルーリスト・B, 浅井元朗(2015)全農教・

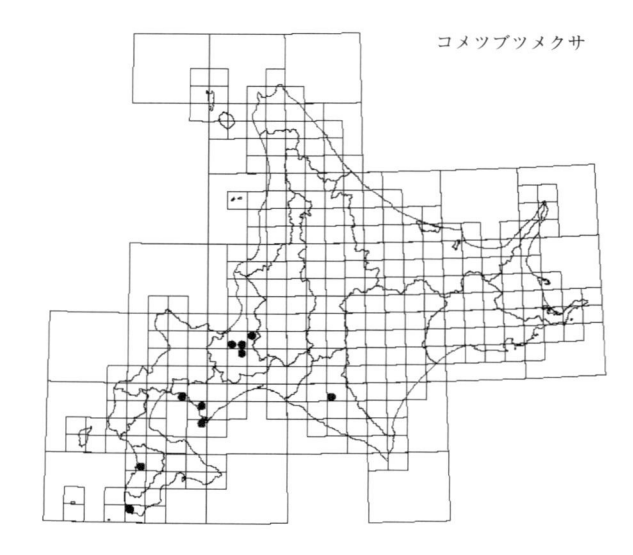

コメツブツメクサ

植調雑草大鑑 p.259，⑤各地で確認済み

215．ツメクサダマシ・ストロベリークローバー
（2.3.30.1：マメ科）
Trifolium fragiferum L.
①邑田・米倉(2012)日本維管束植物目録 p.112 左，②欧州・西アジア原産，③不明・稀，④長田武正(1972)北隆館・日本帰化植物図鑑 p.126，長田武正(1976)保育社原色日本帰化植物図鑑 p.227，野草の写真図鑑(1996)日本ヴォーグ社・WILD FLOWERS p.119，清水・森田・廣田(2001)全農教・日本帰化植物写真図鑑 p.146，清水建美編(2003)平凡社・日本の帰化植物 p.119，北海道(2010)ブルーリスト・B，⑤未確認

216．タチオランダゲンゲ・アルサイククローバー
（2.3.30.1：マメ科）
Trifolium hybridum L.
①邑田・米倉(2012)日本維管束植物目録 p.112 左，②欧州・アフリカ・西アジア原産，③不明・各地，④長田武正(1972)北隆館・日本帰化植物図鑑 p.124，長田武正(1976)保育社・原色日本帰化植物図鑑 p.226，原松次(1983)北海道植物図鑑(中) p.157・室蘭市，五十嵐博(2001)北海道帰化植物便覧 p.65，滝田謙譲(2001)北海道植物図譜 p.508・釧路市西港，清水・森田・廣田(2001)全農教・日本帰化植物写真図鑑 p.148，清水建美編(2003)平凡社・

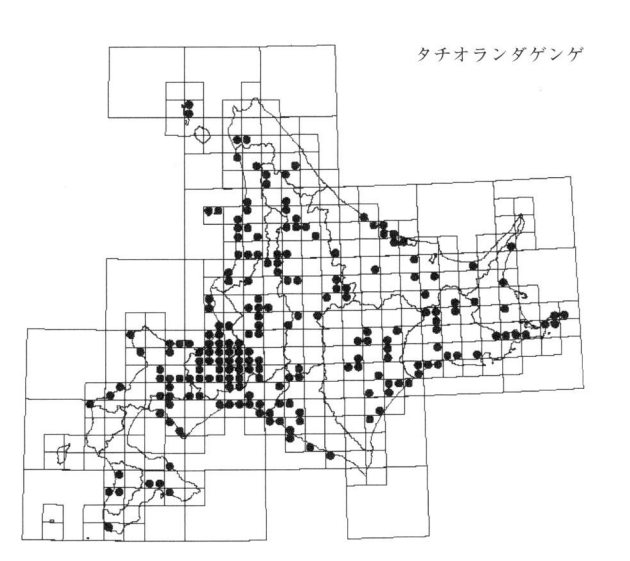

タチオランダゲンゲ

日本の帰化植物 p.119，梅沢俊(2007)新北海道の花 p.142・札幌市真駒内，北海道(2010)ブルーリスト・A3，旭川帰化植物研究会(2015)旭川の帰化植物 p.77，⑤各地で確認済み

217．ベニバナツメクサ・クリムソンクローバー
（2.3.30.1：マメ科）
Trifolium incarnatum L.
①邑田・米倉(2012)日本維管束植物目録 p.112 左，②欧州・北アフリカ・西アジア原産，③不明・稀，④長田武正(1972)北隆館・日本帰化植物図鑑 p.121，長田武正(1976)保育社・原色日本帰化植物図鑑 p.228，五十嵐博(2001)北海道帰化植物便覧 p.65，清水・森田・廣田(2001)全農教・日本帰化植物写真図鑑 p.149，清水建美編(2003)平凡社・日本の帰化植物 p.119，梅沢俊(2007)新北海道の花 p.261，北海道(2010)ブルーリスト・B，⑤札幌市，長沼町などで確認済み

218．オオバナノアカツメクサ・ジグザグクローバー（2.3.30.1：マメ科）
Trifolium medium L.
①邑田・米倉(2012)日本維管束植物目録 p.112 左，②欧州～西アジア原産，③不明・稀，④長田武正(1972)北隆館・日本帰化植物図鑑 p.123，清水建美編(2003)平凡社・日本の帰化植物 p.120，北海道(2010)ブルーリスト・B，⑤未確認

219．ムラサキツメクサ・アカツメクサ
（2.3.30.1：マメ科）
Trifolium pratense L.
①邑田・米倉(2012)日本維管束植物目録 p.112 左，②欧州・アフリカ・西アジア原産，③不明・各地，④長田武正(1972)北隆館・日本帰化植物図鑑 p.122，長田武正(1976)保育社・原色日本帰化植物図鑑 p.225，原松次(1983)北海道植物図鑑(中) p.160・室蘭市，野草の写真図鑑(1996)日本ヴォーグ社・WILD FLOWERS p.120，五十嵐博(2001)北海道帰化植物便覧 p.65，滝田謙譲(2001)北海道植物図譜 p.507・釧路市鶴丘，清水・森田・廣田(2001)全農教・日本帰化植物写真図鑑 p.150，清水建美

編(2003)平凡社・日本の帰化植物 p.120, 梅沢俊(2007)新北海道の花 p.261・八雲町熊石, 北海道(2010)ブルーリスト・A2, 浅井元朗(2015)全農教・植調雑草大鑑 p.258, 旭川帰化植物研究会(2015)旭川の帰化植物 p.77, ⑤各地で確認済み

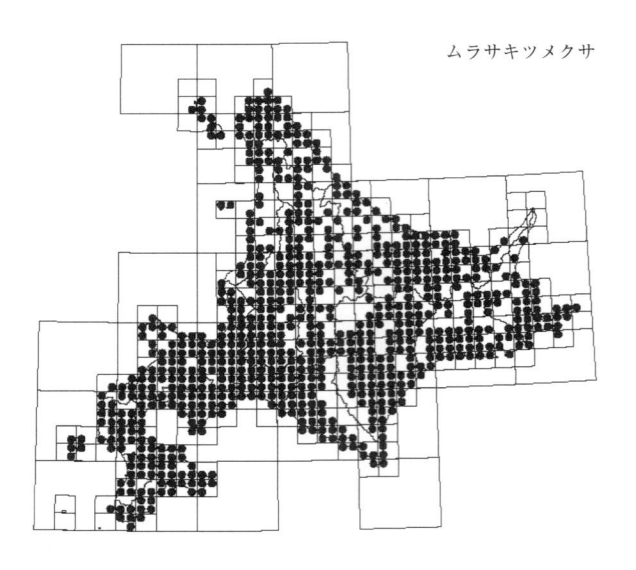

ムラサキツメクサ

シロバナアカツメクサ・セッカツメクサ
(2.3.30.1：マメ科)
Trifolium pratense L. f. *albiflorum* Alef.
①邑田・米倉(2012)日本維管束植物目録 p.112左, ②欧州・アフリカ・西アジア原産, ③不明・各地, ④長田武正(1972)北隆館・日本帰化植物図鑑 p.122, 五十嵐博(2001)北海道帰化植物便覧 p.65, 北海道(2010)ブルーリスト・A2, 旭川帰化植物研究会(2015)旭川の帰化植物 p.77, (セッカツメクサ：雪華詰草), ⑤各地で確認済み

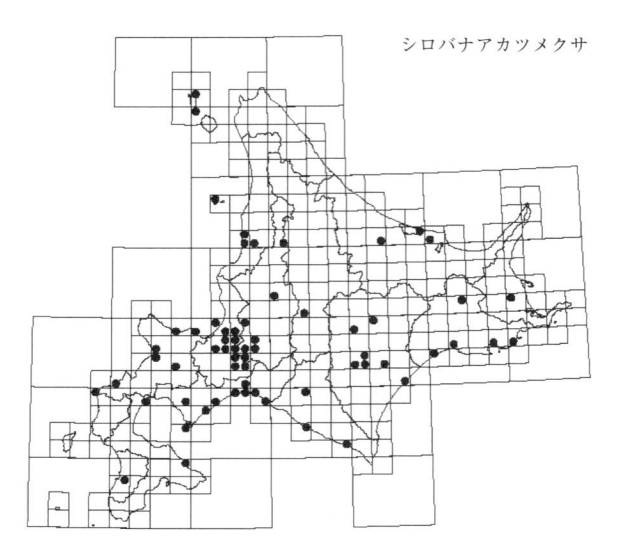

220. シロツメクサ・オランダゲンゲ(2.3.30.1：マメ科)
Trifolium repens L.
①邑田・米倉(2012)日本維管束植物目録 p.112左, ②欧州・アフリカ・西アジア原産, ③不明・各地, ④長田武正(1972)北隆館・日本帰化植物図鑑 p.124, 長田武正(1976)保育社・原色日本帰化植物図鑑 p.224, 原松次(1983)北海道植物図鑑(中) p.157・函館市, 野草の写真図鑑(1996)日本ヴォーグ社・WILD FLOWERS p.119, 五十嵐博(2001)北海道帰化植物便覧 p.66, 滝田謙譲(2001)北海道植物図譜 p.508・白糠町恋問, 清水・森田・廣田(2001)全農教・日本帰化植物写真図鑑 p.151, 清水建美編(2003)平凡社・日本の帰化植物 p.120, 梅沢俊(2007)新北海道の花 p.142・札幌市真駒内公園, 北海道(2010)ブルーリスト・A2, 浅井元朗(2015)全農教・植調雑草大鑑 p.258, 旭川帰化植物研究会(2015)旭川の帰化植物 p.77, ⑤各地で確認済み

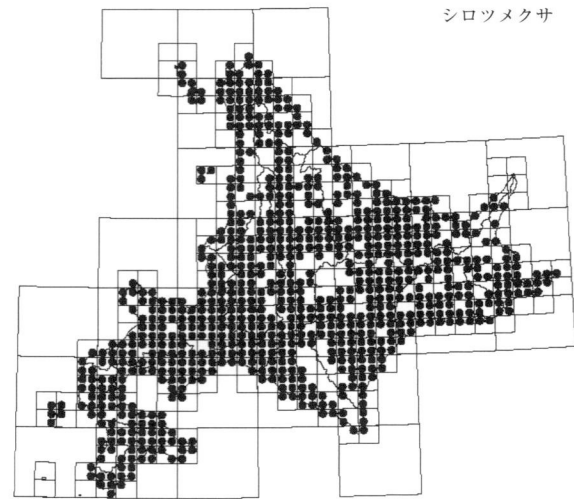

シロツメクサ

シロバナアカツメクサ

モモイロシロツメクサ(2.3.30.1：マメ科)
Trifolium repens L. f. *roseum* Peterm.
①邑田・米倉(2012)日本維管束植物目録 p.112左, ②欧州・アフリカ・西アジア原産, ③不明・稀,

④五十嵐博(2001)北海道帰化植物便覧 p.66, 北海道(2010)ブルーリスト・A2, ⑤近年各地で確認済み

221. ミツバツメクサ(2.3.30.1：マメ科)
　　Trifolium tridentatum Lindl.
②北米原産, ③稀, ④五十嵐博(2001)北海道帰化植物便覧 p.66, 北海道(2010)ブルーリスト・D, ⑤未確認

222. カラスノエンドウ・オオヤハズノエンドウ(2.3.30.1：マメ科)
　　Vicia sativa L.
①邑田・米倉(2012)日本維管束植物目録 p.113左, ②本州原産, ③芝混入の移入種・稀, ④長田武正(1972)北隆館・日本帰化植物図鑑 p.128, 野草の写真図鑑(1996)日本ヴォーグ社・WILD FLOWERS p.112, 植村ほか(2010)全農教・日本帰化植物写真図鑑(2) p.121, ⑤小樽市で確認済み

223. イブキノエンドウ・カラスノエンドウ・コモンベッチ(2.3.30.1：マメ科)
　　Vicia sepium L.
①邑田・米倉(2012)日本維管束植物目録 p.113左, ②欧州原産, ③牧草種子に混入・稀, ④長田武正(1976)保育社・原色日本帰化植物図鑑 p.241, 野草の写真図鑑(1996)日本ヴォーグ社・WILD FLOWERS p.111, 五十嵐博(2001)北海道帰化植物便覧 p.66, 滝田謙譲(2001)北海道植物図譜 p.513・長沼町南長沼, 清水建美編(2003)平凡社・日本の帰化植物 p.123, 梅沢俊(2007)新北海道の花 p.329・南幌町夕張川堤防, 植村ほか(2010)全農教・日本帰化植物写真図鑑(2) p.122, 北海道(2010)ブルーリスト・B, ⑤南幌町・長沼町などの河川法面などで確認済み

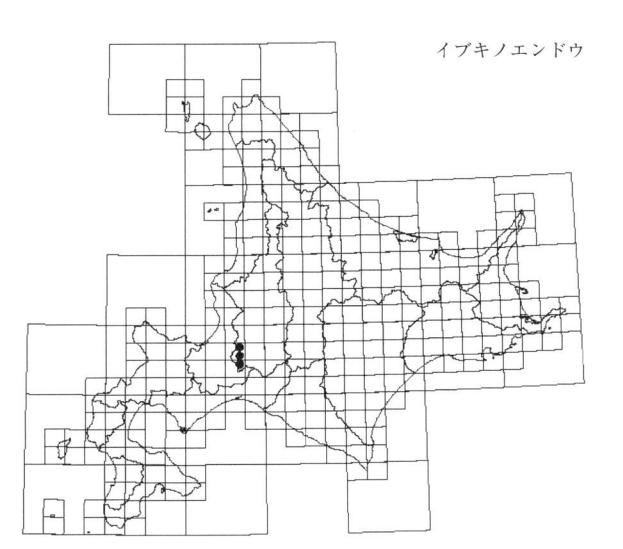

イブキノエンドウ

224. カスマグサ(2.3.30.1：マメ科)
　　Vicia tetrasperma (L.) Schreb.
①邑田・米倉(2012)日本維管束植物目録 p.113左, ②本州原産, ③芝混入の移入種・稀, ④野草の写真図鑑(1996)日本ヴォーグ社・WILD FLOWERS p.110, 浅井元朗(2015)全農教・植調雑草大鑑 p.263, ⑤札幌市羊ヶ丘で確認済み(カラスとスズメの間＝カスマ)

225. ビロードクサフジ・シラゲクサフジ
　　(2.3.30.1：マメ科)
　　Vicia villosa Roth ssp. *villosa*
①邑田・米倉(2012)日本維管束植物目録 p.113左, ②欧州・北アフリカ・西アジア原産, ③芝混入・稀, ④長田武正(1972)北隆館・日本帰化植物図鑑 p.128, 長田武正(1976)保育社・原色日本帰化植物図鑑 p.242, 五十嵐博(2001)北海道帰化植物便覧 p.66, 清水建美編(2003)平凡社・日本の帰化植物 p.123, 滝田謙譲(2004)北海道植物図譜・補遺 p.23・小樽市第三埠頭, 梅沢俊(2007)新北海道の花 p.329・小樽市第三埠頭, 北海道(2010)ブルーリスト・B, 植村ほか(2010)全農教・日本帰化植物写真図鑑(2) p.123, 浅井元朗(2015)全農教・植調雑草大鑑 p.263, ⑤小樽港で確認済み

　　ナヨクサフジ(2.3.30.1：マメ科)
　　Vicia villosa Roth ssp. *varia* (Host) Corb.
①邑田・米倉(2012)日本維管束植物目録 p.113左, ②欧州・西アジア原産, ③芝混入・稀, ④長田武正(1972)北隆館・日本帰化植物図鑑 p.128, 清水・森田・廣田(2001)全農教・日本帰化植物写真図鑑 p.153, 清水建美編(2003)平凡社・日本の帰化植物

p.124, 北海道(2010)ブルーリスト・B, 浅井元朗(2015)全農教・植調雑草大鑑 p.263, ⑤札幌市南区などで確認済み

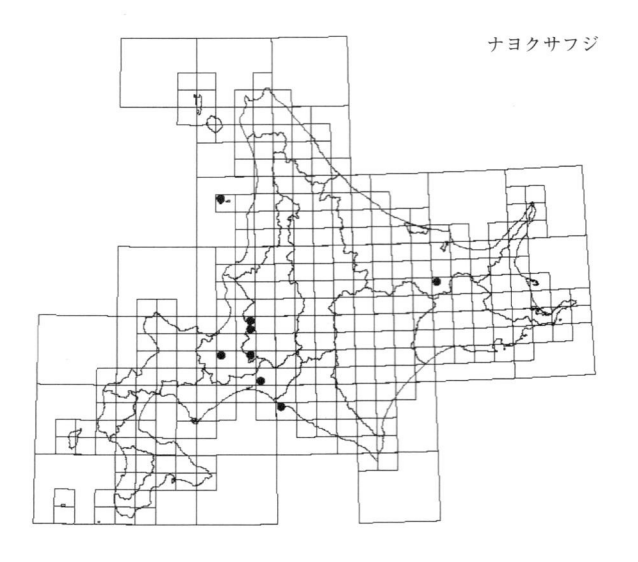

ナヨクサフジ

226. フジ(2.3.30.1：マメ科)
Wisteria floribunda (Willd.) DC.
①邑田・米倉(2012)日本維管束植物目録 p.113 右, ②本州以南原産, ③植栽され各地に逸出, ④佐藤孝夫(1990)北海道樹木図鑑 p.186, 五十嵐博(2001)北海道帰化植物便覧 p.66, 北海道(2010)ブルーリスト・A3, ⑤各地で確認済み

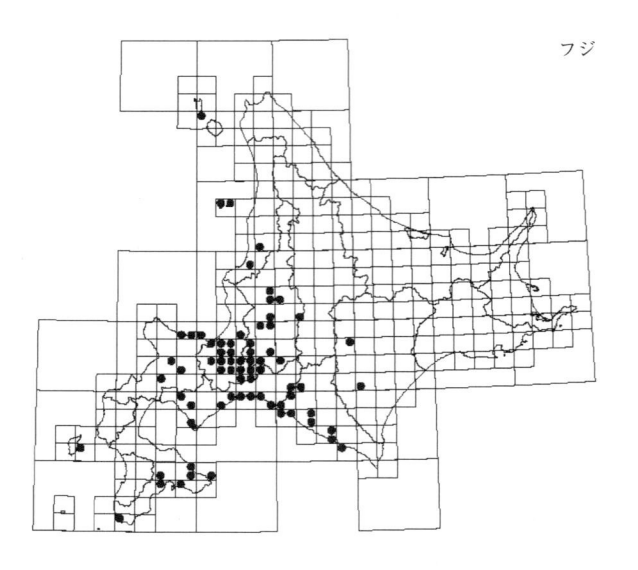

フジ

227. ヒロハセネガ(2.3.30.2：ヒメハギ科)
Polygala senega L. var. *latifolia* Torr. et A. Gray
①邑田・米倉(2012)日本維管束植物目録 p.113 右, ②北米原産, ③薬用栽培が逸出・消滅, ④桑原義晴(1966)北海道の帰化植物, 五十嵐博(2001)北海道帰化植物便覧 p.70, 北海道(2010)ブルーリスト・D, ⑤未確認・桑原(1966)以降は報告なし・消滅の可能性

228. ハゴロモグサ・レディスマントル・アルケミラ(2.3.31.1：バラ科)
Alchemilla vulgaris L.：(Alchemilla japonica・Alchemilla mollis)
①邑田・米倉(2012)日本維管束植物目録 p.114 左, ②欧州原産, ③植栽され稀に逸出, ④野草の写真図鑑(1996)日本ヴォーグ社・WILD FLOWERS p.106, 山渓カラー名鑑(1998)園芸植物 p.386, 山岸喬(1998)日本ハーブ図鑑 p.48, ⑤札幌市で確認済み

229. オランダイチゴ(2.3.31.1：バラ科)
Fragaria ananassa Duchesne
②欧州原産, ③食用として栽培され各地に逸出, ④山渓カラー名鑑(1998)園芸植物 p.391, 五十嵐博(2001)北海道帰化植物便覧 p.52, 清水建美編(2003)平凡社・日本の帰化植物 p.99, 北海道(2010)ブルーリスト・B, 旭川帰化植物研究会(2015)旭川の帰化植物 p.75, ⑤各地で確認済み

230. エゾヘビイチゴ・エゾノヘビイチゴ(2.3.31.1：バラ科)
Fragaria vesca L.
①邑田・米倉(2012)日本維管束植物目録 p.116 右, ②欧州原産, ③不明・稀, ④長田武正(1972)北隆館・日本帰化植物図鑑 p.130, 原松次(1981)北海道植物図鑑(上) p.125, 野草の写真図鑑(1996)日本ヴォーグ社・WILD FLOWERS p.106, 五十嵐博(2001)北海道帰化植物便覧 p.52, 滝田謙譲(2001)北海道植物図譜 p.416・旭川市男山, 清水・森田・廣田(2001)全農教・日本帰化植物写真図鑑 p.118, 清水建美編(2003)平凡社・日本の帰化植物 p.99, 梅

沢俊(2007)新北海道の花 p.145, 北海道(2010)ブルーリスト・B, 旭川帰化植物研究会(2015)旭川の帰化植物 p.76, ⑤札幌市で確認済み

231. ヤマブキ(2.3.31.1：バラ科)
Kerria japonica (L.) DC.
ヤエヤマブキ
Kerria japonica (L.) DC. f. *plena* C. K. Schn.
①邑田・米倉(2012)日本維管束植物目録 p.117 左, ②本州原産, ③植栽され稀に逸出, ④佐藤孝夫(1990)北海道樹木図鑑 p.149, 150・道南は自生とある, 山渓カラー名鑑(1998)園芸植物 p.391, 北海道(2010)ブルーリスト・B, ⑤白老町, 栗山町などで確認済み

232. ハイキジムシロ(2.3.31.1：バラ科)
Potentilla anglica Laichard.
①邑田・米倉(2012)日本維管束植物目録 p.117 右, ②欧州原産, ③植栽され稀に逸出, ④五十嵐博(2001)北海道帰化植物便覧 p.54・ポテンティラ・ベルナは同定ミスで本種・札幌市西区軽川, 滝田謙譲(2001)北海道植物図譜 p.429：ハイオオヘビイチゴは植栽種であり同定ミスのため本種・札幌市西区軽川堤防, 清水建美編(2003)平凡社・日本の帰化植物 p.100, 北海道(2010)ブルーリスト・B, 植村ほか(2010)全農教・日本帰化植物写真図鑑(2) p.89, ⑤札幌市西区軽川確認後は札幌市白石区の画像情報(天崎比良子氏)や浦河町(高橋誼氏)からの確認情報あり

233. エゾノミツモトソウ(2.3.31.1：バラ科)
Potentilla norvegica L.
①邑田・米倉(2012)日本維管束植物目録 p.118 左, ②欧州〜北アフリカ原産, ③不明・各地, ④長田武正(1972)北隆館・日本帰化植物図鑑 p.132, 長田武正(1976)保育社・原色日本帰化植物図鑑 p.252, 原松次(1983)北海道植物図鑑(中) p.168・札幌市, 五十嵐博(2001)北海道帰化植物便覧 p.53, 滝田謙譲(2001)北海道植物図譜 p.426・釧路町天寧, 清水・森田・廣田(2001)全農教・日本帰化植物写真図鑑 p.119, 清水建美編(2003)平凡社・日本の帰化植物 p.100, 梅沢俊(2007)新北海道の花 p.55・小樽市, 北海道(2010)ブルーリスト・A3, 浅井元朗(2015)全農教・植調雑草大鑑 p.226, 旭川帰化植物研究会(2015)旭川の帰化植物 p.76, ⑤各地で確認済み

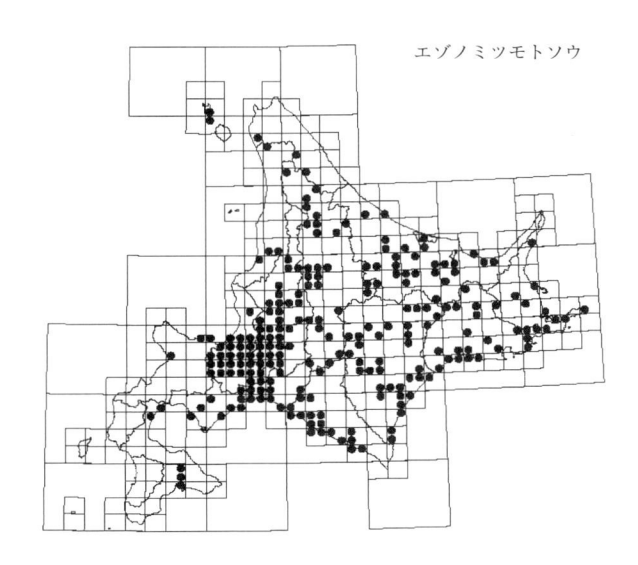

エゾノミツモトソウ

234. オオヘビイチゴ・タチロウゲ(2.3.31.1：バラ科)
Potentilla recta L.
①邑田・米倉(2012)日本維管束植物目録 p.118 左, ②欧州原産, ③不明・各地, ④長田武正(1972)北隆館・日本帰化植物図鑑 p.132, 長田武正(1976)保育社・原色日本帰化植物図鑑 p.253, 原松次(1992)札幌の植物 no.395, 五十嵐博(2001)北海道帰化植物

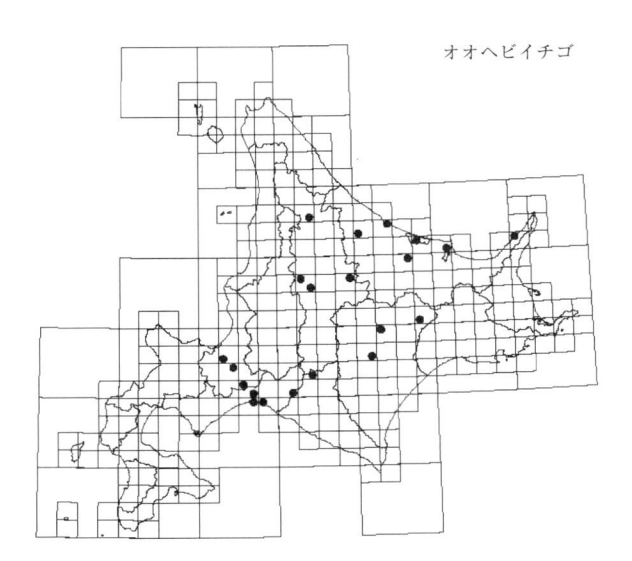

オオヘビイチゴ

便覧 p.54, 滝田謙譲(2001)北海道植物図譜 p.430・上士幌町糠平, 清水・森田・廣田(2001)全農教・日本帰化植物写真図鑑 p.121, 梅沢俊(2007)新北海道の花 p.59・北見市留辺蘂, 清水建美編(2003)平凡社・日本の帰化植物 p.100, 北海道(2010)ブルーリスト・B, 旭川帰化植物研究会(2015)旭川の帰化植物 p.76, ⑤各地で確認済み

235. モミジバヘビイチゴ・ツルヘビイチゴ
　　（2.3.31.1：バラ科）　　　　【Plate 4 ①】
　　Potentilla reptans L.
②欧州原産, ③不明・稀, ④野草の写真図鑑(1996)日本ヴォーグ社・WILD FLOWERS p.104, 五十嵐博(2013)北方山草 30：101-104：初報告・ツルヘビイチゴ, ⑤苫小牧市晴海町空き地, ツルヘビイチゴは他の種(モミジキンバイ)の別名なのでモミジバヘビイチゴに和名を変更する

236. オキジムシロ（2.3.31.1：バラ科）
　　Potentilla supina L.
①邑田・米倉(2012)日本維管束植物目録 p.118 左, ②欧州原産, ③不明・稀, ④長田武正(1972)北隆館・日本帰化植物図鑑 p.131, 長田武正(1976)保育社・原色日本帰化植物図鑑 p.250, 五十嵐博(2001)北海道帰化植物便覧 p.54：原松次(1979)登別・室蘭, 清水・森田・廣田(2001)全農教・日本帰化植物写真図鑑 p.120, 清水建美編(2003)平凡社・日本の帰化植物 p.100, 旭川帰化植物研究会(2009)旭川の帰化植物 p.27, 北海道(2010)ブルーリスト・D, ⑤2015 年 7 月に新得駅前で確認済み

237. スモモ（2.3.31.1：バラ科）
　　Prunus salicina Lindl.
①邑田・米倉(2012)日本維管束植物目録 p.118 右, ②中国原産, ③植栽され各地に逸出, ④佐藤孝夫(1990)北海道樹木図鑑 p.159, 五十嵐博(2001)北海道帰化植物便覧 p.55, 滝田謙譲(2001)北海道植物図譜 p.436・音別町, 清水建美編(2003)平凡社・日本の帰化植物 p.102, 北海道(2010)ブルーリスト・B, 旭川帰化植物研究会(2015)旭川の帰化植物 p.76, ⑤各地で確認済み・分布図には植栽も含んでいる

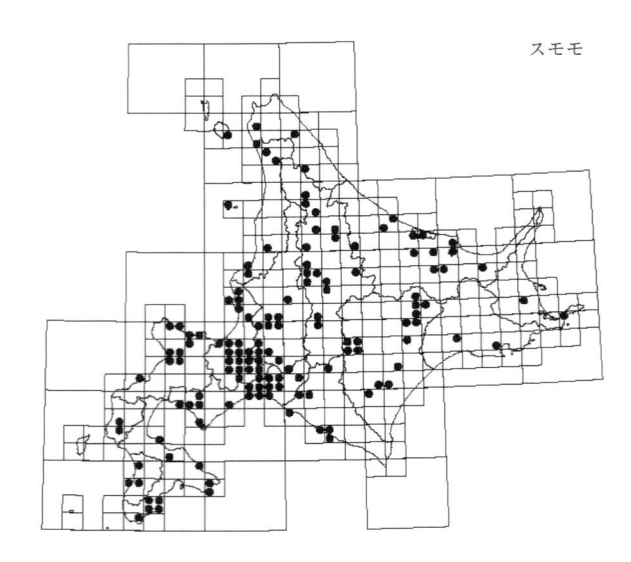

スモモ

238. ルフォリフォリアバラ・ロサグラウカ
　　（2.3.31.1：バラ科）
　　Rosa rubrifolia Villars: Rosa grauca Pour.
②欧州原産, ③植栽され稀に逸出, ④佐藤孝夫(1990)北海道樹木図鑑 p.157, 五十嵐博(2001)北海道帰化植物便覧 p.55, 北海道(2010)ブルーリスト・B, ⑤札幌市各所で確認済み

239. テリハノイバラ（2.3.31.1：バラ科）
　　Rosa luciae Rochebr. et Franch. ex Crep.
①邑田・米倉(2012)日本維管束植物目録 p.119 左, ②本州原産, ③不明・稀, ④茂木ほか(2000)樹に咲く花・離弁花①・山渓ハンディ図鑑 3 p.562, ⑤酒井信氏の 2015 年 9 月の画像情報は松前町・現地は未確認

240. クロミキイチゴ（2.3.31.1：バラ科）
　　Rubus allegheniensis Ced. Porter
①邑田・米倉(2012)日本維管束植物目録 p.119 右, ②北米原産, ③植栽され稀に逸出, ④佐藤孝夫(1990)北海道樹木図鑑 p.154, 滝田謙譲(2001)北海道植物図譜 p.447・札幌市屯田, 清水建美編(2003)平凡社・日本の帰化植物 p.101・滝田(2001)はイシカリキイチゴに変更, 梅沢俊(2007)新北海道の花 p.148・様似町, 北海道(2010)ブルーリスト・**A3**,

⑤イシカリキイチゴ変更説に従う

241. セイヨウヤブイチゴ(2.3.31.1：バラ科)
　　Rubus armeniacus Focke
①邑田・米倉(2012)日本維管束植物目録 p.119 右，②ユーラシア原産，③植栽され稀に逸出，④長田武正(1976)保育社・原色日本帰化植物図鑑 p.254，五十嵐博(2001)北海道帰化植物便覧 p.55，滝田謙譲(2001)北海道植物図譜 p.446・旭川市神楽岡公園，清水・森田・廣田(2001)全農教・日本帰化植物写真図鑑 p.121，清水建美編(2003)平凡社・日本の帰化植物 p.101，梅沢俊(2007)新北海道の花 p.148・札幌市，北海道(2010)ブルーリスト・A3，旭川帰化植物研究会(2015)旭川の帰化植物 p.76，⑤札幌市で確認済み

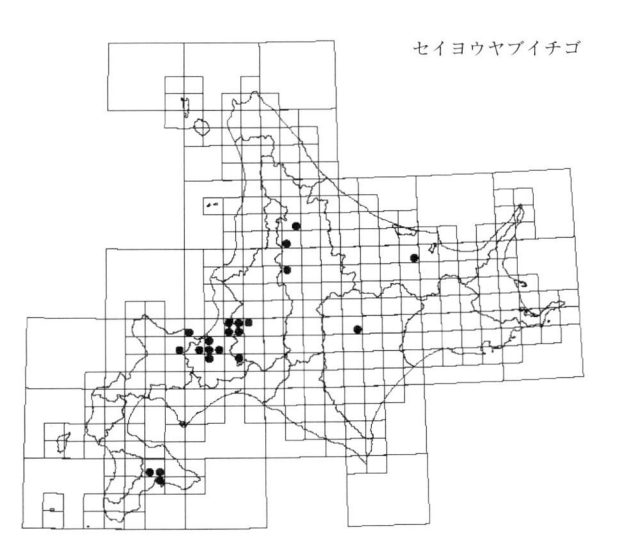

セイヨウヤブイチゴ

242. イシカリキイチゴ(2.3.31.1：バラ科)
　　Rubus exsul Focke
①邑田・米倉(2012)日本維管束植物目録 p.119 右，②欧州原産，③植栽され稀に逸出，④清水建美編(2003)平凡社・日本の帰化植物 p.101 ではクロミキイチゴをイシカリキイチゴに変更，梅沢俊(2007)新北海道の花 p.148・新篠津村，北海道(2010)ブルーリスト・A3，⑤当別町などで確認済み

243. ニガイチゴ(2.3.31.1：バラ科)
　　Rubus microphyllus L. f.
①邑田・米倉(2012)日本維管束植物目録 p.120 右，②本州原産，③不明・稀，④北海道(2010)ブルーリスト・B，⑤酒井信氏より函館山での画像情報あり・現地未確認

244. シモツケ(2.3.31.1：バラ科)
　　Spiraea japonica L. f.
①邑田・米倉(2012)日本維管束植物目録 p.122 右，②本州原産，③植栽され稀に逸出，④佐藤孝夫(1990)北海道樹木図鑑 p.146，北海道(2010)ブルーリスト・B，⑤新冠町で確認済み

245. ユキヤナギ・コゴメバナ(2.3.31.1：バラ科)
　　Spiraea thunbergii Siebold ex Blume
①邑田・米倉(2012)日本維管束植物目録 p.122 右，②中国原産・園芸種，③稀に逸出，④佐藤孝夫(1990)北海道樹木図鑑 p.147，五十嵐博(2001)北海道帰化植物便覧 p.55，清水建美編(2003)平凡社・日本の帰化植物 p.102，北海道(2010)ブルーリスト・B，⑤函館市・七飯町・苫小牧市などで確認済み

246. ノニレ・マンシュウニレ(2.3.31.4：ニレ科)
　　Ulmus pumila L.
②朝鮮・中国北部・シベリア東部原産，③稀に植栽され稀に逸出，④佐藤孝夫(1990)北海道樹木図鑑 p.120，五十嵐博(2001)北海道帰化植物便覧 p.8，北海道(2010)ブルーリスト・B，⑤札幌市などで確認済み

247. ケヤキ(2.3.31.4：ニレ科)
　　Zelkova serrata (Thunb.) Makino
①邑田・米倉(2012)日本維管束植物目録 p.124 左，②本州原産，③植栽され稀に逸出，④佐藤孝夫(1990)北海道樹木図鑑 p.121，北海道(2010)ブルーリスト・B，⑤札幌市などで確認済み

248. アサ・タイマ(2.3.31.5：アサ科：旧クワ科)
　　Cannabis sativa L.
①邑田・米倉(2012)日本維管束植物目録 p.124 左，②中央アジア原産，③各地で確認，④長田武正

56　アサ科・クワ科・ブナ科・カバノキ科・ウリ科

(1976)保育社・原色日本帰化植物図鑑 p.360, 原松次(1981)北海道植物図鑑(上)p.224, 原松次(1992)札幌の植物 no.137, 五十嵐博(2001)北海道帰化植物便覧 p.9, 滝田謙譲(2001)北海道植物図譜 p.135, 清水建美編(2003)平凡社・日本の帰化植物 p.42, 梅沢俊(2007)新北海道の花 p.369, 植村ほか(2010)全農教・日本帰化植物写真図鑑(2)p.17, 北海道(2010)ブルーリスト・A3, 旭川帰化植物研究会(2015)旭川の帰化植物 p.71, **大麻取締法により栽培・所持が禁じられている**, ⑤道内各地で確認済みだが分布図は掲載しない

249. クワクサ (2.3.31.6：クワ科)
   Fatoua villosa (Thunb.) Nakai
①邑田・米倉(2012)日本維管束植物目録 p.124 右, ②本州原産, ③移入種・稀, ④新牧野日本植物図鑑(2008)p.44, ⑤2014年・札幌市内で生育の画像情報・現地未確認

250. アカナラ (2.3.32.2：ブナ科)
   Quercus rubra L.
②北米原産, ③植栽され稀に逸出, ④佐藤孝夫(1990)北海道樹木図鑑 p.113, 旭川帰化植物研究会(2009)旭川の帰化植物 p.22, 北海道(2010)ブルーリスト・B, ⑤各地で植栽は確認しているが逸出は未確認

251. オオバヤシャブシ (2.3.32.6：カバノキ科)
   Alnus sieboldiana Matsum.
①邑田・米倉(2012)日本維管束植物目録 p.128 右, ②本州原産, ③植栽され稀に逸出, ④原松次(1983)北海道植物図鑑(中)p.205・函館山, 北海道(2010)ブルーリスト・B, ⑤函館山は戦前からの植栽・八雲町は高速道路植栽・礼文島は砂防植栽からの逸出

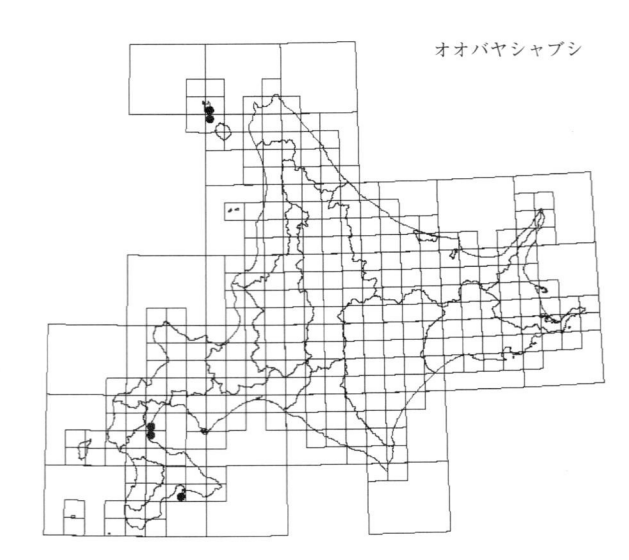

252. アレチウリ (2.3.33.2：ウリ科)
   Sicyos angulatus L.
①邑田・米倉(2012)日本維管束植物目録 p.129 右, ②北米原産, ③輸入大豆に混入しゴミ捨て場で確認, ④長田武正(1972)北隆館・日本帰化植物図鑑 p.50, 長田武正(1976)保育社・原色日本帰化植物図鑑 p.90, 五十嵐博(2001)北海道帰化植物便覧 p.75, 清水・森田・廣田(2001)全農教・日本帰化植物写真図鑑 p.199, 清水建美編(2003)平凡社・日本の帰化植物 p.141, 北海道(2010)ブルーリスト・A3, 浅井元朗(2015)全農教・植調雑草大鑑 p.102, **環境省・特定外来生物**, ⑤各地で確認済み・帯広市大空団地付近は最大群落・他の確認地は規模が小さい

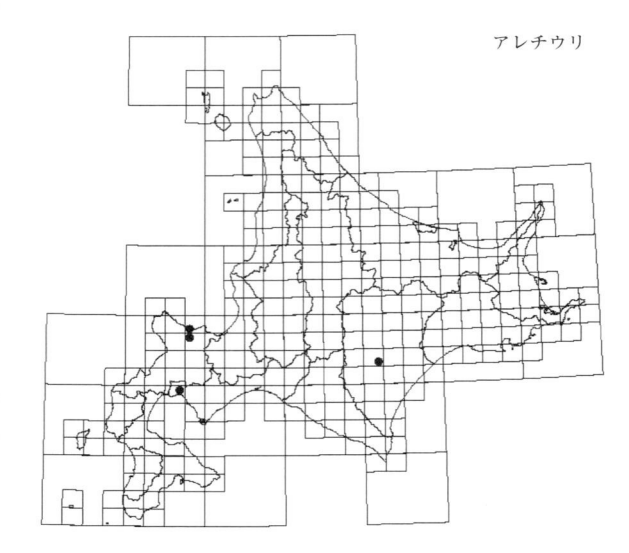

253. オオスズメウリ・キバナカラスウリ
   (2.3.33.2：ウリ科)
   Thladiantha dubia Bunge
①邑田・米倉(2012)日本維管束植物目録 p.129 右,

②中国北部・朝鮮原産，③不明・稀，④長田武正(1972)北隆館・日本帰化植物図鑑 p.50・札幌北大植物園，原松次(1992)札幌の植物 no.556・市街地・北大構内，五十嵐博(2001)北海道帰化植物便覧 p.75，清水・森田・廣田(2001)全農教・日本帰化植物写真図鑑 p.202，清水建美編(2003)平凡社・日本の帰化植物 p.142，梅沢俊(2007)新北海道の花 p.49・札幌市北大植物園，北海道(2010)ブルーリスト・B，⑤札幌市北大植物園，北大構内などで確認済み

254. シュウカイドウ (2.3.33.3：シュウカイドウ科)
Begonia grandis Dryand.
①邑田・米倉(2012)日本維管束植物目録 p.130 左，②中国南部〜東南アジア原産，③植栽され稀に逸出，④山渓カラー名鑑(1998)園芸植物 p.52，清水・森田・廣田(2001)全農教・日本帰化植物写真図鑑 p.197，清水建美編(2003)平凡社・日本の帰化植物 p.141，⑤函館市内で逸出を確認済み・未発表

255. イモカタバミ・フシネハナカタバミ
  (2.3.35.2：カタバミ科)
Oxallis articulata Savigny
①邑田・米倉(2012)日本維管束植物目録 p.131 右，②南米原産，③植栽され稀に逸出，④長田武正(1972)北隆館・日本帰化植物図鑑 p.109，長田武正(1976)保育社・原色日本帰化植物図鑑 p.206，五十嵐博(2001)北海道帰化植物便覧 p.67，清水・森田・廣田(2001)全農教・日本帰化植物写真図鑑 p.154，清水建美編(2003)平凡社・日本の帰化植物 p.125，浅井元朗(2015)全農教・植調雑草大鑑 p.111，⑤小樽市，美唄市(新田紀敏氏情報)などで確認済み

256. ムラサキカタバミ (2.3.35.2：カタバミ科)
Oxallis debilis Kunth ssp. *corymbosa* (DC.) Lourteig: Oxallis corymbosa DC.
①邑田・米倉(2012)日本維管束植物目録 p.131 右，②南米原産，③植栽され稀に逸出，④長田武正(1972)北隆館・日本帰化植物図鑑 p.109，長田武正(1976)保育社・原色日本帰化植物図鑑 p.205，五十嵐博(2001)北海道帰化植物便覧 p.67，清水・森田・

廣田(2001)全農教・日本帰化植物写真図鑑 p.155，清水建美編(2003)平凡社・日本の帰化植物 p.125，北海道(2010)ブルーリスト・A3，浅井元朗(2015)全農教・植調雑草大鑑 p.111，**環境省・要注意外来生物**，⑤未確認

257. オッタチカタバミ (2.3.35.2：カタバミ科)
Oxallis dillenii Jacq.: Oxallis stricta L.
①邑田・米倉(2012)日本維管束植物目録 p.131 右，②北米原産，③不明・稀，④長田武正(1972)北隆館・日本帰化植物図鑑 p.211，清水・森田・廣田(2001)全農教・日本帰化植物写真図鑑 p.159，清水建美編(2003)平凡社・日本の帰化植物 p.126，梅沢俊(2007)新北海道の花 p.49・札幌市真駒内，北海道(2010)ブルーリスト・B，浅井元朗(2015)全農教・植調雑草大鑑 p.110，⑤札幌市南区真駒内で確認済み

ムラサキノマイ (2.3.35.2：カタバミ科)
Oxallis regnellii
②南米原産，③園芸種・植栽され逸出，④山渓カラー名鑑(1998)園芸植物 p.323，⑤ 2015 年 9 月 2 日若松久仁男氏情報により千歳市の空き地で初確認，ゴミと共に遺棄されたものと推定・今後継続観察の予定・整理番号なし

258. マツバトウダイ・イトスギトウダイ
  (2.3.36.4：トウダイグサ科)
Euphorbia cyparissias L.
①邑田・米倉(2012)日本維管束植物目録 p.132 左，②欧州・西アジア原産，③植栽され稀に逸出，④長田武正(1972)北隆館・日本帰化植物図鑑 p.104，長田武正(1976)保育社・原色日本帰化植物図鑑 p.198，野草の写真図鑑(1996)日本ヴォーグ社・WILD FLOWERS p.134，五十嵐博(2001)北海道帰化植物便覧 p.69，滝田謙譲(2001)北海道植物図譜 p.531・白糠町上茶路，清水・森田・廣田(2001)全農教・日本帰化植物写真図鑑 p.166，清水建美編(2003)平凡社・日本の帰化植物 p.132，梅沢俊(2007)新北海道の花 p.353・苫小牧市高丘，北海道(2010)ブルーリスト・B，旭川帰化植物研究会(2015)旭川

の帰化植物 p.77, ⑤各地で確認済み

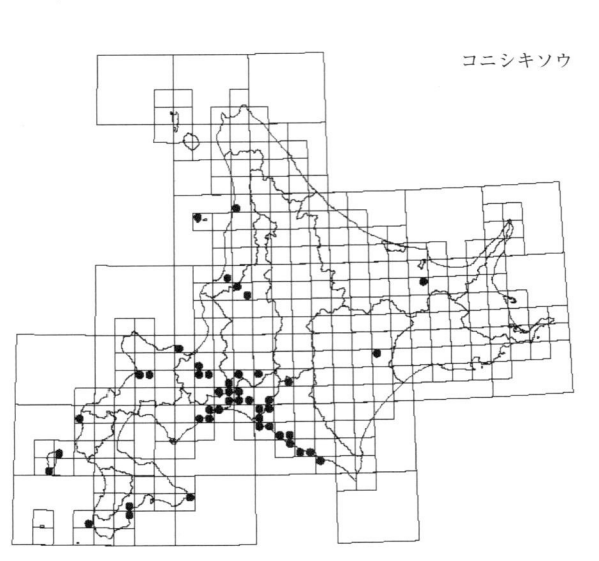

写真図鑑 p.171, 清水建美編(2003)平凡社・日本の帰化植物 p.130, 梅沢俊(2007)新北海道の花 p.258・札幌市真駒内, 北海道(2010)ブルーリスト・B, 浅井元朗(2015)全農教・植調雑草大鑑 p.211, 旭川帰化植物研究会(2015)旭川の帰化植物 p.77, ⑤各地で確認済み

マツバトウダイ

260. ハイニシキソウ (2.3.36.4：トウダイグサ科)
Euphorbia prostrata Aiton: Chamaesyce prostrata (Aiton) Small・Euphorbia chamaesyce L.
①邑田・米倉(2012)日本維管束植物目録 p.132 右, ②南米原産, ③植栽？・稀, ④長田武正(1972)北隆館・日本帰化植物図鑑 p.106, 長田武正(1976)保育社・原色日本帰化植物図鑑 p.202, 清水・森田・廣田(2001)全農教・日本帰化植物写真図鑑 p.165, 清水建美編(2003)平凡社・日本の帰化植物 p.131, 浅井元朗(2015)植調雑草大鑑 p.213, ⑤遠軽町の林廣志氏の情報により空地(人家跡)での確認のみ

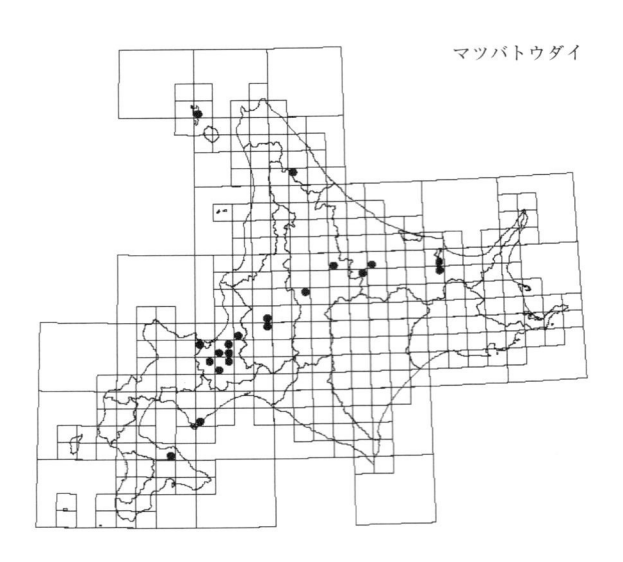

259. コニシキソウ (2.3.36.4：トウダイグサ科)
Euphorbia maculata L.: Chamaesyce maculata (L.) Small・Euphorbia supina Rafin.
①邑田・米倉(2012)日本維管束植物目録 p.132 右, ②北米原産, ③不明・鉄道駅周辺などに多い, ④長田武正(1972)北隆館・日本帰化植物図鑑 p.105, 長田武正(1976)保育社・原色日本帰化植物図鑑 p.201, 原松次(1983)北海道植物図鑑(中) p.153・千歳市, 五十嵐博(2001)北海道帰化植物便覧 p.69, 滝田謙譲(2001)北海道植物図譜 p.531・釧路市宝町, 清水・森田・廣田(2001)全農教・日本帰化植物

261. ウラジロハコヤナギ・ギンドロ (2.3.36.9：ヤナギ科)
Populus alba L.
①邑田・米倉(2012)日本維管束植物目録 p.134 左, ②欧州原産, ③砂防用などに植栽され各地に逸出, ④原松次(1983)北海道植物図(中) p.208, 佐藤孝夫(1990)北海道樹木図鑑 p.86, 原松次(1992)札幌の植物 no.100・朝日岳・石狩町・江別市大麻・小樽市・

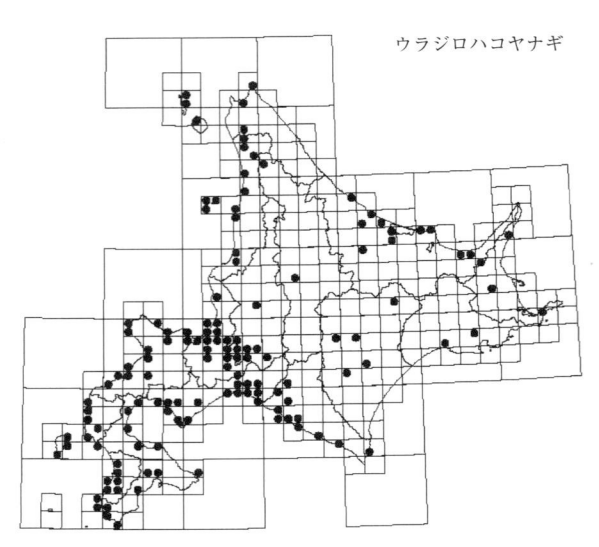

コニシキソウ

ウラジロハコヤナギ

野幌森林公園，五十嵐博(2001)北海道帰化植物便覧 p.7，北海道(2010)ブルーリスト・A3，旭川帰化植物研究会(2015)旭川の帰化植物 p.71，⑤各地で確認済み

262. カロライナポプラ・カロリナポプラ
　　（2.3.36.9：ヤナギ科）
　 Populus angulata Aiton
②北米原産，③植栽され稀に逸出，④五十嵐博(2001)北海道帰化植物便覧 p.8，北海道(2010)ブルーリスト・B，⑤札幌市で確認済み

263. カイリョウポプラ・イタリアポプラ
　　（2.3.36.9：ヤナギ科）
　 Populus × euroamericana Rehder
②改良雑種・不明，③植栽され稀に逸出，④佐藤孝夫(1990)北海道樹木図鑑 p.87，五十嵐博(2001)北海道帰化植物便覧 p.8，北海道(2010)ブルーリスト・B，旭川帰化植物研究会(2015)旭川の帰化植物 p.71，⑤札幌市で確認済み

264. セイヨウハコヤナギ・クロポプラ・ポプラ
　　（2.3.36.9：ヤナギ科）
　 Populus nigra L. var. *italica* (Duroi) Koehne
①邑田・米倉(2012)日本維管束植物目録 p.134 左，②欧州原産，③植栽され各地に逸出，④佐藤孝夫(1990)北海道樹木図鑑 p.87，五十嵐博(2001)北海道帰化植物便覧 p.8，北海道(2010)ブルーリスト・B，旭川帰化植物研究会(2015)旭川の帰化植物 p.71，⑤各地で確認済み

セイヨウハコヤナギ

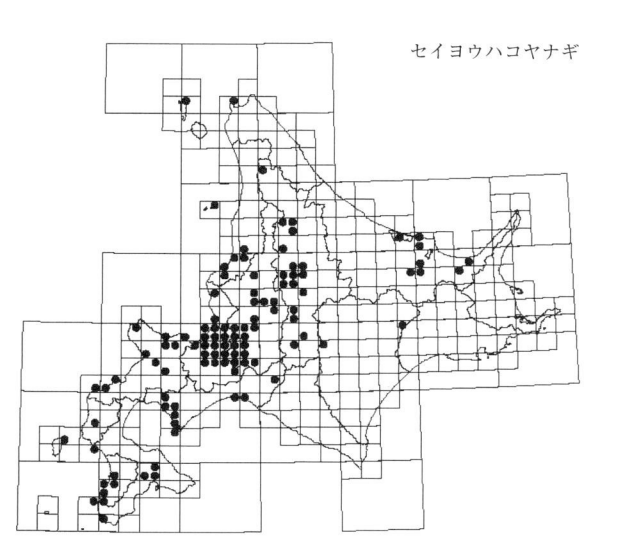

265. シダレヤナギ（2.3.36.9：ヤナギ科）
　 Salix babylonica L.
①邑田・米倉(2012)日本維管束植物目録 p.134 右，②中国原産，③植栽され各地に逸出，④佐藤孝夫(1990)北海道樹木図鑑 p.97，五十嵐博(2001)北海道帰化植物便覧 p.8，北海道(2010)ブルーリスト・B，旭川帰化植物研究会(2015)旭川の帰化植物 p.71，⑤各地で確認済み

シダレヤナギ

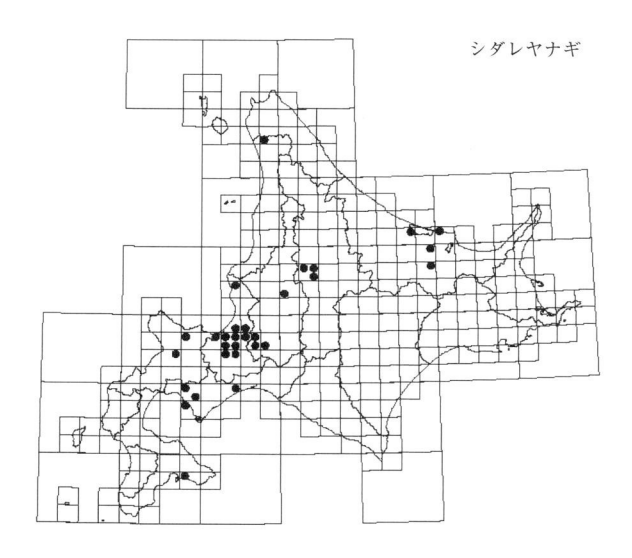

266. コリヤナギ（2.3.36.9：ヤナギ科）
　 Salix koriyanagi Kimura ex Goerz
①邑田・米倉(2012)日本維管束植物目録 p.135 左，②朝鮮原産，③過去に植栽され稀に逸出，④佐藤孝夫(1990)北海道樹木図鑑 p.98，五十嵐博(2001)北海道帰化植物便覧 p.8，滝田謙譲(2001)北海道植物図譜 p.98・釧路町別保・釧路市春採湖・東川町ピウケナイ川，北海道(2010)ブルーリスト・B，⑤江別市で確認済み

267. ウンリュウヤナギ（2.3.36.9：ヤナギ科）
　 Salix matsudana Koidz. var. *tortuosa*
①邑田・米倉(2012)日本維管束植物目録 p.135 右，②中国原産，③植栽され各地に逸出，④佐藤孝夫

コリヤナギ

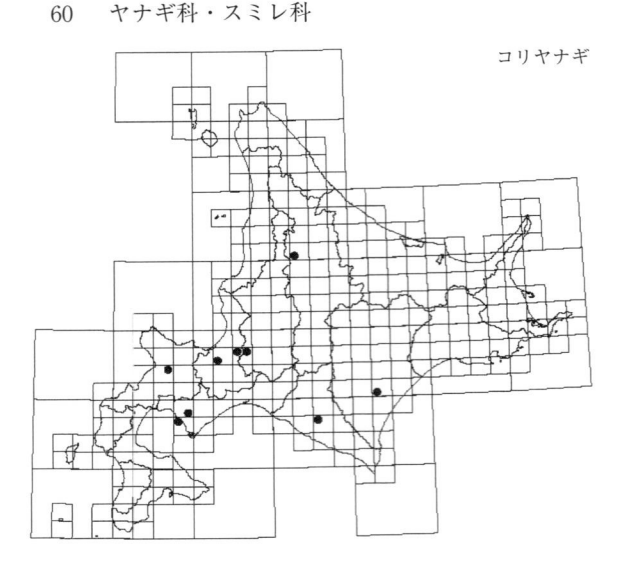

(1990)北海道樹木図鑑 p.97, 五十嵐博(2001)北海道帰化植物便覧 p.8, 北海道(2010)ブルーリスト・B, 旭川帰化植物研究会(2015)旭川の帰化植物 p.71, ⑤各地で確認済み

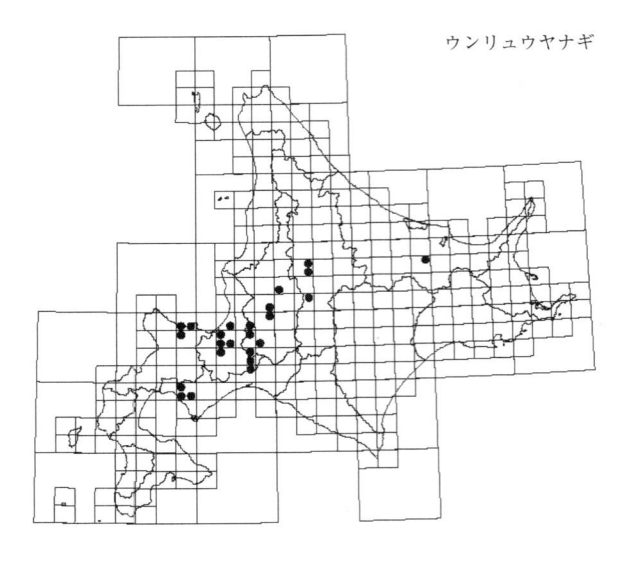

ウンリュウヤナギ

268. マキバスミレ(2.3.36.11：スミレ科)
　　Viola arvensis Murray
①邑田・米倉(2012)日本維管束植物目録 p.136 右, ②欧州原産, ③不明・稀, ④野草の写真図鑑(1996)日本ヴォーグ社・WILD FLOWERS p.145, 植村ほか(2010)全農教・日本帰化植物写真図鑑(2) p.154, 北海道(2010)ブルーリスト・B, 五十嵐博(2012)新しい外来植物・ボタニカ 30：7-10, 浅井元朗(2015)全農教・植調雑草大鑑 p.189, ⑤札幌市, 江別市東野幌などで確認済み

269. ニオイスミレ・スイートバイオレット
　　(2.3.36.11：スミレ科)
　　Viola odorata L.
①邑田・米倉(2012)日本維管束植物目録 p.139 左, ②欧州原産, ③植栽され稀に逸出, ④長田武正(1976)保育社・原色日本帰化植物図鑑 p.184, 野草の写真図鑑(1996)日本ヴォーグ社・WILD FLOWERS p.143, 山岸喬(1998)日本ハーブ図鑑 p.62, 五十嵐博(2001)北海道帰化植物便覧 p.74, 清水・森田・廣田(2001)全農教・日本帰化植物写真図鑑 p.198, 清水建美編(2003)平凡社・日本の帰化植物 p.141, 滝田謙譲(2004)北海道植物図鑑・補遺 p.25・栗山町角田神社境内, 梅沢俊(2007)新北海道の花 p.325・札幌市北大構内, 北海道(2010)ブルーリスト・B, 山田隆彦(2010)スミレハンドブック p.95, 旭川帰化植物研究会(2015)旭川の帰化植物 p.77, ⑤各地で確認済み

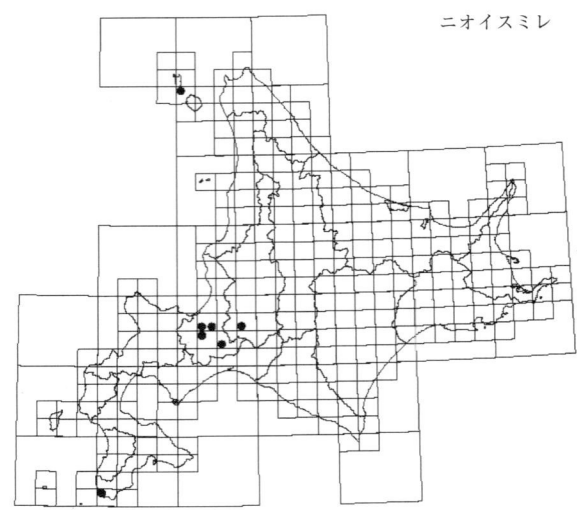

ニオイスミレ

270. キクバスミレ・ミツデスミレ・クワガタスミレ(2.3.36.11：スミレ科)
　　Viola palmata L.
①邑田・米倉(2012)日本維管束植物目録 p.139 右, ②北米原産, ③植栽され稀に逸出, ④五十嵐博(2001)北海道帰化植物便覧 p.74, 清水建美編(2003)

平凡社・日本の帰化植物 p.141，北海道(2010)ブルーリスト・B，山田隆彦(2010)スミレハンドブック p.96，⑤三浦忠雄氏の案内で新ひだか町の空き地で確認済み

271. アメリカスミレサイシン(2.3.36.11：スミレ科)　【Plate 4 ②】
Viola sororia Willd.
　フキカケスミレ・フレックス(フレックルス)
Viola sororia Freckles　【Plate 4 ④】
　シロバナアメリカスミレサイシン・スノープリンセス
Viola sororia Snow Princess
　プリケアナ　【Plate 4 ⑤】
Viola sororia Priceana
①邑田・米倉(2012)日本維管束植物目録 p.140 左，②北米原産，③植栽され稀に逸出，④五十嵐博(2001)北海道帰化植物便覧 p.74，清水建美編(2003)平凡社・日本の帰化植物 p.141，滝田謙譲(2004)北海道植物図鑑・補遺 p.27・北見市野付牛公園，植村ほか(2010)全農教・日本帰化植物写真図鑑(2) p.152，北海道(2010)ブルーリスト・B，山田隆彦(2010)スミレハンドブック p.94-95，浅井元朗(2015)全農教・植調雑草大鑑 p.189，⑤函館市湯ノ川・函館市赤川・恵庭市・札幌市石山・旭川市・北見市などで確認済み

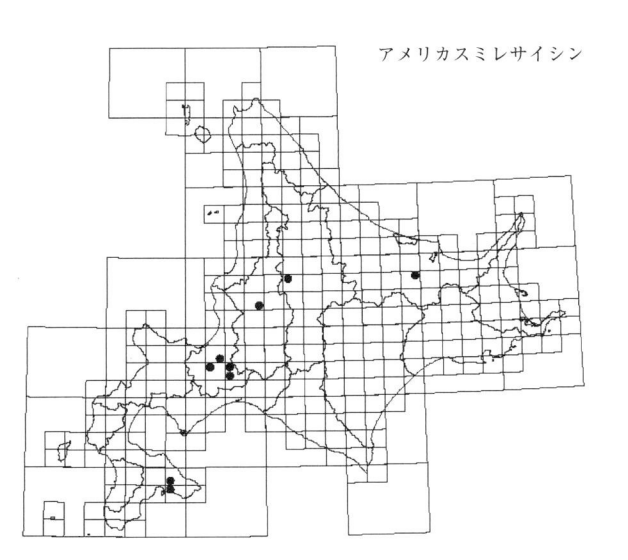

272. ノハラサンシキスミレ(スミレ科)
Viola tricolor L.: Viola × tricolor L.
①邑田・米倉(2012)日本維管束植物目録 p.140 右，②欧州原産，③植栽され稀に逸出，④野草の写真図鑑(1996)日本ヴォーグ社・WILD FLOWERS p.145，五十嵐博(2001)北海道帰化植物便覧 p.74，清水建美編(2003)平凡社・日本の帰化植物 p.141，北海道(2010)ブルーリスト・B，山田隆彦(2010)スミレハンドブック p.96，浅井元朗(2015)全農教・植調雑草大鑑 p.189，旭川帰化植物研究会(2015)旭川の帰化植物 p.78，⑤各地で確認済み

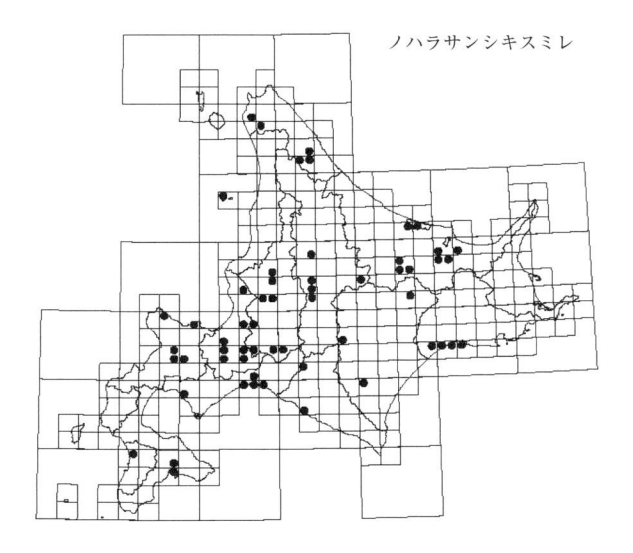

273. フイリゲンジスミレ(2.3.36.11：スミレ科)
Viola variegata Fisch.
②朝鮮・中国東北部原産，③植栽され稀に逸出，④五十嵐博(2001)北海道帰化植物便覧 p.75，北海道(2010)ブルーリスト・B，山田隆彦(2010)スミレハンドブック p.95，⑤幕別町忠類で確認済み

274. アマ(2.3.36.13：アマ科)
Linum usitatissimum L.
②中央アジア原産，③植栽され稀に逸出，④山岸喬(1998)日本ハーブ図鑑 p.52，五十嵐博(2001)北海道帰化植物便覧 p.68，滝田謙譲(2001)北海道植物図譜 p.536，清水建美編(2003)平凡社・日本の帰化植物 p.130，梅沢俊(2007)新北海道の花 p.333・釧路市西港，植村ほか(2010)全農教・日本帰化植物

写真図鑑 p.136, 北海道(2010)ブルーリスト・B, ⑤札幌市などで確認済み

275. オオカナダオトギリ(2.3.36.17：オトギリソウ科)
Hypericum majus (A. Gray) Britton
①邑田・米倉(2012)日本維管束植物目録 p.142 左, ②北米原産, ③芝生種子に混入し拡大, ④長田武正(1976)保育社・原色日本帰化植物図鑑 p.186, 原松次(1983)北海道植物図鑑(中)p.148・白老町, 五十嵐博(2001)北海道帰化植物便覧 p.35, 滝田謙譲(2001)北海道植物図譜 p.322・釧路町天寧, 清水建美編(2003)平凡社・日本の帰化植物 p.77, 梅沢俊(2007)新北海道の花 p.48・釧路市阿寒湖周辺, 北海道(2010)ブルーリスト・B, ⑤各地で確認済み

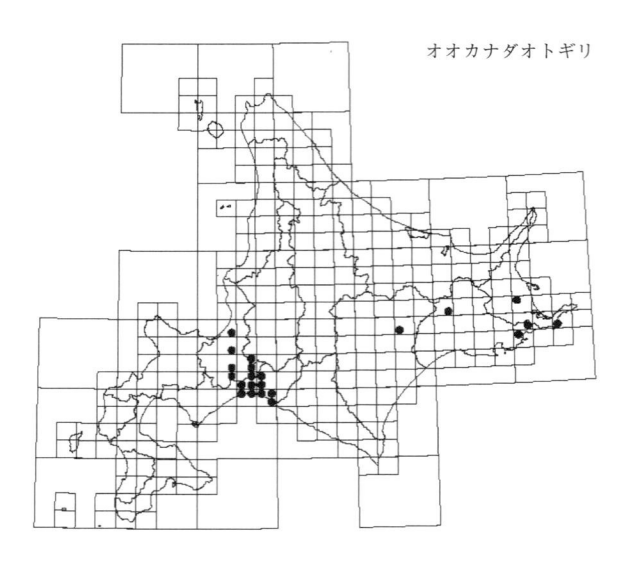

276. セイヨウオトギリ・コゴメバオトギリ
（2.3.36.17：オトギリソウ科）
Hypericum perforatum L.: Hypericum perforatum var. angustifolium DC.
①邑田・米倉(2012)日本維管束植物目録 p.142 左, ②欧州原産, ③芝生種子に混入し拡大・各地, ④長田武正(1972)北隆館・日本帰化植物図鑑 p.97, 長田武正(1976)保育社・原色日本帰化植物図鑑 p.185, 野草の写真図鑑(1996)日本ヴォーグ社・WILD FLOWERS p.142, 山岸喬(1998)日本ハーブ図鑑 p.34, 五十嵐博(2001)北海道帰化植物便覧 p.35, 滝田謙譲(2001)北海道植物図譜 p.319・札幌市南区滝野・白滝村湧別川, 清水・森田・廣田(2001)全農教・日本帰化植物写真図鑑 p.79, 清水建美編(2003)平凡社・日本の帰化植物 p.78, 梅沢俊(2007)新北海道の花 p.46・登別市, 北海道(2010)ブルーリスト・B, 旭川帰化植物研究会(2015)旭川の帰化植物 p.74, セイヨウオトギリとコゴメバオトギリを分ける考え方もある, ⑤各地で確認済み

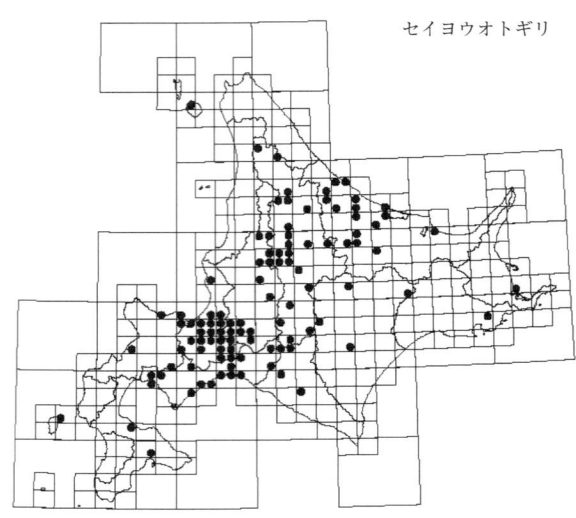

277. オランダフウロ(2.3.37.1：フウロソウ科)
Erodium cicutarium (L.) L'Her.
①邑田・米倉(2012)日本維管束植物目録 p.142 右, ②ユーラシア原産, ③芝生種子に混入・稀, ④長田武正(1972)北隆館・日本帰化植物図鑑 p.111, 長田武正(1976)保育社・原色日本帰化植物図鑑 p.213, 野草の写真図鑑(1996)日本ヴォーグ社・WILD FLOWERS p.130, 五十嵐博(2001)北海道帰化植物便覧 p.67, 滝田謙譲(2001)北海道植物図譜 p.517・阿寒町蘇牛, 清水・森田・廣田(2001)全農教・日本帰化植物写真図鑑 p.161, 清水建美編(2003)平凡社・日本の帰化植物 p.127, 北海道(2010)ブルーリスト・B, 浅井元朗(2015)全農教・植調雑草大鑑 p.250, 旭川帰化植物研究会(2015)旭川の帰化植物 p.77, ⑤札幌市, 釧路市などで確認済み

278. ジャコウオランダフウロ(2.3.37.1：フウロソウ科)
　　Erodium moschatum（L.）L'Her.
①邑田・米倉(2012)日本維管束植物目録 p.142 右，②欧州原産，③芝生種子に混入・稀，④長田武正(1972)北隆館・日本帰化植物図鑑 p.111，長田武正(1976)保育社・原色日本帰化植物図鑑 p.214，五十嵐博(2001)北海道帰化植物便覧 p.67，清水・森田・廣田(2001)全農教・日本帰化植物写真図鑑 p.162，清水建美編(2003)平凡社・日本の帰化植物 p.127，北海道(2010)ブルーリスト・B，⑤札幌市内で確認済み

279. アメリカフウロ(2.3.37.1：フウロソウ科)
　　Geranium carolinianum L.
①邑田・米倉(2012)日本維管束植物目録 p.142 右，②北米原産，③芝生種子に混入・稀，④長田武正(1972)北隆館・日本帰化植物図鑑 p.110，長田武正(1976)保育社・原色日本帰化植物図鑑 p.212，五十嵐博(2001)北海道帰化植物便覧 p.67，滝田謙譲(2001)北海道植物図譜 p.521，清水・森田・廣田(2001)全農教・日本帰化植物写真図鑑 p.163，清水建美編(2003)平凡社・日本の帰化植物 p.128，北海道(2010)ブルーリスト・B，浅井元朗(2015)全農教・植調雑草大鑑 p.250，⑤未確認

280. ヤワゲフウロ(2.3.37.1：フウロソウ科)
　　Geranium molle L.
①邑田・米倉(2012)日本維管束植物目録 p.143 左，②欧州原産，③植栽し稀に逸出，④野草の写真図鑑(1996)日本ヴォーグ社・WILD FLOWERS p.129，五十嵐博(2001)北海道帰化植物便覧 p.68，清水建美編(2003)平凡社・日本の帰化植物 p.128・室蘭市，植村ほか(2010)全農教・日本帰化植物写真図鑑(2) p.130，北海道(2010)ブルーリスト・B，⑤未確認

281. ヤサカフウロ(2.3.37.1：フウロソウ科)
　　Geranium purpureum Vill.
①邑田・米倉(2012)日本維管束植物目録 p.143 左，②欧州原産，③植栽し稀に逸出，④植村ほか(2010)全農教・日本帰化植物写真図鑑(2) p.131，⑤天崎比良子氏より札幌市内での画像情報あり・ヒメフウロに類似するようだが現地は未確認

282. チゴフウロ(2.3.37.1：フウロソウ科)
　　Geranium pusillum L.
①邑田・米倉(2012)日本維管束植物目録 p.143 左，②欧州原産，③植栽し稀に逸出，④長田武正(1972)北隆館・日本帰化植物図鑑 p.110，長田武正(1976)保育社・原色日本帰化植物図鑑 p.212，五十嵐博(2001)北海道帰化植物便覧 p.68，滝田謙譲(2001)北海道植物図譜 p.521・東川町ノカナン，清水建美編(2003)平凡社・日本の帰化植物 p.129，植村ほか(2010)全農教・日本帰化植物写真図鑑(2) p.132，北海道(2010)ブルーリスト・B，旭川帰化植物研究会(2015)旭川の帰化植物 p.77，⑤札幌市内で確認済み

283. ピレネーフウロ(2.3.37.1：フウロソウ科)
　　Geranium pyrenaicum Burm. f.
　　シロバナピレネーフウロ
　　Geranium pyrenaicum. f. *alba*
　　五十嵐博(2015)北方山草 32
①邑田・米倉(2012)日本維管束植物目録 p.143 左，②欧州原産，③植栽し稀に逸出，④野草の写真図鑑(1996)日本ヴォーグ社・WILD FLOWERS p.128，五十嵐博(2001)北海道帰化植物便覧 p.68，

ピレネーフウロ

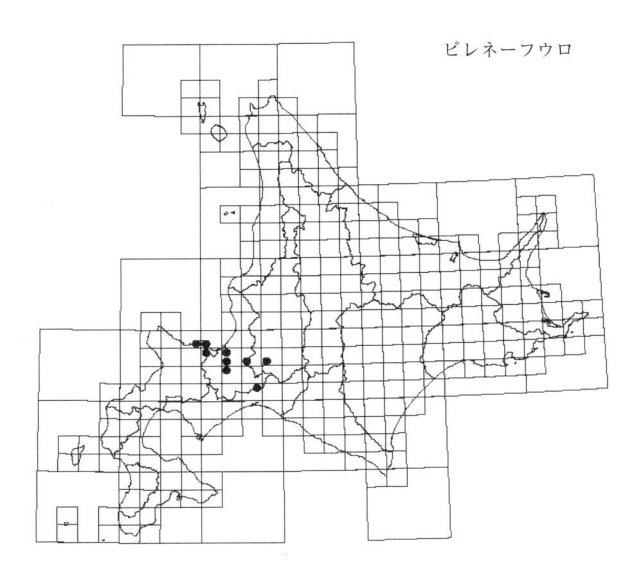

清水建美編(2003)平凡社・日本の帰化植物 p.129・札幌市(梅沢俊・標本)，滝田謙譲(2004)北海道植物図鑑・補遺 p.24・小樽市第三埠頭，梅沢俊(2007)新北海道の花 p.257・札幌市中央区の市街地，植村ほか(2010)全農教・日本帰化植物写真図鑑(2) p.133・札幌市，北海道(2010)ブルーリスト・B，⑤札幌市などで確認済み・2014年栗山町で白花を確認したが翌2015年には消滅

284. ヒメフウロ(2.3.37.1：フウロソウ科)
 Geranium robertianum L.
①邑田・米倉(2012)日本維管束植物目録 p.143 左，②欧州原産，③植栽され逸出・各地，④野草の写真図鑑(1996)日本ヴォーグ社・WILD FLOWERS p.129，五十嵐博(2001)北海道帰化植物便覧 p.68，滝田謙譲(2001)北海道植物図譜 p.518・札幌市北大構内，梅沢俊(2007)新北海道の花 p.257・札幌市真駒内，植村ほか(2010)全農教・日本帰化植物写真図鑑(2) p.134，北海道(2010)ブルーリスト・B，旭川帰化植物研究会(2015)旭川の帰化植物 p.77，⑤各地で確認済み

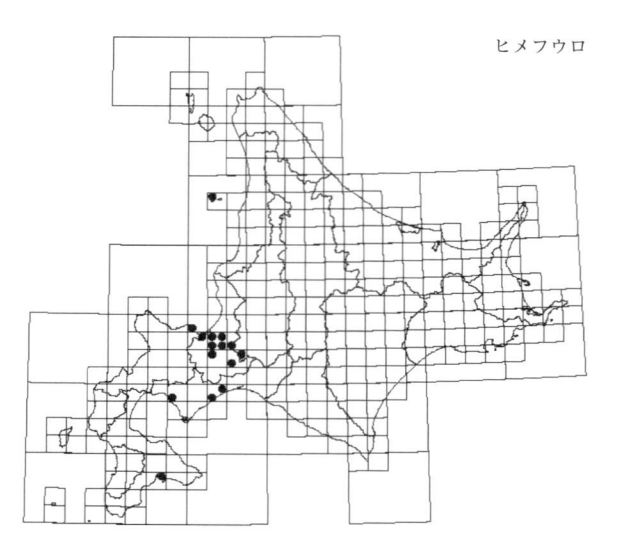

ヒメフウロ

285. ミソハギ(2.3.38.2：ミソハギ科)
 Lythrum anceps (Koehne) Makino
①邑田・米倉(2012)日本維管束植物目録 p.143 右，②本州原産，③稀に植栽され逸出，④野草の写真図鑑(1996)日本ヴォーグ社・WILD FLOWERS p.147・エゾミソハギ，北海道(2010)ブルーリスト・B，⑤札幌市内などで確認済み

286. オオアカバナ(2.3.38.3：アカバナ科)
 Epilobium hirsutum L. 【Plate 4 ⑥】
①邑田・米倉(2012)日本維管束植物目録 p.144 右，②本州・ユーラシア各地，③植栽？・稀，④新牧野日本植物図鑑(2008) p.484，⑤2015年9月に武田洋子氏の情報により札幌市西区西野中の川で確認した・護岸工事済みの河川内での生育のため移入種と思われた

287. ツキミタンポポ・チャボツキミソウ
　　(2.3.38.3：アカバナ科)
 Oenothera acaulis Cav. cv. *aurea*
②チリ原産，③植栽され稀に逸出，④梅沢俊(2007)新北海道の花 p.42・札幌市藻岩山山麓，北海道(2010)ブルーリスト・B，⑤帯広市内で確認済み

288. メマツヨイグサ(2.3.38.3：アカバナ科)
 Oenothera biennis L.
①邑田・米倉(2012)日本維管束植物目録 p.145 左，②北米原産，③不明・各地，④長田武正(1972)北隆館・日本帰化植物図鑑 p.96，長田武正(1976)保育社・原色日本帰化植物図鑑 p.175，原松次(1981)北海道植物図鑑(上) p.76・室蘭市，野草の写真図鑑(1996)日本ヴォーグ社・WILD FLOWERS p.148，

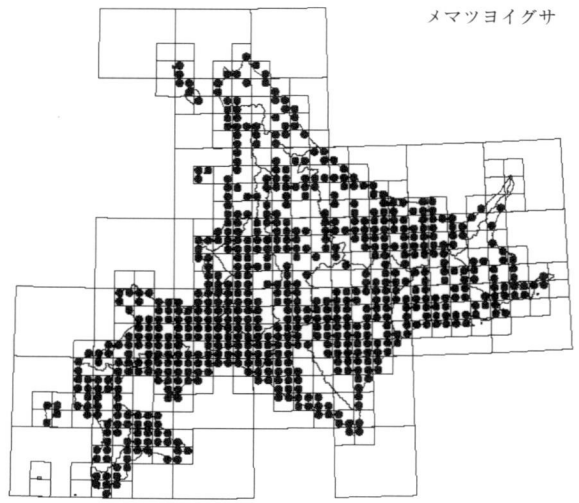

メマツヨイグサ

五十嵐博(2001)北海道帰化植物便覧 p.75,滝田謙譲(2001)北海道植物図譜 p.622・釧路市大楽毛阿寒川河口,清水・森田・廣田(2001)全農教・日本帰化植物写真図鑑 p.208,清水建美編(2003)平凡社・日本の帰化植物 p.145,梅沢俊(2007)新北海道の花 p.42・北見市常呂,北海道(2010)ブルーリスト・A3,浅井元朗(2015)全農教・植調雑草大鑑 p.83,旭川帰化植物研究会(2015)旭川の帰化植物 p.78,**環境省・要注意外来生物**,⑤各地で確認済み

289. オオマツヨイグサ(2.3.38.3：アカバナ科)
Oenothera glazioviana Micheli

①邑田・米倉(2012)日本維管束植物目録 p.145 左,②北米原産,③植栽？・各地,④長田武正(1972)北隆館・日本帰化植物図鑑 p.92,長田武正(1976)保育社・原色日本帰化植物図鑑 p.174,原松次(1985)北海道植物図鑑(下) p.32・島牧村,五十嵐博(2001)北海道帰化植物便覧 p.76,滝田謙譲(2001)北海道植物図譜 p.623・長万部町静狩海岸・釧路市大楽毛阿寒川河口,清水・森田・廣田(2001)全農教・日本帰化植物写真図鑑 p.208,清水建美編(2003)平凡社・日本の帰化植物 p.146,梅沢俊(2007)新北海道の花 p.42・島牧村,北海道(2010)ブルーリスト・A3,浅井元朗(2015)全農教・植調雑草大鑑 p.83,旭川帰化植物研究会(2015)旭川の帰化植物 p.78,⑤島牧村など日本海側各地で確認済み

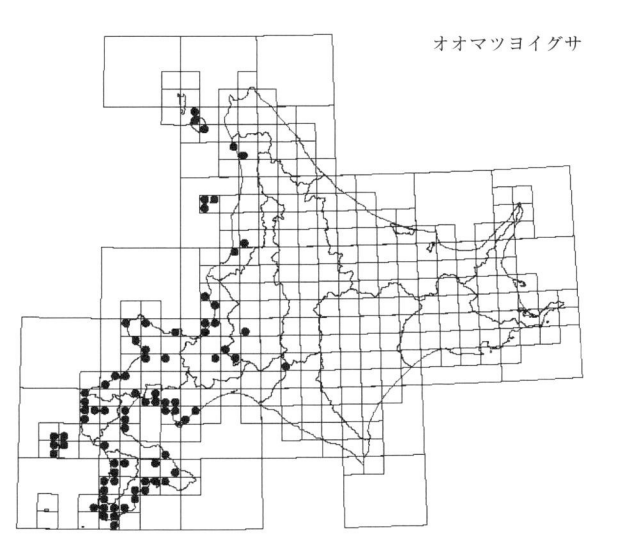

オオマツヨイグサ

290. オニマツヨイグサ(2.3.38.3：アカバナ科)
Oenothera jamesii Torr. et A. Gray

①邑田・米倉(2012)日本維管束植物目録 p.145 左,②北米原産,③植栽？・稀,④長田武正(1972)北隆館・日本帰化植物図鑑 p.92,長田武正(1976)保育社・原色日本帰化植物図鑑 p.176,五十嵐博(2001)北海道帰化植物便覧 p.76,清水・森田・廣田(2001)全農教・日本帰化植物写真図鑑 p.209,清水建美編(2003)平凡社・日本の帰化植物 p.146,北海道(2010)ブルーリスト・B,⑤島牧村,奥尻町などで確認済み

291. コマツヨイグサ・キレハマツヨイグサ(2.3.38.3：アカバナ科)
Oenothera laciniata Hill

①邑田・米倉(2012)日本維管束植物目録 p.145 左,②北米原産,③不明・稀,④長田武正(1972)北隆館・日本帰化植物図鑑 p.93,長田武正(1976)保育社・原色日本帰化植物図鑑 p.177,五十嵐博(2001)北海道帰化植物便覧 p.77,清水・森田・廣田(2001)全農教・日本帰化植物写真図鑑 p.210,清水建美編(2003)平凡社・日本の帰化植物 p.147,北海道(2010)ブルーリスト・D,浅井元朗(2015)全農教・植調雑草大鑑 p.84,**環境省・要注意外来生物**,⑤未確認

292. アレチマツヨイグサ・ヒメマツヨイグサ(2.3.38.3：アカバナ科)
Oenothera parviflora L.

①邑田・米倉(2012)日本維管束植物目録 p.145 左,②北米原産,③不明・各地,④長田武正(1972)北隆館・日本帰化植物図鑑 p.92,長田武正(1976)保育社・原色日本帰化植物図鑑 p.175,五十嵐博(2001)北海道帰化植物便覧 p.76,清水・森田・廣田(2001)全農教・日本帰化植物写真図鑑 p.208,清水建美編(2003)平凡社・日本の帰化植物 p.147,梅沢俊(2007)新北海道の花 p.42,北海道(2010)ブルーリスト・B,浅井元朗(2015)全農教・植調雑草大鑑 p.83,⑤各地で確認済み

293. ヒナマツヨイグサ（2.3.38.3：アカバナ科）
　　Oenothera perennis L.
①邑田・米倉(2012)日本維管束植物目録 p.145 右，②北米原産，③植栽され各地に逸出，④長田武正(1972)北隆館・日本帰化植物図鑑 p.95，五十嵐博(2001)北海道帰化植物便覧 p.77，滝田謙譲(2001)北海道植物図譜 p.624・釧路市高山，清水・森田・廣田(2001)全農教・日本帰化植物写真図鑑 p.211，清水建美編(2003)平凡社・日本の帰化植物 p.148，梅沢俊(2007)新北海道の花 p.42・苫小牧市，北海道(2010)ブルーリスト・B，旭川帰化植物研究会(2015)旭川の帰化植物 p.78・フシゲヒナマツヨイグサ・伏毛タイプ，⑤苫小牧市などで確認済み・道東での確認が多いので牧草や芝種子混入かも

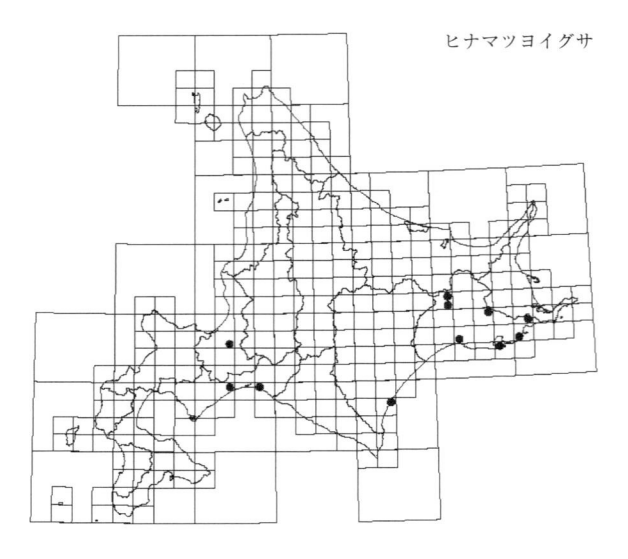

ヒナマツヨイグサ

294. ヒルザキツキミソウ（2.3.38.3：アカバナ科）
　　Oenothera speciosa Nutt.
①邑田・米倉(2012)日本維管束植物目録 p.145 右，②北米原産，③植栽起源？，④長田武正(1972)北隆館・日本帰化植物図鑑 p.94，長田武正(1976)保育社・原色日本帰化植物図鑑 p.178，五十嵐博(2001)北海道帰化植物便覧 p.77，清水・森田・廣田(2001)全農教・日本帰化植物写真図鑑 p.213，清水建美編(2003)平凡社・日本の帰化植物 p.148，北海道(2010)ブルーリスト・B，⑤未確認

295. マツヨイグサ（2.3.38.3：アカバナ科）
　　Oenothera stricta Ledeb. ex Link
①邑田・米倉(2012)日本維管束植物目録 p.145 右，②北米原産，③不明・稀，④長田武正(1972)北隆館・日本帰化植物図鑑 p.93，長田武正(1976)保育社・原色日本帰化植物図鑑 p.173，五十嵐博(2001)北海道帰化植物便覧 p.77，清水・森田・廣田(2001)全農教・日本帰化植物写真図鑑 p.214，清水建美編(2003)平凡社・日本の帰化植物 p.149，北海道(2010)ブルーリスト・D，浅井元朗(2015)全農教・植調雑草大鑑 p.84，⑤未確認

296. ネグンドカエデ・トネリコバノカエデ
　　（2.3.40.3：ムクロジ科：旧カエデ科）
　　Acer negundo L.
②北米原産，③植栽され各地に逸出，④佐藤孝夫(1990)北海道樹木図鑑 p.213，原松次(1983)北海道植物図鑑(中) p.149・札幌市，五十嵐博(2001)北海道帰化植物便覧 p.70，滝田謙譲(2001)北海道植物図譜 p.547・釧路市山花，旭川帰化植物研究会(2009)旭川の帰化植物 p.28，北海道(2010)ブルーリスト・B，⑤各地で確認済み

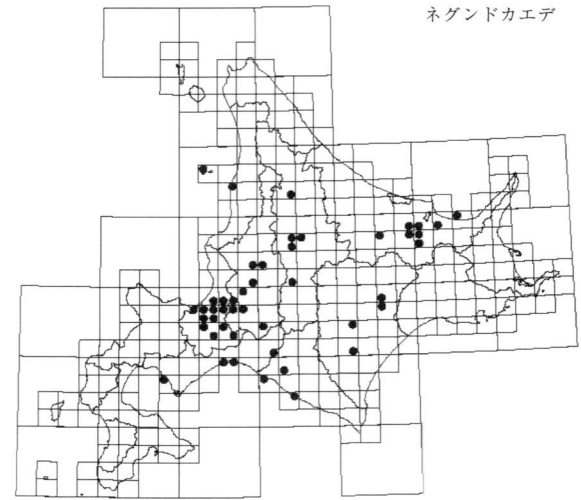

ネグンドカエデ

297. フウセンカズラ（2.3.40.3：ムクロジ科）
　　Cardiospermum halicacabum L.
②インド～アフリカ原産，③植栽され稀に逸出，④五十嵐博(2001)北海道帰化植物便覧 p.70，清水・

森田・廣田(2001)全農教・日本帰化植物写真図鑑 p.178, 北海道(2010)ブルーリスト・B, 浅井元朗 (2015)全農教・植調雑草大鑑 p.251, ⑤札幌市などで確認済み

298. シンジュ・ニワウルシ(2.3.40.5：ニガキ科)
Ailanthus altissima (Mill.) Swingle
①邑田・米倉(2012)日本維管束植物目録 p.148 右, ②中国原産, 植栽され各地に逸出, ④佐藤孝夫(1990)北海道樹木図鑑 p.192, 原松次(1985)北海道植物図鑑(下) p.36・伊達市, 五十嵐博(2001)北海道帰化植物便覧 p.70, 清水建美編(2003)平凡社・日本の帰化植物 p.134, 植村ほか(2010)全農教・日本帰化植物写真図鑑(2) p.142, 北海道(2010)ブルーリスト・A3, ⑤各地で確認済み

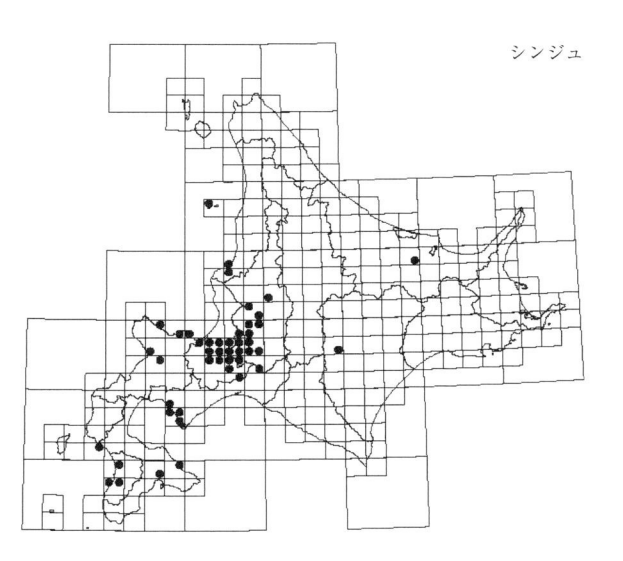

シンジュ

299. イチビ・キリアサ・ゴサイバ(2.3.42.2：アオイ科)
Abutilon theophrasti Medik.
①邑田・米倉(2012)日本維管束植物目録 p.149 左, ②インド原産, ③作物種子に混入・堆肥混入・各地, ④長田武正(1972)北隆館・日本帰化植物図鑑 p.98, 長田武正(1976)保育社・原色日本帰化植物図鑑 p.194, 五十嵐博(2001)北海道帰化植物便覧 p.72, 滝田謙譲(2001)北海道植物図譜 p.577・旭川市近文町, 清水・森田・廣田(2001)全農教・日本帰化植物写真図鑑 p.184, 清水建美編(2003)平凡社・

日本の帰化植物 p.135, 北海道(2010)ブルーリスト・A3, 浅井元朗(2015)全農教・植調雑草大鑑 p.76, 旭川帰化植物研究会(2015)旭川の帰化植物 p.77, **環境省・要注意外来生物**, ⑤各地で確認済み・2015 年はトウモロコシ畑周辺での確認が多かった

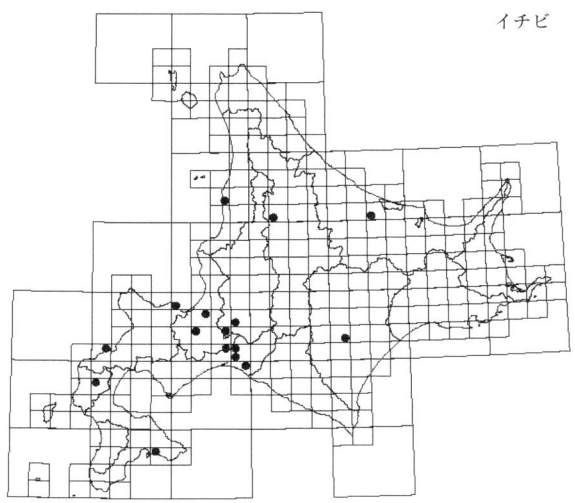

イチビ

300. ウスベニタチアオイ・マシュマロー (2.3.42.2：アオイ科)
Althaea officinalis L.
②欧州原産, ③植栽され稀に逸出, ④野草の写真図鑑(1996)日本ヴォーグ社・WILD FLOWERS p.138, 山岸喬(1998)日本ハーブ図鑑 p.58, ⑤ 2014 年・天崎比良子氏の札幌市白石区の画像・標本同定・現地は未確認

301. タチアオイ・ハナアオイ(2.3.42.2：アオイ科)
Althaea rosea (L.) Cav.
①邑田・米倉(2012)日本維管束植物目録 p.149 左, ②小アジア原産, ③植栽され各地に逸出, ④長田武正(1972)北隆館・日本帰化植物図鑑 p.99, 五十嵐博(2001)北海道帰化植物便覧 p.72, 清水・森田・廣田(2001)全農教・日本帰化植物写真図鑑 p.192, 清水建美編(2003)平凡社・日本の帰化植物 p.136, 北海道(2010)ブルーリスト・B, 旭川帰化植物研究会(2015)旭川の帰化植物 p.77, ⑤札幌市などで確認済み

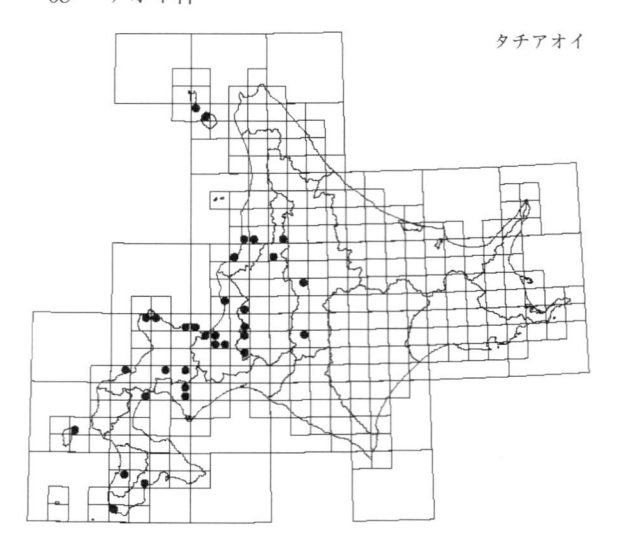

タチアオイ

302. ギンセンカ (2.3.42.2：アオイ科)
Hibiscus trionum L.
①邑田・米倉(2012)日本維管束植物目録 p.149 右，②欧州原産，③植栽され稀に逸出，④長田武正(1972)北隆館・日本帰化植物図鑑 p.98，長田武正(1976)保育社・原色日本帰化植物図鑑 p.188，五十嵐博(2001)北海道帰化植物便覧 p.72，清水・森田・廣田(2001)全農教・日本帰化植物写真図鑑 p.186，清水建美編(2003)平凡社・日本の帰化植物 p.137，北海道(2010)ブルーリスト・B，浅井元朗(2015)全農教・植調雑草大鑑 p.79，⑤未確認

303. キレハアオイ (2.3.42.2：アオイ科)
Malva alcea L. 【扉裏・Plate 4 ⑦】
②欧州原産，③植栽され稀に逸出，④ M. Blamey & C. G. Wilson (1989) THE ILLUSTRATED FLORA of BRITAIN and NORTHERN EUROPE p.242，⑤ 2015年9月7日に苫小牧市ウトナイ湖道の駅アロニア植栽地での国内初確認種・英名の Cut-leaved Mallow から直訳してキレハアオイと命名した

304. ゼニアオイ (2.3.42.2：アオイ科)
Malva mauritiana L.: Malva sylvestris L. var. mauritiana (L.) Obiss.
①邑田・米倉(2012)日本維管束植物目録 p.149 右，②欧州原産，③植栽され稀に逸出，④長田武正(1972)北隆館・日本帰化植物図鑑 p.99，長田武正(1976)保育社・原色日本帰化植物図鑑 p.189，山岸喬(1998)日本ハーブ図鑑 p.56，五十嵐博(2001)北海道帰化植物便覧 p.73，清水・森田・廣田(2001)全農教・日本帰化植物写真図鑑 p.190，清水建美編(2003)平凡社・日本の帰化植物 p.138，北海道(2010)ブルーリスト・B，⑤松前町などで確認済み

305. ジャコウアオイ・ムスクマロー (2.3.42.2：アオイ科)
Malva moschata L.
①邑田・米倉(2012)日本維管束植物目録 p.149 右，②欧州原産，③植栽され各地に逸出，④長田武正(1972)北隆館・日本帰化植物図鑑 p.100，長田武正(1976)保育社・原色日本帰化植物図鑑 p.190，山岸喬(1998)日本ハーブ図鑑 p.60，五十嵐博(2001)北海道帰化植物便覧 p.73，滝田謙譲(2001)北海道植物図譜 p.578・旭川市忠和，清水・森田・廣田(2001)全農教・日本帰化植物写真図鑑 p.187，清水建美編(2003)平凡社・日本の帰化植物 p.137，梅沢俊(2007)新北海道の花 p.136・札幌市真駒内，北海道(2010)ブルーリスト・A3，旭川帰化植物研究会(2015)旭川の帰化植物 p.77，⑤各地で確認済み

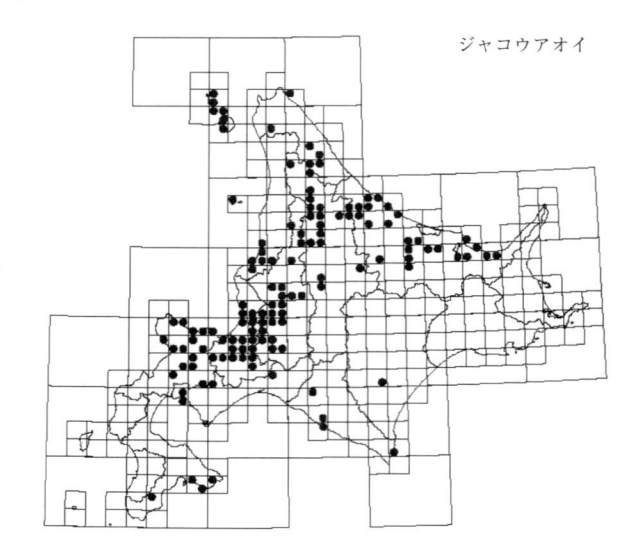

ジャコウアオイ

306. ゼニバアオイ (2.3.42.2：アオイ科)
Malva neglecta Wallr.
①邑田・米倉(2012)日本維管束植物目録 p.149 右，

②ユーラシア原産，③植栽され各地に逸出，④長田武正(1972)北隆館・日本帰化植物図鑑 p.101，長田武正(1976)保育社・原色日本帰化植物図鑑 p.192，原松次(1985)北海道植物図鑑(下)p.32・小樽市，五十嵐博(2001)北海道帰化植物便覧 p.73，滝田謙譲(2001)北海道植物図譜 p.577・旭川市西神楽4線，清水建美編(2003)平凡社・日本の帰化植物 p.137，梅沢俊(2007)新北海道の花 p.256・小樽市，植村ほか(2010)全農教・日本帰化植物写真図鑑(2)p.149，北海道(2010)ブルーリスト・B，浅井元朗(2015)全農教・植調雑草大鑑 p.78，旭川帰化植物研究会(2015)旭川の帰化植物 p.77，⑤各地で確認済み

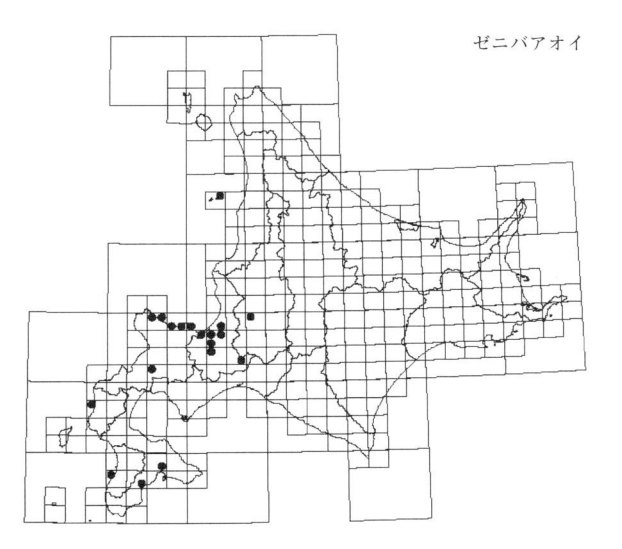

ゼニバアオイ

307. ナガエアオイ・ハイアオイ(2.3.42.2：アオイ科)
Malva pusilla Sm.
①邑田・米倉(2012)日本維管束植物目録 p.149 右，②欧州原産，③植栽され稀に逸出，④長田武正(1972)北隆館・日本帰化植物図鑑 p.101，長田武正(1976)保育社・原色日本帰化植物図鑑 p.191，五十嵐博(2001)北海道帰化植物便覧 p.73，清水・森田・廣田(2001)全農教・日本帰化植物写真図鑑 p.189，清水建美編(2003)平凡社・日本の帰化植物 p.138，北海道(2010)ブルーリスト・D，浅井元朗(2015)全農教・植調雑草大鑑 p.78，⑤未確認

308. オカノリ(2.3.42.2：アオイ科)
Malva verticillata L. var. *crispa* Mak.
②アジア東部原産，③植栽され稀に逸出，④長田武正(1972)北隆館・日本帰化植物図鑑 p.100，五十嵐博(2001)北海道帰化植物便覧 p.74，清水・森田・廣田(2001)全農教・日本帰化植物写真図鑑 p.189，清水建美編(2003)平凡社・日本の帰化植物 p.139，北海道(2010)ブルーリスト・D，⑤未確認

309. アメリカキンゴジカ(2.3.42.2：アオイ科)
Sida spinosa L.
①邑田・米倉(2012)日本維管束植物目録 p.150 左，②熱帯アメリカ原産，③堆肥に種子混入・稀・消滅，④長田武正(1972)北隆館・日本帰化植物図鑑 p.103，長田武正(1976)保育社・原色日本帰化植物図鑑 p.195，清水・森田・廣田(2001)全農教・日本帰化植物写真図鑑 p.195，清水建美編(2003)平凡社・日本の帰化植物 p.140，北海道(2010)ブルーリスト・B，浅井元朗(2015)全農教・植調雑草大鑑 p.77，⑤名寄市の堆肥付近で確認したがその後消滅

310. セイヨウフウチョウソウ・クレオメソウ(2.3.43.6：フウチョウソウ科)
Tarenaya hassleriana (Chodat) IltiS: Cleome spinosa L.・Cleome hassleriana Chodat
①邑田・米倉(2012)日本維管束植物目録 p.151 左，②熱帯アメリカ原産，③植栽され稀に逸出，④清水・森田・廣田(2001)全農教・日本帰化植物写真図鑑 p.84，清水建美編(2003)平凡社・日本の帰化植物 p.80，北海道(2010)ブルーリスト・B，⑤余市町で確認済み

311. ニンニクガラシ・ネギハタザオ・ガーリックマスタード(2.3.43.7：アブラナ科)【Plate 4 ⑧】
Alliaria petiolata (M. Bieb.) Cavara et Grande
①邑田・米倉(2012)日本維管束植物目録 p.151 左・ネギハタザオ，②欧州原産，③小鳥の餌などに混入・稀，④野草の写真図鑑(1996)日本ヴォーグ社・WILD FLOWERS p.73，北海道(2010)ブルーリスト・A3，⑤2008 年は札幌市円山動物園・2010 年

は札幌市精進川上流で確認済み・2012年は札幌市新川情報あるが現地未確認・2015年は千歳市駒里で確認済み

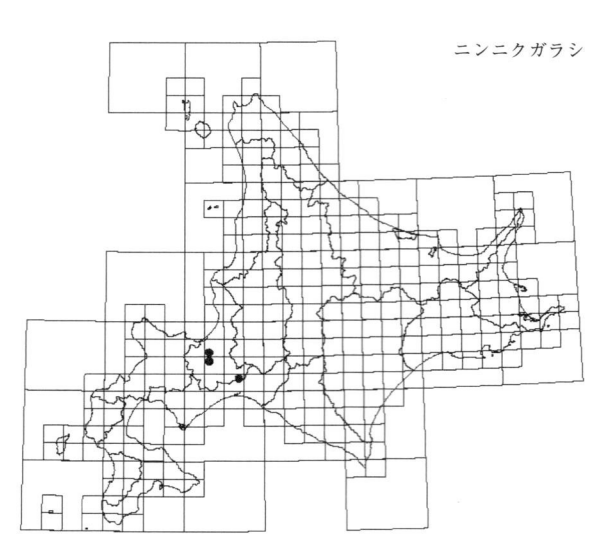

ニンニクガラシ

312. アレチナズナ(2.3.43.7：アブラナ科)
　　　Alyssum alyssoides (L.) L.
①邑田・米倉(2012)日本維管束植物目録p.151左，②欧州〜中央アジア原産，③不明・稀，④長田武正(1972)北隆館・日本帰化植物図鑑p.134，長田武正(1976)保育社・原色日本帰化植物図鑑p.284，五十嵐博(2001)北海道帰化植物便覧p.36，清水・森田・廣田(2001)全農教・日本帰化植物写真図鑑p.85，清水建美編(2003)平凡社・日本の帰化植物p.80，北海道(2010)ブルーリスト・D，⑤未確認

313. シロイヌナズナ(2.3.43.7：アブラナ科)
　　　Arabidopsis thaliana (L.) Heynh.
①邑田・米倉(2012)日本維管束植物目録p.151左，②ユーラシア・北アフリカ原産，③不明・各地，④野草の写真図鑑(1996)日本ヴォーグ社・WILD FLOWERS p.74，五十嵐博(2001)北海道帰化植物便覧p.37，滝田謙譲(2001)北海道植物図譜p.331・札幌市清田区・幕別町札内，清水建美編(2003)平凡社・日本の帰化植物p.81，梅沢俊(2007)新北海道の花p.157・札幌市，植村ほか(2010)全農教・日本帰化植物写真図鑑(2) p.67，北海道(2010)ブルーリスト・B，浅井元朗(2015)全農教・植調雑草大鑑

p.89，旭川帰化植物研究会(2015)旭川の帰化植物p.74，⑤各地で確認済み

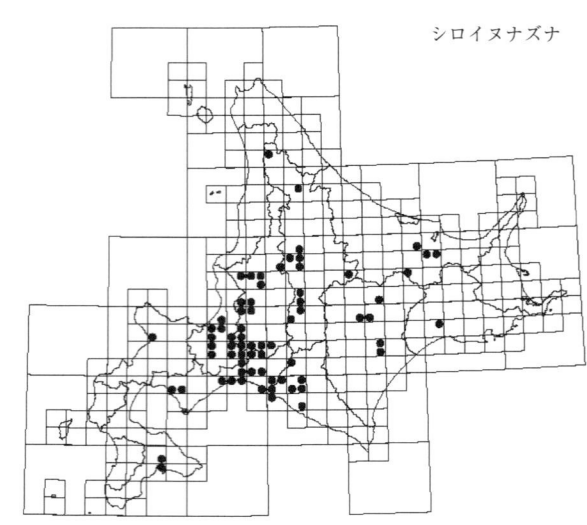

シロイヌナズナ

314. セイヨウワサビ・ワサビダイコン・ウマダイコン・ヤマワサビ(2.3.43.7：アブラナ科)
　　　Armoracia rusticana P. Gaertn., B. Mey. et Scherb.
①邑田・米倉(2012)日本維管束植物目録p.151右，②欧州東部・ロシア南部原産，③根菜として植栽され各地に逸出，④長田武正(1972)北隆館・日本帰化植物図鑑p.134，長田武正(1976)保育社・原色日本帰化植物図鑑p.281，原松次(1983)北海道植物図鑑(中)p.180・浜中町，野草の写真図鑑(1996)日

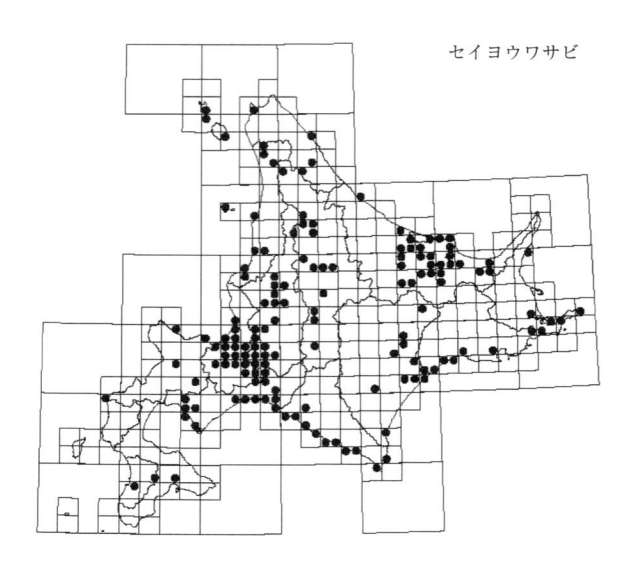

セイヨウワサビ

本ヴォーグ社・WILD FLOWERS p.77，山岸喬(1998)日本ハーブ図鑑 p.44，五十嵐博(2001)北海道帰化植物便覧 p.37，滝田謙譲(2001)北海道植物図譜 p.337・釧路市春採，清水・森田・廣田(2001)全農教・日本帰化植物写真図鑑 p.86，清水建美編(2003)平凡社・日本の帰化植物 p.81，梅沢俊(2007)新北海道の花 p.163・白老町，北海道(2010)ブルーリスト・A3，旭川帰化植物研究会(2015)旭川の帰化植物 p.74，⑤各地で確認済み

315. イワナズナ(2.3.43.7：アブラナ科)
Aurinia saxatilis (L.) Desv.
①邑田・米倉(2012)日本維管束植物目録 p.151 右，②欧州原産，③植栽され稀に逸出，④清水建美編(2003)平凡社・日本の帰化植物 p.81，五十嵐博(2012)新しい外来植物・ボタニカ 30：7-10，⑤網走市の林倫子氏からの画像・標本情報・現地は未確認・植栽は網走管内が目立つ

316. ハルザキヤマガラシ・セイヨウヤマガラシ・フユガラシ(アブラナ科)
Barbarea vulgaris R. Br.
①邑田・米倉(2012)日本維管束植物目録 p.151 右，②欧州・西アジア・ヒマラヤ原産，③不明・各地，④長田武正(1972)北隆館・日本帰化植物図鑑 p.135，長田武正(1976)保育社・原色日本帰化植物図鑑 p.262，原松次(1981)北海道植物図鑑(上) p.160・伊達市，野草の写真図鑑(1996)日本ヴォーグ社・WILD FLOWERS p.78，五十嵐博(2001)北海道帰化植物便覧 p.38，滝田謙譲(2001)北海道植物図譜 p.340・釧路市オソツナイ海岸・根室市歯舞海岸，清水・森田・廣田(2001)全農教・日本帰化植物写真図鑑 p.88，清水建美編(2003)平凡社・日本の帰化植物 p.82，梅沢俊(2007)新北海道の花 p.67・札幌市真駒内，北海道(2010)ブルーリスト・A3，浅井元朗(2015)全農教・植調雑草大鑑 p.96，旭川帰化植物研究会(2015)旭川の帰化植物 p.74，**環境省・要注意外来生物**，⑤各地で確認済み

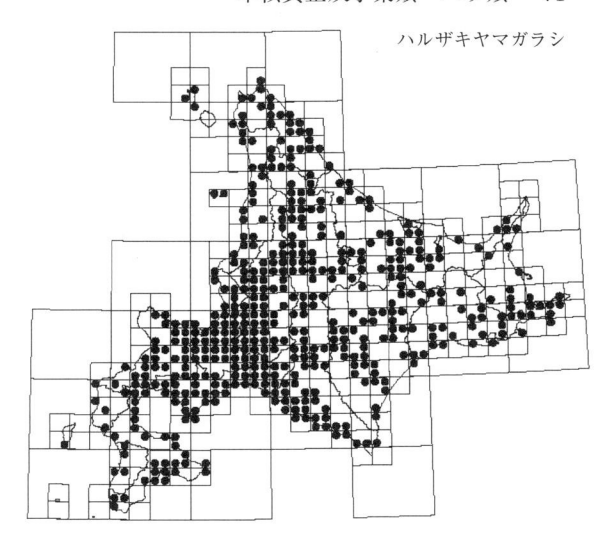

ハルザキヤマガラシ

317. ヤハズナズナ・ウスユキナズナ・シラユキナズナ(2.3.43.7：アブラナ科)
Berteroa incana (L.) DC.
①邑田・米倉(2012)日本維管束植物目録 p.151 右・ヤハズナズナに和名変更，②欧州原産，③不明・稀・消滅，④野草の写真図鑑(1996)日本ヴォーグ社・WILD FLOWERS p.81，五十嵐博(2001)北海道帰化植物便覧 p.38・ウスユキナズナ(研究所報告ではシラユキナズナ)，清水建美編(2003)平凡社・日本の帰化植物 p.82，滝田謙譲(2004)北海道植物図鑑・補遺 p.13・門別町，北海道(2010)ブルーリスト・B，⑤日高町(旧門別町)で確認済みだがその後は見ていない・消滅

318. セイヨウカラシナ・カラシナ(2.3.43.7：アブラナ科)
Brassica juncea (L.) Czern.
①邑田・米倉(2012)日本維管束植物目録 p.151 右，②ユーラシア原産，③植栽され稀に逸出，④長田武正(1976)保育社・原色日本帰化植物図鑑 p.263，五十嵐博(2001)北海道帰化植物便覧 p.38，清水・森田・廣田(2001)全農教・日本帰化植物写真図鑑 p.90，清水建美編(2003)平凡社・日本の帰化植物 p.82，北海道(2010)ブルーリスト・B，浅井元朗(2015)全農教・植調雑草大鑑 p.86，⑤えりも町などで確認済み

アブラナ科

319. セイヨウアブラナ(2.3.43.7：アブラナ科)
　　Brassica napus L.
①邑田・米倉(2012)日本維管束植物目録 p.151 右，②ユーラシア原産，③油糧作物として栽培され各地に逸出，④長田武正(1976)保育社・原色日本帰化植物図鑑 p.264，野草の写真図鑑(1996)日本ヴォーグ社・WILD FLOWERS p.87，五十嵐博(2001)北海道帰化植物便覧 p.39，滝田謙譲(2001)北海道植物図譜 p.338・釧路市桜ヶ岡，清水・森田・廣田(2001)全農教・日本帰化植物写真図鑑 p.90，清水建美編(2003)平凡社・日本の帰化植物 p.83，梅沢俊(2007)新北海道の花 p.67・小樽市，北海道(2010)ブルーリスト・B，浅井元朗(2015)全農教・植調雑草大鑑 p.86，旭川帰化植物研究会(2015)旭川の帰化植物 p.74，⑤各地で確認済み

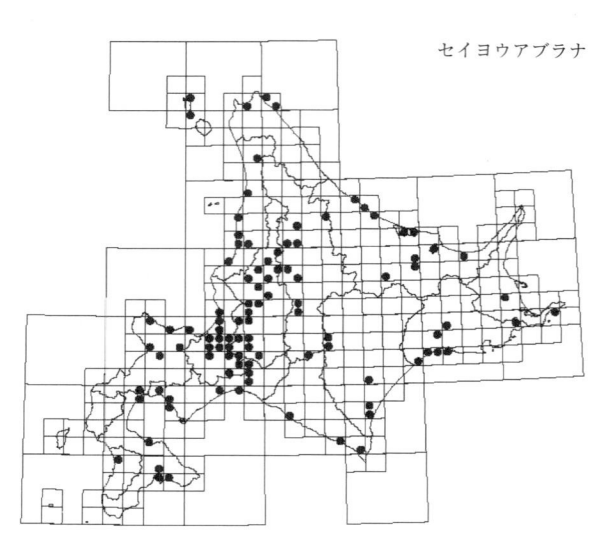

セイヨウアブラナ

320. クロガラシ(2.3.43.7：アブラナ科)
　　Brassica nigra (L.) W. D. J. Koch
①邑田・米倉(2012)日本維管束植物目録 p.151 右，②欧州〜西アジア原産，③植栽され稀に逸出，④長田武正(1976)保育社・原色日本帰化植物図鑑 p.265，野草の写真図鑑(1996)日本ヴォーグ社・WILD FLOWERS p.88，山岸喬(1998)日本ハーブ図鑑 p.40，五十嵐博(2001)北海道帰化植物便覧 p.39，清水・森田・廣田(2001)全農教・日本帰化植物写真図鑑 p.91，清水建美編(2003)平凡社・日本の帰化植物 p.83，梅沢俊(2007)新北海道の花 p.67・釧路市，北海道(2010)ブルーリスト・B，⑤釧路市で確認済み

321. オニハマダイコン(2.3.43.7：アブラナ科)
　　Cakile edentula (Bigelow) Hook.
①邑田・米倉(2012)日本維管束植物目録 p.151 右，②北米東岸中北部原産，③バラスト水で海中に遺棄され各地の海岸砂浜に種子が漂着，④五十嵐博(2001)北海道帰化植物便覧 p.40，滝田謙譲(2001)北海道植物図譜 p.341・登別市鷲別町海岸，清水・森田・廣田(2001)全農教・日本帰化植物写真図鑑 p.92，清水建美編(2003)平凡社・日本の帰化植物 p.83，梅沢俊(2007)新北海道の花 p.269・長万部町静狩，北海道(2010)ブルーリスト・A3，⑤各地の海岸で確認済み・各地で駆除を行っているが野生種での競合種は少ない

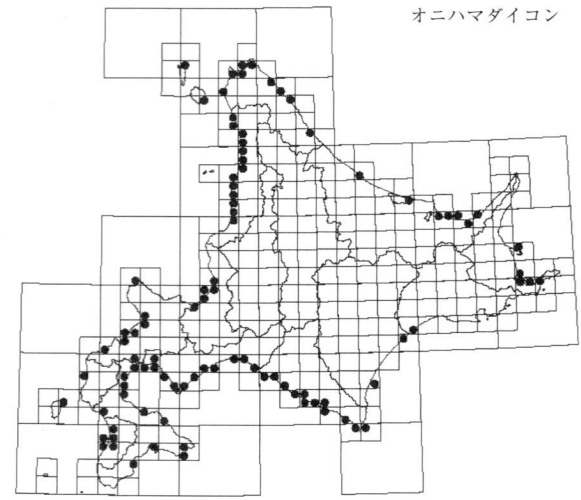

オニハマダイコン

322. アマナズナ・タマナズナ(2.3.43.7：アブラナ科)
　　Camelina alyssum (Miller) Thell.
②欧州原産，③亜麻栽培からの移出，稀，④長田武正(1972)北隆館・日本帰化植物図鑑 p.136，長田武正(1976)保育社・原色日本帰化植物図鑑 p.283，五十嵐博(2001)北海道帰化植物便覧 p.40，清水建美編(2003)平凡社・日本の帰化植物 p.84，北海道(2010)ブルーリスト・B，⑤未確認

323. ヒメアマナズナ・ヒメタマナズナ
　　（2.3.43.7：アブラナ科）
　　Camelina microcarpa Andrz. ex DC.
①邑田・米倉(2012)日本維管束植物目録 p.151 右，②欧州原産，③亜麻栽培からの移出・稀，④長田武正(1972)北隆館・日本帰化植物図鑑 p.136，長田武正(1976)保育社・原色日本帰化植物図鑑 p.283，五十嵐博(2001)北海道帰化植物便覧 p.40，清水・森田・廣田(2001)全農教・日本帰化植物写真図鑑 p.91，清水建美編(2003)平凡社・日本の帰化植物 p.84，滝田謙譲(2004)北海道植物図鑑補遺 p.14・札幌市羊ヶ丘，北海道(2010)ブルーリスト・B，浅井元朗(2015)全農教・植調雑草大鑑 p.94，旭川帰化植物研究会(2015)旭川の帰化植物 p.74，⑤未確認

324. ナガミノアマナズナ(2.3.43.7：アブラナ科)
　　Camelina sativa (L.) Crantz
①邑田・米倉(2012)日本維管束植物目録 p.151 右，②欧州原産，③亜麻栽培からの移出・稀，④長田武正(1972)北隆館・日本帰化植物図鑑 p.136，五十嵐博(2001)北海道帰化植物便覧 p.40，清水建美編(2003)平凡社・日本の帰化植物 p.84，北海道(2010)ブルーリスト・B，⑤未確認

325. オオナズナ・ホソミナズナ(2.3.43.7：アブラナ科)
　　Capsella bursa-pastoris (L.) Medicus var. *bursa-pastoris*
①邑田・米倉(2012)日本維管束植物目録 p.152 左，②欧州原産，③不明・各地，④野草の写真図鑑(1996)日本ヴォーグ社・WILD FLOWERS p.83，五十嵐博(2001)北海道帰化植物便覧 p.41，北海道(2010)ブルーリスト・B，種子が二等辺三角形(ナズナは正三角形)，⑤各地で確認済み

326. コタネツケバナ・ヒメタネツケバナ
　　（2.3.43.7：アブラナ科）
　　Cardamine debilis D. Don: Cardamine parviflora L.
①邑田・米倉(2012)日本維管束植物目録 p.152 左，②欧州原産，③不明・稀，④長田武正(1976)保育社・原色日本帰化植物図鑑 p.280，五十嵐博(2001)北海道帰化植物便覧 p.41，滝田謙譲(2001)北海道植物図譜 p.345・この図はミチタネツケバナで間違い，清水・森田・廣田(2001)全農教・日本帰化植物写真図鑑 p.95，清水建美編(2003)平凡社・日本の帰化植物 p.85，北海道(2010)ブルーリスト・D，浅井元朗(2015)全農教・植調雑草大鑑 p.89，⑤札幌市で確認済み

327. ミチタネツケバナ(2.3.43.7：アブラナ科)
　　Cardamine hirsuta L.
①邑田・米倉(2012)日本維管束植物目録 p.152 左，②欧州原産，③不明・各地，④野草の写真図鑑(1996)日本ヴォーグ社・WILD FLOWERS p.80，滝田謙譲(2001)北海道植物図譜 p.345・ヒメタネツケバナで掲載されているが誤同定で本種・札幌市清田区平岡，清水・森田・廣田(2001)全農教・日本帰化植物写真図鑑 p.94，清水建美編(2003)平凡社・日本の帰化植物 p.85，梅沢俊(2007)新北海道の花 p.159・札幌市中央区市街地，北海道(2010)ブルーリスト・B，浅井元朗(2015)全農教・植調雑草大鑑 p.89，⑤札幌市で確認済み

328. ニオイアラセイトウ・ウォールフラワー
　　（2.3.43.7：アブラナ科）
　　Cheiranthus cheiri (L.) Crantz
②欧州原産，③植栽され稀に逸出・消滅，④野草の写真図鑑(1996)日本ヴォーグ社・WILD FLOWERS p.76，五十嵐博(2001)北海道帰化植物便覧 p.41，北海道(2010)ブルーリスト・B，⑤興部町で1994年に確認済みだがその後消滅した

329. ツノミナズナ(2.3.43.7：アブラナ科)
　　Chorispora tenella (Pall.) DC.
①邑田・米倉(2012)日本維管束植物目録 p.152 右，②西アジア原産，③不明・稀，④長田武正(1972)北隆館・日本帰化植物図鑑 p.137，長田武正(1976)保育社・原色日本帰化植物図鑑 p.260，五十嵐博(2001)北海道帰化植物便覧 p.41，清水・森田・廣田(2001)全農教・日本帰化植物写真図鑑 p.98，清水建美編(2003)平凡社・日本の帰化植物 p.85，北海

74　アブラナ科

道(2010)ブルーリスト・B，浅井元朗(2015)全農教・植調雑草大鑑 p.95，旭川帰化植物研究会(2015)旭川の帰化植物 p.74，⑤未確認

330. ナタネハタザオ・コバンガラシ(2.3.43.7：アブラナ科)
　　Conringia orientalis (L.) Dumort.
①邑田・米倉(2012)日本維管束植物目録 p.152 右，②ユーラシア原産，③不明・稀，④長田武正(1972)北隆館・日本帰化植物図鑑 p.137，長田武正(1976)保育社・原色日本帰化植物図鑑 p.261，五十嵐博(2001)北海道帰化植物便覧 p.41，清水建美編(2003)平凡社・日本の帰化植物 p.86，北海道(2010)ブルーリスト・B，⑤釧路市で確認済み

331. クジラグサ(2.3.43.7：アブラナ科)
　　Descurainia sophia (L.) Webb ex Prantl
①邑田・米倉(2012)日本維管束植物目録 p.152 右，②欧州・北アフリカ・西アジア原産，③不明・稀，④長田武正(1972)北隆館・日本帰化植物図鑑 p.139，長田武正(1976)保育社・原色日本帰化植物図鑑 p.275，五十嵐博(2001)北海道帰化植物便覧 p.42，滝田謙譲(2001)北海道植物図譜 p.355・釧路市西港，清水・森田・廣田(2001)全農教・日本帰化植物写真図鑑 p.99，清水建美編(2003)平凡社・日本の帰化植物 p.87，梅沢俊(2007)新北海道の花 p.68・釧路市，北海道(2010)ブルーリスト・B，浅井元朗(2015)全農教・植調雑草大鑑 p.95，旭川帰化植物研究会(2015)旭川の帰化植物 p.74，⑤函館市・苫小牧市・小樽市・釧路市などで確認済み

332. ハマベガラシ(2.3.43.7：アブラナ科)
　　Diplotaxis muralis (L.) DC.
②欧州原産，③不明・稀，④五十嵐博(2012)新しい外来植物・ボタニカ 30：7-10，⑤松前町内海岸・その後は松前町白神岬海岸でも確認済み

333. ロボウガラシ・カラクサハタザオ・ワイルドロケット(2.3.43.7：アブラナ科)
　　Diplotaxis tenuifolia (L.) DC.
①邑田・米倉(2012)日本維管束植物目録 p.152 右，②欧州原産，③不明・稀，④長田武正(1972)北隆館・日本帰化植物図鑑 p.138，五十嵐博(2001)北海道帰化植物便覧 p.42，清水建美編(2003)平凡社・日本の帰化植物 p.87，植村ほか(2010)全農教・日本帰化植物写真図鑑(2) p.71，北海道(2010)ブルーリスト・B，⑤未確認

334. イヌナズナ(2.3.43.7：アブラナ科)
　　Draba nemorosa L.
　　在来種説あり
①邑田・米倉(2012)日本維管束植物目録 p.152 右，②ユーラシア原産，③不明・各地，④原松次(1981)北海道植物図鑑(上) p.161・伊達市，五十嵐博(2001)北海道帰化植物便覧 p.42，滝田謙譲(2001)北海道植物図譜 p.357・足寄町中足寄，梅沢俊(2007)新北海道の花 p.66・足寄町，旭川帰化植物研究会(2009)旭川の帰化植物 p.25，北海道(2010)ブルーリスト・B，浅井元朗(2015)全農教・植調雑草大鑑 p.97，⑤各地で確認済み・十勝地方は特に多い

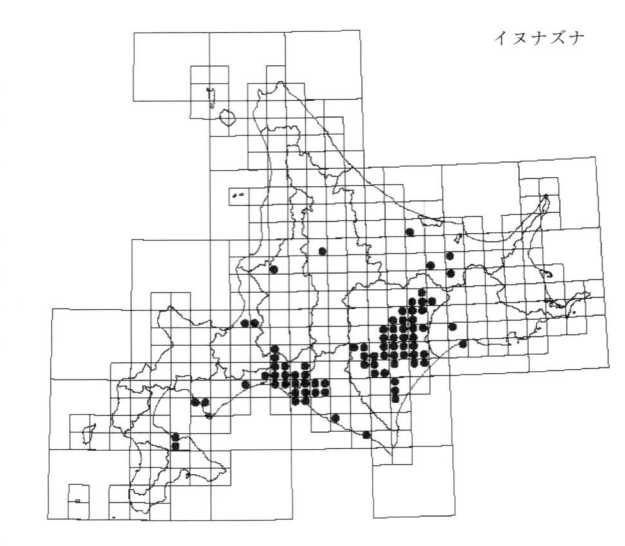

イヌナズナ

335. ヒメナズナ(2.3.43.7：アブラナ科)
　　Draba verna L.: *Erophila verna* (L.) Chevall.
①邑田・米倉(2012)日本維管束植物目録 p.152 右，②欧州原産，③不明・稀，④長田武正(1972)北隆館・日本帰化植物図鑑 p.140，原松次(1992)札幌の植物 no.319・滝野公園，野草の写真図鑑(1996)日本ヴォーグ社・WILD FLOWERS p.82，五十嵐博

(2001)北海道帰化植物便覧 p.43, 清水建美編(2003)平凡社・日本の帰化植物 p.87, 梅沢俊(2007)新北海道の花 p.165・北斗市大野国道萩野, 植村ほか(2010)全農教・日本帰化植物写真図鑑(2) p.72, 北海道(2010)ブルーリスト・B, ⑤札幌市滝野公園で確認済み・その後消滅

336. オハツキガラシ・ホソガラシ(2.3.43.7：アブラナ科)
Erucastrum gallicum (Willd.) O. E. Schulz
①邑田・米倉(2012)日本維管束植物目録 p.152 右, ②欧州原産, ③不明・稀, ④長田武正(1972)北隆館・日本帰化植物図鑑 p.140, 長田武正(1976)保育社・原色日本帰化植物図鑑 p.276, 五十嵐博(2001)北海道帰化植物便覧 p.43, 滝田謙譲(2001)北海道植物図譜 p.359・釧路市岩見浜海岸, 清水・森田・廣田(2001)全農教・日本帰化植物写真図鑑 p.100, 清水建美編(2003)平凡社・日本の帰化植物 p.88, 梅沢俊(2007)新北海道の花 p.68・釧路市西港, 北海道(2010)ブルーリスト・B, 旭川帰化植物研究会(2015)旭川の帰化植物 p.74, ⑤各地で確認済み

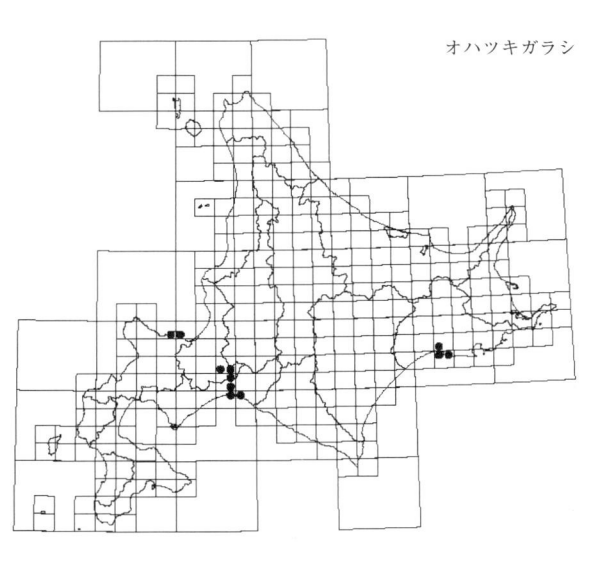

オハツキガラシ

337. エゾスズシロ・キタミハタザオ(2.3.43.7：アブラナ科)
Erysimum cheiranthoides L.
①邑田・米倉(2012)日本維管束植物目録 p.153 左, ②北半球温帯に広く分布(在来種説あり), ③不明・各地, ④長田武正(1976)保育社・原色日本帰化植物図鑑 p.273, 原松次(1983)北海道植物図鑑(中) p.180・追分町, 野草の写真図鑑(1996)日本ヴォーグ社・WILD FLOWERS p.75, 五十嵐博(2001)北海道帰化植物便覧 p.43, 滝田謙譲(2001)北海道植物図譜 p.359・釧路市西港, 清水・森田・廣田(2001)全農教・日本帰化植物写真図鑑 p.100, 清水建美編(2003)平凡社・日本の帰化植物 p.88, 梅沢俊(2007)新北海道の花 p.68・苫小牧市, 北海道(2010)ブルーリスト・B, 浅井元朗(2015)全農教・植調雑草大鑑 p.94, 旭川帰化植物研究会(2015)旭川の帰化植物 p.74, ⑤各地の道路沿いで確認済み・生育環境などから外来種と評価

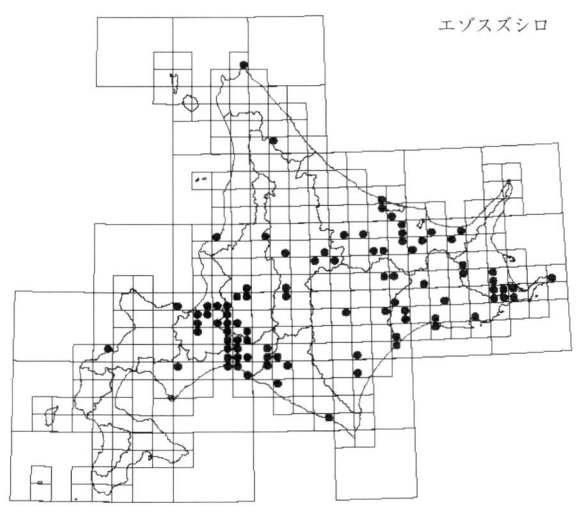

エゾスズシロ

338. エゾスズシロモドキ(2.3.43.7：アブラナ科)
Erysimum repandum L.
①邑田・米倉(2012)日本維管束植物目録 p.153 左, ②ユーラシア原産, ③不明・稀, ④長田武正(1972)北隆館・日本帰化植物図鑑 p.141, 長田武正(1976)保育社・原色日本帰化植物図鑑 p.274, 五十嵐博(2001)北海道帰化植物便覧 p.44, 清水・森田・廣田(2001)全農教・日本帰化植物写真図鑑 p.101, 清水建美編(2003)平凡社・日本の帰化植物 p.88, 北海道(2010)ブルーリスト・D, ⑤未確認

76　アブラナ科

339. ワサビ(2.3.43.7：アブラナ科)
　　Eutrema japonicum (Miq.) Koidz.
①邑田・米倉(2012)日本維管束植物目録 p.153 左，②本州原産，③根菜として植栽され各地に逸出，④原松次(1981)北海道植物図鑑(上) p.156・大滝村，滝田謙譲(2001)北海道植物図譜 p.360・鶴居村上仁々志別(道南のものは自生と推定されるがそれ以外は栽培されたものの残存と思われる)，梅沢俊(2007)新北海道の花 p.163・八雲町八雲(胆振地方以南・それ以外は栽培起源と推定される)，北海道(2010)ブルーリスト・B，⑤筆者は道内のものは道南も含め全て移入種である可能性が高いと判断している・利用名の多いアイヌ語にワサビの名前はない

ワサビ

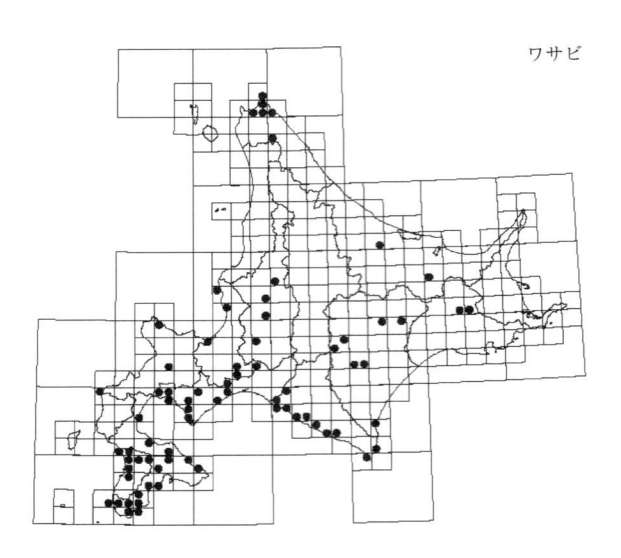

340. ハナスズシロ・セイヨウハナダイコン
　　(2.3.43.7：アブラナ科)
　　Hesperis martronalis L.
①邑田・米倉(2012)日本維管束植物目録 p.153 左，②西〜中央アジア原産，③植栽され稀に逸出，④長田武正(1972)北隆館・日本帰化植物図鑑 p.141，野草の写真図鑑(1996)日本ヴォーグ社・WILD FLOWERS p.75，五十嵐博(2001)北海道帰化植物便覧 p.44，清水建美編(2003)平凡社・日本の帰化植物 p.88，北海道(2010)ブルーリスト・B，浅井元朗(2015)全農教・植調雑草大鑑 p.98，⑤札幌市で確認済み

341. キレハマメグンバイナズナ(2.3.43.7：アブラナ科)
　　Lepidium bonariense L.
①邑田・米倉(2012)日本維管束植物目録 p.153 左，②南米原産，③不明・稀，④長田武正(1976)保育社・原色日本帰化植物図鑑 p.288，五十嵐博(2001)北海道帰化植物便覧 p.44，清水・森田・廣田(2001)全農教・日本帰化植物写真図鑑 p.102，清水建美編(2003)平凡社・日本の帰化植物 p.90，北海道(2010)ブルーリスト・B，⑤未確認

342. ウロコナズナ(2.3.43.7：アブラナ科)
　　Lepidium campestre (L.) R. Br.
①邑田・米倉(2012)日本維管束植物目録 p.153 左，②欧州原産，③不明・各地，④長田武正(1972)北隆館・日本帰化植物図鑑 p.143，長田武正(1976)保育社・原色日本帰化植物図鑑 p.286，野草の写真図鑑(1996)日本ヴォーグ社・WILD FLOWERS p.85，五十嵐博(2001)北海道帰化植物便覧 p.44，滝田謙譲(2001)北海道植物図譜 p.366・旭川市南神楽，清水・森田・廣田(2001)全農教・日本帰化植物写真図鑑 p.103，清水建美編(2003)平凡社・日本の帰化植物 p.90，梅沢俊(2007)新北海道の花 p.166・苫小牧市，北海道(2010)ブルーリスト・B，旭川帰化植物研究会(2015)旭川の帰化植物 p.74，⑤各地で確認済み

ウロコナズナ

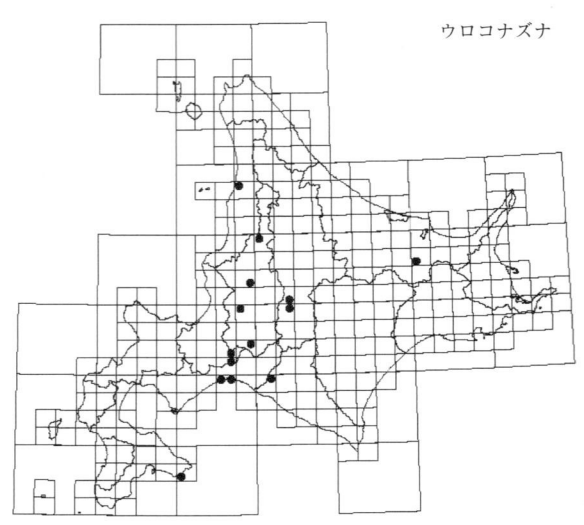

343. コマメグンバイナズナ・ヒメグンバイナズナ(2.3.43.7：アブラナ科)
Lepidium densiflorum Schrad.: Lepidium apetalum Willd.
①邑田・米倉(2012)日本維管束植物目録 p.153 左, ②北米原産, ③不明・稀, ④五十嵐博(2001)北海道帰化植物便覧 p.44, 滝田謙譲(2001)北海道植物図譜 p.366・釧路市宝町, 清水・森田・廣田(2001)全農教・日本帰化植物写真図鑑 p.102, 清水建美編(2003)平凡社・日本の帰化植物 p.90, 梅沢俊(2007)新北海道の花 p.166・釧路市西港, 北海道(2010)ブルーリスト・B, 旭川帰化植物研究会(2015)旭川の帰化植物 p.75, ⑤釧路市などで確認済み

344. カラクサナズナ・インチンナズナ・カラクサガラシ(2.3.43.7：アブラナ科)
Lepidium didymus L.: Coronopus didymus (L.) Smith
①邑田・米倉(2012)日本維管束植物目録 p.153 左, ②南米・ユーラシア原産, ③不明・稀, ④長田武正(1972)北隆館・日本帰化植物図鑑 p.138, 長田武正(1976)保育社・原色日本帰化植物図鑑 p.291, 原松次(1981)北海道植物図鑑(上) p.164・室蘭市, 野草の写真図鑑(1996)日本ヴォーグ社・WILD FLOWERS p.86, 五十嵐博(2001)北海道帰化植物便覧 p.42, 滝田謙譲(2001)北海道植物図譜 p.354・登別市鷲別町, 清水・森田・廣田(2001)全農教・日本帰化植物写真図鑑 p.96, 清水建美編(2003)平凡社・日本の帰化植物 p.90, 梅沢俊(2007)新北海道の花 p.362・苫小牧市, 北海道(2010)ブルーリスト・A3, 浅井元朗(2015)全農教・植調雑草大鑑 p.98, ⑤苫小牧市で確認済み

345. コシミノナズナ(2.3.43.7：アブラナ科)
Lepidium perfoliatum L.
①邑田・米倉(2012)日本維管束植物目録 p.153 左, ②欧州東部〜西アジア原産, ③不明・稀, ④長田武正(1972)北隆館・日本帰化植物図鑑 p.142, 長田武正(1976)保育社・原色日本帰化植物図鑑 p.287, 五十嵐博(2001)北海道帰化植物便覧 p.45, 清水・森田・廣田(2001)全農教・日本帰化植物写真図鑑 p.104, 清水建美編(2003)平凡社・日本の帰化植物 p.91, 北海道(2010)ブルーリスト・B, 旭川帰化植物研究会(2015)旭川の帰化植物 p.75, ⑤未確認

346. コショウソウ(2.3.43.7：アブラナ科)
Lepidium sativum L.
①邑田・米倉(2012)日本維管束植物目録 p.153 左, ②西アジア原産, ③不明・稀, ④五十嵐博(2001)北海道帰化植物便覧 p.45, 清水・森田・廣田(2001)全農教・日本帰化植物写真図鑑 p.104, 北海道(2010)ブルーリスト・B, 旭川帰化植物研究会(2015)旭川の帰化植物 p.75, ⑤未確認

347. マメグンバイナズナ・コウベナズナ・セイヨウグンバイナズナ(2.3.43.7：アブラナ科)
Lepidium virginicum L.
①邑田・米倉(2012)日本維管束植物目録 p.153 左, ②北米原産, ③不明・各地, ④長田武正(1972)北隆館・日本帰化植物図鑑 p.143, 長田武正(1976)保育社・原色日本帰化植物図鑑 p.289, 五十嵐博(2001)北海道帰化植物便覧 p.45, 清水・森田・廣田(2001)全農教・日本帰化植物写真図鑑 p.105, 清水建美編(2003)平凡社・日本の帰化植物 p.91, 滝田謙譲(2004)北海道植物図鑑・補遺 p.15・苫小牧市植苗駅付近, 梅沢俊(2007)新北海道の花 p.166・安平町早来, 北海道(2010)ブルーリスト・B, 浅井元朗(2015)全農教・植調雑草大鑑 p.98, 旭川帰化植物

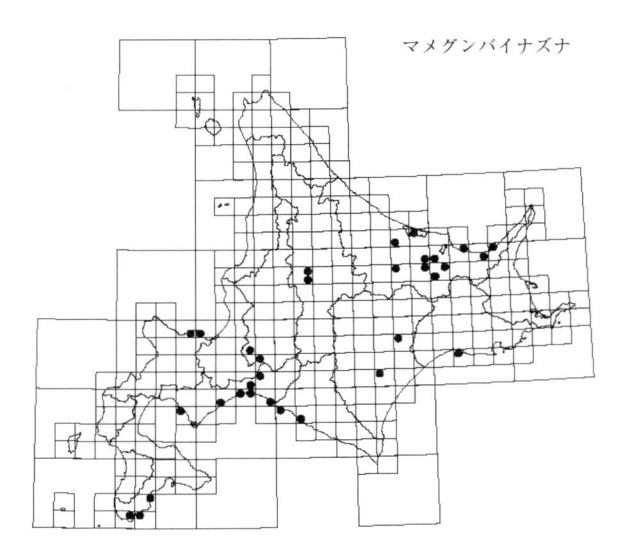

マメグンバイナズナ

348. ニワナズナ・アリッサム(2.3.43.7：アブラナ科)

Lobularia maritima (L.) Desv.

①邑田・米倉(2012)日本維管束植物目録 p.153 左，②欧州原産，③園芸種として栽培され稀に逸出，④野草の写真図鑑(1996)日本ヴォーグ社・WILD FLOWERS p.82，清水建美編(2003)平凡社・日本の帰化植物 p.96，北海道(2010)ブルーリスト・B，⑤各地で確認済み

349. ゴウダソウ・ギンセンソウ・コバンソウ(2.3.43.7：アブラナ科)

Lunaria annua L.

①邑田・米倉(2012)日本維管束植物目録 p.153 右，②欧州原産，③植栽され各地に逸出，④長田武正(1972)北隆館・日本帰化植物図鑑 p.144，野草の写真図鑑(1996)日本ヴォーグ社・WILD FLOWERS p.81，五十嵐博(2001)北海道帰化植物便覧 p.45，滝田謙譲(2001)北海道植物図譜 p.363・札幌市中央区円山，清水・森田・廣田(2001)全農教・日本帰化植物写真図鑑 p.106，清水建美編(2003)平凡社・日本の帰化植物 p.96，梅沢俊(2007)新北海道の花 p.269・余市町，北海道(2010)ブルーリスト・B，旭川帰化植物研究会(2015)旭川の帰化植物 p.75，⑤各地で確認済み

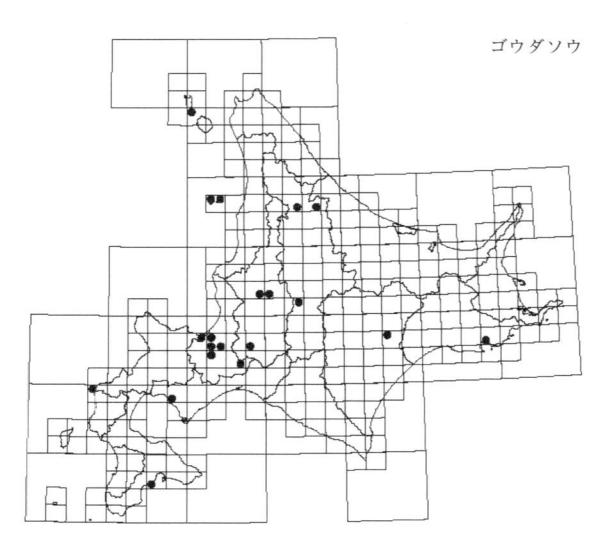

ゴウダソウ

350. オランダガラシ・ミズガラシ・クレソン(2.3.43.7：アブラナ科)

Nasturtium officinale R. Br.: Rorippa nasturtium-aquaticum (L.) Hayek

①邑田・米倉(2012)日本維管束植物目録 p.153 右，②欧州・中央アジア原産，③各地の水辺に植栽され・逸出，④長田武正(1972)北隆館・日本帰化植物図鑑 p.144，長田武正(1976)保育社・原色日本帰化植物図鑑 p.279，原松次(1981)北海道植物図鑑(上) p.157・登別市，野草の写真図鑑(1996)日本ヴォーグ社・WILD FLOWERS p.77，山岸喬(1998)日本ハーブ図鑑 p.38，五十嵐博(2001)北海道帰化植物便覧 p.46，滝田謙譲(2001)北海道植物図譜 p.365・鶴居村下雪裡，清水・森田・廣田(2001)全農教・日本帰化植物写真図鑑 p.107，清水建美編(2003)平凡社・日本の帰化植物 p.92，梅沢俊(2007)新北海道の花 p.162・弟子屈町，北海道(2010)ブルーリスト・A2(水草・バイカモなどを駆逐する可能性から)，浅井元朗(2015)全農教・植調雑草大鑑 p.98，旭川帰化植物研究会(2015)旭川の帰化植物 p.75，**環境省・要注意外来生物**，⑤各地の水辺で確認済み

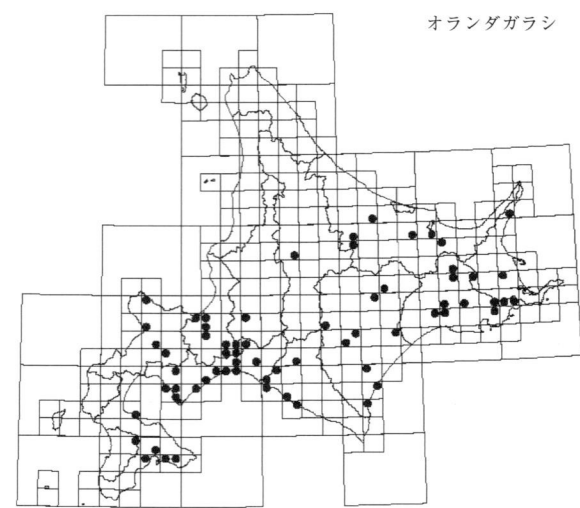

オランダガラシ

351. タマガラシ(2.3.43.7：アブラナ科)

Neslia paniculata (L.) Desv.

①邑田・米倉(2012)日本維管束植物目録 p.153 右，

②欧州原産, ③不明・稀, ④長田武正(1972)北隆館・日本帰化植物図鑑 p.145, 長田武正(1976)保育社・原色日本帰化植物図鑑 p.282, 五十嵐博(2001)北海道帰化植物便覧 p.46, 清水建美編(2003)平凡社・日本の帰化植物 p.92, 植村ほか(2010)全農教・日本帰化植物写真図鑑(2) p.75, 北海道(2010)ブルーリスト・B, ⑤未確認

352. ショカツサイ・ハナダイコン・オオアラセイトウ・シキンサイ(2.3.43.7：アブラナ科)
Orychophragmus violaceus (L.) O. E. Schulz
①邑田・米倉(2012)日本維管束植物目録 p.153 右, ②中国原産, ③植栽され稀に逸出, ④長田武正(1972)北隆館・日本帰化植物図鑑 p.145, 長田武正(1976)保育社・原色日本帰化植物図鑑 p.259, 五十嵐博(2001)北海道帰化植物便覧 p.46, 清水・森田・廣田(2001)全農教・日本帰化植物写真図鑑 p.108, 清水建美編(2003)平凡社・日本の帰化植物 p.92, 北海道(2010)ブルーリスト・B, ⑤札幌市で確認済み

353. セイヨウノダイコン・キバナダイコン
(2.3.43.7：アブラナ科)
Raphanus raphanistrum L.
①邑田・米倉(2012)日本維管束植物目録 p.153 右, ②欧州・北アフリカ・中近東原産, ③不明・稀, ④長田武正(1972)北隆館・日本帰化植物図鑑 p.146, 長田武正(1976)保育社・原色日本帰化植物図鑑 p.268, 野草の写真図鑑(1996)日本ヴォーグ社・WILD FLOWERS p.90, 五十嵐博(2001)北海道帰化植物便覧 p.46, 清水・森田・廣田(2001)全農教・日本帰化植物写真図鑑 p.110, 清水建美編(2003)平凡社・日本の帰化植物 p.93, 滝田謙譲(2004)北海道植物図鑑補遺 p.16・上磯町, 梅沢俊(2007)新北海道の花 p.71・札幌市真駒内, 北海道(2010)ブルーリスト・B, 旭川帰化植物研究会(2015)旭川の帰化植物 p.75, ⑤北広島市などで確認済み

354. ハマダイコン(2.3.43.7：アブラナ科)
Raphanus sativus L. var. *hortensis* Backer f. *raphanistroides* Makino

①邑田・米倉(2012)日本維管束植物目録 p.153 右, ②欧州原産, ③不明・稀, ④長田武正(1972)北隆館・日本帰化植物図鑑 p.146, 五十嵐博(2001)北海道帰化植物便覧 p.47, 滝田謙譲(2001)北海道植物図鑑 p.370・旭川市近文山・根室市南部沼, 清水建美編(2003)平凡社・日本の帰化植物 p.93, 梅沢俊(2007)新北海道の花 p.269・えりも町, ⑤函館市・えりも町などで確認済み

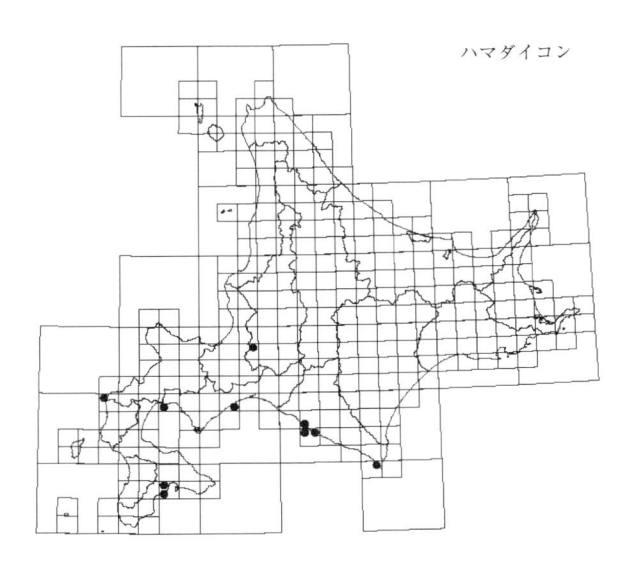

ハマダイコン

355. ミヤガラシ(2.3.43.7：アブラナ科)
Rapistrum rugosum (L.) All. var. *venosum* (Pers.) DC.
①邑田・米倉(2012)日本維管束植物目録 p.153 右, ②欧州原産, ③不明・稀, ④長田武正(1972)北隆館・日本帰化植物図鑑 p.147, 長田武正(1976)保育社・原色日本帰化植物図鑑 p.269, 野草の写真図鑑(1996)日本ヴォーグ社・WILD FLOWERS p.90, 五十嵐博(2001)北海道帰化植物便覧 p.47, 清水・森田・廣田(2001)全農教・日本帰化植物写真図鑑 p.109, 清水建美編(2003)平凡社・日本の帰化植物 p.93, 北海道(2010)ブルーリスト・D, 旭川帰化植物研究会(2015)旭川の帰化植物 p.75, ⑤未確認

356. ミミイヌガラシ(2.3.43.7：アブラナ科)
Rorippa austrica (Crantz) Besser
①邑田・米倉(2012)日本維管束植物目録 p.153 右, ②欧州・西南アジア原産, ③不明・稀, ④長田武

正(1976)保育社・原色日本帰化植物図鑑 p.278，五十嵐博(2001)北海道帰化植物便覧 p.47，清水建美編(2003)平凡社・日本の帰化植物 p.94，植村ほか(2010)全農教・日本帰化植物写真図鑑(2) p.77，北海道(2010)ブルーリスト・D，⑤未確認

357．キレハイヌガラシ・ヤチイヌガラシ
　　（2.3.43.7：アブラナ科）
　　Rorippa sylvenstris (L.) Besser
①邑田・米倉(2012)日本維管束植物目録 p.154左，②欧州原産，③不明・各地，④長田武正(1972)北隆館・日本帰化植物図鑑 p.147，長田武正(1976)保育社・原色日本帰化植物図鑑 p.277，原松次(1981)北海道植物図鑑(上) p.160・室蘭市，五十嵐博(2001)北海道帰化植物便覧 p.48，滝田謙譲(2001)北海道植物図譜 p.368・釧路市緑ヶ岡，清水・森田・廣田(2001)全農教・日本帰化植物写真図鑑 p.111，清水建美編(2003)平凡社・日本の帰化植物 p.94，梅沢俊(2007)新北海道の花 p.69・千歳市，北海道(2010)ブルーリスト・A3，浅井元朗(2015)全農教・植調雑草大鑑 p.92，旭川帰化植物研究会(2015)旭川の帰化植物 p.75，⑤各地で確認済み

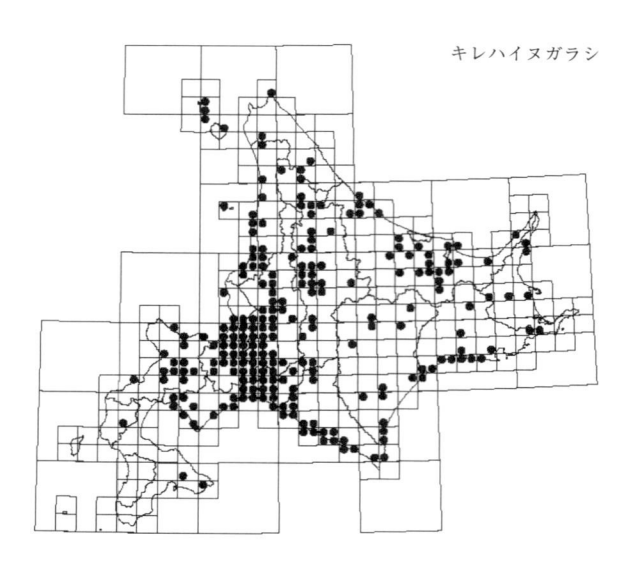

358．シロガラシ・キカラシ・キクバガラシ
　　（2.3.43.7：アブラナ科）
　　Sinapis alba L.
①邑田・米倉(2012)日本維管束植物目録 p.154左，②欧州原産，③植栽され稀に逸出，④長田武正(1972)北隆館・日本帰化植物図鑑 p.148，長田武正(1976)保育社・原色日本帰化植物図鑑 p.266，五十嵐博(2001)北海道帰化植物便覧 p.48，清水・森田・廣田(2001)全農教・日本帰化植物写真図鑑 p.112，清水建美編(2003)平凡社・日本の帰化植物 p.94，梅沢俊(2007)新北海道の花 p.70，北海道(2010)ブルーリスト・B，⑤各地で確認済み

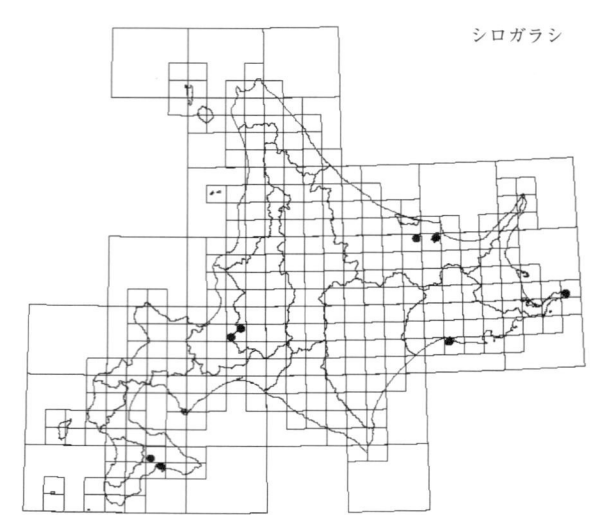

359．ノハラガラシ（2.3.43.7：アブラナ科）
　　Sinapis arvensis L.
①邑田・米倉(2012)日本維管束植物目録 p.154左，②欧州原産，③不明・稀，④長田武正(1972)北隆館・日本帰化植物図鑑 p.148，長田武正(1976)保育社・原色日本帰化植物図鑑 p.267，野草の写真図鑑(1996)日本ヴォーグ社・WILD FLOWERS p.88，五十嵐博(2001)北海道帰化植物便覧 p.48，清水建美編(2003)平凡社・日本の帰化植物 p.95，梅沢俊(2007)新北海道の花 p.70・小樽市，植村ほか(2010)全農教・日本帰化植物写真図鑑(2) p.78，北海道(2010)ブルーリスト・B，旭川帰化植物研究会(2015)旭川の帰化植物 p.75，⑤小樽市で確認済み

360．ハタザオガラシ（2.3.43.7：アブラナ科）
　　Sisymbrium altissimum L.
①邑田・米倉(2012)日本維管束植物目録 p.154左，②欧州原産，③不明・各地，④長田武正(1972)北隆

館・日本帰化植物図鑑 p.149, 長田武正(1976)保育社・原色日本帰化植物図鑑 p.270, 五十嵐博(2001)北海道帰化植物便覧 p.49, 滝田謙譲(2001)北海道植物図譜 p.371・旭川市近文山, 清水・森田・廣田(2001)全農教・日本帰化植物写真図鑑 p.113, 清水建美編(2003)平凡社・日本の帰化植物 p.95, 梅沢俊(2007)新北海道の花 p.70・苫小牧市, 北海道(2010)ブルーリスト・B, 旭川帰化植物研究会(2015)旭川の帰化植物 p.75, ⑤小樽市・苫小牧市などで確認済み

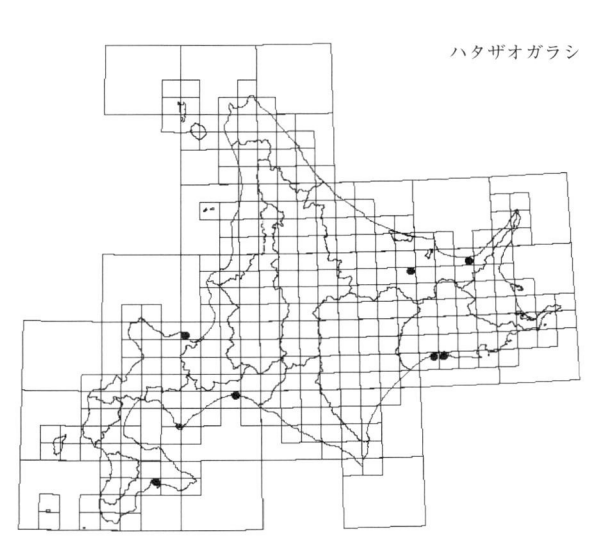

ハタザオガラシ

361. カキネガラシ(2.3.43.7：アブラナ科)
Sisymbrium officinale (L.) Scop.
①邑田・米倉(2012)日本維管束植物目録 p.154 左, ②欧州原産, ③不明・各地, ④長田武正(1972)北隆館・日本帰化植物図鑑 p.150, 長田武正(1976)保育社・原色日本帰化植物図鑑 p.272, 原松次(1981)北海道植物図鑑(上) p.157・伊達市, 野草の写真図鑑(1996)日本ヴォーグ社・WILD FLOWERS p.73, 五十嵐博(2001)北海道帰化植物便覧 p.49, 滝田謙譲(2001)北海道植物図譜 p.372・釧路市鶴ヶ岱, 清水・森田・廣田(2001)全農教・日本帰化植物写真図鑑 p.114, 清水建美編(2003)平凡社・日本の帰化植物 p.96, 梅沢俊(2007)新北海道の花 p.70・釧路市西港, 北海道(2010)ブルーリスト・B, 浅井元朗(2015)全農教・植調雑草大鑑 p.93, 旭川帰化植物研究会(2015)旭川の帰化植物 p.75, ⑤各地で確認済み

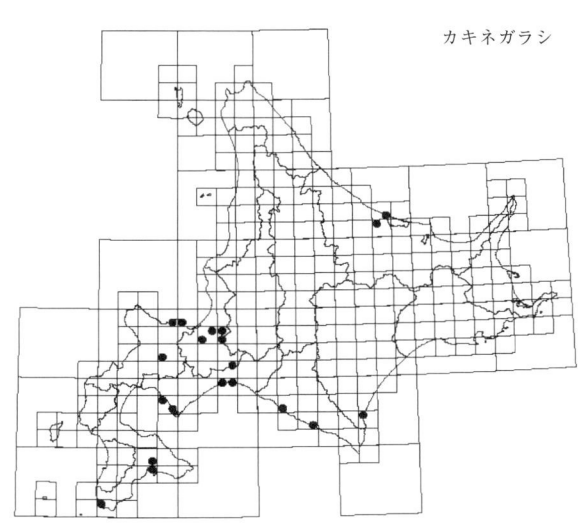

カキネガラシ

362. イヌカキネガラシ(2.3.43.7：アブラナ科)
Sisymbrium orientale L.
①邑田・米倉(2012)日本維管束植物目録 p.154 左, ②欧州原産, ③不明・稀, ④長田武正(1972)北隆館・日本帰化植物図鑑 p.150, 長田武正(1976)保育社・原色日本帰化植物図鑑 p.271, 五十嵐博(2001)北海道帰化植物便覧 p.50, 清水・森田・廣田(2001)全農教・日本帰化植物写真図鑑 p.115, 清水建美編(2003)平凡社・日本の帰化植物 p.96, 北海道(2010)ブルーリスト・D, 浅井元朗(2015)全農教・植調雑草大鑑 p.93, ⑤未確認

363. グンバイナズナ(2.3.43.7：アブラナ科)
Thlaspi arvense L.
①邑田・米倉(2012)日本維管束植物目録 p.154 左, ②欧州原産, ③不明・各地, ④長田武正(1976)保育社・原色日本帰化植物図鑑 p.290, 原松次(1983)北海道植物図鑑(中) p.180・追分町, 野草の写真図鑑(1996)日本ヴォーグ社・WILD FLOWERS p.84, 五十嵐博(2001)北海道帰化植物便覧 p.50, 滝田謙譲(2001)北海道植物図譜 p.366・釧路市西港, 清水・森田・廣田(2001)全農教・日本帰化植物写真図鑑 p.115, 清水建美編(2003)平凡社・日本の帰化植物 p.96, 梅沢俊(2007)新北海道の花 p.166・釧路市西港, 北海道(2010)ブルーリスト・B, 浅井元朗(2015)

全農教・植調雑草大鑑 p.96, 旭川帰化植物研究会(2015)旭川の帰化植物 p.75, ⑤各地で確認済み

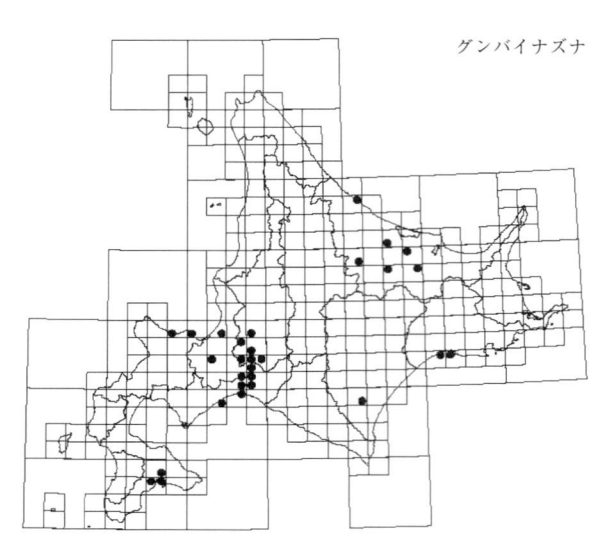

グンバイナズナ

364. シャクチリソバ・シュッコンソバ・ヒマラヤソバ(2.3.45.3：タデ科)
Fagopyrum dibotrys (D. Don) H. Hara:
Fagopyrum cymosum Meisner
①邑田・米倉(2012)日本維管束植物目録 p.155 左, ②ヒマラヤ・中国南西部原産, ③栽培され稀に逸出, ④長田武正(1972)北隆館・日本帰化植物図鑑 p.182, 長田武正(1976)保育社・原色日本帰化植物図鑑 p.345, 原松次(1985)北海道植物図鑑(下)p.44, 五十嵐博(2001)北海道帰化植物便覧 p.9, 清水・森田・廣田(2001)全農教・日本帰化植物写真図鑑 p.11, 清水建美編(2003)平凡社・日本の帰化植物 p.44, 北海道(2010)ブルーリスト・D, ⑤未確認

365. ソバ(2.3.45.3：タデ科)
Fagopyrum esculentum Moench
①邑田・米倉(2012)日本維管束植物目録 p.155 左, ②中央アジア原産, ③栽培され各地に逸出, ④五十嵐博(2001)北海道帰化植物便覧 p.9, 清水建美編(2003)平凡社・日本の帰化植物 p.44, 梅沢俊(2007)新北海道の花 p.190・新篠津村, 北海道(2010)ブルーリスト・B, 旭川帰化植物研究会(2015)旭川の帰化植物 p.71, ⑤各地で確認済み

ソバ

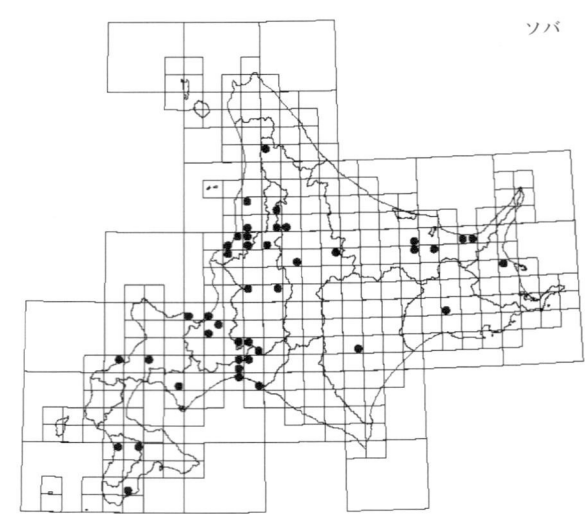

366. ダッタンソバ・ニガソバ(2.3.45.3：タデ科)
Fagopyrum tataricum (L.) Gaertn.
①邑田・米倉(2012)日本維管束植物目録 p.155 左, ②中央アジア原産, ③栽培され稀に逸出, ④長田武正(1972)北隆館・日本帰化植物図鑑 p.183, 五十嵐博(2001)北海道帰化植物便覧 p.9, 清水・森田・廣田(2001)全農教・日本帰化植物写真図鑑 p.10, 清水建美編(2003)平凡社・日本の帰化植物 p.44, 北海道(2010)ブルーリスト・D, ⑤未確認

367. ソバカズラ(2.3.45.3：タデ科)
Fallopia convolvulus (L.) Á. Löve
①邑田・米倉(2012)日本維管束植物目録 p.155 左, ②欧州〜西アジア原産, ③不明・各地, ④長田武正(1972)北隆館・日本帰化植物図鑑 p.186, 長田武正(1976)保育社・原色日本帰化植物図鑑 p.352, 原松次(1985)北海道植物図鑑(下)p.44・浜頓別町, 野草の写真図鑑(1996)日本ヴォーグ社・WILD FLOWERS p.38, 五十嵐博(2001)北海道帰化植物便覧 p.9, 滝田謙譲(2001)北海道植物図譜 p.155・苫小牧市勇払原野, 清水・森田・廣田(2001)全農教・日本帰化植物写真図鑑 p.12, 清水建美編(2003)平凡社・日本の帰化植物 p.44, 梅沢俊(2007)新北海道の花 p.402・函館市, 北海道(2010)ブルーリスト・B, 浅井元朗(2015)全農教・植調雑草大鑑 p.195, 旭川帰化植物研究会(2015)旭川の帰化植物 p.71, ⑤各地で確認済み

ソバカズラ

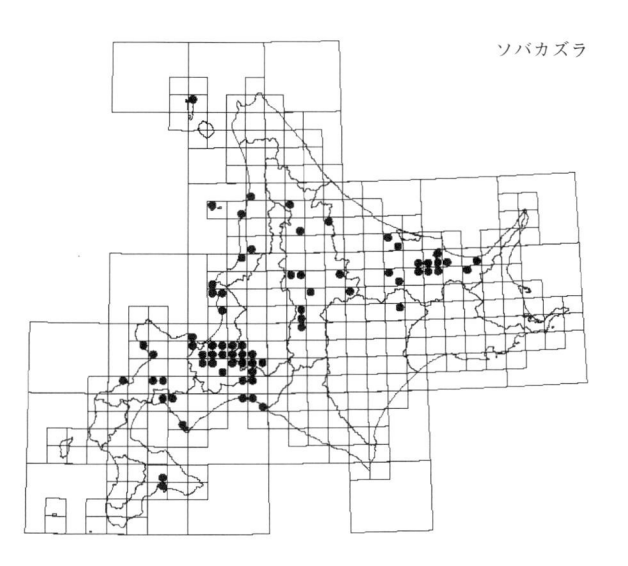

368. オオツルイタドリ(2.3.45.3：タデ科)
　Fallopia dentatoalata (F. Schmidt) Holub
①邑田・米倉(2012)日本維管束植物目録 p.155 左，②中国北部原産，③不明・稀，④長田武正(1972)北隆館・日本帰化植物図鑑 p.187，長田武正(1976)保育社・原色日本帰化植物図鑑 p.351，五十嵐博(2001)北海道帰化植物便覧 p.10，滝田謙譲(2001)北海道植物図譜 p.156・旭川市春光町・在来種説，清水・森田・廣田(2001)全農教・日本帰化植物写真図鑑 p.13，清水建美編(2003)平凡社・日本の帰化植物 p.45・在来種，梅沢俊(2007)新北海道の花 p.402・札幌市八剣山山麓，旭川帰化植物研究会(2009)旭川の帰化植物 p.22，北海道(2010)ブルーリスト・B，⑤未確認

369. ツルタデ・ツルイタドリ(2.3.45.3：タデ科)
　Fallopia dumetorum (L.) Holub
①邑田・米倉(2012)日本維管束植物目録 p.155 左，②ユーラシア原産，③不明・各地，④長田武正(1972)北隆館・日本帰化植物図鑑 p.187，長田武正(1976)保育社・原色日本帰化植物図鑑 p.351，原松次(1981)北海道植物図鑑(上) p.212・洞爺村，五十嵐博(2001)北海道帰化植物便覧 p.10，滝田謙譲(2001)北海道植物図譜 p.155・標茶町塘路湖畔，清水・森田・廣田(2001)全農教・日本帰化植物写真図鑑 p.13，清水建美編(2003)平凡社・日本の帰化植物 p.44，梅沢俊(2007)新北海道の花 p.402・札幌市

藻岩山，北海道(2010)ブルーリスト・B，旭川帰化植物研究会(2015)旭川の帰化植物 p.71，⑤各地で確認済み

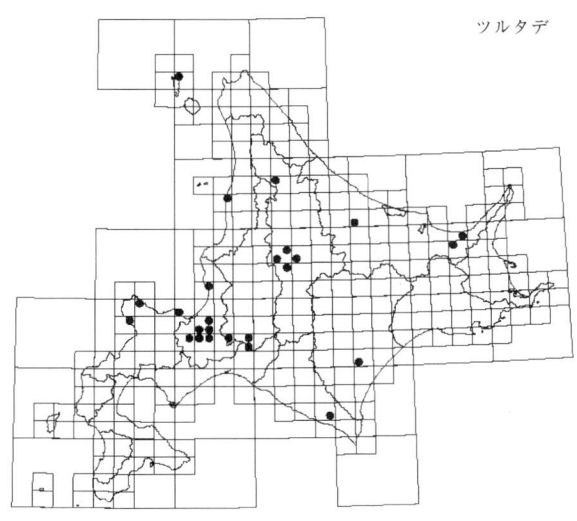

ツルタデ

370. イタドリ(2.3.45.3：タデ科)
　Fallopia japonica (Houtt.) Ronse Decr.:
Reynoutria japonica Houtt.
　　ベニイタドリ
　Fallopia japonica f. elata
　滝田(2001) p.180・釧路市緑ヶ岡
①邑田・米倉(2012)日本維管束植物目録 p.155 左，②本州原産，③植栽され各地に逸出，④原松次(1985)北海道植物図鑑(下) p.44・函館市，五十嵐博

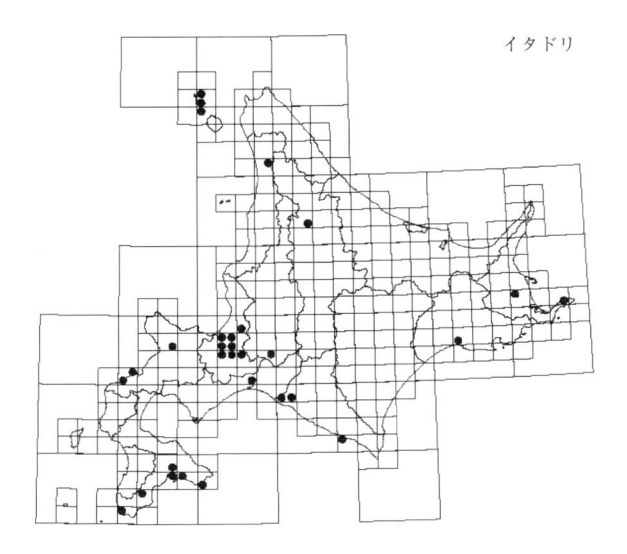

イタドリ

(2001)北海道帰化植物便覧 p.12，滝田謙譲(2001)北海道植物図譜 p.180・釧路市白樺台，北海道(2010)ブルーリスト・A3，浅井元朗(2015)全農教・植調雑草大鑑 p.194，⑤各地で確認済み

371. ツルドクダミ・カシュウ(2.3.45.3：タデ科)
Fallopia multiflora (Thunb.) Haraldson: Pleuropterus multiflorus Thunb. ex Murray
①邑田・米倉(2012)日本維管束植物目録 p.155 左，②中国原産，③薬用に栽培され稀に逸出，④長田武正(1972)北隆館・日本帰化植物図鑑 p.186，長田武正(1976)保育社・原色日本帰化植物図鑑 p.350，五十嵐博(2001)北海道帰化植物便覧 p.11 (未確認)，清水・森田・廣田(2001)全農教・日本帰化植物写真図鑑 p.17，清水建美編(2003)平凡社・日本の帰化植物 p.45，北海道(2010)ブルーリスト・D，⑤未確認

372. フイリオオイタドリ(2.3.45.3：タデ科)
Fallopia sachalinensis sp 【Plate 4 ⑨】
②原産地不明，③不明・各地，④北海道(2010)ブルーリスト・B，⑤葉が赤色～クリーム色などになるオオイタドリを各地(札幌市・北広島市・安平町など)で見かけるが学名などの詳細は不明

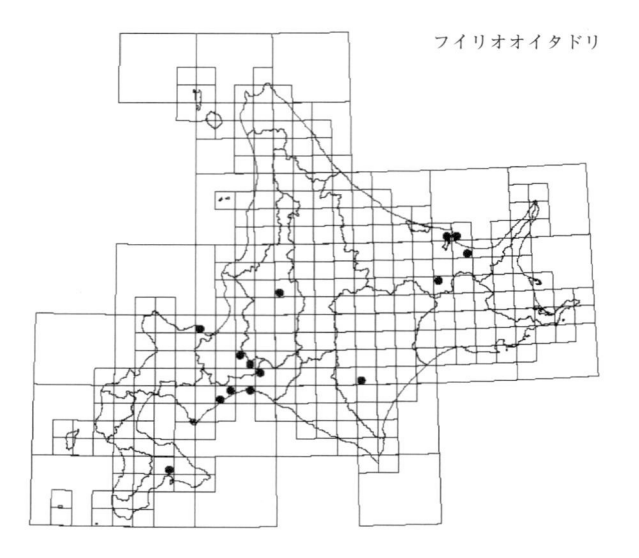

フイリオオイタドリ

373. オオケタデ・オオベニタデ(2.3.45.3：タデ科)
Persicaria orientalis (L.) Spach: Persicaria pilosa Kitag.
①邑田・米倉(2012)日本維管束植物目録 p.156 左，②東～南アジア原産，③植栽され稀に逸出，④長田武正(1972)北隆館・日本帰化植物図鑑 p.184，長田武正(1976)保育社・原色日本帰化植物図鑑 p.347，五十嵐博(2001)北海道帰化植物便覧 p.11，清水・森田・廣田(2001)全農教・日本帰化植物写真図鑑 p.16，清水建美編(2003)平凡社・日本の帰化植物 p.46，梅沢俊(2007)新北海道の花 p.280・苫小牧市樽前，北海道(2010)ブルーリスト・B，旭川帰化植物研究会(2015)旭川の帰化植物 p.72，⑤各地で確認済み

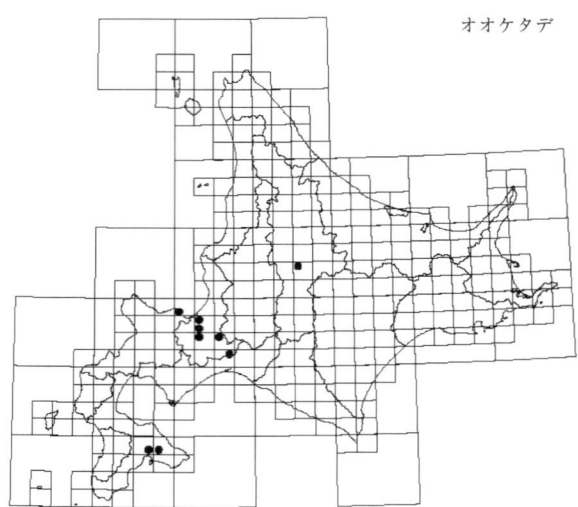

オオケタデ

374. ハイミチヤナギ・コゴメミチヤナギ・スナジミチヤナギ(2.3.45.3：タデ科)
Polygonum aviculare L. ssp. *depressum* (Meisn.) Arcang.: Polygonum arenastrum Boreau
①邑田・米倉(2012)日本維管束植物目録 p.156 右，②ユーラシア原産，③不明・各地，④長田武正(1972)北隆館・日本帰化植物図鑑 p.185，長田武正(1976)保育社・原色日本帰化植物図鑑 p.346，原松次(1983)北海道植物図鑑(中) p.197・室蘭市，五十嵐博(2001)北海道帰化植物便覧 p.11，滝田謙譲(2001)北海道植物図譜 p.176・厚岸町片無去，清水・

森田・廣田(2001)全農教・日本帰化植物写真図鑑 p.18, 清水建美編(2003)平凡社・日本の帰化植物 p.47, 梅沢俊(2007)新北海道の花 p.368・厚沢部町, 北海道(2010)ブルーリスト・A3, 浅井元朗(2015)全農教・植調雑草大鑑 p.203, 旭川帰化植物研究会 (2015)旭川の帰化植物 p.72, ⑤各地で確認済み

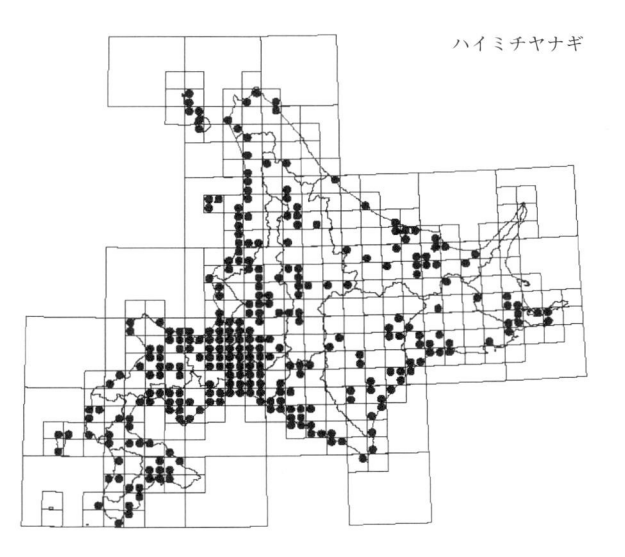

ハイミチヤナギ

ヒメスイバ

375. ヒメスイバ(2.3.45.3：タデ科)

Rumex acetosella L. ssp. *pyrenaicus* (Pourret ex Lapeyr.) Akeroyd: Rumex acetosella L.

①邑田・米倉(2012)日本維管束植物目録 p.157左, ②ユーラシア原産, ③不明・各地, ④長田武正 (1976)保育社・原色日本帰化植物図鑑 p.353, 原松次(1981)北海道植物図鑑(上)p.212・室蘭市, 野草の写真図鑑(1996)日本ヴォーグ社・WILD FLOWERS p.39, 五十嵐博(2001)北海道帰化植物便覧 p.12, 滝田謙譲(2001)北海道植物図譜 p.182・深川市多度志町鷹泊, 清水・森田・廣田(2001)全農教・日本帰化植物写真図鑑 p.19, 清水建美編(2003)平凡社・日本の帰化植物 p.48, 梅沢俊(2007)新北海道の花 p.400・石狩市石狩浜, 北海道(2010)ブルーリスト・A3, 浅井元朗(2015)全農教・植調雑草大鑑 p.205, 旭川帰化植物研究会(2015)旭川の帰化植物 p.72, ⑤各地で確認済み

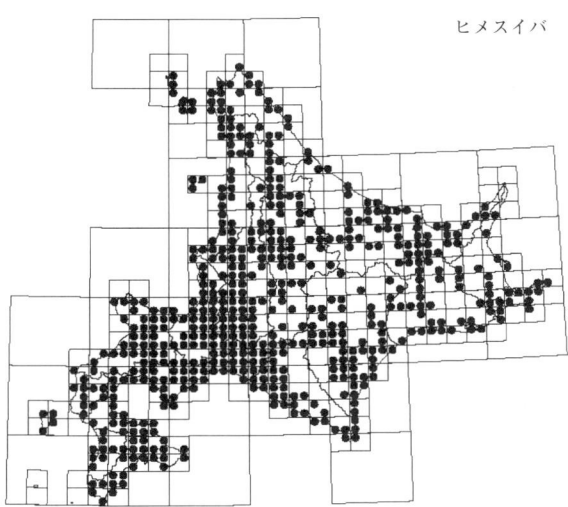

376. ヌマダイオウ(2.3.45.3：タデ科)

Rumex aquaticus L.

②ユーラシア原産, ③不明・稀, ④長田武正(1972)北隆館・日本帰化植物図鑑 p.190, 五十嵐博(2001)北海道帰化植物便覧 p.13, 北海道(2010)ブルーリスト・D, ⑤未確認

377. アレチギシギシ(2.3.45.3：タデ科)

Rumex conglomeratus Murray

①邑田・米倉(2012)日本維管束植物目録 p.157左, ②欧州原産, ③不明・稀, ④長田武正(1972)北隆館・日本帰化植物図鑑 p.189, 長田武正(1976)保育社・原色日本帰化植物図鑑 p.356, 五十嵐博(2001)北海道帰化植物便覧 p.13, 清水・森田・廣田(2001)全農教・日本帰化植物写真図鑑 p.20, 清水建美編(2003)平凡社・日本の帰化植物 p.49, 北海道(2010)ブルーリスト・D, 浅井元朗(2015)全農教・植調雑草大鑑 p.207, ⑤未確認

378. ナガバギシギシ(2.3.45.3：タデ科)

Rumex crispus L.

①邑田・米倉(2012)日本維管束植物目録 p.157左, ②ユーラシア原産, ③不明・各地, ④長田武正 (1972)北隆館・日本帰化植物図鑑 p.188, 長田武正 (1976)保育社・原色日本帰化植物図鑑 p.354, 原松次(1983)北海道植物図鑑(中)p.197・伊達市, 原松次(1985)北海道植物図鑑(下)p.208・室蘭市, 野草

の写真図鑑(1996)日本ヴォーグ社・WILD FLOWERS p.40, 五十嵐博(2001)北海道帰化植物便覧 p.13, 滝田謙譲(2001)北海道植物図譜 p.184・石狩市石狩浜, 清水・森田・廣田(2001)全農教・日本帰化植物写真図鑑 p.22, 清水建美編(2003)平凡社・日本の帰化植物 p.49, 梅沢俊(2007)新北海道の花 p.401・むかわ町鵡川, 北海道(2010)ブルーリスト・A3, 浅井元朗(2015)全農教・植調雑草大鑑 p.206, 旭川帰化植物研究会(2015)旭川の帰化植物 p.72, ⑤各地で確認済み

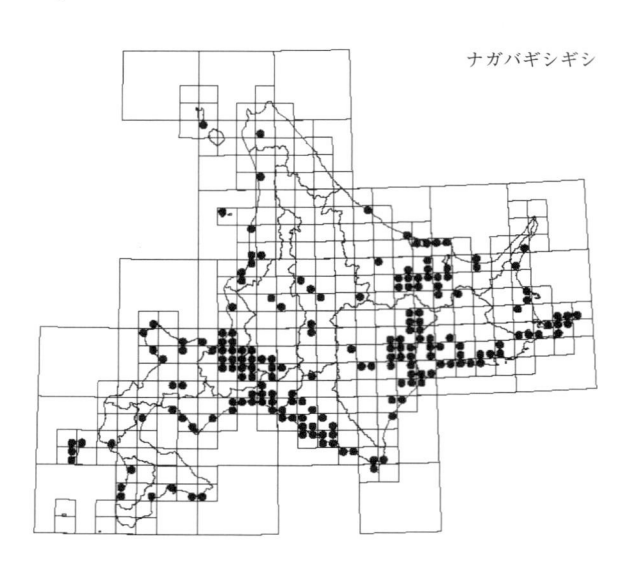

379. ミゾダイオウ(2.3.45.3：タデ科)
　Rumex hydrolapathum Huds.
②ユーラシア原産, ③不明・稀, ④長田武正(1972)北隆館・日本帰化植物図鑑 p.190, 五十嵐博(2001)北海道帰化植物便覧 p.13, 清水建美編(2003)平凡社・日本の帰化植物 p.49, 北海道(2010)ブルーリスト・D, ⑤未確認

380. エゾノギシギシ・ヒロハギシギシ
　　(2.3.45.3：タデ科)
　Rumex obtusifolius L.
①邑田・米倉(2012)日本維管束植物目録 p.157右, ②欧州原産, ③不明・各地, ④長田武正(1972)北隆館・日本帰化植物図鑑 p.189, 長田武正(1976)保育社・原色日本帰化植物図鑑 p.355, 原松次(1981)北海道植物図鑑(上)p.213・登別市, 原松次(1985)北海道植物図鑑(下)p.205・美唄市, 山岸喬(1998)日本ハーブ図鑑 p.26, 五十嵐博(2001)北海道帰化植物便覧 p.14, 滝田謙譲(2001)北海道植物図譜 p.184・釧路市春採湖畔, 清水・森田・廣田(2001)全農教・日本帰化植物写真図鑑 p.21, 清水建美編(2003)平凡社・日本の帰化植物 p.49, 梅沢俊(2007)新北海道の花 p.401・札幌市, 北海道(2010)ブルーリスト・A3, 浅井元朗(2015)全農教・植調雑草大鑑 p.207, 旭川帰化植物研究会(2015)旭川の帰化植物 p.72, **環境省・要注意外来生物**, ⑤各地で確認済み

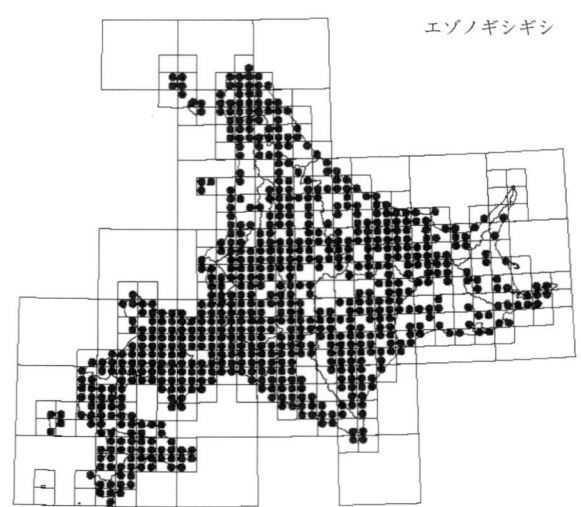

381. ノハラダイオウ(2.3.45.3：タデ科)
　Rumex × pratensis Mert. et W. D. J. Koch
①邑田・米倉(2012)日本維管束植物目録 p.158左, ②雑種, ③不明・稀, ④長田武正(1972)北隆館・日本帰化植物図鑑 p.189, 五十嵐博(2001)北海道帰化植物便覧 p.14・エゾノギシギシ×ナガバギシギシ, 清水建美編(2003)平凡社・日本の帰化植物 p.49, 北海道(2010)ブルーリスト・D, ⑤未確認

382. ムギセンノウ・ムギナデシコ(2.3.45.6：ナデシコ科)
　Agrostemma githago L.
①邑田・米倉(2012)日本維管束植物目録 p.158左, ②欧州原産, ③植栽され稀に逸出, ④野草の写真図鑑(1996)日本ヴォーグ社・WILD FLOWERS

p.51，山渓カラー名鑑(1998)園芸植物 p.84，五十嵐博(2001)北海道帰化植物便覧 p.16，清水・森田・廣田(2001)全農教・日本帰化植物写真図鑑 p.32，清水建美編(2003)平凡社・日本の帰化植物 p.54，北海道(2010)ブルーリスト・D，⑤未確認

383. ネバリノミノツヅリ(2.3.45.6：ナデシコ科)
Arenaria serpyllifolia L. var. *viscida* (Loisel.) DC.
①邑田・米倉(2012)日本維管束植物目録 p.158 左，②欧州原産，③不明・稀，④野草の写真図鑑(1996)日本ヴォーグ社・WILD FLOWERS p.46，五十嵐博(2001)北海道帰化植物便覧 p.16・参考掲載種，⑤近年・札幌市で確認済み

384. セイヨウミミナグサ・エダウチミミナグサ・カラフトミミナグサ(2.3.45.6：ナデシコ科)
Cerastium arvense L.
①邑田・米倉(2012)日本維管束植物目録 p.158 右，②ユーラシア・北米原産，③植栽され各地に逸出，④野草の写真図鑑(1996)日本ヴォーグ社・WILD FLOWERS p.48，五十嵐博(2001)北海道帰化植物便覧 p.16，清水建美編(2003)平凡社・日本の帰化植物 p.54，滝田謙譲(2004)北海道植物図譜補遺 p.5・苫小牧市，植村ほか(2010)全農教・日本帰化植物写真図鑑(2)p.30・旭川市，北海道(2010)ブルーリスト・B，植村ほか(2010)全農教・日本帰化植物写真図鑑(2)p.30，旭川帰化植物研究会(2015)旭川の帰化植物 p.72，⑤各地で確認済み

タイリンミミナグサ(2.3.45.6：ナデシコ科)
Cerastium grandiflorum Waldst. et Kit.
②ユーラシア原産，③不明・稀，④原松次(1992)札幌の植物 no.192・石狩町，山渓カラー名鑑(1998)園芸植物 p.84，中居正雄(2000)とまこまいの植物 p.140 などで報告があるがセイヨウミミナグサと思われるので整理番号なし，北海道(2010)ブルーリスト・D，邑田・米倉(2012)日本維管束植物目録 p.158 右ではセイヨウミミナグサの別名としている

385. オランダミミナグサ・アオミミナグサ
(2.3.45.6：ナデシコ科)
Cerastium glomeratum Thuill.
①邑田・米倉(2012)日本維管束植物目録 p.158 右，②欧州原産，③不明・各地，④長田武正(1976)保育社・原色日本帰化植物図鑑 p.314，五十嵐博(2001)北海道帰化植物便覧 p.16，滝田謙譲(2001)北海道植物図譜 p.196・釧路市武佐，清水・森田・廣田(2001)全農教・日本帰化植物写真図鑑 p.33，清水建美編(2003)平凡社・日本の帰化植物 p.54，茎は緑色，梅沢俊(2007)新北海道の花 p.178，北海道(2010)ブルーリスト・B，浅井元朗(2015)全農教・植調雑草大鑑 p.224，旭川帰化植物研究会(2015)旭

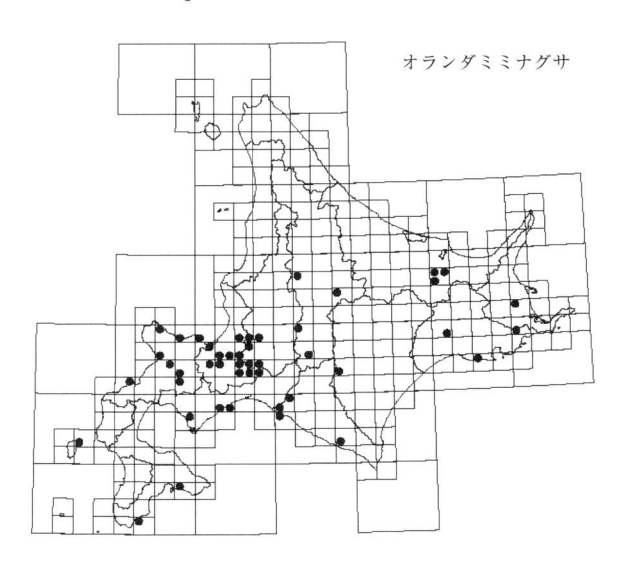

セイヨウミミナグサ

オランダミミナグサ

川の帰化植物 p.72，⑤各地で確認済み

386. ノハラナデシコ(2.3.45.6：ナデシコ科)
　　Dianthus armeria L.
①邑田・米倉(2012)日本維管束植物目録 p.158 右，②欧州原産，③植栽され稀に逸出，④長田武正(1972)北隆館・日本帰化植物図鑑 p.155，長田武正(1976)保育社・原色日本帰化植物図鑑 p.307，原松次(1983)北海道植物図鑑(中)p.192・虻田町，野草の写真図鑑(1996)日本ヴォーグ社・WILD FLOWERS p.55，五十嵐博(2001)北海道帰化植物便覧 p.17，滝田謙譲(2001)北海道植物図譜 p.194・旭川市旭山，清水・森田・廣田(2001)全農教・日本帰化植物写真図鑑 p.34，清水建美編(2003)平凡社・日本の帰化植物 p.54，梅沢俊(2007)新北海道の花 p.274・比布町，北海道(2010)ブルーリスト・B，旭川帰化植物研究会(2015)旭川の帰化植物 p.72，⑤各地で確認済み

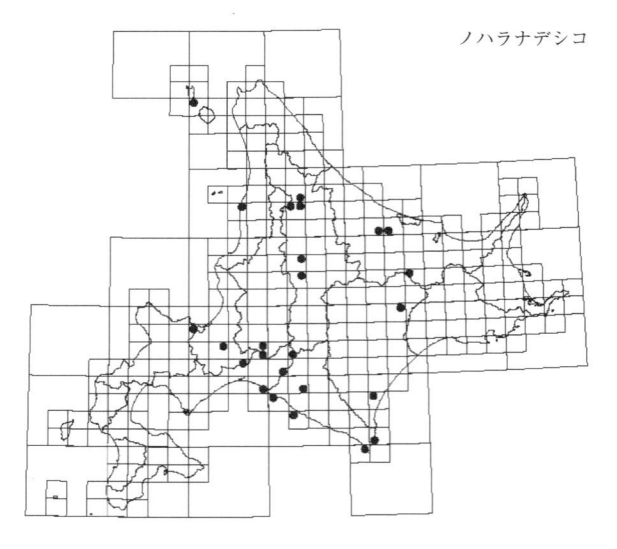

ノハラナデシコ

387. ヒゲナデシコ・アメリカナデシコ・ビジョナデシコ(2.3.45.6：ナデシコ科)
　　Dianthus barbatus L.
①邑田・米倉(2012)日本維管束植物目録 p.158 右，②欧州原産，③植栽され稀に逸出，④山渓カラー名鑑(1998)園芸植物 p.85，五十嵐博(2001)北海道帰化植物便覧 p.17，清水建美編(2003)平凡社・日本の帰化植物 p.54，北海道(2010)ブルーリスト・D，⑤未確認

388. セキチク・カラナデシコ・カワナデシコ(2.3.45.6：ナデシコ科)
　　Dianthus chinensis L.
②中国原産，③植栽され稀に逸出，④山渓カラー名鑑(1998)園芸植物 p.88，五十嵐博(2001)北海道帰化植物便覧 p.17，清水建美編(2003)平凡社・日本の帰化植物 p.54，北海道(2010)ブルーリスト・D，⑤未確認

389. ヒメナデシコ・オトメナデシコ(2.3.45.6：ナデシコ科)
　　Dianthus deltoids L.
　　シロバナヒメナデシコ
　　Dianthus deltoides L. f. *albiflora*
　　稀に白花
①邑田・米倉(2012)日本維管束植物目録 p.158 右，②欧州原産，③植栽され各地に逸出，④野草の写真図鑑(1996)日本ヴォーグ社・WILD FLOWERS p.56，五十嵐博(2001)北海道帰化植物便覧 p.17，清水建美編(2003)平凡社・日本の帰化植物 p.54，植村ほか(2010)全農教・日本帰化植物写真図鑑(2)p.31・旭川市，北海道(2010)ブルーリスト・B，旭川帰化植物研究会(2015)旭川の帰化植物 p.72，⑤各地で確認済み

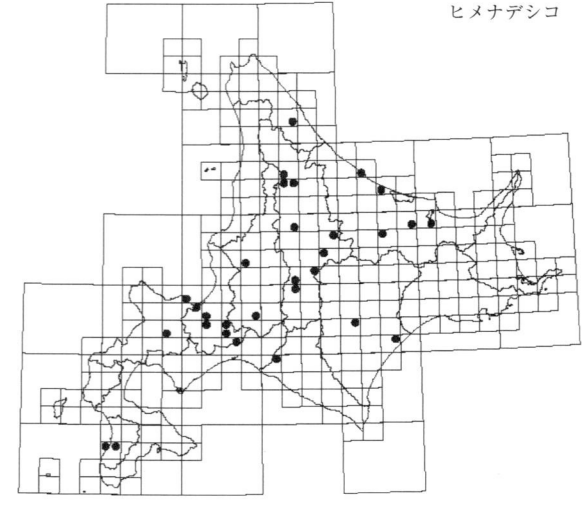

ヒメナデシコ

390. ヌカイトナデシコ（2.3.45.6：ナデシコ科）
　　Gypsophila muralis L.
①邑田・米倉（2012）日本維管束植物目録 p.159 左，②欧州原産，③植栽され各地に逸出，④五十嵐博（2001）北海道帰化植物便覧 p.18，清水建美編（2003）平凡社・日本の帰化植物 p.55，滝田謙譲（2004）北海道植物図譜・補遺 p.10・札幌市清田区，梅沢俊（2007）新北海道の花 p.276・厚真町，植村ほか（2010）全農教・日本帰化植物写真図鑑（2）p.32，北海道（2010）ブルーリスト・B，旭川帰化植物研究会（2015）旭川の帰化植物 p.72，⑤各地で確認済み

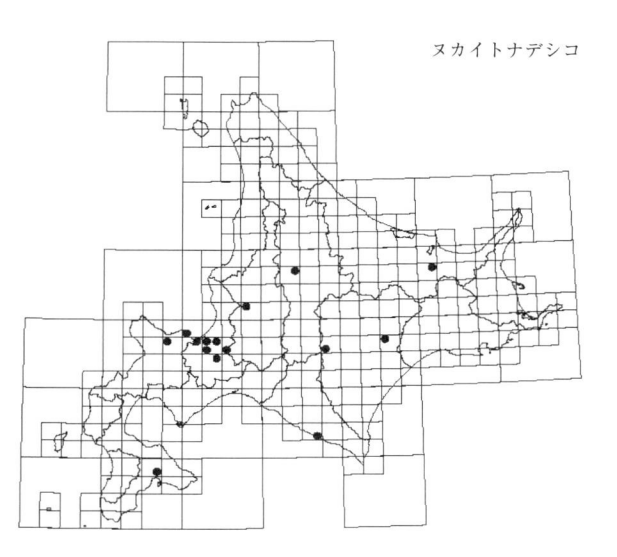

ヌカイトナデシコ

391. カギザケハコベ（2.3.45.6：ナデシコ科）
　　Holosteum umbellatum L.
①邑田・米倉（2012）日本維管束植物目録 p.159 左，②欧州原産，③不明・稀，④清水建美編（2003）平凡社・日本の帰化植物 p.55，滝田謙譲（2004）北海道植物図譜・補遺 p.6・釧路市美原，植村ほか（2010）全農教・日本帰化植物写真図鑑（2）p.33，⑤未確認

392. アメリカセンノウ・ヤグルマセンノウ（2.3.45.6：ナデシコ科）
　　Lychnis chalcedonica L.
②欧州（ロシア中・南部）原産，③植栽され稀に逸出，④五十嵐博（2001）北海道帰化植物便覧 p.18，清水建美編（2003）平凡社・日本の帰化植物 p.56，梅沢俊（2007）新北海道の花 p.274，北海道（2010）ブルーリスト・B，旭川帰化植物研究会（2015）旭川の帰化植物 p.72，⑤確認済み・アメリカの和名だが欧州産

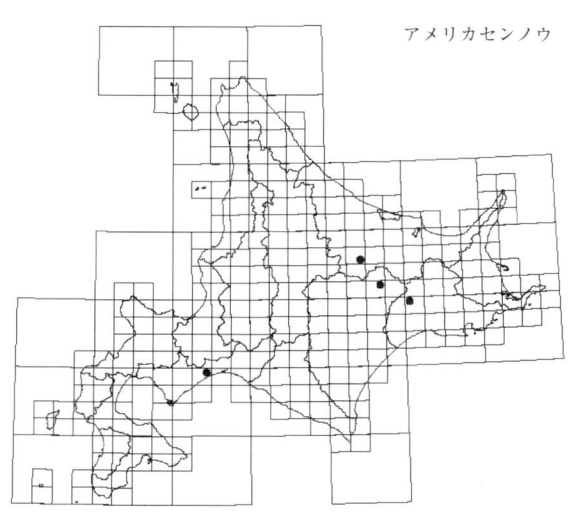

アメリカセンノウ

393. アライトツメクサ（2.3.45.6：ナデシコ科）
　　Sagina procumbens L.
①邑田・米倉（2012）日本維管束植物目録 p.160 左，②欧州・北米原産，③不明・稀，④五十嵐博（2001）北海道帰化植物便覧 p.18，滝田謙譲（2001）北海道植物図譜 p.212・札幌市厚別区，清水・森田・廣田（2001）全農教・日本帰化植物写真図鑑 p.38，清水建美編（2003）平凡社・日本の帰化植物 p.57，梅沢俊（2007）新北海道の花 p.183・札幌市真駒内，北海道（2010）ブルーリスト・B，旭川帰化植物研究会（2015）旭川の帰化植物 p.72，⑤未確認

394. サボンソウ・シャボンソウ（2.3.45.6：ナデシコ科）
　　Saponaria offcinalis L.
①邑田・米倉（2012）日本維管束植物目録 p.160 左，②欧州原産，③植栽され各地に逸出，④長田武正（1972）北隆館・日本帰化植物図鑑 p.157，長田武正（1976）保育社・原色日本帰化植物図鑑 p.310，原松次（1981）北海道植物図鑑（上）p.192・鵡川町，野草の写真図鑑（1996）日本ヴォーグ社・WILD FLOWERS p.54，山岸喬（1998）日本ハーブ図鑑 p.32，五十嵐博（2001）北海道帰化植物便覧 p.19，滝

田謙譲(2001)北海道植物図譜 p.203・旭川市石狩川河原, 清水・森田・廣田(2001)全農教・日本帰化植物写真図鑑 p.38, 清水建美編(2003)平凡社・日本の帰化植物 p.57, 梅沢俊(2007)新北海道の花 p.276・札幌市真駒内, 北海道(2010)ブルーリスト・B, 旭川帰化植物研究会(2015)旭川の帰化植物 p.72, ⑤各地で確認済み

北海道帰化植物便覧 p.19, 清水建美編(2003)平凡社・日本の帰化植物 p.58, 滝田謙譲(2004)北海道植物図譜 p.7・門別町, 梅沢俊(2007)新北海道の花 p.366・釧路市西港, 植村ほか(2010)全農教・日本帰化植物写真図鑑(2) p.36, 北海道(2010)ブルーリスト・B, 旭川帰化植物研究会(2015)旭川の帰化植物 p.72, ⑤各地で確認済み

サボンソウ

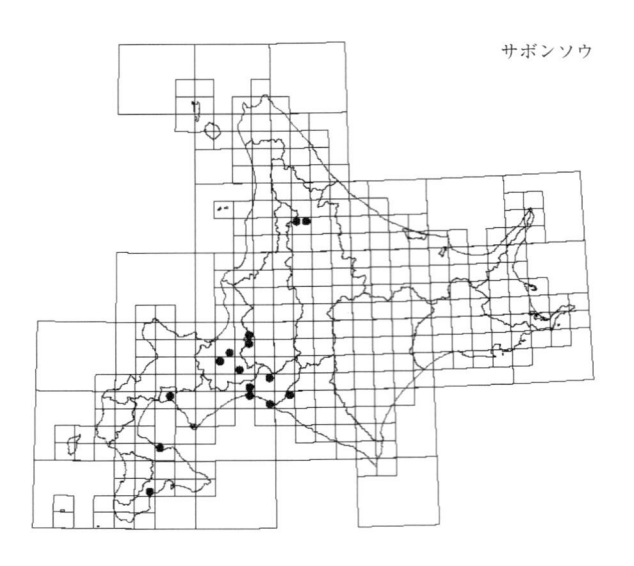

395. シバツメクサ(2.3.45.6：ナデシコ科)
Scleranthus annuus L.
①邑田・米倉(2012)日本維管束植物目録 p.160 左, ②欧州原産, ③不明・各地, ④長田武正(1976)保育社・原色日本帰化植物図鑑 p.313, 五十嵐博(2001)

シバツメクサ

396. ムシトリナデシコ・ハエトリナデシコ
　(2.3.45.6：ナデシコ科)
Silene armeria L.
　シロバナムシトリナデシコ
Silene armeria L. f. *albiflora*
①邑田・米倉(2012)日本維管束植物目録 p.160 左, ②欧州原産, ③植栽され各地に逸出, ④長田武正(1972)北隆館・日本帰化植物図鑑 p.158, 長田武正(1976)保育社・原色日本帰化植物図鑑 p.300, 原松次(1981)北海道植物図鑑(上) p.192・苫小牧市, 五十嵐博(2001)北海道帰化植物便覧 p.20, 滝田謙譲(2001)北海道植物図譜 p.206・白糠町恋問, 清水・森田・廣田(2001)全農教・日本帰化植物写真図鑑 p.40, 清水建美編(2003)平凡社・日本の帰化植物 p.59, 梅沢俊(2007)新北海道の花 p.275・苫小牧市沼ノ端, 北海道(2010)ブルーリスト・A3, 浅井元朗(2015)全農教・植調雑草大鑑 p.225, 旭川帰化植物研究会(2015)旭川の帰化植物 p.73, ⑤各地で確認済み

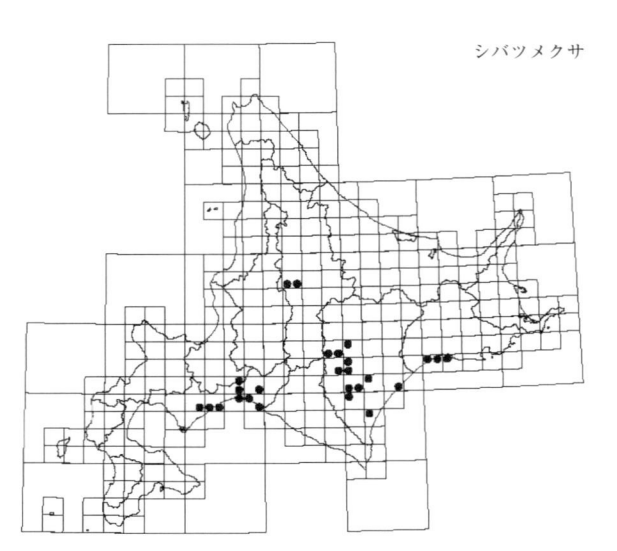

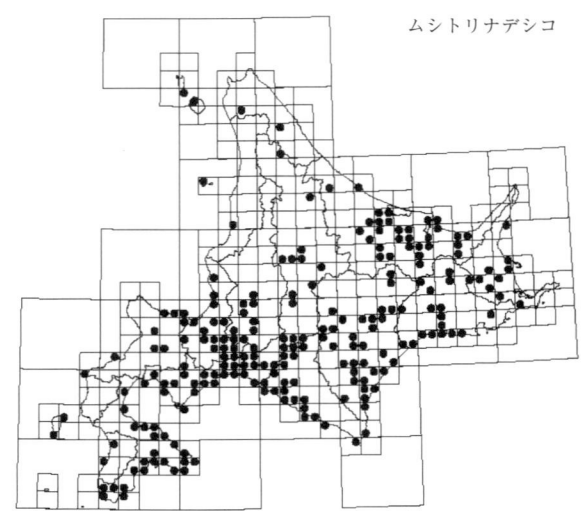

ムシトリナデシコ

397. コムギセンノウ(2.3.45.6：ナデシコ科)
　Silene coeli-rosa (L.) Godr.
①邑田・米倉(2012)日本維管束植物目録 p.160 左，②欧州原産，③不明・稀，④五十嵐博(2001)北海道帰化植物便覧 p.21，清水建美編(2003)平凡社・日本の帰化植物 p.59，北海道(2010)ブルーリスト・D，⑤未確認

398. オオシラタマソウ(2.3.45.6：ナデシコ科)
　Silene conoidea L.
①邑田・米倉(2012)日本維管束植物目録 p.160 左，②欧州・西南アジア原産，③植栽され稀に逸出，④長田武正(1972)北隆館・日本帰化植物図鑑 p.161，長田武正(1976)保育社・原色日本帰化植物図鑑 p.306，五十嵐博(2001)北海道帰化植物便覧 p.21，滝田謙譲(2001)北海道植物図譜 p.207・釧路市西港，清水・森田・廣田(2001)全農教・日本帰化植物写真図鑑 p.41，清水建美編(2003)平凡社・日本の帰化植物 p.59，北海道(2010)ブルーリスト・D，旭川帰化植物研究会(2015)旭川の帰化植物 p.73，⑤未確認

399. スイセンノウ・フランネルソウ(2.3.45.6：ナデシコ科)
　Silene coronaria (L.) Clairv.: Lychnis coronaria (L.) Desr.
①邑田・米倉(2012)日本維管束植物目録 p.160 左，②欧州原産，③植栽され各地に逸出，④原松次(1992)札幌の植物 no.198・石狩町・市街地，山渓カラー名鑑(1998)園芸植物 p.90，五十嵐博(2001)北海道帰化植物便覧 p.18，清水・森田・廣田(2001)全農教・日本帰化植物写真図鑑 p.34，清水建美編(2003)平凡社・日本の帰化植物 p.56，北海道(2010)ブルーリスト・B，⑤各地で確認済み

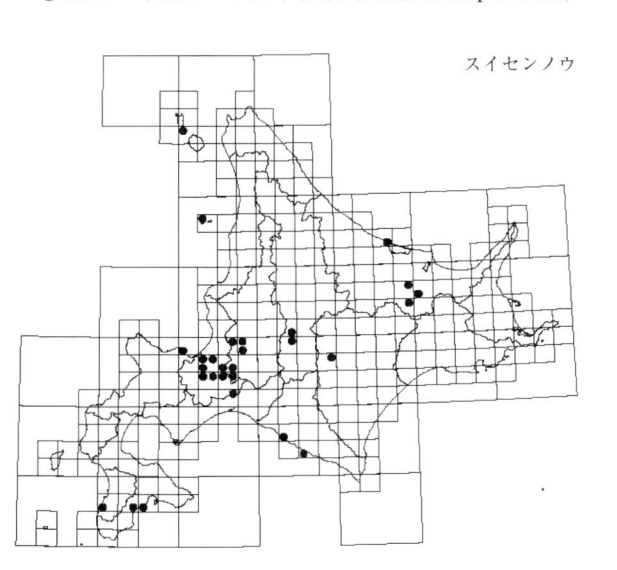

400. フタマタマンテマ・ホザキマンテマ・マンテマモドキ(2.3.45.6：ナデシコ科)
　Silene dichotoma Ehrh.
①邑田・米倉(2012)日本維管束植物目録 p.160 左，②欧州原産，③不明・稀，④長田武正(1972)北隆館・日本帰化植物図鑑 p.161，長田武正(1976)保育社・原色日本帰化植物図鑑 p.302，原松次(1981)北海道植物図鑑(上) p.192・室蘭市，五十嵐博(2001)北海道帰化植物便覧 p.21，清水・森田・廣田(2001)全農教・日本帰化植物写真図鑑 p.44，清水建美編(2003)平凡社・日本の帰化植物 p.60，梅沢俊(2007)新北海道の花 p.180，植村ほか(2010)全農教・日本帰化植物写真図鑑(2) p.39，北海道(2010)ブルーリスト・B，旭川帰化植物研究会(2015)旭川の帰化植物 p.73，⑤苫小牧市などで確認済み

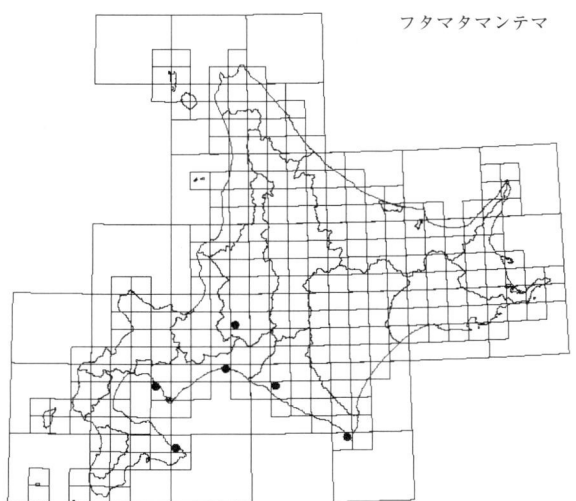

401. アケボノセンノウ(2.3.45.6：ナデシコ科)
　Silene dioica (L.) Clairv.
①邑田・米倉(2012)日本維管束植物目録 p.160 左，

②欧州原産，③植栽され各地に逸出，④野草の写真図鑑(1996)日本ヴォーグ社・WILD FLOWERS p.53，五十嵐博(2001)北海道帰化植物便覧 p.22，清水建美編(2003)平凡社・日本の帰化植物 p.60，梅沢俊(2007)新北海道の花 p.275・足寄町上足寄，植村ほか(2010)全農教・日本帰化植物写真図鑑(2) p.38・旭川市，北海道(2010)ブルーリスト・B，旭川帰化植物研究会(2015)旭川の帰化植物 p.73，⑤各地で確認済み

館・日本帰化植物図鑑 p.159，長田武正(1976)保育社・原色日本帰化植物図鑑 p.303，原松次(1985)北海道植物図鑑(下)p.41・本別町，五十嵐博(2001)北海道帰化植物便覧 p.20，滝田謙譲(2001)北海道植物図譜 p.205・釧路市西港・浜中町霧多布，清水・森田・廣田(2001)全農教・日本帰化植物写真図鑑 p.42，清水建美編(2003)平凡社・日本の帰化植物 p.58，梅沢俊(2007)新北海道の花 p.180・更別村，北海道(2010)ブルーリスト・A3，浅井元朗(2015)全農教・植調雑草大鑑 p.225，旭川帰化植物研究会(2015)旭川の帰化植物 p.72，⑤各地で確認済み

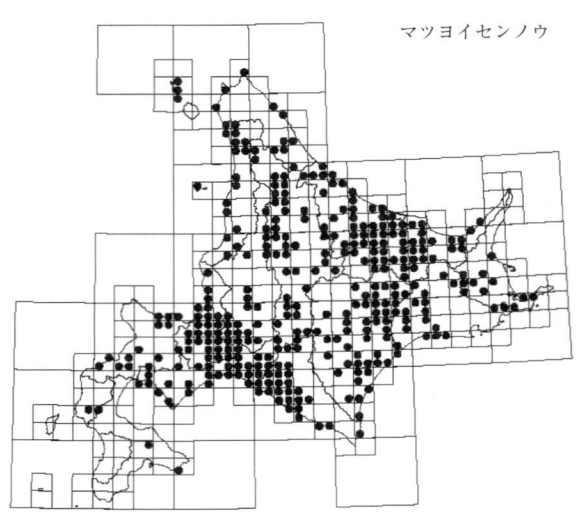

アケボノセンノウ

マツヨイセンノウ

402. シロバナマンテマ(2.3.45.6：ナデシコ科)
Silene gallica L.
①邑田・米倉(2012)日本維管束植物目録 p.160 左，②欧州原産，③不明・稀，④長田武正(1972)北隆館・日本帰化植物図鑑 p.160，五十嵐博(2001)北海道帰化植物便覧 p.22，清水・森田・廣田(2001)全農教・日本帰化植物写真図鑑 p.45，清水建美編(2003)平凡社・日本の帰化植物 p.60，植村ほか(2010)全農教・日本帰化植物写真図鑑(2) p.40，北海道(2010)ブルーリスト・D，⑤未確認

403. マツヨイセンノウ・ヒロハノマンテマ
(2.3.45.6：ナデシコ科)
Silene latifolia Poir. ssp. *alba* (Mill.) Greuter et Burdet: Silene alba (Mill.) E. H. L. Krause
①邑田・米倉(2012)日本維管束植物目録 p.160 右，②欧州原産，③不明・各地，④長田武正(1972)北隆

404. ツキミセンノウ(2.3.45.6：ナデシコ科)
Silene noctiflora L.
①邑田・米倉(2012)日本維管束植物目録 p.160 右，②欧州原産，③不明・稀，④長田武正(1972)北隆館・日本帰化植物図鑑 p.159，長田武正(1976)保育社・原色日本帰化植物図鑑 p.304，原松次(1992)札幌の植物 no.211・藻南公園・余市岳，五十嵐博(2001)北海道帰化植物便覧 p.22，清水・森田・廣田(2001)全農教・日本帰化植物写真図鑑 p.43，清水建美編(2003)平凡社・日本の帰化植物 p.61，北海道(2010)ブルーリスト・B，旭川帰化植物研究会(2015)旭川の帰化植物 p.73，⑤札幌市などで確認済み

405. サクラマンテマ・オオマンテマ・フクロナデシコ(2.3.45.6：ナデシコ科)
Silene pendula L.
①邑田・米倉(2012)日本維管束植物目録 p.160 右，②欧州原産，③植栽され稀に逸出，④五十嵐博(2001)北海道帰化植物便覧 p.23，清水・森田・廣田(2001)全農教・日本帰化植物写真図鑑 p.44，清水建美編(2003)平凡社・日本の帰化植物 p.61，旭川帰化植物研究会(2009)旭川の帰化植物 p.24，北海道(2010)ブルーリスト・D，⑤未確認

406. マツモトセンノウ・マツモト(2.3.45.6：ナデシコ科)
Silene sieboldii (Van Houtte) H. Ohashi et H. Naki: Lychnis sieboldii Van Houtte
①邑田・米倉(2012)日本維管束植物目録 p.160 右，②九州原産，③植栽され稀に逸出，④山渓カラー名鑑(1998)園芸植物 p.90，五十嵐博(2001)北海道帰化植物便覧 p.18，北海道(2010)ブルーリスト・D，⑤未確認

407. ハマベマンテマ(2.3.45.6：ナデシコ科)
Silene uniflora Roth
②欧州原産，③植栽され稀に逸出，④清水・森田・廣田(2001)全農教・日本帰化植物写真図鑑 p.46・シラタマソウの写真は間違いで本種，植村ほか(2010)全農教・日本帰化植物写真図鑑(2) p.39，五十嵐博(2012)新しい外来植物・ボタニカ 30：7-10，⑤東川町旭岳採集の標本は確認済み

408. シラタマソウ(2.3.45.6：ナデシコ科)
Silene vulgaris (Moench) Garcke
①邑田・米倉(2012)日本維管束植物目録 p.160 右，②欧州原産，③植栽され各地に逸出，④長田武正(1972)北隆館・日本帰化植物図鑑 p.162，長田武正(1976)保育社・原色日本帰化植物図鑑 p.305，野草の写真図鑑(1996)日本ヴォーグ社・WILD FLOWERS p.52，五十嵐博(2001)北海道帰化植物便覧 p.23，滝田謙譲(2001)北海道植物図譜 p.211・別海町本別海，清水・森田・廣田(2001)全農教・日本帰化植物写真図鑑 p.46・写真は別種・ハマベマンテマ，清水建美編(2003)平凡社・日本の帰化植物 p.61，梅沢俊(2007)新北海道の花 p.180・幕別町幕別，植村ほか(2010)全農教・日本帰化植物写真図鑑(2) p.39，北海道(2010)ブルーリスト・B，旭川帰化植物研究会(2015)旭川の帰化植物 p.73，⑤各地で確認済み

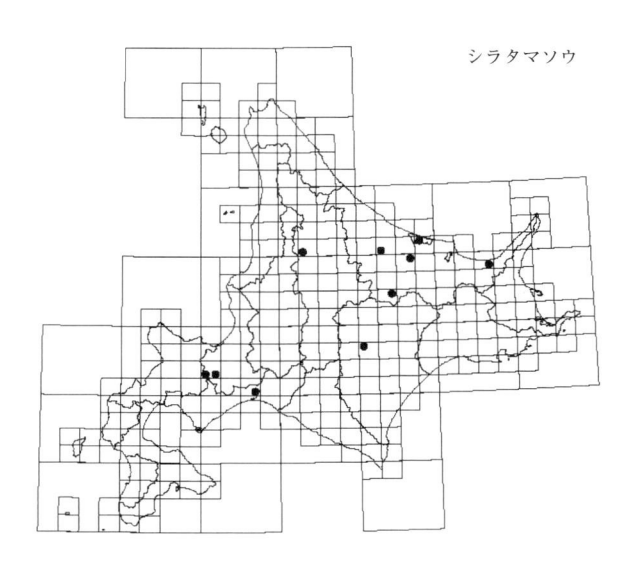

シラタマソウ

409. ノハラツメクサ(2.3.45.6：ナデシコ科)
Spergula arvensis L. var. *arvensis*
　オオツメクサモドキ
Spergula arvensis L. var. *maxima* (Weihe) Mert. et W. D. J. Koch
　オオツメクサ
Spergula arvensis L. var. *sativa* (Boenn.) Mert. et W. D. J. Koch
①邑田・米倉(2012)日本維管束植物目録 p.160 右，②欧州原産，③不明・各地，④長田武正(1972)北隆館・日本帰化植物図鑑 p.162，長田武正(1976)保育社・原色日本帰化植物図鑑 p.318，原松次(1981)北海道植物図鑑(上) p.192・室蘭市，野草の写真図鑑(1996)日本ヴォーグ社・WILD FLOWERS p.49，五十嵐博(2001)北海道帰化植物便覧 p.23，滝田謙譲(2001)北海道植物図譜 p.213・阿寒湖畔，清水・森田・廣田(2001)全農教・日本帰化植物写真図鑑 p.46-47，清水建美編(2003)平凡社・日本の帰化植物 p.62，梅沢俊(2007)新北海道の花 p.177・厚真町，北海道(2010)ブルーリスト・A3，浅井元朗(2015)全

農教・植調雑草大鑑 p.223, 旭川帰化植物研究会(2015)旭川の帰化植物 p.73, ⑤各地で確認済み・ノハラツメクサで統一・分けていない・オオツメクサモドキの過去の報告は千歳市のみ

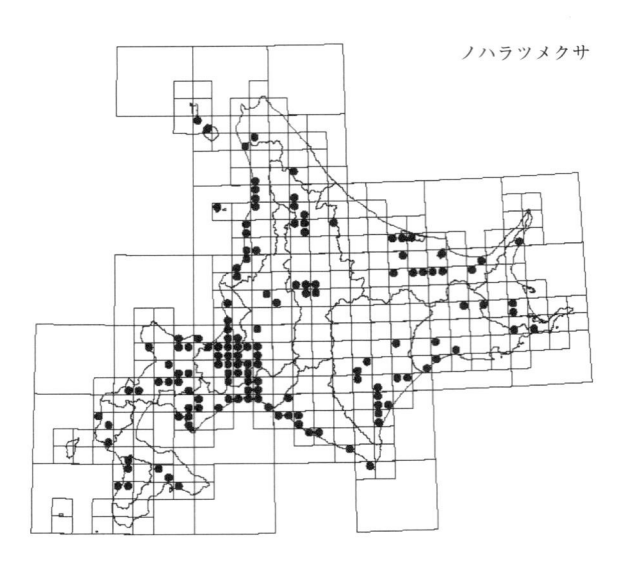

ノハラツメクサ

410. ウスベニツメクサ(2.3.45.6：ナデシコ科)
Spergularia rubra (L.) J. et C. Presl
①邑田・米倉(2012)日本維管束植物目録 p.161 左, ②北半球の温帯地方原産, ③不明・各地, ④長田武正(1972)北隆館・日本帰化植物図鑑 p.163, 長田武正(1976)保育社・原色日本帰化植物図鑑 p.317, 原松次(1981)北海道植物図鑑(上) p.193・室蘭市, 五十嵐博(2001)北海道帰化植物便覧 p.25, 滝田謙譲(2001)北海道植物図譜 p.214・白糠町恋問・紋別市沼上浜, 清水・森田・廣田(2001)全農教・日本帰化植物写真図鑑 p.49, 清水建美編(2003)平凡社・日本の帰化植物 p.62, 梅沢俊(2007)新北海道の花 p.276・小樽市第三埠頭, 北海道(2010)ブルーリスト・B, 旭川帰化植物研究会(2015)旭川の帰化植物 p.73, ⑤各地で確認済み

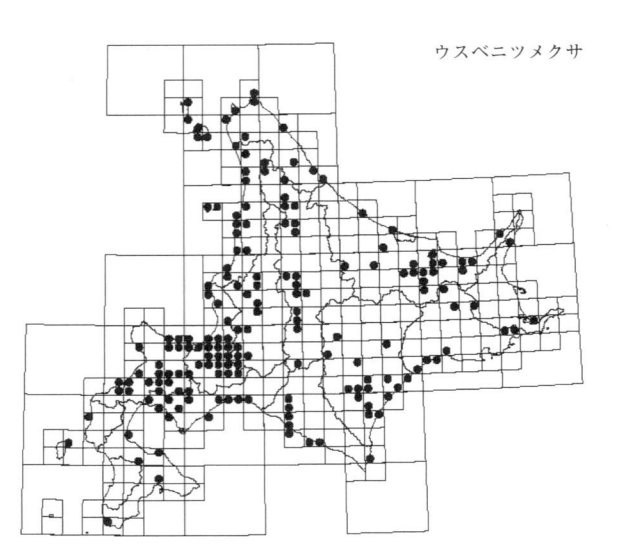

411. カラフトホソバハコベ(2.3.45.6：ナデシコ科)
Stellaria graminea L.
①邑田・米倉(2012)日本維管束植物目録 p.161 左, ②ユーラシア原産, ③芝種子に混入し各地, ④長田武正(1976)保育社・原色日本帰化植物図鑑 p.312, 原松次(1985)北海道植物図鑑(下) p.41・三石町, 五十嵐博(2001)北海道帰化植物便覧 p.25, 滝田謙譲(2001)北海道植物図譜 p.218・白糠町和天別・根室市トーサムポロ川の上流・えりも町襟裳岬, 清水・森田・廣田(2001)全農教・日本帰化植物写真図鑑 p.52, 清水建美編(2003)平凡社・日本の帰化植物 p.63, 梅沢俊(2007)新北海道の花 p.186・ニセコ町, 北海道(2010)ブルーリスト・A3, 旭川帰化植物研究会(2015)旭川の帰化植物 p.73, ⑤各地の道路沿いで確認済み

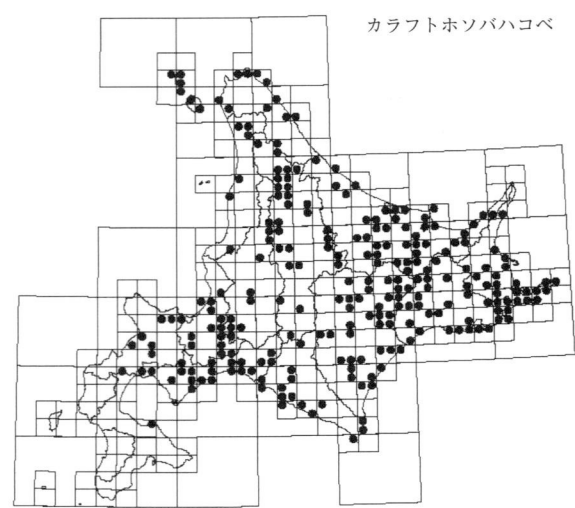

ウスベニツメクサ

カラフトホソバハコベ

412. アワユキハコベ(2.3.45.6：ナデシコ科)
Stellaria holostea L.
①邑田・米倉(2012)日本維管束植物目録 p.161 左,

②欧州原産，③不明・稀，④野草の写真図鑑(1996)日本ヴォーグ社・WILD FLOWERS p.47，五十嵐博(2001)北海道帰化植物便覧 p.26，清水建美編(2003)平凡社・日本の帰化植物 p.63，植村ほか(2010)全農教・日本帰化植物写真図鑑(2) p.41，北海道(2010)ブルーリスト・D，⑤未確認

413. コハコベ・ハコベ(2.3.45.6：ナデシコ科)
Stellaria media (L.) Vill.
①邑田・米倉(2012)日本維管束植物目録 p.161 左，②世界的広範囲原産，③不明・各地，④長田武正(1972)北隆館・日本帰化植物図鑑 p.163，原松次(1981)北海道植物図鑑(上) p.196・尻岸内町(恵山)，野草の写真図鑑(1996)日本ヴォーグ社・WILD FLOWERS p.48，五十嵐博(2001)北海道帰化植物便覧 p.26，滝田謙譲(2001)北海道植物図譜 p.219・釧路市緑ヶ岡・鶴居村キラコタン岬，清水・森田・廣田(2001)全農教・日本帰化植物写真図鑑 p.50，清水建美編(2003)平凡社・日本の帰化植物 p.12・史前帰化，梅沢俊(2007)新北海道の花 p.187・厚真町，北海道(2010)ブルーリスト・A3，浅井元朗(2015)全農教・植調雑草大鑑 p.220，⑤各地で確認済み

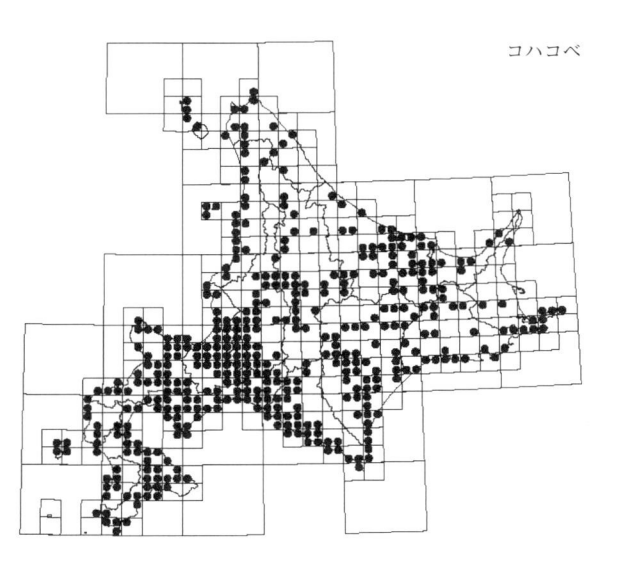

コハコベ

414. ドウカンソウ(2.3.45.6：ナデシコ科)
Vaccaria hispanica (Mill.) Rausch.: Vaccaria pyramidata Medik.
①邑田・米倉(2012)日本維管束植物目録 p.161 右，

②ユーラシア原産，③植栽され稀に逸出・消滅，④長田武正(1972)北隆館・日本帰化植物図鑑 p.164，長田武正(1976)保育社・原色日本帰化植物図鑑 p.309，山渓カラー名鑑(1998)園芸植物 p.91，五十嵐博(2001)北海道帰化植物便覧 p.27，清水・森田・廣田(2001)全農教・日本帰化植物写真図鑑 p.52，清水建美編(2003)平凡社・日本の帰化植物 p.64，滝田謙譲(2004)北海道植物図譜・補遺 p.9・小樽市第三埠頭，北海道(2010)ブルーリスト・B，⑤小樽港で確認済みだがここでは消滅

415. ヒメシロビユ・シロビユ(2.3.45.7：ヒユ科)
Amaranthus albus L.
①邑田・米倉(2012)日本維管束植物目録 p.161 右，②北米原産，③不明・稀，④長田武正(1972)北隆館・日本帰化植物図鑑 p.170，長田武正(1976)保育社・原色日本帰化植物図鑑 p.335，五十嵐博(2001)北海道帰化植物便覧 p.31，滝田謙譲(2001)北海道植物図譜 p.237・旭川市永山町，清水・森田・廣田(2001)全農教・日本帰化植物写真図鑑 p.65，清水建美編(2003)平凡社・日本の帰化植物 p.71，梅沢俊(2007)新北海道の花 p.396・旭川市東旭川，北海道(2010)ブルーリスト・B，鉄道駅などに多い印象，浅井元朗(2015)全農教・植調雑草大鑑 p.235，旭川帰化植物研究会(2015)旭川の帰化植物 p.73，⑤各地で確認済み

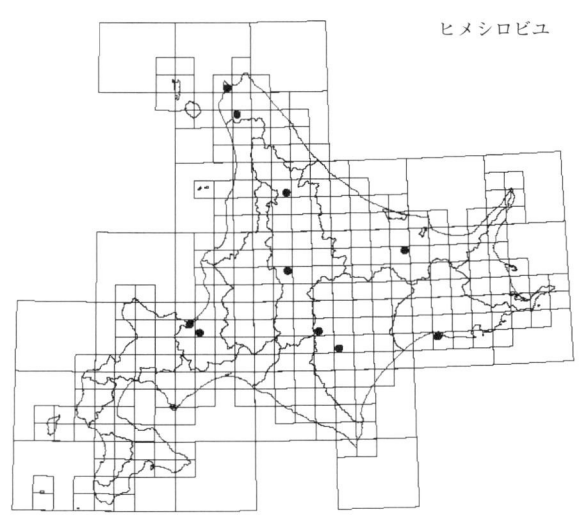

ヒメシロビユ

416. イヌビユ・ムラサキビユ(2.3.45.7：ヒユ科)
　　Amaranthus blitum L.: Amaranthus lividus L.
　　史前帰化
①邑田・米倉(2012)日本維管束植物目録 p.161 右，②欧州原産，③不明・各地，④長田武正(1972)北隆館・日本帰化植物図鑑 p.168，長田武正(1976)保育社・原色日本帰化植物図鑑 p.333，五十嵐博(2001)北海道帰化植物便覧 p.31，滝田謙譲(2001)北海道植物図譜 p.234・幕別町，清水・森田・廣田(2001)全農教・日本帰化植物写真図鑑 p.73，清水建美編(2003)平凡社・日本の帰化植物 p.70，梅沢俊(2007)新北海道の花 p.396・江別市野幌，北海道(2010)ブルーリスト・B，浅井元朗(2015)全農教・植調雑草大鑑 p.232，⑤各地で確認済み

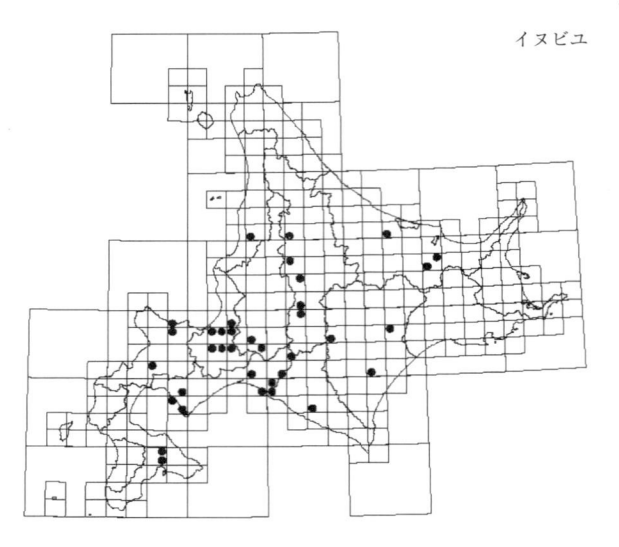

イヌビユ

417. ホソアオゲイトウ(2.3.45.7：ヒユ科)
　　Amaranthus hybridus L.
①邑田・米倉(2012)日本維管束植物目録 p.162 左，②南米原産，③不明・稀，④長田武正(1972)北隆館・日本帰化植物図鑑 p.173，長田武正(1976)保育社・原色日本帰化植物図鑑 p.327，五十嵐博(2001)北海道帰化植物便覧 p.32，滝田謙譲(2001)北海道植物図譜 p.235・佐呂間町サロマ湖湖畔，清水・森田・廣田(2001)全農教・日本帰化植物写真図鑑 p.66，清水建美編(2003)平凡社・日本の帰化植物 p.72，梅沢俊(2007)新北海道の花 p.396・小樽市第三埠頭，北海道(2010)ブルーリスト・B，浅井元朗(2015)全農教・植調雑草大鑑 p.233，旭川帰化植物研究会(2015)旭川の帰化植物 p.73，⑤未確認

418. ホソバアオゲイトウ・ホナガアオゲイトウ
　　(2.3.45.7：ヒユ科)
　　Amaranthus powelii S. Watson
①邑田・米倉(2012)日本維管束植物目録 p.162 左，②北米原産，③不明・稀，④長田武正(1972)北隆館・日本帰化植物図鑑 p.174，清水・森田・廣田(2001)全農教・日本帰化植物写真図鑑 p.67，清水建美編(2003)平凡社・日本の帰化植物 p.72，梅沢俊(2007)新北海道の花 p.396・小樽市第三埠頭，⑤小樽市で確認済み

419. アオゲイトウ(2.3.45.7：ヒユ科)
　　Amaranthus retroflexus L.
①邑田・米倉(2012)日本維管束植物目録 p.162 左，②北米原産，③不明・各地，④長田武正(1972)北隆館・日本帰化植物図鑑 p.173，長田武正(1976)保育社・原色日本帰化植物図鑑 p.326，原松次(1983)北海道植物図鑑(中)p.192・登別市，五十嵐博(2001)北海道帰化植物便覧 p.32，滝田謙譲(2001)北海道植物図譜 p.236・札幌市西区小別沢，清水・森田・廣田(2001)全農教・日本帰化植物写真図鑑 p.69，清水建美編(2003)平凡社・日本の帰化植物 p.73，梅沢俊(2007)新北海道の花 p.396・仁木町，北海道(2010)ブルーリスト・A3，浅井元朗(2015)全農教・

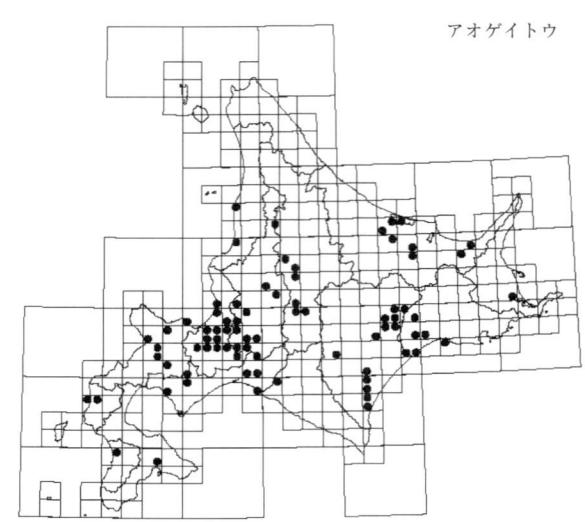

アオゲイトウ

植調雑草大鑑 p.233, 旭川帰化植物研究会(2015)旭川の帰化植物 p.74, ⑤各地で確認済み

420. ヒユ(2.3.45.7：ヒユ科)
　Amaranthus tricolor L. var. *mangostanus* (L.) Aellen: Amaranthus tricolor L. ssp. mangostanus (L.) Aellen
①邑田・米倉(2012)日本維管束植物目録 p.162左, ②インド原産, ③不明・稀, ④長田武正(1972)北隆館・日本帰化植物図鑑 p.174, 長田武正(1976)保育社・原色日本帰化植物図鑑 p.329, 五十嵐博(2001)北海道帰化植物便覧 p.31, 清水建美編(2003)平凡社・日本の帰化植物 p.74, 植村ほか(2010)全農教・日本帰化植物写真図鑑(2) p.51, 北海道(2010)ブルーリスト・D, ⑤未確認

421. ホナガイヌビユ・アオビユ(2.3.45.7：ヒユ科)
　Amaranthus viridis L.
①邑田・米倉(2012)日本維管束植物目録 p.162左, ②南米原産, ③不明・各地, ④長田武正(1972)北隆館・日本帰化植物図鑑 p.168, 長田武正(1976)保育社・原色日本帰化植物図鑑 p.332, 五十嵐博(2001)北海道帰化植物便覧 p.32, 清水・森田・廣田(2001)全農教・日本帰化植物写真図鑑 p.73, 清水建美編(2003)平凡社・日本の帰化植物 p.73, 滝田謙譲(2004)北海道植物図譜・補遺 p.4・佐呂間町サロマ湖湖畔, 北海道(2010)ブルーリスト・B, 浅井元朗(2015)全農教・植調雑草大鑑 p.232, ⑤未確認

422. ホコガタアカザ・アレチハマアカザ
　　(2.3.45.7：ヒユ科：旧アカザ科)
　Atriplex prostrata Boucher ex DC.: Atriplex hastata L.
①邑田・米倉(2012)日本維管束植物目録 p.162左, ②欧州原産, ③不明・稀, ④長田武正(1972)北隆館・日本帰化植物図鑑 p.177, 長田武正(1976)保育社・原色日本帰化植物図鑑 p.337, 原松次(1985)北海道植物図鑑(下) p.41・函館市, 野草の写真図鑑(1996)日本ヴォーグ社・WILD FLOWERS p.43, 五十嵐博(2001)北海道帰化植物便覧 p.27, 滝田謙譲(2001)北海道植物図譜 p.224・釧路市材木町, 清水・森田・廣田(2001)全農教・日本帰化植物写真図鑑 p.53, 清水建美編(2003)平凡社・日本の帰化植物 p.64, 梅沢俊(2007)新北海道の花 p.399, 北海道(2010)ブルーリスト・B, ⑤各地で確認済み

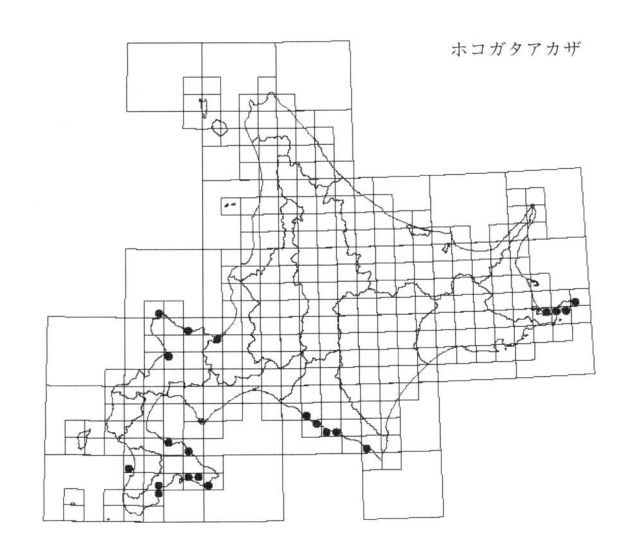

ホコガタアカザ

423. 和名なし(2.3.45.7：ヒユ科：旧アカザ科)
　Atriplex nitens Schkuhr.
②欧州原産, ③不明・稀, ④五十嵐博(2001)北海道帰化植物便覧 p.27, 北海道(2010)ブルーリスト・D, ⑤未確認

424. ホウキギ・ホウキグサ(2.3.45.7：ヒユ科：旧アカザ科)
　Bassia scoparia (L.) A. J. Scott: Kochia scoparia (L.) Schrad.
①邑田・米倉(2012)日本維管束植物目録 p.162左, ②ユーラシア原産, ③不明・稀, ④長田武正(1976)保育社・原色日本帰化植物図鑑 p.344, 五十嵐博(2001)北海道帰化植物便覧 p.30, 滝田謙譲(2001)北海道植物図譜 p.230・釧路市西港, 清水・森田・廣田(2001)全農教・日本帰化植物写真図鑑 p.60, 梅沢俊(2007)新北海道の花 p.398, 北海道(2010)ブルーリスト・B, 旭川帰化植物研究会(2015)旭川の帰化植物 p.73, ⑤未確認

425. シロザ・シロアカザ(2.3.45.7：ヒユ科：旧アカザ科)
Chenopodium album L.
史前帰化・在来種
①邑田・米倉(2012)日本維管束植物目録 p.162 左，②ユーラシア原産，③不明・各地，④長田武正(1972)北隆館・日本帰化植物図鑑 p.179，長田武正(1976)保育社・原色日本帰化植物図鑑 p.339，原松次(1983)北海道植物図鑑(中)p.193・函館市，野草の写真図鑑(1996)日本ヴォーグ社・WILD FLOWERS p.41，五十嵐博(2001)北海道帰化植物便覧 p.28，滝田謙譲(2001)北海道植物図譜 p.227・釧路市宝町，清水・森田・廣田(2001)全農教・日本帰化植物写真図鑑 p.54，清水建美編(2003)平凡社・日本の帰化植物 p.65・在来，梅沢俊(2007)新北海道の花 p.397，北海道(2010)ブルーリスト・B，浅井元朗(2015)全農教・植調雑草大鑑 p.236，⑤各地で確認済み

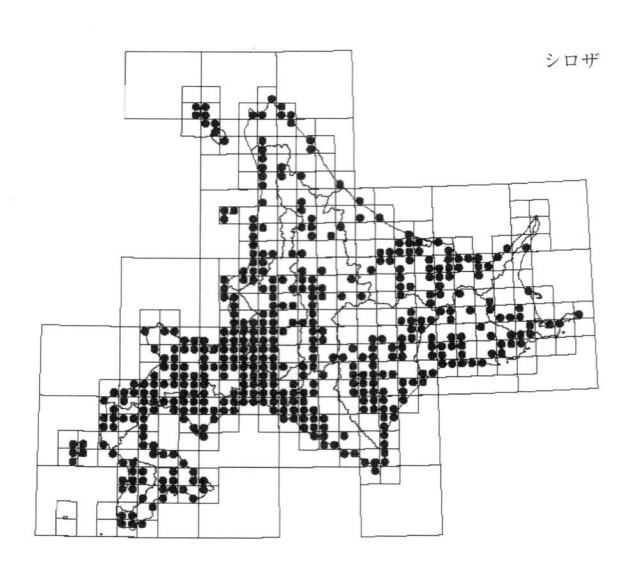

シロザ

アカザ(2.3.45.7：ヒユ科：旧アカザ科)
Chenopodium album L. var. *centrorubrum* Makino
①邑田・米倉(2012)日本維管束植物目録 p.162 左，②インド・中国原産，③不明・各地，④長田武正(1972)北隆館・日本帰化植物図鑑 p.179，長田武正(1976)保育社・原色日本帰化植物図鑑 p.339，五十嵐博(2001)北海道帰化植物便覧 p.28，滝田謙譲(2001)北海道植物図譜 p.227，清水・森田・廣田(2001)全農教・日本帰化植物写真図鑑 p.54，梅沢俊(2007)新北海道の花 p.397・札幌市，北海道(2010)ブルーリスト・B，浅井元朗(2015)全農教・植調雑草大鑑 p.236，⑤各地で確認済み

アカザ

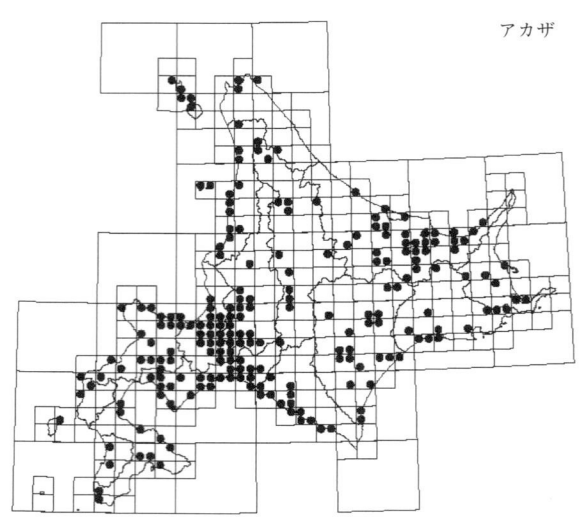

426. コアカザ(2.3.45.7：ヒユ科：旧アカザ科)
Chenopodium ficifolium Sm.
史前帰化
①邑田・米倉(2012)日本維管束植物目録 p.162 左，②ユーラシア原産，③不明・各地，④長田武正(1972)北隆館・日本帰化植物図鑑 p.179，長田武正(1976)保育社・原色日本帰化植物図鑑 p.338，原松

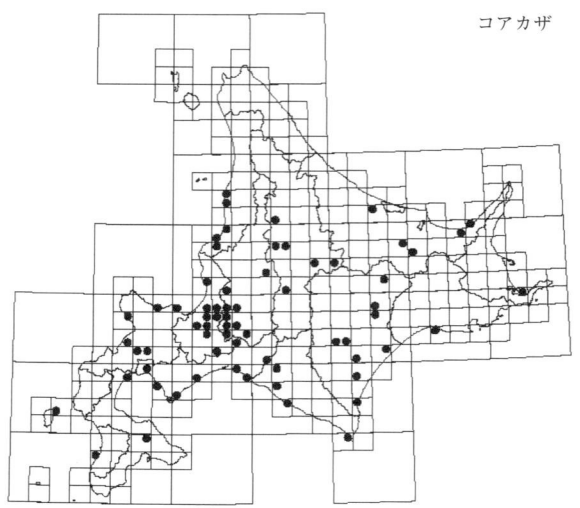

コアカザ

次(1983)北海道植物図鑑(中)p.193・函館市, 五十嵐博(2001)北海道帰化植物便覧 p.28, 滝田謙譲(2001)北海道植物図譜 p.229・旭川市春光町, 清水・森田・廣田(2001)全農教・日本帰化植物写真図鑑 p.54, 清水建美編(2003)平凡社・日本の帰化植物 p.65, 梅沢俊(2007)新北海道の花 p.397・小樽市, 北海道(2010)ブルーリスト・B, 浅井元朗(2015)全農教・植調雑草大鑑 p.237, 旭川帰化植物研究会(2015)旭川の帰化植物 p.73, ⑤各地で確認済み

427. ウラジロアカザ(ヒユ科：旧アカザ科)
Chenopodium glaucum L.
①邑田・米倉(2012)日本維管束植物目録 p.162左, ②ユーラシア原産, ③不明・各地, ④長田武正(1972)北隆館・日本帰化植物図鑑 p.178, 長田武正(1976)保育社・原色日本帰化植物図鑑 p.340, 原松次(1983)北海道植物図鑑(中)p.196・伊達市, 五十嵐博(2001)北海道帰化植物便覧 p.29, 滝田謙譲(2001)北海道植物図譜 p.230・釧路市宝町, 清水・森田・廣田(2001)全農教・日本帰化植物写真図鑑 p.58, 清水建美編(2003)平凡社・日本の帰化植物 p.66, 梅沢俊(2007)新北海道の花 p.398・小樽市第三埠頭, 北海道(2010)ブルーリスト・B, 浅井元朗(2015)全農教・植調雑草大鑑 p.238, 旭川帰化植物研究会(2015)旭川の帰化植物 p.73, ⑤各地で確認済み

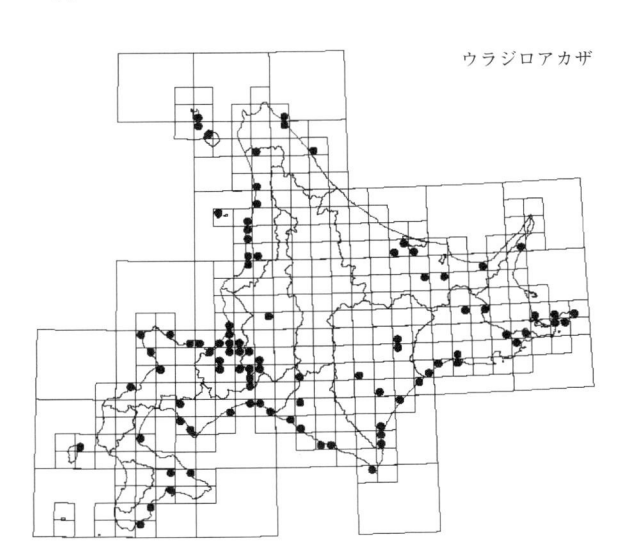

ウラジロアカザ

428. ウスバアカザ・オオバアカザ(2.3.45.7：ヒユ科：旧アカザ科)
Chenopodium hybridum L.
①邑田・米倉(2012)日本維管束植物目録 p.162右, ②欧州～西アジア原産, ③不明・稀, ④長田武正(1972)北隆館・日本帰化植物図鑑 p.178, 長田武正(1976)保育社・原色日本帰化植物図鑑 p.341, 五十嵐博(2001)北海道帰化植物便覧 p.29, 滝田謙譲(2001)北海道植物図譜 p.228・旭川市旭山, 清水・森田・廣田(2001)全農教・日本帰化植物写真図鑑 p.57, 清水建美編(2003)平凡社・日本の帰化植物 p.66, 梅沢俊(2007)新北海道の花 p.398・札幌市藻岩山, 北海道(2010)ブルーリスト・B, 旭川帰化植物研究会(2015)旭川の帰化植物 p.73, ⑤各地で確認済み

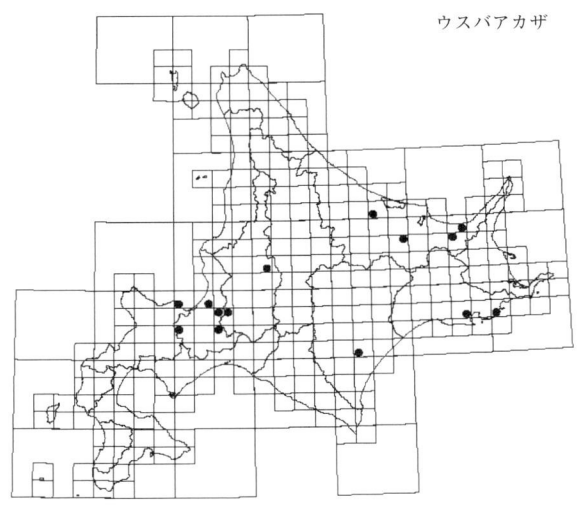

ウスバアカザ

429. ヒメハマアカザ・ウロコバアカザ
　　(2.3.45.7：ヒユ科：旧アカザ科)
Chenopodium leptophyllum (Moq.) Nutt. ex S. Watson
①邑田・米倉(2012)日本維管束植物目録 p.162右, ②北米原産, ③不明・稀, ④清水建美編(2003)平凡社・日本の帰化植物 p.66, 梅沢俊(2007)新北海道の花 p.398・札幌市真駒内, 北海道(2010)ブルーリスト・B, ⑤未確認

430. ミナトアカザ・ノコギリアカザ(2.3.45.7：
ヒユ科：旧アカザ科)
Chenopodium murale L.
①邑田・米倉(2012)日本維管束植物目録 p.162 右，
②ユーラシア原産，③不明・稀，④長田武正(1972)
日本帰化植物図鑑 p.180，浅井康宏(1975)植物研究
雑誌 50(4)104・札幌市北大構内，五十嵐博(2001)
北海道帰化植物便覧 p.29，清水・森田・廣田(2001)
全農教・日本帰化植物写真図鑑 p.55，清水建美編
(2003)平凡社・日本の帰化植物 p.66，北海道(2010)
ブルーリスト・D，⑤未確認

431. ヒロハヒメハマアカザ(2.3.45.7：ヒユ科：
旧アカザ科)
Chenopodium pratericola Rydb.
①邑田・米倉(2012)日本維管束植物目録 p.162 右，
②北米原産，③不明・稀，④清水建美編(2003)平凡
社・日本の帰化植物 p.66，梅沢俊(2007)新北海道
の花 p.398・小樽市第三埠頭，北海道(2010)ブル
ーリスト・B，⑤小樽港で確認済み

432. ケアリタソウ(2.3.45.7：ヒユ科：旧アカザ科)
Dysphania chilensis (Schrad.) Mosyakin et
Clemants: Chenopodium ambrosioides L. var.
pubescens (Makino) Makino
①邑田・米倉(2012)日本維管束植物目録 p.162 右，
②メキシコ原産，③不明・稀，④長田武正(1972)北
隆館・日本帰化植物図鑑 p.181，長田武正(1976)保
育社・原色日本帰化植物図鑑 p.343，五十嵐博
(2001)北海道帰化植物便覧 p.28，清水・森田・廣田
(2001)全農教・日本帰化植物写真図鑑 p.56，清水
建美編(2003)平凡社・日本の帰化植物 p.65，北海
道(2010)ブルーリスト・D，⑤未確認

433. ゴウシュウアリタソウ・コアリタソウ・ゴウ
シュウアカザ(2.3.45.7：ヒユ科：旧アカザ科)
Dysphania pumilio (R. Br.) Mosyakin et
Clemants: Chenopodium pumilio R. Br.
①邑田・米倉(2012)日本維管束植物目録 p.162 右，
②豪州原産，③不明・稀，④長田武正(1972)北隆
館・日本帰化植物図鑑 p.180，長田武正(1976)保育

社・原色日本帰化植物図鑑 p.342，五十嵐博(2001)
北海道帰化植物便覧 p.30，清水・森田・廣田(2001)
全農教・日本帰化植物写真図鑑 p.59，清水建美編
(2003)平凡社・日本の帰化植物 p.67，梅沢俊(2007)
新北海道の花 p.398・小樽市第三埠頭，北海道
(2010)ブルーリスト・A3，浅井元朗(2015)全農教・
植調雑草大鑑 p.239，旭川帰化植物研究会(2015)旭
川の帰化植物 p.73，⑤小樽市，札幌市などで確認
済み

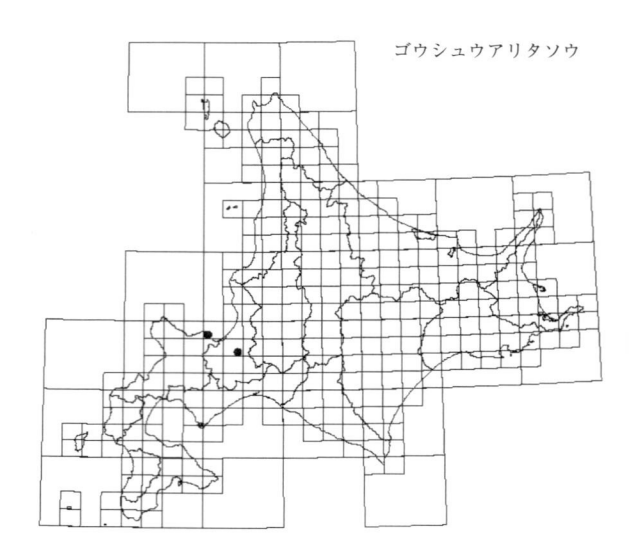

ゴウシュウアリタソウ

434. イソホウキギ(2.3.45.7：ヒユ科：旧アカザ科)
Kochia scoparia (L.) Schrad. var. *littorea*
Makino
②欧州原産，③不明・稀，④五十嵐博(2001)北海道
帰化植物便覧 p.30，清水建美編(2003)平凡社・日
本の帰化植物 p.67，梅沢俊(2007)新北海道の花
p.398・小樽市第三埠頭，北海道(2010)ブルーリス
ト・B，邑田・米倉(2012)日本維管束植物目録
p.162 左・ホウキギの別名としている，⑤小樽港
で確認済み

435. ノハラヒジキ(2.3.45.7：ヒユ科：旧アカザ科)
Salsola kali L.
②ユーラシア原産，③不明・稀，④長田武正(1972)
日本帰化植物図鑑 p.182，野草の写真図鑑(1996)日
本ヴォーグ社・WILD FLOWERS p.45，清水建美
編(2003)平凡社・日本の帰化植物 p.68，植村ほか

(2010)全農教・日本帰化植物写真図鑑(2)p.48，北海道(2010)ブルーリスト・D，⑤未確認

436. ハリヒジキ・オニヒジキ(2.3.45.7：ヒユ科：旧アカザ科)
Salsola tragus L.: Salsola ruthenica Iljin
①邑田・米倉(2012)日本維管束植物目録 p.162 右，②ユーラシア原産，③不明・稀，④五十嵐博(2001)北海道帰化植物便覧 p.30，清水建美編(2003)平凡社・日本の帰化植物 p.68，梅沢俊(2007)新北海道の花 p.399・釧路市西港，北海道(2010)ブルーリスト・D，⑤未確認

437. ヤマゴボウ(2.3.45.9：ヤマゴボウ科)
Phytolacca acinosa Roxb.
①邑田・米倉(2012)日本維管束植物目録 p.163 左，②ヒマラヤ～中国原産，③植栽され各地に逸出，④長田武正(1972)北隆館・日本帰化植物図鑑 p.166，長田武正(1976)保育社・原色日本帰化植物図鑑 p.321，原松次(1981)北海道植物図鑑(上) p.201・室蘭市，五十嵐博(2001)北海道帰化植物便覧 p.15，滝田謙譲(2001)北海道植物図譜 p.189，旭川市永山，清水・森田・廣田(2001)全農教・日本帰化植物写真図鑑 p.26，清水建美編(2003)平凡社・日本の帰化植物 p.50，梅沢俊(2007)新北海道の花 p.188・札幌市，北海道(2010)ブルーリスト・B，旭川帰化植物研究会(2015)旭川の帰化植物 p.72，⑤

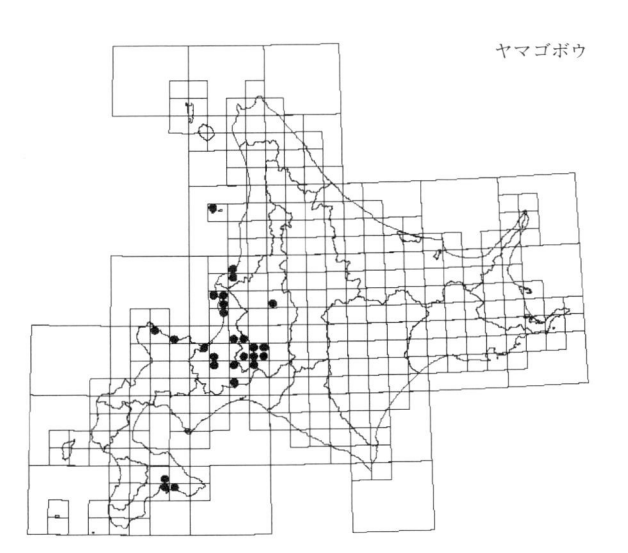

各地で確認済み・花序が果時に直立する

438. ヨウシュヤマゴボウ・アメリカヤマゴボウ(2.3.45.9：ヤマゴボウ科)
Phytolacca americana L.
①邑田・米倉(2012)日本維管束植物目録 p.163 左，②北米原産，③植栽され各地に逸出，④長田武正(1972)北隆館・日本帰化植物図鑑 p.166，長田武正(1976)保育社・原色日本帰化植物図鑑 p.322，五十嵐博(2001)北海道帰化植物便覧 p.14，滝田謙譲(2001)北海道植物図譜 p.189，清水・森田・廣田(2001)全農教・日本帰化植物写真図鑑 p.26，清水建美編(2003)平凡社・日本の帰化植物 p.51，梅沢俊(2007)新北海道の花 p.188・三笠市，北海道(2010)ブルーリスト・B，浅井元朗(2015)全農教・植調雑草大鑑 p.209，⑤各地で確認済み・花序が果時に下垂する

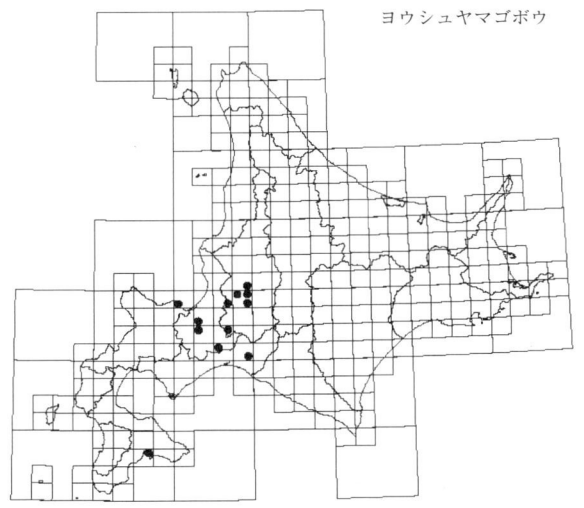

ヤマゴボウ

ヨウシュヤマゴボウ

439. オシロイバナ(2.3.45.10：オシロイバナ科)
Mirabilis jalapa L.
①邑田・米倉(2012)日本維管束植物目録 p.163 右，②熱帯アメリカ原産，③植栽され稀に逸出，④長田武正(1976)保育社・原色日本帰化植物図鑑 p.323，五十嵐博(2001)北海道帰化植物便覧 p.15，清水・森田・廣田(2001)全農教・日本帰化植物写真図鑑 p.27，清水建美編(2003)平凡社・日本の帰化植物 p.51，北海道(2010)ブルーリスト・D，⑤未確

認

440. クルマバザクロソウ(2.3.45.11：ザクロソウ科)
Mollugo verticillata L.
①邑田・米倉(2012)日本維管束植物目録 p.163 右，②熱帯アメリカ原産，③不明・稀，④長田武正(1976)保育社・原色日本帰化植物図鑑 p.320，五十嵐博(2001)北海道帰化植物便覧 p.15，清水・森田・廣田(2001)全農教・日本帰化植物写真図鑑 p.28，清水建美編(2003)平凡社・日本の帰化植物 p.51，北海道(2010)ブルーリスト・D，新田紀敏(2015)北方山草 32・美唄市光珠内林業試験場駐車場，浅井元朗(2015)全農教・植調雑草大鑑 p.179，旭川帰化植物研究会(2015)旭川の帰化植物 p.72，⑤美唄市光珠内は 2015 年 9 月に確認済み

441. マキバヌマハコベ(2.3.45.12：ヌマハコベ科：旧スベリヒユ科)
Montia linearis (Douglas ex Hook.) Greene
①邑田・米倉(2012)日本維管束植物目録 p.163 右，②北米原産，③家畜の餌・牧草種子に混入・稀，④滝田謙譲(2001)北海道植物図譜 p.191・静内町北大付属牧場，北海道(2010)ブルーリスト・B，⑤未確認

442. マツバボタン(2.3.45.15：スベリヒユ科)
Portulaca grandiflora Hook.
①邑田・米倉(2012)日本維管束植物目録 p.163 右，②南米原産，③植栽され稀に逸出，④山渓カラー名鑑(1998)園芸植物 p.345，稀に逸出・清水建美編(2003)平凡社・日本の帰化植物 p.53，北海道(2010)ブルーリスト・B，⑤札幌市，旭川市などで確認済み

443. ウツギ・ウノハナ(2.3.46.2：アジサイ科：旧ユキノシタ科)
Deutzia crenata Siebold et Zucc.
①邑田・米倉(2012)日本維管束植物目録 p.164 右，②本州原産，③植栽され稀に逸出，④原松次(1983)北海道植物図鑑(中) p.176・伊達市(松前町あたりの実態からみると自生ではなく野生化したものであろう)，佐藤孝夫(1990)北海道樹木図鑑 p.137・道内では南部，滝田謙譲(2001)北海道植物図譜 p.387・鵡川町汐見，北海道(2010)ブルーリスト・B，⑤伊達市，むかわ町などで確認済み

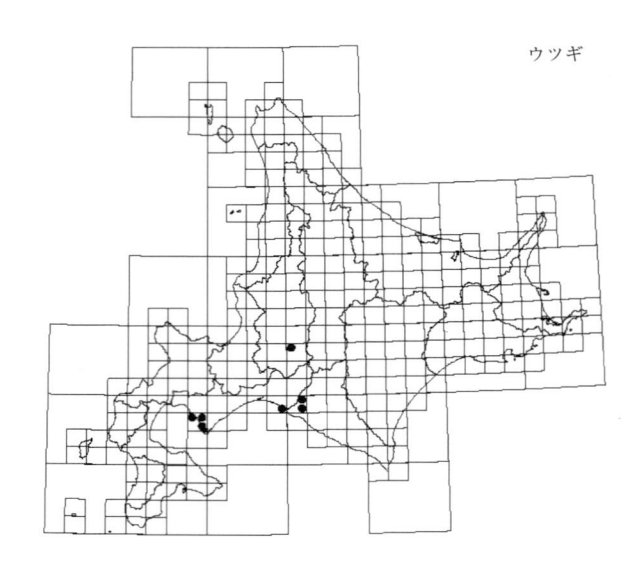

ウツギ

444. ハナツリフネソウ(2.3.47.1：ツリフネソウ科)
Impatiens balfourii Hook. f.
①邑田・米倉(2012)日本維管束植物目録 p.165 右，②西ヒマラヤ原産，③植栽され稀に逸出，④五十嵐博(2001)北海道帰化植物便覧 p.70，清水建美編(2003)平凡社・日本の帰化植物 p.135・札幌市，梅沢俊(2007)新北海道の花 p.258・札幌市真駒内，植

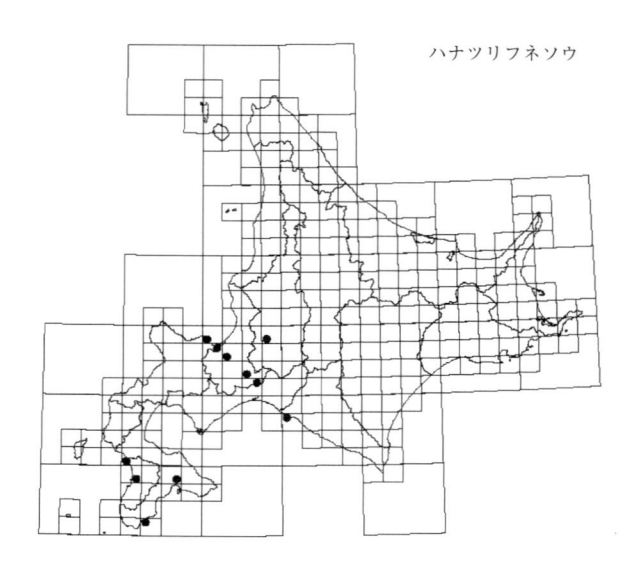

ハナツリフネソウ

村ほか(2010)全農教・日本帰化植物写真図鑑(2) p.146・札幌, 北海道(2010)ブルーリスト・B, ⑤札幌市などで確認済み

445. ホウセンカ(2.3.47.1：ツリフネソウ科)
Impatiens balsamina
②インド・中国南部原産, ③植栽され稀に逸出, ④山渓カラー名鑑(1998)園芸植物 p.47, 新牧野日本植物図鑑(2008)北隆館 p.404, ⑤2013年・北斗市で確認済み

446. オニツリフネソウ・ロイルツリフネソウ
(2.3.47.1：ツリフネソウ科)
Impatiens glandulifera Royle
①邑田・米倉(2012)日本維管束植物目録 p.166左, ②ヒマラヤ原産, ③植栽され稀に逸出, ④野草の写真図鑑(1996)日本ヴォーグ社・WILD FLOWERS p.136, 五十嵐博(2001)北海道帰化植物便覧 p.71, 清水建美編(2003)平凡社・日本の帰化植物 p.135, 梅沢俊(2007)新北海道の花 p.258・札幌市中の島, 北海道(2010)ブルーリスト・A3(水辺への侵入), ⑤各地で確認済み

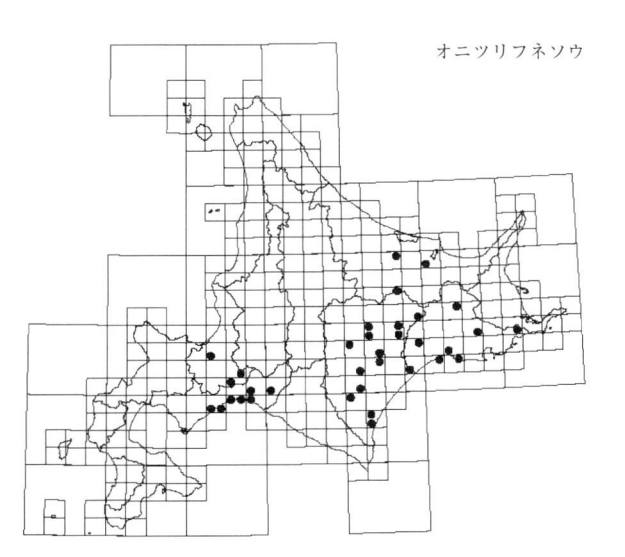

オニツリフネソウ

447. ホソバヤナギハナシノブ・ホソバコルロミア(2.3.47.2：ハナシノブ科)
Collomia linearis Nutt.
①邑田・米倉(2012)日本維管束植物目録 p.166左, ②北米原産, ③不明・稀, ④五十嵐博(2001)北海道帰化植物便覧 p.82・釧路市西港, 滝田謙譲(2001)北海道植物図譜 p.768・釧路市西港(ホソバコルロミア), 北海道(2010)ブルーリスト・B, ⑤釧路市西港で確認済み

448. クサキョウチクトウ・オイランソウ・フロックス(2.3.47.2：ハナシノブ科)
Phlox paniculata L.
①邑田・米倉(2012)日本維管束植物目録 p.166左, ②北米原産, ③植栽され各地に逸出, ④五十嵐博(2001)北海道帰化植物便覧 p.82, 梅沢俊(2007)新北海道の花 p.235・夕張市, 北海道(2010)ブルーリスト・B, ⑤各地で確認済み

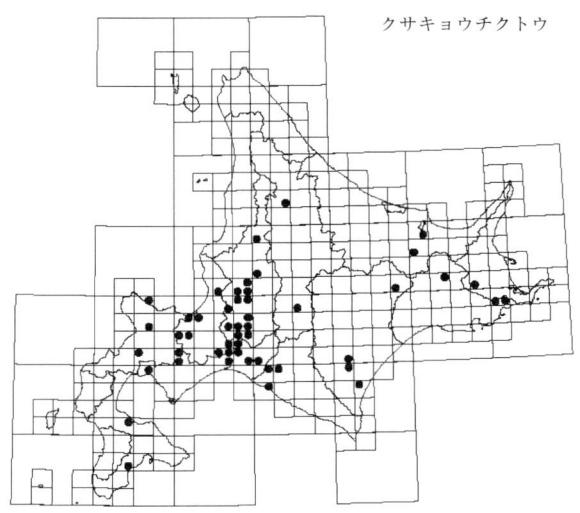

クサキョウチクトウ

449. シバザクラ・ハナツメクサ(2.3.47.2：ハナシノブ科)
Phlox subulata L.
①邑田・米倉(2012)日本維管束植物目録 p.166左, ②北米原産, ③植栽され稀に逸出, ④五十嵐博(2001)北海道帰化植物便覧 p.83, 北海道(2010)ブルーリスト・B, 旭川帰化植物研究会(2015)旭川の帰化植物 p.78, ⑤各地で確認済み

450. アカバナルリハコベ(2.3.47.7：サクラソウ科)
　　Anagllis arvensis L. f. *arvensis*
①邑田・米倉(2012)日本維管束植物目録 p.167 左，②欧州原産，③植栽され稀に逸出，④長田武正(1976)保育社・原色日本帰化植物図鑑 p.163，野草の写真図鑑(1996)日本ヴォーグ社・WILD FLOWERS p.172，五十嵐博(2001)北海道帰化植物便覧 p.80，清水・森田・廣田(2001)全農教・日本帰化植物写真図鑑 p.225，清水建美編(2003)平凡社・日本の帰化植物 p.155，滝田謙譲(2004)北海道植物図鑑補遺 p.29・釧路市春採，北海道(2010)ブルーリスト・B，浅井元朗(2015)全農教・植調雑草大鑑 p.178，⑤確認済み

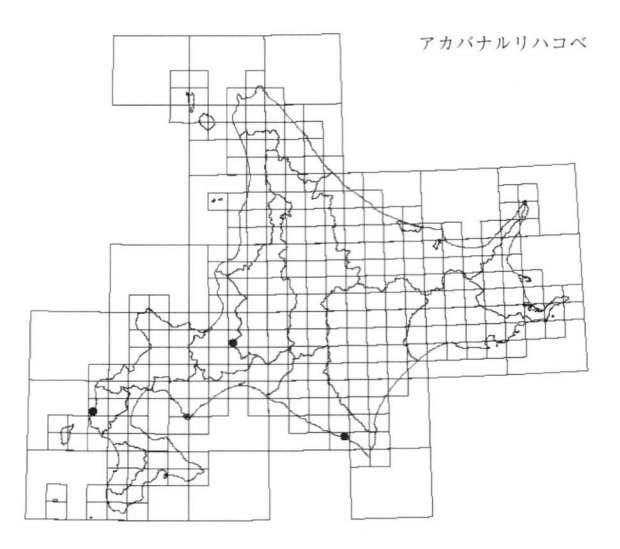

アカバナルリハコベ

451. サカコザクラ(2.3.47.7：サクラソウ科)
　　Androsace filiformis Retz.
①邑田・米倉(2012)日本維管束植物目録 p.167 左，②北米原産，③不明・稀，④五十嵐博(2001)北海道帰化植物便覧 p.80，滝田謙譲(2001)北海道植物図譜 p.715・鶴居村の市街地・釧路市広里釧路川河川敷，北海道(2010)ブルーリスト・B，⑤幕別町糠内川など確認済み

452. オオバナサカコザクラ(2.3.47.7：サクラソウ科)
　　Androsace septentrionalis L.
②欧州原産，③不明・稀・消滅，④梅沢俊(2007)北方山草 24：2・札幌市真駒内公園・一時帰化・翌年消滅，北海道(2010)ブルーリスト・D，⑤未確認

453. コバンコナスビ・ヨウシュコナスビ
　　(2.3.47.7：サクラソウ科)
　　Lysimachia nummularia L.
①邑田・米倉(2012)日本維管束植物目録 p.168 左，②欧州原産，③植栽され各地に逸出，④野草の写真図鑑(1996)日本ヴォーグ社・WILD FLOWERS p.171，五十嵐博(2001)北海道帰化植物便覧 p.80，滝田謙譲(2001)北海道植物図譜 p.717・広尾町上豊似，清水・森田・廣田(2001)全農教・日本帰化植物写真図鑑 p.226，清水建美編(2003)平凡社・日本の帰化植物 p.155・夕張市，梅沢俊(2007)新北海道の花 p.40・函館市函館，北海道(2010)ブルーリスト・B，旭川帰化植物研究会(2015)旭川の帰化植物 p.78，⑤各地で確認済み

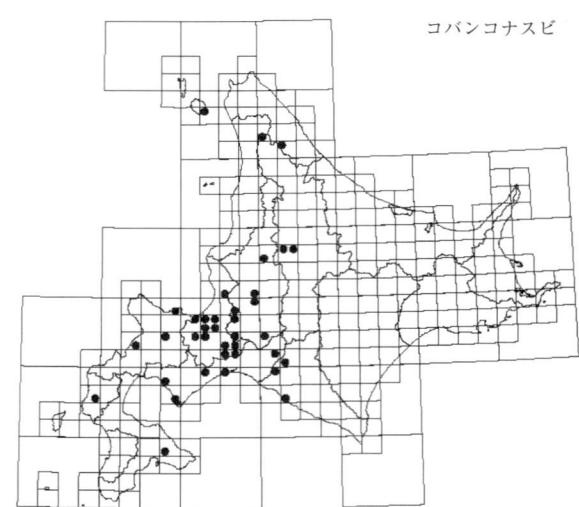

コバンコナスビ

454. コガネクサレダマ(2.3.47.7：サクラソウ科)
　　Lysimachia punctata L.　　【Plate 5 ①】
②欧州原産，③植栽され稀に逸出，④五十嵐博(2012)北方山草 30：101-104・リシマキア・プンクタタ，⑤苫小牧市有明町で初確認

455. セイヨウユキワリソウ(2.3.47.7：サクラソウ科)
　　Primula farinosa L.

②欧州原産，③植栽され稀に逸出，④野草の写真図鑑(1996)日本ヴォーグ社・WILD FLOWERS p.170，五十嵐博(2001)北海道帰化植物便覧 p.80，北海道(2010)ブルーリスト・D，⑤未確認

456. シラホシムグラ(2.3.50.1：アカネ科)
Galium aparine L. 【Plate 5 ②】
①邑田・米倉(2012)日本維管束植物目録 p.178 左，②欧州原産，③不明・稀，④野草の写真図鑑(1996)日本ヴォーグ社・WILD FLOWERS p.182，植村ほか(2010)全農教・日本帰化植物写真図鑑(2) p.174，松下(宮野)・高田(2011)北海道のアカネハンドブック p.48，⑤小樽市・新得町・根室市，最近は函館市・伊達市・根室市などで確認済み・特に函館市や伊達市周辺では繁茂している

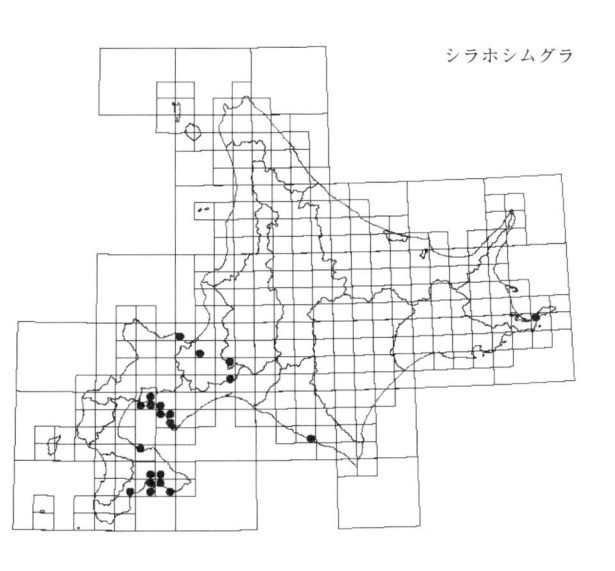

シラホシムグラ

457. トゲナシムグラ(2.3.50.1：アカネ科)
Galium mollugo L.
①邑田・米倉(2012)日本維管束植物目録 p.178 左，②欧州原産，③不明・各地，④原松次(1983)北海道植物図鑑(中) p.77・釧路市，野草の写真図鑑(1996)日本ヴォーグ社・WILD FLOWERS p.182，五十嵐博(2001)北海道帰化植物便覧 p.81，滝田謙譲(2001)北海道植物図譜 p.761・弟子屈町清水の沢・白滝村白滝温泉，清水・森田・廣田(2001)全農教・日本帰化植物写真図鑑 p.231，清水建美編(2003)平凡社・日本の帰化植物 p.158・札幌市，梅沢俊(2007)

新北海道の花 p.105・弟子屈町，北海道(2010)ブルーリスト・A3，浅井元朗(2015)全農教・植調雑草大鑑 p.80，カスミムグラは別種のためこの和名は使えない，⑤各地で確認済み

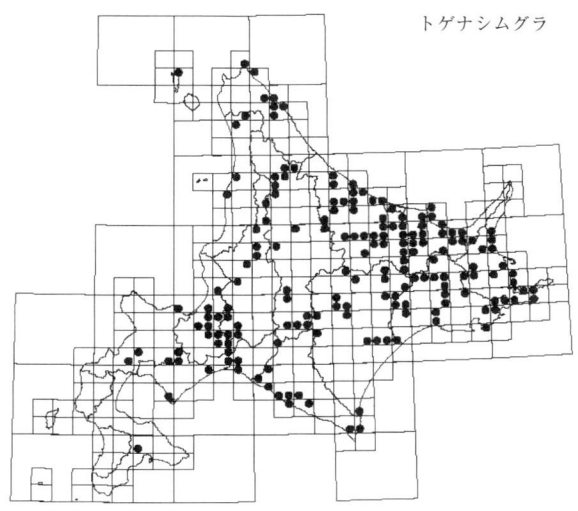

トゲナシムグラ

458. トゲナシヤエムグラ(2.3.50.1：アカネ科)
Galium spurium L. var. *spurium*
①邑田・米倉(2012)日本維管束植物目録 p.178 右，②ユーラシア原産，③不明・稀，④五十嵐博(2001)北海道帰化植物便覧 p.82，清水・森田・廣田(2001)全農教・日本帰化植物写真図鑑 p.231，清水建美編(2003)平凡社・日本の帰化植物 p.158・旭川，北海道(2010)ブルーリスト・B，旭川帰化植物研究会(2015)旭川の帰化植物 p.78，⑤未確認

459. ヒナソウ・トキワナズナ(2.3.50.1：アカネ科)
Houstonia caerulea L.
①邑田・米倉(2012)日本維管束植物目録 p.179 左，②北米原産，③不明・稀，④長田武正(1972)北隆館・日本帰化植物図鑑 p.52，長田武正(1976)保育社・原色日本帰化植物図鑑 p.92，五十嵐博(2001)北海道帰化植物便覧 p.82，清水・森田・廣田(2001)全農教・日本帰化植物写真図鑑 p.232，清水建美編(2003)平凡社・日本の帰化植物 p.158，北海道(2010)ブルーリスト・D，⑤未確認

460. ヘクソカズラ・ヤイトバナ (2.3.50.1：アカネ科)
Paederia foetida L.
①邑田・米倉(2012)日本維管束植物目録 p.180 左，②本州原産，③植木付・移入種・稀，④原松次(1981)北海道植物図鑑(上)p.28・函館市(道内では渡島にある)，梅沢俊(2007)新北海道の花 p.106・函館市函館山山麓・在来種，北海道(2010)ブルーリスト・B，⑤札幌市内などでの確認済みは植木付などによる移入種と判断した

461. アカネ (2.3.50.1：アカネ科)
Rubia argyi (H. Lev. et Vaniot) H. Hara ex Lauener et D. K. Ferguson
①邑田・米倉(2012)日本維管束植物目録 p.180 左，②本州原産，③移入種，④原松次(1981)北海道植物図鑑(上)p.25・函館市・道内では渡島にある，原松次(1985)北海道植物図鑑(下)p.112・松前町，滝田謙譲(2001)北海道植物図譜 p.765・函館市・渡島地方で採集されているが分布から推測すると本州から移入された可能性がある，梅沢俊(2007)新北海道の花 p.344・松前町・在来種，清水建美編(2003)平凡社・日本の帰化植物 p.160・「染料用に古くから栽培されているユーラシア原産のセイヨウアカネ(ムツバアカネ)Rubia tinctorum が稀に逸出している」とあるので今後の検討課題，⑤松前町・札幌市・日高町などで確認済み・在来種説もある

462. ハナヤエムグラ・アカバナヤエムグラ (2.3.50.1：アカネ科)
Sherardia arvensis L.
①邑田・米倉(2012)日本維管束植物目録 p.180 左，②欧州原産，③不明・稀，④長田武正(1972)北隆館・日本帰化植物図鑑 p.53，野草の写真図鑑(1996)日本ヴォーグ社・WILD FLOWERS p.180，五十嵐博(2001)北海道帰化植物便覧 p.82，清水・森田・廣田(2001)全農教・日本帰化植物写真図鑑 p.233，清水建美編(2003)平凡社・日本の帰化植物 p.159，北海道(2010)ブルーリスト・B，浅井元朗(2015)全農教・植調雑草大鑑 p.80，⑤新冠町判官館森林公園での確認のみ

463. ベニバナセンブリ (2.3.50.2：リンドウ科)
Centaurium erythraea Raf.
①邑田・米倉(2012)日本維管束植物目録 p.180 右，②欧州原産，③牧草種子に混入・稀，④野草の写真図鑑(1996)日本ヴォーグ社・WILD FLOWERS p.174，清水・森田・廣田(2001)全農教・日本帰化植物写真図鑑 p.227，清水建美編(2003)平凡社・日本の帰化植物 p.156，梅沢俊(2007)新北海道の花 p.237・長万部町国縫，梅沢俊(2007)北方山草 24：2・長万部町国縫・静狩湿原の縁，北海道(2010)ブルーリスト・B，⑤長万部町3カ所で確認済み

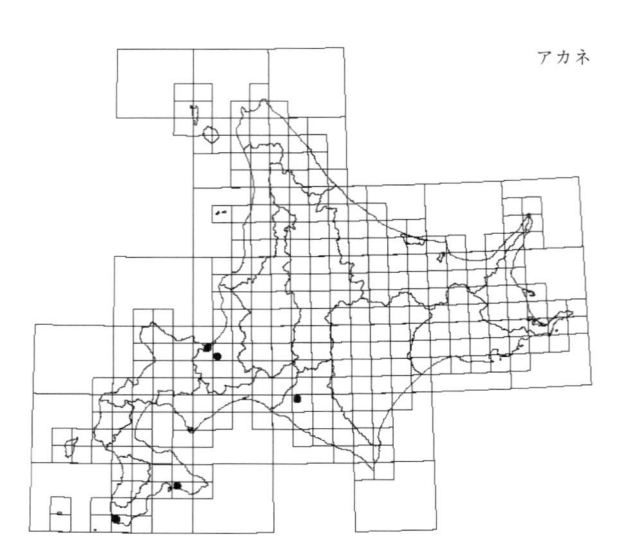

アカネ

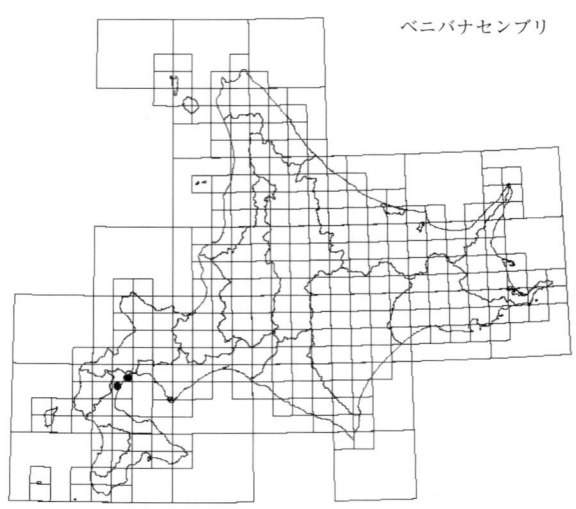

ベニバナセンブリ

464. ハナハマセンブリ(2.3.50.2：リンドウ科)
Centaurium tenuiflorum (Hoffmanns. et Link) Fritsch: *Centaurium pulchellum* Druce
【Plate 5④】
①邑田・米倉(2012)日本維管束植物目録 p.180 右, ②欧州原産, ③不明・稀, ④野草の写真図鑑(1996)日本ヴォーグ社・WILD FLOWERS p.174, 清水・森田・廣田(2001)全農教・日本帰化植物写真図鑑 p.227, 清水建美編(2003)平凡社・日本の帰化植物 p.156, ⑤2015 年 8 月に苫小牧市晴海町で確認済み

465. ツルニチニチソウ(2.3.50.5：キョウチクトウ科)
Vinca major L.
①邑田・米倉(2012)日本維管束植物目録 p.183 左, ②南欧州・北アフリカ原産, ③植栽され各地に逸出, ④野草の写真図鑑(1996)日本ヴォーグ社・WILD FLOWERS p.179, 五十嵐博(2001)北海道帰化植物便覧 p.81, 滝田謙譲(2001)北海道植物図譜 p.747・石狩市親船海岸, 清水・森田・廣田(2001)全農教・日本帰化植物写真図鑑 p.227, 清水建美編(2003)平凡社・日本の帰化植物 p.156, 梅沢俊(2007)新北海道の花 p.313, 北海道(2010)ブルーリスト・B, ⑤各地で確認済み

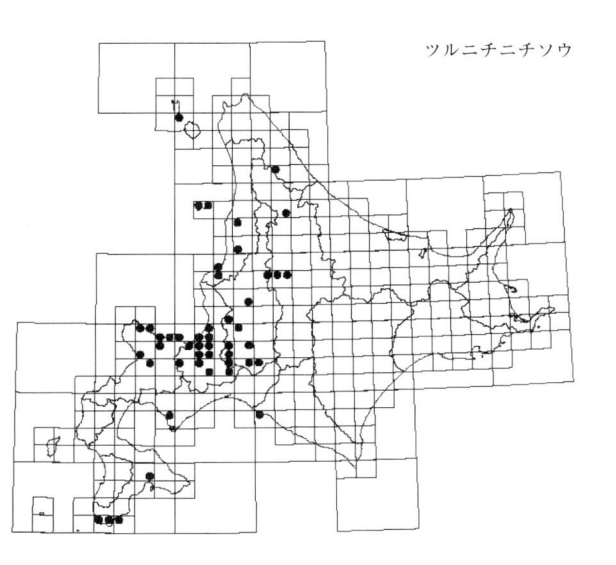

ツルニチニチソウ

466. ヒメツルニチニチソウ(2.3.50.5：キョウチクトウ科)
Vinca minor L.
②南欧州・北アフリカ原産, ③植栽され各地に逸出, ④野草の写真図鑑(1996)日本ヴォーグ社・WILD FLOWERS p.179, 五十嵐博(2001)北海道帰化植物便覧 p.81, 清水建美編(2003)平凡社・日本の帰化植物 p.156, 梅沢俊(2007)新北海道の花 p.313・札幌市, 北海道(2010)ブルーリスト・B, 旭川帰化植物研究会(2015)旭川の帰化植物 p.78, ⑤各地で確認済み

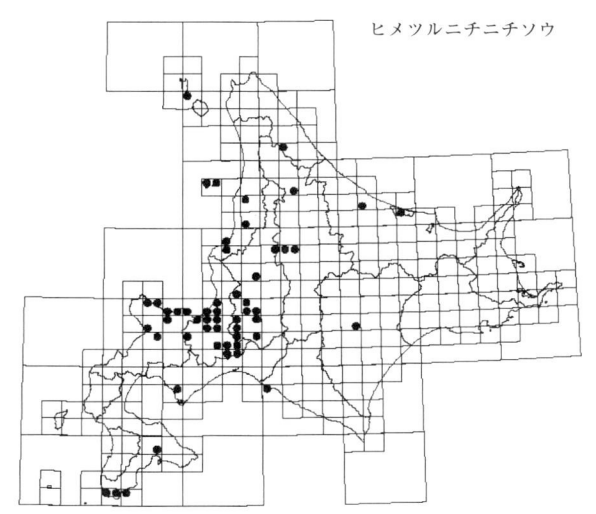

ヒメツルニチニチソウ

ルリカラクサ・ネモフィラ(2.3.51.1：ハゼリソウ科)
Nemophila maculata
②北米原産, ③植栽され稀に遺棄・消滅, ④山渓カラー名鑑(1998)山と渓谷社・園芸植物 p.236, ⑤2010 年厚真町浜厚真海岸で遺棄されたものを確認未発表・その後消滅・整理番号なし

467. アラゲムラサキ(2.3.51.1：ムラサキ科)
Amsinckia barbata Greene: Amsinckia menziesii (Lehm.) Nelson
②北米原産, ③不明・稀, ④長田武正(1972)北隆館・日本帰化植物図鑑 p.76, 五十嵐博(2001)北海道帰化植物便覧 p.84, 清水建美編(2003)平凡社・日本の帰化植物 p.164, 北海道(2010)ブルーリス

ト・B，植村ほか(2010)全農教・日本帰化植物写真図鑑(2)p.186，旭川帰化植物研究会(2015)旭川の帰化植物 p.79，⑤未確認

468. ワルタビラコ・キバナムラサキ(2.3.51.1：ムラサキ科)
Amsinckia lycopsoides (Lehm.) Lehm.
①邑田・米倉(2012)日本維管束植物目録 p.184 左，②北米原産，③不明・稀，④長田武正(1972)北隆館・日本帰化植物図鑑 p.76，長田武正(1976)保育社・原色日本帰化植物図鑑 p.150，五十嵐博(2001)北海道帰化植物便覧 p.84，滝田謙譲(2001)北海道植物図譜 p.777・釧路市西港，清水・森田・廣田(2001)全農教・日本帰化植物写真図鑑 p.252，清水建美編(2003)平凡社・日本の帰化植物 p.165，梅沢俊(2007)新北海道の花 p.35・釧路市西港，北海道(2010)ブルーリスト・B，⑤釧路市西港，苫小牧市内2箇所などで確認済み

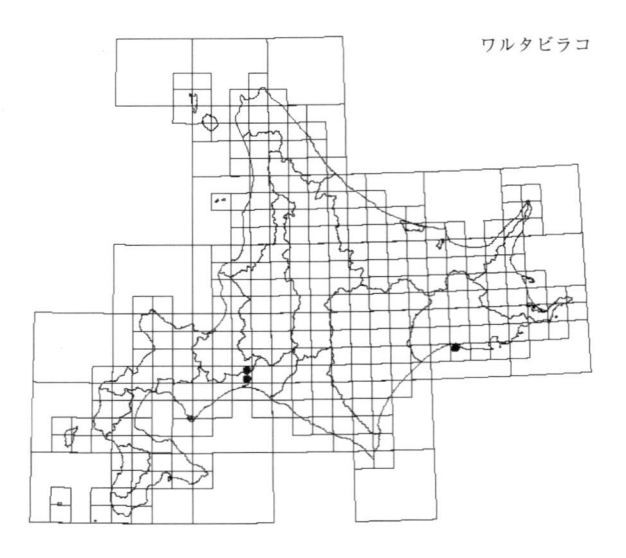

ワルタビラコ

469. トゲムラサキ(2.3.51.1：ムラサキ科)
Asperugo procumbens L.
①邑田・米倉(2012)日本維管束植物目録 p.184 左，②欧州南部〜アジア西部原産，③不明・稀，④長田武正(1972)北隆館・日本帰化植物図鑑 p.77，五十嵐博(2001)北海道帰化植物便覧 p.85，清水・森田・廣田(2001)全農教・日本帰化植物写真図鑑 p.253，清水建美編(2003)平凡社・日本の帰化植物 p.165，北海道(2010)ブルーリスト・D，旭川帰化植物研究会(2015)旭川の帰化植物 p.79，⑤未確認

470. シャゼンムラサキ(2.3.51.1：ムラサキ科)
Echium plantagineum L.
①邑田・米倉(2012)日本維管束植物目録 p.184 左，②欧州原産，③植栽され稀に逸出，④清水・森田・廣田(2001)全農教・日本帰化植物写真図鑑 p.253，清水建美編(2003)平凡社・日本の帰化植物 p.165，北海道(2010)ブルーリスト・B，⑤恵庭市で丹羽真一氏からの確認情報あり・現地未確認

471. シベナガムラサキ(2.3.51.1：ムラサキ科)
Echium vulgare L.
①邑田・米倉(2012)日本維管束植物目録 p.184 左，②欧州原産，③植栽され稀に逸出，④長田武正(1972)北隆館・日本帰化植物図鑑 p.78，長田武正(1976)保育社・原色日本帰化植物図鑑 p.152，野草の写真図鑑(1996)日本ヴォーグ社・WILD FLOWERS p.188，五十嵐博(2001)北海道帰化植物便覧 p.85，清水建美編(2003)平凡社・日本の帰化植物 p.165，滝田謙譲(2004)北海道植物図鑑・補遺 p.30・苫小牧市勇払川西通り，梅沢俊(2007)新北海道の花 p.313・苫小牧市，植村ほか(2010)全農教・日本帰化植物写真図鑑(2)p.188，北海道(2010)ブルーリスト・B，⑤苫小牧市勇払川西通り，千歳市長都駅(消滅)などで確認済み

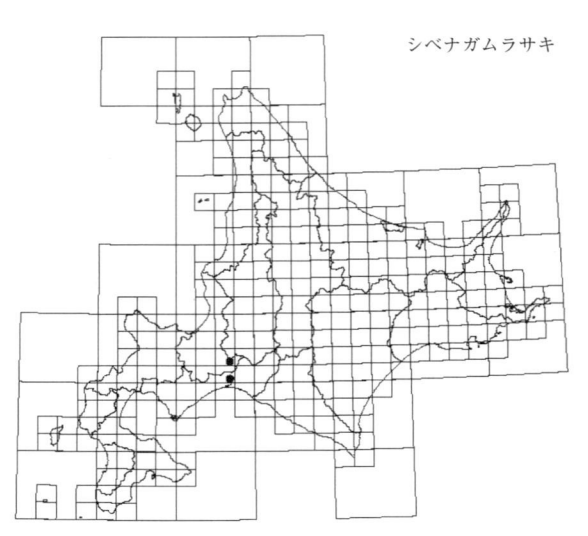

シベナガムラサキ

472. ノムラサキ・オオイワムラサキ(2.3.51.1：ムラサキ科)
Lappula squarrosa (Retz.) Dumort.
①邑田・米倉(2012)日本維管束植物目録 p.184 右，②アジア〜地中海沿岸原産，③不明・稀，④長田武正(1972)北隆館・日本帰化植物図鑑 p.78，長田武正(1976)保育社・原色日本帰化植物図鑑 p.149，五十嵐博(2001)北海道帰化植物便覧 p.85，滝田謙譲(2001)北海道植物図譜 p.782・釧路市西港，清水・森田・廣田(2001)全農教・日本帰化植物写真図鑑 p.255，清水建美編(2003)平凡社・日本の帰化植物 p.166，梅沢俊(2007)新北海道の花 p.310・小樽市第三埠頭，北海道(2010)ブルーリスト・B，旭川帰化植物研究会(2015)旭川の帰化植物 p.79，⑤小樽港・安平町などで確認済み

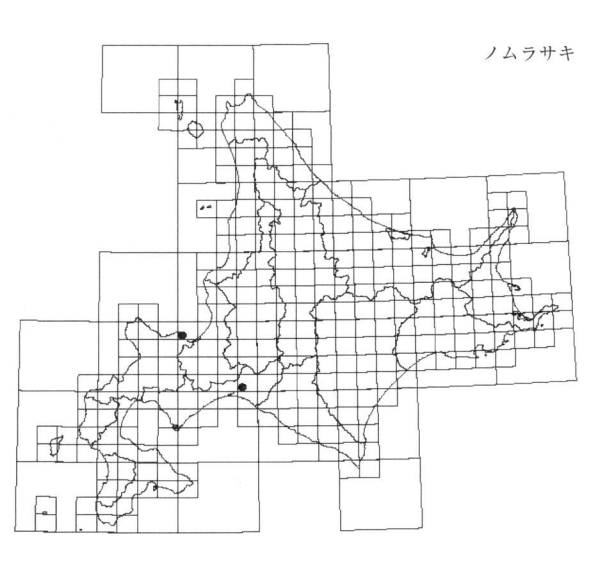

ノムラサキ

473. イヌムラサキ(2.3.51.1：ムラサキ科)
Lithospermum arvense L.
①邑田・米倉(2012)日本維管束植物目録 p.184 右，②北半球温帯広域原産，③不明・稀，④長田武正(1972)北隆館・日本帰化植物図鑑 p.77，長田武正(1976)保育社・原色日本帰化植物図鑑 p.144，五十嵐博(2001)北海道帰化植物便覧 p.86，清水・森田・廣田(2001)全農教・日本帰化植物写真図鑑 p.256，清水建美編(2003)平凡社・日本の帰化植物 p.166，北海道(2010)ブルーリスト・D，⑤未確認

474. ノハラムラサキ・ノハラワスレナグサ(2.3.51.1：ムラサキ科)
Myosotis arvensis (L.) Hill
①邑田・米倉(2012)日本維管束植物目録 p.184 右，②欧州原産，③不明・各地，④長田武正(1972)北隆館・日本帰化植物図鑑 p.79，長田武正(1976)保育社・原色日本帰化植物図鑑 p.147，野草の写真図鑑(1996)日本ヴォーグ社・WILD FLOWERS p.193，五十嵐博(2001)北海道帰化植物便覧 p.86，滝田謙譲(2001)北海道植物図譜 p.786・旭川市西神楽・富良野市山部太陽の里キャンプ場，清水・森田・廣田(2001)全農教・日本帰化植物写真図鑑 p.258，清水建美編(2003)平凡社・日本の帰化植物 p.167，梅沢俊(2007)新北海道の花 p.311・札幌市，北海道(2010)ブルーリスト・A3，浅井元朗(2015)全農教・植調雑草大鑑 p.271，旭川帰化植物研究会(2015)旭川の帰化植物 p.79，⑤各地で確認済み

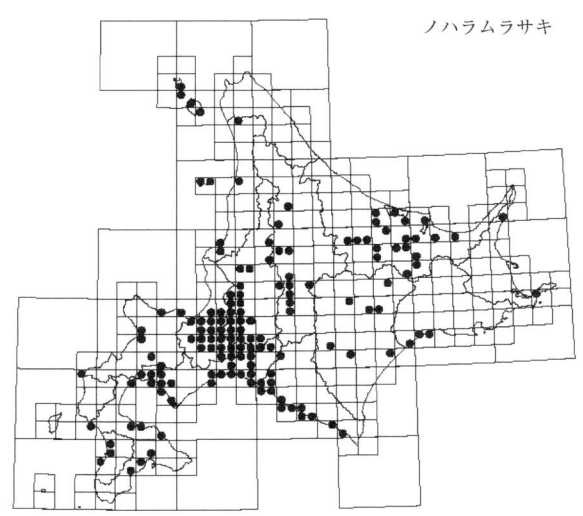

ノハラムラサキ

475. ハマワスレナグサ(2.3.51.1：ムラサキ科)
Myosotis discolor Pers.
①邑田・米倉(2012)日本維管束植物目録 p.184 右，②欧州〜西アジア原産，③不明・稀，④長田武正(1972)北隆館・日本帰化植物図鑑 p.80，長田武正(1976)保育社・原色日本帰化植物図鑑 p.148，五十嵐博(2001)北海道帰化植物便覧 p.86，滝田謙譲(2001)北海道植物図譜 p.788・鶴居村市街地，清水建美編(2003)平凡社・日本の帰化植物 p.167，植村

ほか(2010)全農教・日本帰化植物写真図鑑(2) p.191, 北海道(2010)ブルーリスト・B, ⑤豊浦町森林公園, 様似町など各地で確認済み

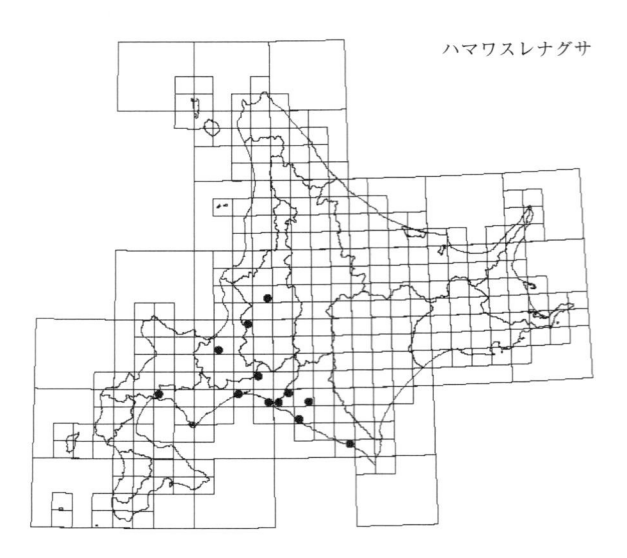

ハマワスレナグサ

476. ワスレナグサ・シンワスレナグサ
(2.3.51.1：ムラサキ科)
Myosotis scorpioides L.
　シロバナワスレナグサ
Myosotis scorpioides L. f. *albiflora*
①邑田・米倉(2012)日本維管束植物目録 p.184 右, ②欧州原産, ③植栽され各地に逸出・水辺でも良く見かける, ④長田武正(1972)北隆館・日本帰化植物図鑑 p.79, 長田武正(1976)保育社・原色日本帰化植物図鑑 p.146, 原松次(1983)北海道植物図鑑(中) p.113・ニセコ町, 野草の写真図鑑(1996)日本ヴォーグ社・WILD FLOWERS p.194, 五十嵐博(2001)北海道帰化植物便覧 p.87, 滝田謙譲(2001)北海道植物図譜 p.787・根室市桂木, 清水・森田・廣田(2001)全農教・日本帰化植物写真図鑑 p.259, 清水建美編(2003)平凡社・日本の帰化植物 p.167, 梅沢俊(2007)新北海道の花 p.311・札幌市, 北海道(2010)ブルーリスト・A3, 浅井元朗(2015)全農教・植調雑草大鑑 p.271, 旭川帰化植物研究会(2015)旭川の帰化植物 p.79, ⑤各地で確認済み

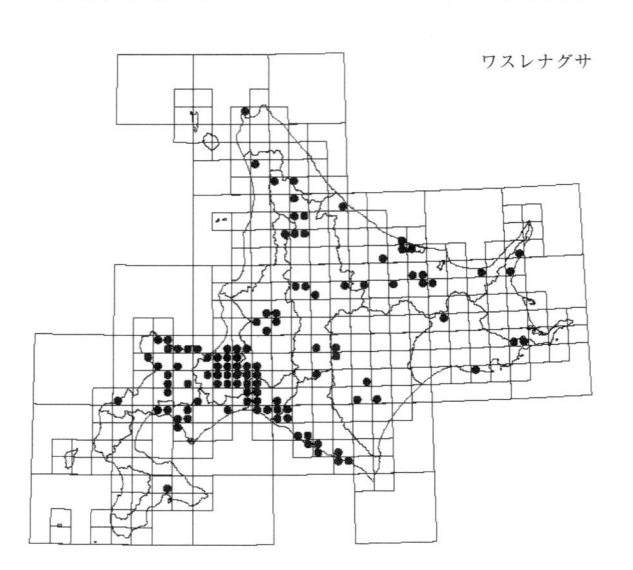

477. ヒナムラサキ(2.3.51.1：ムラサキ科)
Plagiobothrys scouleri (Hook. et Arn.) I. M. Johnst.
①邑田・米倉(2012)日本維管束植物目録 p.185 左, ②北米原産, ③不明(芝種子混入か)・稀, ④五十嵐博(2001)北海道帰化植物便覧 p.87, 清水建美編(2003)平凡社・日本の帰化植物 p.167・網走市, 梅沢俊(2007)新北海道の花 p.101・釧路市阿寒湖スキー場, 北海道(2010)ブルーリスト・B, ⑤網走市呼人・釧路市阿寒湖スキー場などで確認済み

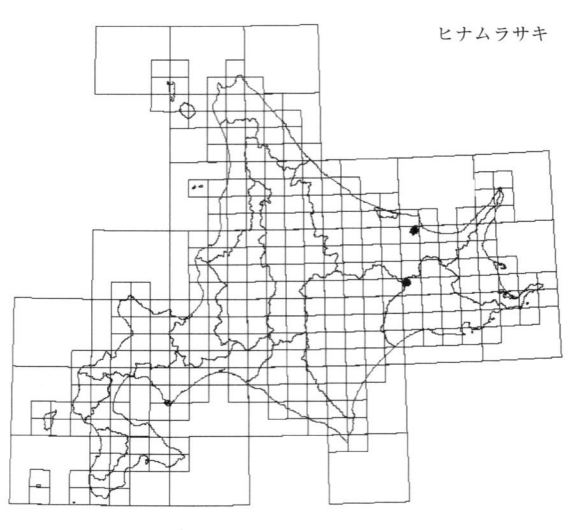

ワスレナグサ

ヒナムラサキ

478. オオハリソウ・ラフコンフリー(2.3.51.1：ムラサキ科)
  Symphytum asperum Lepech.
  ①邑田・米倉(2012)日本維管束植物目録 p.185 左，②コーカサス原産，③植栽され稀に逸出・消滅，④長田武正(1976)保育社・原色日本帰化植物図鑑 p.151，五十嵐博(2001)北海道帰化植物便覧 p.87，清水建美編(2003)平凡社・日本の帰化植物 p.167，北海道(2010)ブルーリスト・B，⑤長沼町で確認済み・消滅

479. ヒレハリソウ(2.3.51.1：ムラサキ科)
  Symphytum officinale L.
    シロバナヒレハリソウ
  Symphytum L. *officinale* f. *alba*
  ①邑田・米倉(2012)日本維管束植物目録 p.185 左，②欧州・原産，③植栽され各地に逸出・白花も各地に，④長田武正(1976)保育社・原色日本帰化植物図鑑 p.151，原松次(1983)北海道植物図鑑(中)p.113・伊達市，野草の写真図鑑(1996)日本ヴォーグ社・WILD FLOWERS p.190，山岸喬(1998)日本ハーブ図鑑 p.98，五十嵐博(2001)北海道帰化植物便覧 p.88，滝田謙譲(2001)北海道植物図譜 p.789・釧路市緑ヶ岡，清水・森田・廣田(2001)全農教・日本帰化植物写真図鑑 p.260，清水建美編(2003)平凡社・日本の帰化植物 p.167，梅沢俊(2007)新北海道の花 p.227・札幌市真駒内，北海道(2010)ブルーリスト・A3，浅井元朗(2015)全農教・植調雑草大鑑 p.271，旭川帰化植物研究会(2015)旭川の帰化植物 p.79，⑤各地で確認済み

480. コンフリー(2.3.51.1：ムラサキ科)
  Symphytum × *uplandicum* Nyman
  ①邑田・米倉(2012)日本維管束植物目録 p.185 左，②雑種・不明，③，不明，④野草の写真図鑑(1996)日本ヴォーグ社・WILD FLOWERS p.190・ロシアンコンフリー，清水建美編(2003)平凡社・日本の帰化植物 p.167，⑤コンフリーはオオハリソウ×ヒレハリソウと分けているので前記ヒレハリソウのほとんどはコンフリーの可能性

481. キュウリグサ・タビラコ(2.3.51.1：ムラサキ科)
  Trigonotis peduncularis (Trevir.) F. B. Forbes et Hemsl.
  ①邑田・米倉(2012)日本維管束植物目録 p.185 左，②本州原産，③花苗などによる移入種・稀，④北海道(2010)ブルーリスト・B，⑤札幌市中島公園で確認済み

482. コヒルガオ(2.3.52.1：ヒルガオ科)
  Calystegia hederacea Wall.
  ①邑田・米倉(2012)日本維管束植物目録 p.185 左，②在来種・東南アジア原産，③不明・稀，④原松

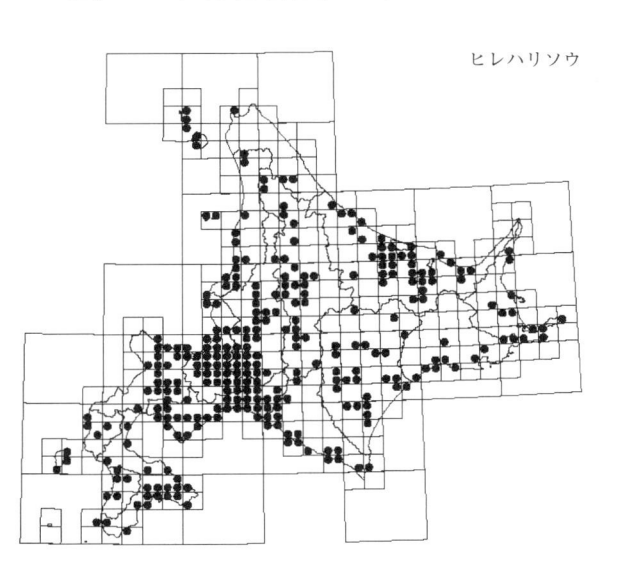

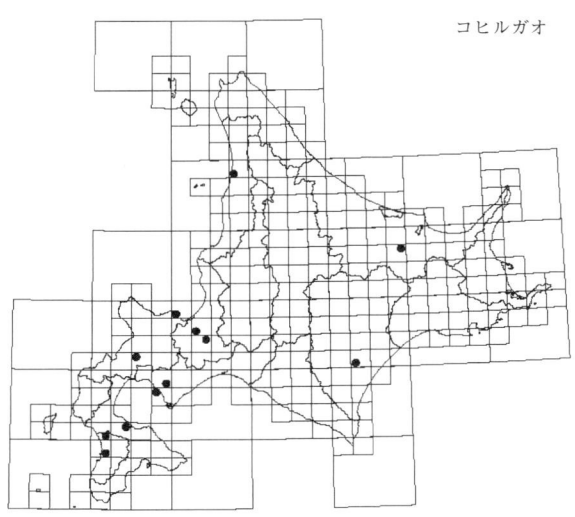

次(1981)北海道植物図鑑(上)p.37・伊達市・在来種, 五十嵐博(2001)北海道帰化植物便覧 p.83・外来種, 滝田謙譲(2001)北海道植物図譜 p.774・旭川市西神楽, 清水・森田・廣田(2001)全農教・日本帰化植物写真図鑑 p.234・在来種, 清水建美編(2003)平凡社・日本の帰化植物 p.160・在来種, 梅沢俊(2007)新北海道の花 p.236・札幌市八剣山山麓, 北海道(2010)ブルーリスト・B, 浅井元朗(2015)全農教・植調雑草大鑑 p.240, ⑤各地で確認済み

483. セイヨウヒルガオ(2.3.52.1：ヒルガオ科)
Convolvulus arvensis L.
①邑田・米倉(2012)日本維管束植物目録 p.185 右, ②欧州原産, ③不明・稀, ④長田武正(1972)北隆館・日本帰化植物図鑑 p.80, 長田武正(1976)保育社・原色日本帰化植物図鑑 p.153, 原松次(1985)北海道植物図鑑(下)p.25・伊達市, 野草の写真図鑑(1996)日本ヴォーグ社・WILD FLOWERS p.186, 五十嵐博(2001)北海道帰化植物便覧 p.83, 滝田謙譲(2001)北海道植物図譜 p.775・士別市下士別・白滝村湧別川上流域, 清水・森田・廣田(2001)全農教・日本帰化植物写真図鑑 p.234, 清水建美編(2003)平凡社・日本の帰化植物 p.160, 梅沢俊(2007)新北海道の花 p.235・伊達市国道 37 号線沿い, 北海道(2010)ブルーリスト・**A3**(繁殖力が強く周辺を被圧), 浅井元朗(2015)全農教・植調雑草大鑑 p.241, 旭川帰化植物研究会(2015)旭川の帰化植物

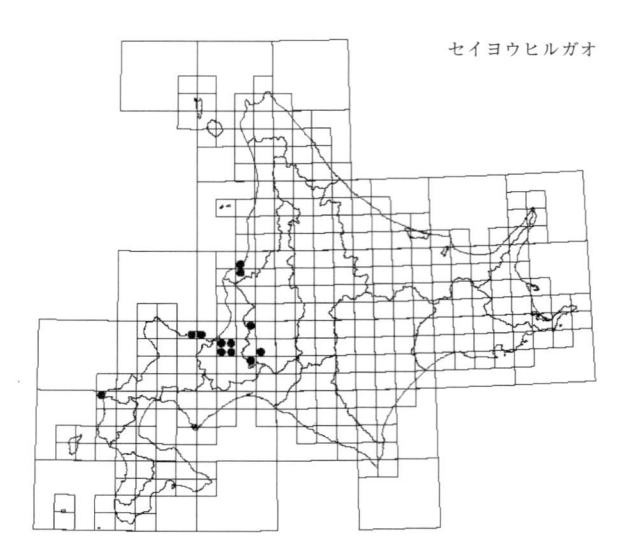

p.78, **環境省・要注意外来生物**, ⑤各地で確認済み

484. アメリカネナシカズラ・オオバナアメリカネナシカズラ(2.3.52.1：ヒルガオ科)
Cuscuta campestris Yuncker: Cuscuta pentagona Engelm.
①邑田・米倉(2012)日本維管束植物目録 p.185 右, ②北米原産, ③不明・稀, ④長田武正(1976)保育社・原色日本帰化植物図鑑 p.161, 原松次(1983)北海道植物図鑑(中)p.113, 原松次(1985)北海道植物図鑑(下)p.28・室蘭市, 五十嵐博(2001)北海道帰化植物便覧 p.84, 清水・森田・廣田(2001)全農教・日本帰化植物写真図鑑 p.240, 清水建美編(2003)平凡社・日本の帰化植物 p.161, 北海道(2010)ブルーリスト・**A3**(繁殖力が強く周辺を被圧), 浅井元朗(2015)全農教・植調雑草大鑑 p.247, **環境省・要注意外来生物**, ⑤ 2015 年 8 月 28 日に千歳市流通の雪捨て場で確認済み

485. アマダオシ(2.3.52.1：ヒルガオ科)
Cuscuta epilinum Weihe
①邑田・米倉(2012)日本維管束植物目録 p.185 右, ②欧州原産, ③不明・稀, ④五十嵐博(2001)北海道帰化植物便覧 p.83, 清水建美編(2003)平凡社・日本の帰化植物 p.161, 北海道(2010)ブルーリスト・D, ⑤未確認

486. ツメクサダオシ(2.3.52.1：ヒルガオ科)
Cuscuta epithymum (L.) Murray: Cuscuta epithymum Murry ssp. trifolii Hegi
①邑田・米倉(2012)日本維管束植物目録 p.185 右, ②欧州原産, ③不明・稀, ④野草の写真図鑑(1996)日本ヴォーグ社・WILD FLOWERS p.184, 五十嵐博(2001)北海道帰化植物便覧 p.83, 清水建美編(2003)平凡社・日本の帰化植物 p.161, 北海道(2010)ブルーリスト・D, ⑤未確認

セイヨウヒルガオ

487. アメリカアサガオ(2.3.52.1：ヒルガオ科)
  Ipomoea hederacea (L.) Jacq.
    マルバアメリカアサガオ
  Ipomoea hederacea (L.) Jacq. var. *integriuscula* A. Gray
①邑田・米倉(2012)日本維管束植物目録 p.185 右, ②熱帯アメリカ原産, ③不明・稀, ④長田武正(1972)北隆館・日本帰化植物図鑑 p.82, 長田武正(1976)保育社・原色日本帰化植物図鑑 p.154, 五十嵐博(2001)北海道帰化植物便覧 p.84, 滝田謙譲(2001)北海道植物図譜 p.775・マルバアメリカアサガオ・旭川市東旭川町, 清水・森田・廣田(2001)全農教・日本帰化植物写真図鑑 p.244, 清水建美編(2003)平凡社・日本の帰化植物 p.163, 北海道(2010)ブルーリスト・B, 浅井元朗(2015)全農教・植調雑草大鑑 p.243, 旭川帰化植物研究会(2015)旭川の帰化植物 p.78, ⑤各地で確認済み

488. マメアサガオ・ヒラミホシアサガオ
  (2.3.52.1：ヒルガオ科)
  Ipomoea lacunosa L.
①邑田・米倉(2012)日本維管束植物目録 p.186 左, ②北米原産, ③不明・稀, ④長田武正(1972)北隆館・日本帰化植物図鑑 p.84, 長田武正(1976)保育社・原色日本帰化植物図鑑 p.157, 五十嵐博(2001)北海道帰化植物便覧 p.84, 清水・森田・廣田(2001)全農教・日本帰化植物写真図鑑 p.245, 清水建美編(2003)平凡社・日本の帰化植物 p.162, 北海道(2010)ブルーリスト・B, 浅井元朗(2015)全農教・植調雑草大鑑 p.242, ⑤釧路市西港で確認済み

489. アサガオ ・コアサガオ(2.3.52.1：ヒルガオ科)
  Ipomoea nil (L.) Roth
①邑田・米倉(2012)日本維管束植物目録 p.186 左, ②中国原産, ③栽培され稀に逸出, ④長田武正(1976)保育社・原色日本帰化植物図鑑 p.155, 清水・森田・廣田(2001)全農教・日本帰化植物写真図鑑 p.246, 清水建美編(2003)平凡社・日本の帰化植物 p.164, 浅井元朗(2015)全農教・植調雑草大鑑 p.244, ⑤札幌市内などで確認済み

490. チョウセンアサガオ・マンダラゲ
  (2.3.52.2：ナス科)
  Datura metel L.
①邑田・米倉(2012)日本維管束植物目録 p.186 右, ②アジア原産, ③栽培され稀に逸出, ④長田武正(1972)北隆館・日本帰化植物図鑑 p.61, 長田武正(1976)保育社・原色日本帰化植物図鑑 p.114, 五十嵐博(2001)北海道帰化植物便覧 p.93, 清水・森田・廣田(2001)全農教・日本帰化植物写真図鑑 p.276, 清水建美編(2003)平凡社・日本の帰化植物 p.176, 北海道(2010)ブルーリスト・A3(毒草), **環境省・要注意外来生物**, ⑤未確認

491. シロバナチョウセンアサガオ(2.3.52.2：ナス科)
  Datura stramonium L. f. *stramonium*
    ヨウシュチョウセンアサガオ
  Datura stramonium L. f. *tatura* (L.) B. Boivin
①邑田・米倉(2012)日本維管束植物目録 p.186 右, ②熱帯アジア原産, ③栽培され稀に逸出, ④長田武正(1972)北隆館・日本帰化植物図鑑 p.61, 長田武正(1976)保育社・原色日本帰化植物図鑑 p.114, 野草の写真図鑑(1996)日本ヴォーグ社・WILD FLOWERS p.216, 五十嵐博(2001)北海道帰化植物便覧 p.93, 滝田謙譲(2001)北海道植物図譜 p.825・池田町駅前, 清水・森田・廣田(2001)全農教・日本帰化植物写真図鑑 p.278, 清水建美編(2003)平凡

ヨウシュチョウセンアサガオ

社・日本の帰化植物 p.176, 北海道(2010)ブルーリスト・A3(毒草), 浅井元朗(2015)全農教・植調雑草大鑑 p.219, 旭川帰化植物研究会(2015)旭川の帰化植物 p.79, **環境省・要注意外来生物**, ⑤各地で確認済み

492. アメリカチョウセンアサガオ・ケチョウセンアサガオ(2.3.52.2：ナス科)

Datura wrightii Regel: Datura innoxia Mii.: Datura meteloides Dunal

①邑田・米倉(2012)日本維管束植物目録 p.186 右, ②北米原産, ③栽培され稀に逸出, ④長田武正(1972)北隆館・日本帰化植物図鑑 p.61, 長田武正(1976)保育社・原色日本帰化植物図鑑 p.115, 五十嵐博(2001)北海道帰化植物便覧 p.93・参考掲載, 清水・森田・廣田(2001)全農教・日本帰化植物写真図鑑 p.277, 清水建美編(2003)平凡社・日本の帰化植物 p.176, **環境省・要注意外来生物**, ⑤未確認で報告例はないが今回は掲載する

493. クコ(2.3.52.2：ナス科)

Lycium chinense Mill.

①邑田・米倉(2012)日本維管束植物目録 p.186 右, ②中国・日本原産, ③植栽され稀に逸出, ④佐藤孝夫(1990)北海道樹木図鑑 p.275, 五十嵐博(2001)北海道帰化植物便覧 p.93, 北海道(2010)ブルーリスト・B, ⑤江差町, 小樽市など各地で確認済み

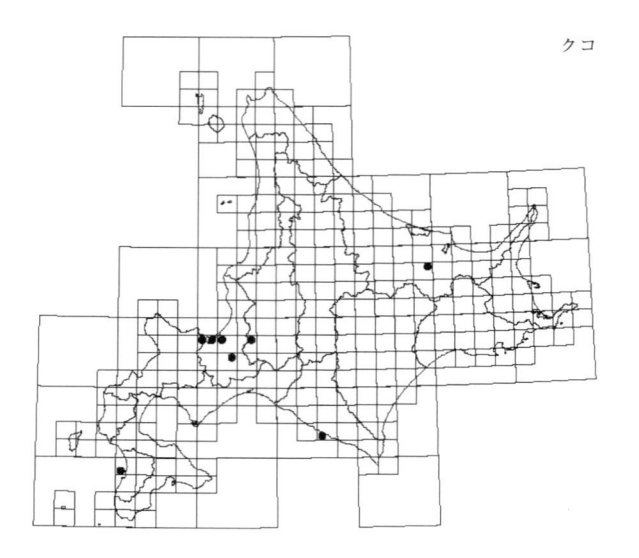

クコ

494. オオセンナリ(2.3.52.2：ナス科)

Nicandra physalodes (L.) Gaertn.

①邑田・米倉(2012)日本維管束植物目録 p.186 右, ②南米原産, ③植栽され稀に逸出, ④長田武正(1972)北隆館・日本帰化植物図鑑 p.62, 五十嵐博(2001)北海道帰化植物便覧 p.93, 清水・森田・廣田(2001)全農教・日本帰化植物写真図鑑 p.279, 清水建美編(2003)平凡社・日本の帰化植物 p.177, 滝田謙譲(2004)北海道植物図譜補遺 p.34・小樽市第三埠頭, 梅沢俊(2007)新北海道の花 p.305・札幌市中央区の市街地, 北海道(2010)ブルーリスト・B, 浅井元朗(2015)全農教・植調雑草大鑑 p.215, ⑤小樽港・札幌市真栄などで確認済み

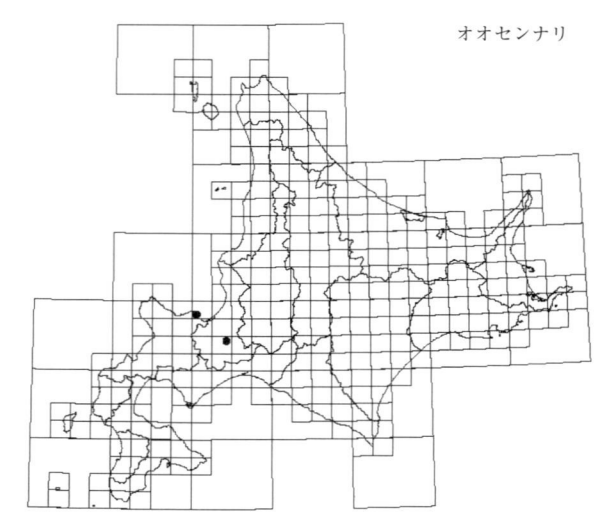

オオセンナリ

495. ツクバネアサガオ・ペチュニア(2.3.52.2：ナス科)

Petunia × *hybrida* Vilmorin

②南米原産, ③植栽され稀に逸出, ④長田武正(1976)保育社・原色日本帰化植物図鑑 p.131, 五十嵐博(2001)北海道帰化植物便覧 p.94, 清水建美編(2003)平凡社・日本の帰化植物 p.177, 北海道(2010)ブルーリスト・B, ⑤札幌市内空地などで確認済み

496. ホオズキ(2.3.52.2：ナス科)

Physalis alkeckengi L. var. *franchetii* (Mast.) Makino

①邑田・米倉(2012)日本維管束植物目録 p.187 左，②中国原産，③植栽され各地に逸出，④五十嵐博(2001)北海道帰化植物便覧 p.94，清水建美編(2003)平凡社・日本の帰化植物 p.178，北海道(2010)ブルーリスト・B，⑤各地で確認済み

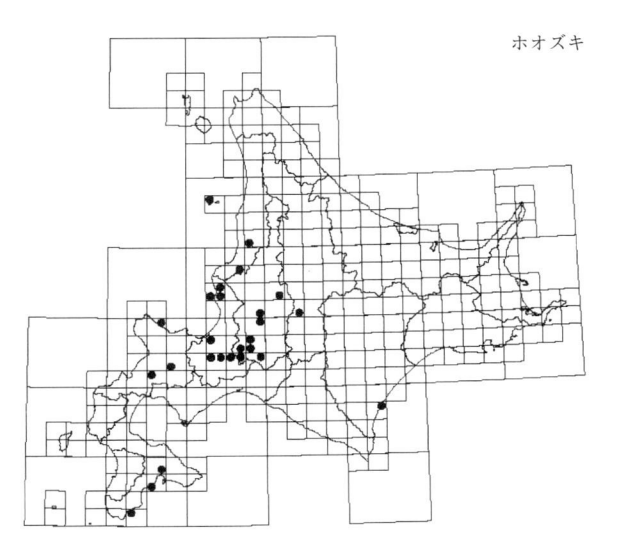

ホオズキ

497. ビロードホオズキ・アメリカホオズキ
(2.3.52.2：ナス科)
Physalis heterophylla Nees
①邑田・米倉(2012)日本維管束植物目録 p.187 左，②北米原産，③不明・稀，④五十嵐博(2001)北海道帰化植物便覧 p.94，清水・森田・廣田(2001)全農教・日本帰化植物写真図鑑 p.280，清水建美編(2003)平凡社・日本の帰化植物 p.178・札幌市，梅沢俊(2007)新北海道の花 p.347・札幌市真駒内，北海道(2010)ブルーリスト・B，⑤札幌市真駒内公園などで確認済み

498. ワルナスビ・オニナスビ・ノハラナスビ
(2.3.52.2：ナス科)
Solanum carolinense L.
シロバナワルナスビ
Solanum carolinense L. f. *albiflorum* (Kuntze) Benke
①邑田・米倉(2012)日本維管束植物目録 p.187 左，②北米原産，③不明・稀，④長田武正(1972)北隆館・日本帰化植物図鑑 p.64，長田武正(1976)保育社・原色日本帰化植物図鑑 p.118，五十嵐博(2001)北海道帰化植物便覧 p.94，清水・森田・廣田(2001)全農教・日本帰化植物写真図鑑 p.285，清水建美編(2003)平凡社・日本の帰化植物 p.181，滝田謙譲(2004)北海道植物図譜補遺 p.35・小樽市第三埠頭，梅沢俊(2007)新北海道の花 p.97・江差町，北海道(2010)ブルーリスト・A3，浅井元朗(2015)全農教・植調雑草大鑑 p.218，旭川帰化植物研究会(2015)旭川の帰化植物 p.80，小樽港・函館市などで確認済み，**環境省・要注意外来生物**，⑤各地で確認済み

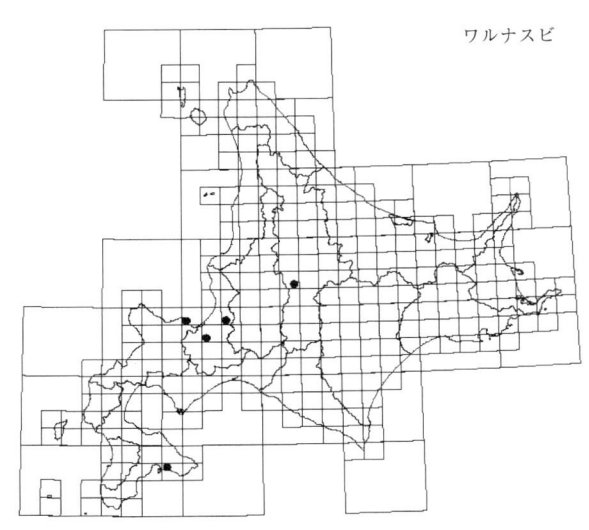

ワルナスビ

499. セイヨウヤマホロシ (2.3.52.2：ナス科)
Solanum dulcamara L.
①邑田・米倉(2012)日本維管束植物目録 p.187 左，②欧州原産，③不明・稀，④野草の写真図鑑(1996)日本ヴォーグ社・WILD FLOWERS p.215，植村ほか(2010)全農教・日本帰化植物写真図鑑(2) p.213，⑤ 2014 年秋・札幌市屯田での確認情報あり・画像での確認済み

500. ヒヨドリジョウゴ (2.3.52.2：ナス科)
Solanum lyratum Thunb. var. *lyratum*
①邑田・米倉(2012)日本維管束植物目録 p.187 右，②本州原産，③移入種・稀，④北海道(2010)ブルーリスト・B，⑤札幌市中島公園で確認済み

501. イヌホオズキ(2.3.52.2：ナス科)
  Solanum nigrum L.
  史前帰化・在来種
  ①邑田・米倉(2012)日本維管束植物目録 p.187 右，②欧州原産，③不明・各地，④長田武正(1972)北隆館・日本帰化植物図鑑 p.66，原松次(1983)北海道植物図鑑(中)p.96・伊達市，原松次(1985)北海道植物図鑑(下)p.113・室蘭市，野草の写真図鑑(1996)日本ヴォーグ社・WILD FLOWERS p.215，五十嵐博(2001)北海道帰化植物便覧 p.95，滝田謙譲(2001)北海道植物図譜 p.828・釧路市西港，清水建美編(2003)平凡社・日本の帰化植物 p.182，梅沢俊(2007)新北海道の花 p.97・安平町早来，北海道(2010)ブルーリスト・A3，浅井元朗(2015)全農教・植調雑草大鑑 p.216，⑤各地で確認済み

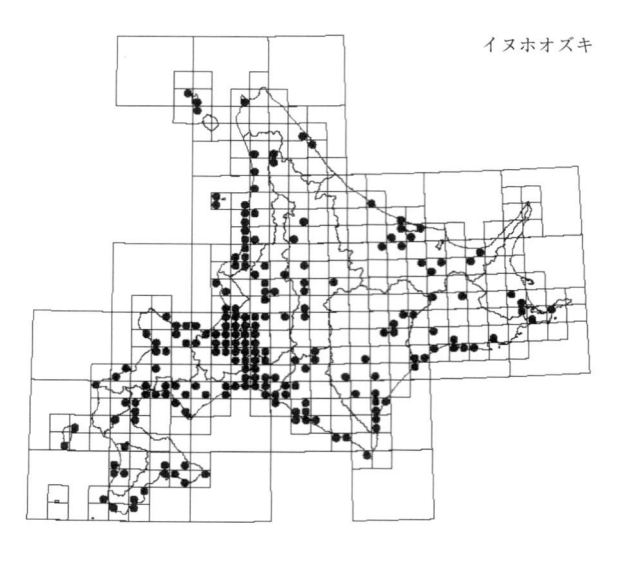

イヌホオズキ

502. ヒメケイヌホオズキ(2.3.52.2：ナス科)
  Solanum physalifolium Rusby var. *nitidibaccatum* (Bitter) Edmonds
  ①邑田・米倉(2012)日本維管束植物目録 p.187 右，②南米原産，③不明・稀，④清水建美編(2003)平凡社・日本の帰化植物 p.182，梅沢俊(2007)新北海道の花 p.97・小樽市第三埠頭，北海道(2010)ブルーリスト・B，植村ほか(2010)全農教・日本帰化植物写真図鑑(2)p.217，浅井元朗(2015)全農教・植調雑草大鑑 p.217，⑤小樽港で確認済み

503. アメリカイヌホオズキ(2.3.52.2：ナス科)
  Solanum ptychanthum Dunal: Solanum americanum Mill.
  ①邑田・米倉(2012)日本維管束植物目録 p.187 右，②北米原産，③不明・稀，④長田武正(1976)保育社・原色日本帰化植物図鑑 p.123，五十嵐博(2001)北海道帰化植物便覧 p.94，滝田謙譲(2001)北海道植物図譜 p.829・旭川市東旭川町，清水・森田・廣田(2001)全農教・日本帰化植物写真図鑑 p.284，清水建美編(2003)平凡社・日本の帰化植物 p.180，梅沢俊(2007)新北海道の花 p.97・北広島市，北海道(2010)ブルーリスト・B，浅井元朗(2015)全農教・植調雑草大鑑 p.217，⑤北広島市などで確認済み

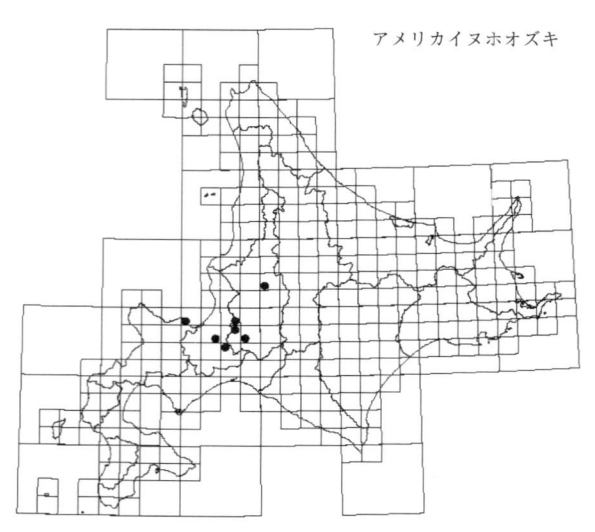

アメリカイヌホオズキ

504. トマトダマシ(2.3.52.2：ナス科)
  Solanum rostratum Dunal
  ①邑田・米倉(2012)日本維管束植物目録 p.187 右，②北米原産，③不明・稀，④長田武正(1972)北隆館・日本帰化植物図鑑 p.66，長田武正(1976)保育社・原色日本帰化植物図鑑 p.117，五十嵐博(2001)北海道帰化植物便覧 p.95，清水・森田・廣田(2001)全農教・日本帰化植物写真図鑑 p.288，清水建美編(2003)平凡社・日本の帰化植物 p.183，北海道(2010)ブルーリスト・D，⑤未確認

505. ケイヌホオズキ（2.3.52.2：ナス科）
　Solanum sarrachoides Sendtn.: Solanum sarachioides Sendtner
①邑田・米倉(2012)日本維管束植物目録 p.187 右，②南米原産，③不明・稀，④長田武正(1972)北隆館・日本帰化植物図鑑 p.66，長田武正(1976)保育社・原色日本帰化植物図鑑 p.125，五十嵐博(2001)北海道帰化植物便覧 p.95(参考掲載)，滝田謙譲(2001)北海道植物図譜 p.830・鵡川町汐見，清水建美編(2003)平凡社・日本の帰化植物 p.183，北海道(2010)ブルーリスト・B，植村ほか(2010)全農教・日本帰化植物写真図鑑(2) p.219，浅井元朗(2015)全農教・植調雑草大鑑 p.217，⑤小樽市などで確認済み

506. ハリナスビ（2.3.52.2：ナス科）
　Solanum sisymbriifolium Lam.
①邑田・米倉(2012)日本維管束植物目録 p.187 右，②熱帯アメリカ原産，③不明・稀，④長田武正(1972)北隆館・日本帰化植物図鑑 p.65，長田武正(1976)保育社・原色日本帰化植物図鑑 p.117，五十嵐博(2001)北海道帰化植物便覧 p.96，清水・森田・廣田(2001)全農教・日本帰化植物写真図鑑 p.288，清水建美編(2003)平凡社・日本の帰化植物 p.184，北海道(2010)ブルーリスト・D，浅井元朗(2015)全農教・植調雑草大鑑 p.218，⑤未確認

507. ハゴロモイヌホオズキ（2.3.52.2：ナス科）
　Solanum triflorum Nutt.
①邑田・米倉(2012)日本維管束植物目録 p.187 右，②北米原産，③不明・稀，④長田武正(1972)北隆館・日本帰化植物図鑑 p.67，五十嵐博(2001)北海道帰化植物便覧 p.96，清水建美編(2003)平凡社・日本の帰化植物 p.184，北海道(2010)ブルーリスト・D，⑤未確認

508. レンギョウ（2.3.53.1：モクセイ科）
　Forsythia suspensa (Thunb.) Vahl
①邑田・米倉(2012)日本維管束植物目録 p.188 左，②中国原産，③植栽され稀に逸出，④佐藤孝夫(1990)北海道樹木図鑑 p.270・道内ではチョウセンレンギョウの方が多いと記載，北海道(2010)ブルーリスト・B，⑤各地で確認済み

509. キンギョソウ（2.3.53.4：オオバコ科・旧ゴマノハグサ科）
　Antirrhinum majus L.
②欧州原産，③植栽され稀に逸出，④野草の写真図鑑(1996)日本ヴォーグ社・WILD FLOWERS p.221，五十嵐博(2001)北海道帰化植物便覧 p.96，北海道(2010)ブルーリスト・B，⑤札幌市内などで確認済み

510. ウキアゼナ（2.3.53.4：オオバコ科・旧ゴマノハグサ科）
　Bacopa rotundifolia (Michx.) Wettst.: Bacopa reotundifolia (Michx.) Wettst.
①邑田・米倉(2012)日本維管束植物目録 p.189 右，②北米原産，③不明・稀，④長田武正(1972)北隆館・日本帰化植物図鑑 p.57，長田武正(1976)保育社・原色日本帰化植物図鑑 p.103，五十嵐博(2001)北海道帰化植物便覧 p.96，清水・森田・廣田(2001)全農教・日本帰化植物写真図鑑 p.291，清水建美編(2003)平凡社・日本の帰化植物 p.184，北海道(2010)ブルーリスト・D，⑤未確認

511. ヒナウンラン（2.3.53.4：オオバコ科・旧ゴマノハグサ科）　　　　　　　　　　【Plate 5 ⑤】
　Chaenorhinum minus (L.) Lange
①邑田・米倉(2012)日本維管束植物目録 p.189 右，②欧州原産，③不明・稀，④ M. Blamey et al.(2003) WILD FLOWERS p.231，清水建美編(2003)平凡社・日本の帰化植物 p.185，⑤ 2015 年 7 月・酒井信氏の案内により森町駒ヶ岳駅前で確認・道内初記録

512. ツタバウンラン（2.3.53.4：オオバコ科・旧ゴマノハグサ科）
　Cymbalaria muralis P. Gaertn., B. Mey. et Scherb.
①邑田・米倉(2012)日本維管束植物目録 p.189 右，②欧州原産，③植栽され稀に逸出，④長田武正

118　オオバコ科

(1972)北隆館・日本帰化植物図鑑 p.56, 長田武正(1976)保育社・原色日本帰化植物図鑑 p.105, 野草の写真図鑑(1996)日本ヴォーグ社・WILD FLOWERS p.223, 五十嵐博(2001)北海道帰化植物便覧 p.96, 滝田謙譲(2001)北海道植物図譜 p.857・広尾町浜フンベ海岸, 清水・森田・廣田(2001)全農教・日本帰化植物写真図鑑 p.292, 清水建美編(2003)平凡社・日本の帰化植物 p.185, 梅沢俊(2007)新北海道の花 p.226・札幌市真駒内, 北海道(2010)ブルーリスト・B, 札幌市内など各地で確認済み, 浅井元朗(2015)全農教・植調雑草大鑑 p.109, 旭川帰化植物研究会(2015)旭川の帰化植物 p.80, ⑤札幌市・様似町などで確認済み

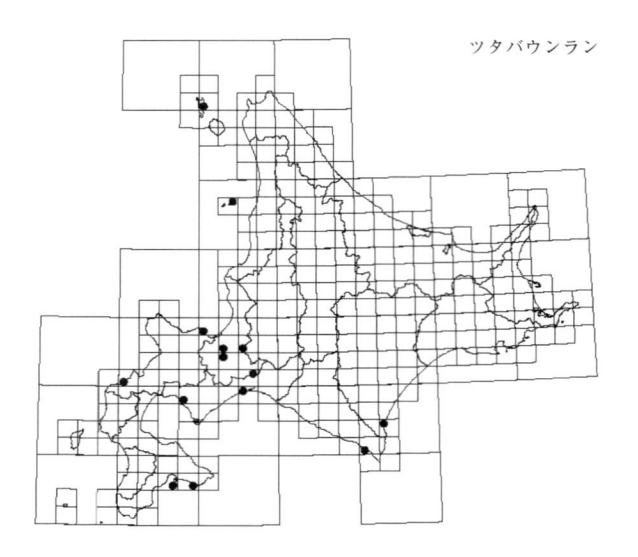

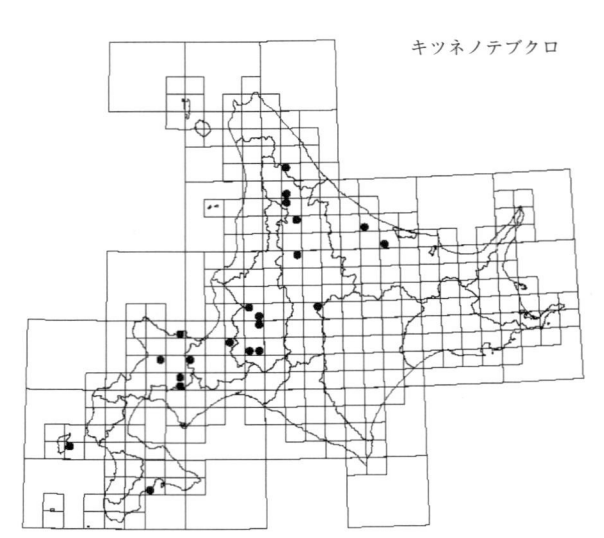

キツネノテブクロ

①邑田・米倉(2012)日本維管束植物目録 p.190 左, ②北アフリカ・欧州原産, ③植栽され稀に逸出, ④清水建美編(2003)平凡社・日本の帰化植物 p.186, 北海道(2010)ブルーリスト・B, 植村ほか(2010)全農教・日本帰化植物写真図鑑(2)p.227, ムラサキウンランは2系統ありそうで今後の課題, 分布図はシュッコンリナリアを含む可能性

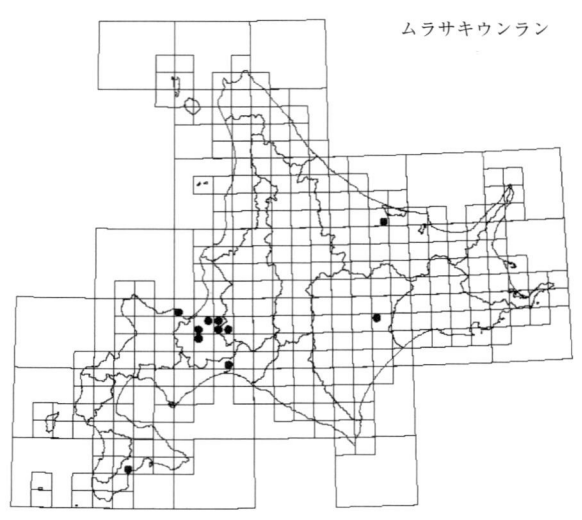

ツタバウンラン

ムラサキウンラン

513. キツネノテブクロ・ジキタリス(2.3.53.4：オオバコ科・旧ゴマノハグサ科)

Digitalis purpurea L.

①邑田・米倉(2012)日本維管束植物目録 p.189 右, ②欧州原産, ③植栽され各地に逸出, ④野草の写真図鑑(1996)日本ヴォーグ社・WILD FLOWERS p.224, 五十嵐博(2001)北海道帰化植物便覧 p.97, 梅沢俊(2007)新北海道の花 p.225・愛別町, 北海道(2010)ブルーリスト・A3, ⑤各地で確認済み

514. ムラサキウンラン・ヒメキンギョソウ
　　(2.3.53.4：オオバコ科・旧ゴマノハグサ科)

Linaria bipartita (Vent.) Willd.

515. キバナウンラン(2.3.53.4：オオバコ科・旧ゴマノハグサ科)

Linaria dalmatica (L.) Miller: Linaria genistifolia (L.) Miller ssp. dalmatica (L.) Maire et Petitomengen

②欧州原産，③植栽され稀に逸出，④五十嵐博(2001)北海道帰化植物便覧 p.97，清水建美編(2003)平凡社・日本の帰化植物 p.186，梅沢俊(2007)新北海道の花 p.37・札幌市，北海道(2010)ブルーリスト・B，植村ほか(2010)全農教・日本帰化植物写真図鑑(2) p.228，⑤札幌市羊ヶ丘通り・室蘭市高速室蘭出口付近などで確認済みだが最近は見かけない

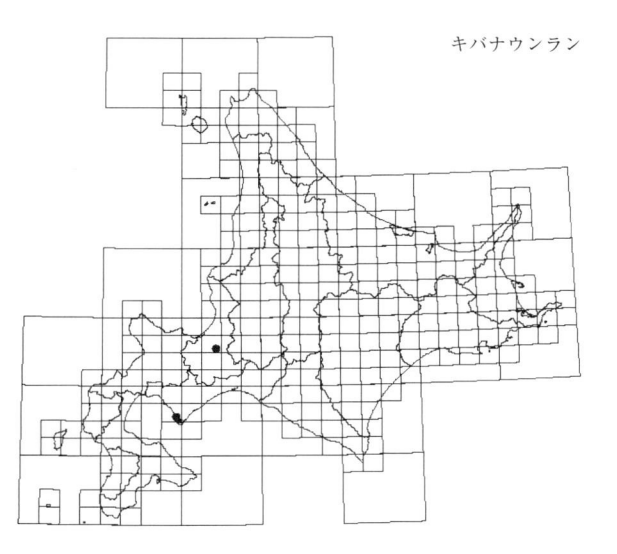

キバナウンラン

516．ヤナギウンラン・ヒメキンギョソウ
　　(2.3.53.4：オオバコ科・旧ゴマノハグサ科)
　　Linaria maroccana Hool. f.
②北アフリカ原産，③植栽され稀に逸出，④五十嵐博(2001)北海道帰化植物便覧 p.97，清水建美編(2003)平凡社・日本の帰化植物 p.186，北海道(2010)ブルーリスト・D，未確認

517．シュッコンリナリア・ムラサキウンラン
　　(2.3.53.4：オオバコ科・旧ゴマノハグサ科)
　　Linaria purupurea (L.) Miller
②欧州原産，③植栽され稀に逸出，④野草の写真図鑑(1996)日本ヴォーグ社・WILD FLOWERS p.222，植村ほか(2010)全農教・日本帰化植物写真図鑑(2) p.227，⑤各地で確認済み

518．ホソバウンラン・セイヨウウンラン
　　(2.3.53.4：オオバコ科・旧ゴマノハグサ科)
　　Linaria vulgaris Miller

①邑田・米倉(2012)日本維管束植物目録 p.190 左，②ユーラシア原産，③植栽され各地に逸出，④長田武正(1972)北隆館・日本帰化植物図鑑 p.57，原松次(1985)北海道植物図鑑(下) p.24・滝川市，野草の写真図鑑(1996)日本ヴォーグ社・WILD FLOWERS p.222，五十嵐博(2001)北海道帰化植物便覧 p.98，滝田謙譲(2001)北海道植物図譜 p.834・釧路市緑ヶ岡，清水・森田・廣田(2001)全農教・日本帰化植物写真図鑑 p.293，清水建美編(2003)平凡社・日本の帰化植物 p.186，梅沢俊(2007)新北海道の花 p.37・札幌市，北海道(2010)ブルーリスト・A3，浅井元朗(2015)全農教・植調雑草大鑑 p.109，旭川帰化植物研究会(2015)旭川の帰化植物 p.80，⑤各地で確認済み

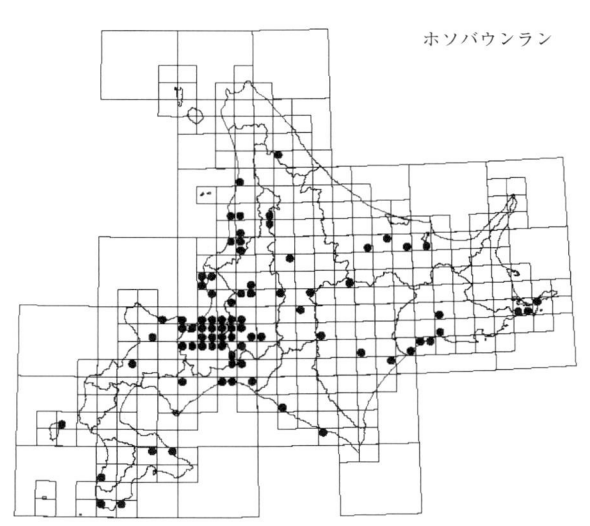

ホソバウンラン

519．アレチキンギョソウ(2.3.53.4：オオバコ科・旧ゴマノハグサ科)
　　Misopates orontium (L.) Raf.: Antirrhinum orontium L.
①邑田・米倉(2012)日本維管束植物目録 p.190 左，②欧州原産，③不明・稀，④野草の写真図鑑(1996)日本ヴォーグ社・WILD FLOWERS p.221，五十嵐博(2001)北海道帰化植物便覧 p.99，清水・森田・廣田(2001)全農教・日本帰化植物写真図鑑 p.289，清水建美編(2003)平凡社・日本の帰化植物 p.188，北海道(2010)ブルーリスト・B，⑤せたな町・京極町などで確認済み

120　オオバコ科

アレチキンギョソウ

朗(2015)全農教・植調雑草大鑑 p.109，旭川帰化植物研究会(2015)旭川の帰化植物 p.80，⑤札幌市内・千歳駅前(消滅)，苫小牧市などで確認済み

521. フクロウンラン・ウンランモドキ
　　（2.3.53.4：オオバコ科・旧ゴマノハグサ科）
　　Nemecia strumosa Benth.
②南米原産，③不明・稀，④五十嵐博(2001)北海道帰化植物便覧 p.99，北海道(2010)ブルーリスト・D，⑤未確認

522. ウスムラサキツリガネヤナギ(2.3.53.4：オオバコ科・旧ゴマノハグサ科)
　　Penstemon cobaea Nutt.
①邑田・米倉(2012)日本維管束植物目録 p.190 左，②北米原産，③不明・稀・消滅，④五十嵐博(2001)北海道帰化植物便覧 p.99，中居正雄(1994)苫小牧地方植物誌・一次帰化・消滅，北海道(2010)ブルーリスト・D，⑤未確認

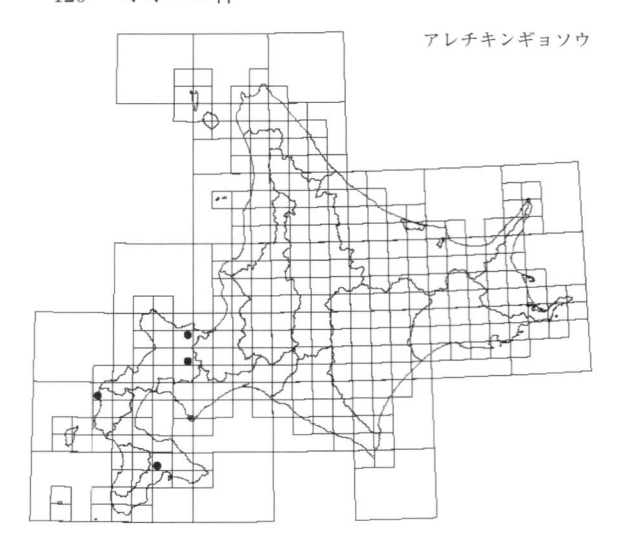

520. マツバウンラン(2.3.53.4：オオバコ科・旧ゴマノハグサ科)
　　Nuttallanthus canadensis (L.) D. A. Sutton: Linaria canadensis (L.) Dum.
①邑田・米倉(2012)日本維管束植物目録 p.190 左，②北米原産，③植栽され稀に逸出，④長田武正(1972)北隆館・日本帰化植物図鑑 p.57，長田武正(1976)保育社・原色日本帰化植物図鑑 p.106，五十嵐博(2001)北海道帰化植物便覧 p.97，清水・森田・廣田(2001)全農教・日本帰化植物写真図鑑 p.292，清水建美編(2003)平凡社・日本の帰化植物 p.186，滝田謙譲(2004)北海道植物図譜補遺 p.38・釧路市昭和中央，北海道(2010)ブルーリスト・B，浅井元

523. ヘラオオバコ(2.3.53.4：オオバコ科)
　　Plantago lanceolata L.
①邑田・米倉(2012)日本維管束植物目録 p.190 右，②欧州原産，③不明・各地，④長田武正(1972)北隆館・日本帰化植物図鑑 p.54，長田武正(1976)保育社・原色日本帰化植物図鑑 p.96，原松次(1981)北海道植物図鑑(上)p.29・札幌市，山岸喬(1998)日本

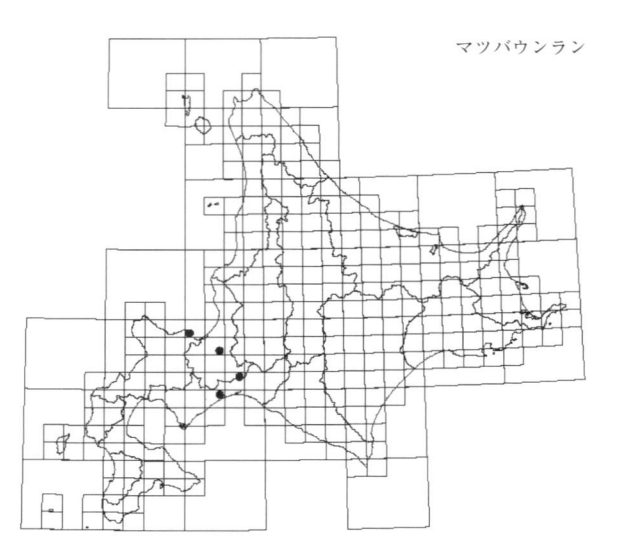

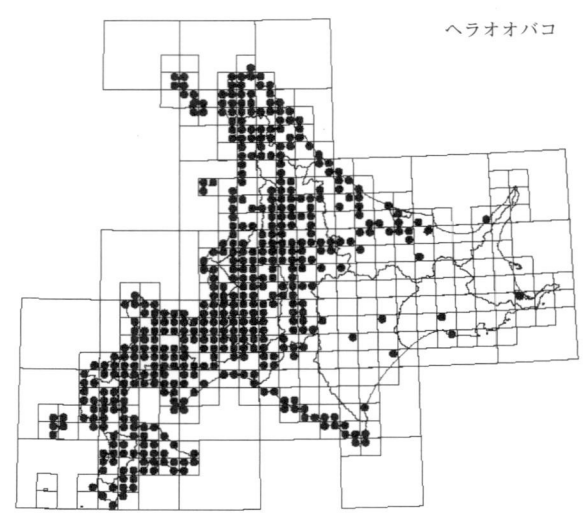

マツバウンラン

ヘラオオバコ

ハーブ図鑑 p.94, 五十嵐博(2001)北海道帰化植物便覧 p.103, 滝田謙譲(2001)北海道植物図譜 p.868・釧路市春採湖湖畔, 清水・森田・廣田(2001)全農教・日本帰化植物写真図鑑 p.307, 清水建美編(2003)平凡社・日本の帰化植物 p.194, 梅沢俊(2007)新北海道の花 p.392・札幌市, 北海道(2010)ブルーリスト・A2, 浅井元朗(2015)全農教・植調雑草大鑑 p.105, 旭川帰化植物研究会(2015)旭川の帰化植物 p.80, **環境省・要注意外来生物**, ⑤各地で確認済み

524. セイヨウオオバコ・オニオオバコ
（2.3.53.4：オオバコ科）
Plantago major L.
①邑田・米倉(2012)日本維管束植物目録 p.190 右, ②欧州原産, ③不明・各地, ④長田武正(1972)北隆館・日本帰化植物図鑑 p.55, 長田武正(1976)保育社・原色日本帰化植物図鑑 p.95, 野草の写真図鑑(1996)日本ヴォーグ社・WILD FLOWERS p.234, 五十嵐博(2001)北海道帰化植物便覧 p.104, 滝田謙譲(2001)北海道植物図譜 p.867・根室市南部沼付近, 清水・森田・廣田(2001)全農教・日本帰化植物写真図鑑 p.308, 清水建美編(2003)平凡社・日本の帰化植物 p.194, 梅沢俊(2007)新北海道の花 p.391・札幌市北大構内, 北海道(2010)ブルーリスト・B, 浅井元朗(2015)全農教・植調雑草大鑑 p.104, 旭川帰化植物研究会(2015)旭川の帰化植物 p.80, ⑤各地で確認済み

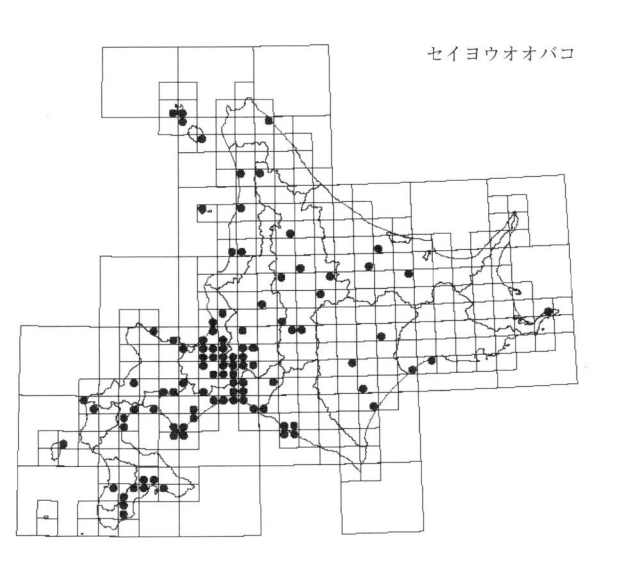

525. ツボミオオバコ・タチオオバコ(2.3.53.4：オオバコ科)
Plantago virginica L.
①邑田・米倉(2012)日本維管束植物目録 p.190 右, ②北米原産, ③不明・稀, ④長田武正(1972)北隆館・日本帰化植物図鑑 p.54, 長田武正(1976)保育社・原色日本帰化植物図鑑 p.97, 五十嵐博(2001)北海道帰化植物便覧 p.104, 清水・森田・廣田(2001)全農教・日本帰化植物写真図鑑 p.308, 清水建美編(2003)平凡社・日本の帰化植物 p.195, 北海道(2010)ブルーリスト・B, 浅井元朗(2015)全農教・植調雑草大鑑 p.105, ⑤未確認

526. ヒシモドキ(2.3.53.4：オオバコ科・旧ヒシモドキ科)
Trapella sinensis Oliv.
①邑田・米倉(2012)日本維管束植物目録 p.190 右, ②本州以南原産, ③鳥散布？・稀, ④滝田謙譲(2004)北海道植物図譜・補遺 p.39・豊浦町十勝川, ⑤確認済み

527. タチイヌノフグリ(2.3.53.4：オオバコ科・旧ゴマノハグサ科)
Veronica arvensis L.
①邑田・米倉(2012)日本維管束植物目録 p.191 左, ②欧州原産, ③不明・各地, ④長田武正(1972)北隆館・日本帰化植物図鑑 p.59, 長田武正(1976)保育社・原色日本帰化植物図鑑 p.112, 原松次(1983)北海道植物図鑑(中) p.88・虻田町, 野草の写真図鑑(1996)日本ヴォーグ社・WILD FLOWERS p.226, 五十嵐博(2001)北海道帰化植物便覧 p.101, 滝田謙譲(2001)北海道植物図譜 p.850・上川町層雲峡, 清水・森田・廣田(2001)全農教・日本帰化植物写真図鑑 p.301, 清水建美編(2003)平凡社・日本の帰化植物 p.190, 梅沢俊(2007)新北海道の花 p.304・月形町, 北海道(2010)ブルーリスト・B, 浅井元朗(2015)全農教・植調雑草大鑑 p.106, 旭川帰化植物研究会(2015)旭川の帰化植物 p.80, ⑤各地で確認済み

セイヨウオオバコ

タチイヌノフグリ

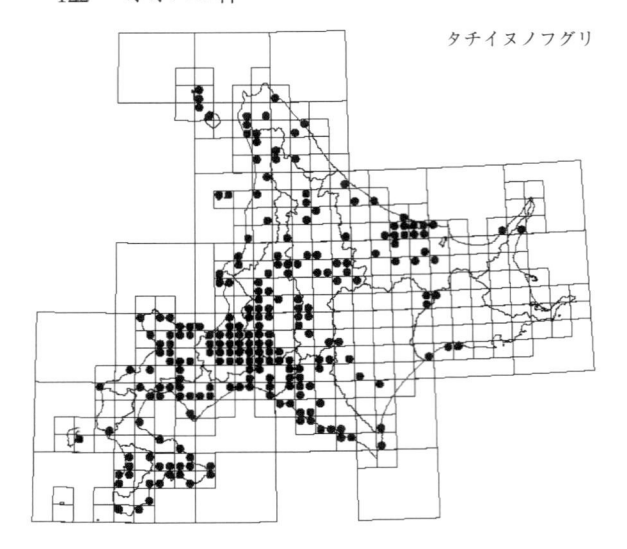

528. カワヂシャモドキ (2.3.53.4：オオバコ科・旧ゴマノハグサ科)　【Plate 5 ⑥】
Veronica catenata Pennell
①邑田・米倉(2012)日本維管束植物目録 p.191 左，②欧州原産，③不明・稀，④清水建美編(2003)平凡社・日本の帰化植物 p.190, 高橋誼(2012)クラムボン 13・新冠町判官館森林公園の植物目録, 五十嵐博(2015)北方山草 32, ⑤新冠町新冠川河口付近で確認済み, 日高町沙流川河口付近ではオオカワヂシャ情報もあるが未確認である

529. カラフトヒヨクソウ (2.3.53.4：オオバコ科・旧ゴマノハグサ科)
Veronica chamaedrys L.
①邑田・米倉(2012)日本維管束植物目録 p.191 左，②欧州〜シベリア・サハリン原産，③不明・稀，④野草の写真図鑑(1996)日本ヴォーグ社・WILD FLOWERS p.225, 五十嵐博(2001)北海道帰化植物便覧 p.101, 滝田謙譲(2001)北海道植物図譜 p.847・中標津町東武佐, 清水建美編(2003)平凡社・日本の帰化植物 p.190, 梅沢俊(2007)新北海道の花 p.303・幌加内町添牛内, 北海道(2010)ブルーリスト・B, 植村ほか(2010)全農教・日本帰化植物写真図鑑(2) p.232・幌加内町, 旭川帰化植物研究会(2015)旭川の帰化植物 p.80, ⑤幌加内町添牛内で確認済み・いがりまさし氏よりの白花情報(紋別市)・未確認

クシロヒヨクソウ
V. chamaedrys L. ssp. *vindobonensis*
②南東ロシア原産，③稀，④滝田謙譲(2004)北海道植物図譜・補遺 p.36, ⑤釧路町細岡, 未確認

530. フラサバソウ・ツタバイヌノフグリ
　　　(2.3.53.4：オオバコ科・旧ゴマノハグサ科)
Veronica hederifolia L.: Veronica hederaefolia L.
①邑田・米倉(2012)日本維管束植物目録 p.191 左，②欧州原産，③不明・稀，④長田武正(1972)北隆館・日本帰化植物図鑑 p.60, 長田武正(1976)保育社・原色日本帰化植物図鑑 p.113, 原松次(1983)北海道植物図鑑(中) p.88・伊達市, 五十嵐博(2001)北海道帰化植物便覧 p.102, 滝田謙譲(2001)北海道植物図譜 p.851・伊達市有珠善光寺, 清水・森田・廣田(2001)全農教・日本帰化植物写真図鑑 p.302, 清水建美編(2003)平凡社・日本の帰化植物 p.191, 梅沢俊(2007)新北海道の花 p.304・伊達市有珠, 北海道(2010)ブルーリスト・B, 浅井元朗(2015)全農教・植調雑草大鑑 p.108, ⑤伊達市有珠善光寺周辺で確認済み

531. アレチイヌノフグリ (2.3.53.4：オオバコ科・旧ゴマノハグサ科)
Veronica opaca Fr.
①邑田・米倉(2012)日本維管束植物目録 p.191 左，②欧州原産，③不明・稀，④原松次(1992)札幌の植物 p.11・no.805, 五十嵐博(2001)北海道帰化植物便覧 p.102, 清水建美編(2003)平凡社・日本の帰化植物 p.191, 梅沢俊(2007)新北海道の花 p.304, 北海道(2010)ブルーリスト・B, ⑤札幌市円山墓地で確認済み

532. ムシクサ (2.3.53.4：オオバコ科・旧ゴマノハグサ科)
Veronica peregrina L.
史前帰化
①邑田・米倉(2012)日本維管束植物目録 p.191 右，②本州原産，③移入種・稀，④五十嵐博(2001)北海道帰化植物便覧 p.102, 清水建美編(2003)平凡社・日本の帰化植物 p.13・史前帰化, 滝田謙譲(2004)

中核真正双子葉類・バラ類　123

北海道植物図譜・補遺 p.37・浦河町西幌別，北海道(2010)ブルーリスト・B，高橋誼(2012)クラムボン 13・新冠町判官館森林公園の植物目録，浅井元朗(2015)全農教・植調雑草大鑑 p.108，⑤浦河町などで確認済み

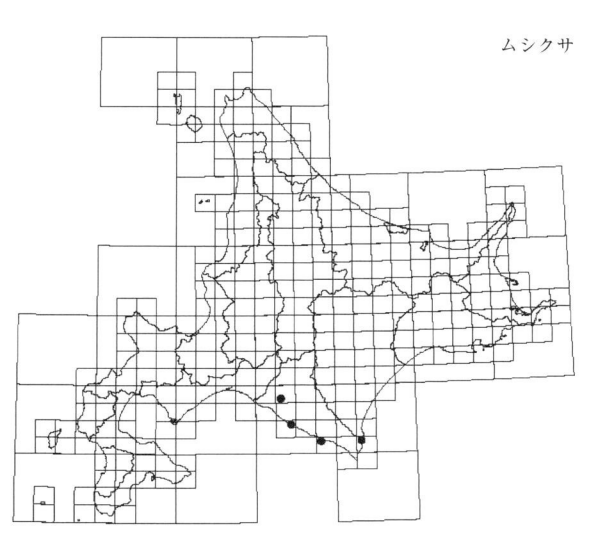

ムシクサ

533. オオイヌノフグリ(2.3.53.4：オオバコ科・旧ゴマノハグサ科)

Veronica persica Poir.

①邑田・米倉(2012)日本維管束植物目録 p.191 右，②西アジア原産，③不明・各地，④長田武正(1972)北隆館・日本帰化植物図鑑 p.60，長田武正(1976)保育社・原色日本帰化植物図鑑 p.110，原松次(1983)北海道植物図鑑(中) p.88・室蘭市，野草の写真図鑑(1996)日本ヴォーグ社・WILD FLOWERS p.226，五十嵐博(2001)北海道帰化植物便覧 p.102，滝田謙譲(2001)北海道植物図譜 p.850・釧路町昆布森，清水・森田・廣田(2001)全農教・日本帰化植物写真図鑑 p.303，清水建美編(2003)平凡社・日本の帰化植物 p.191，梅沢俊(2007)新北海道の花 p.304・札幌市真駒内，北海道(2010)ブルーリスト・B，浅井元朗(2015)全農教・植調雑草大鑑 p.106，旭川帰化植物研究会(2015)旭川の帰化植物 p.80，⑤各地で確認済み

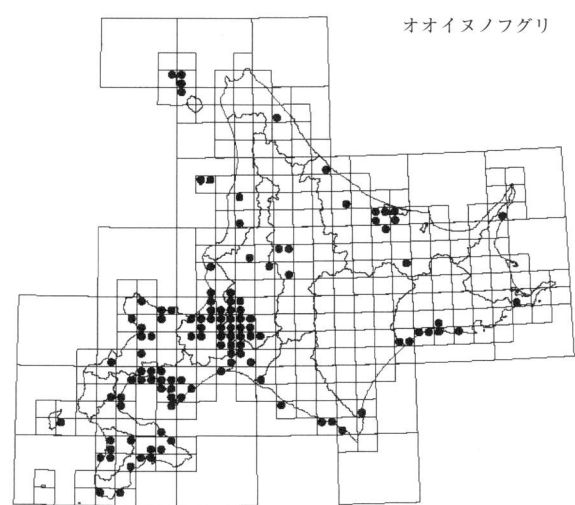

オオイヌノフグリ

534. ハイテングクワガタ (2.3.53.4：オオバコ科・旧ゴマノハグサ科)　【Plate 5 ③】

Veronica repens L.

①邑田・米倉(2012)日本維管束植物目録・なし，②欧州原産，③植栽？・稀，④清水・森田・廣田(2001)全農教・日本帰化植物写真図鑑 p.304・コテングクワガタで掲載されているが写真の間違いで本種，⑤這性のグランドカバー種が夕張市など各地に見られるので新称とする

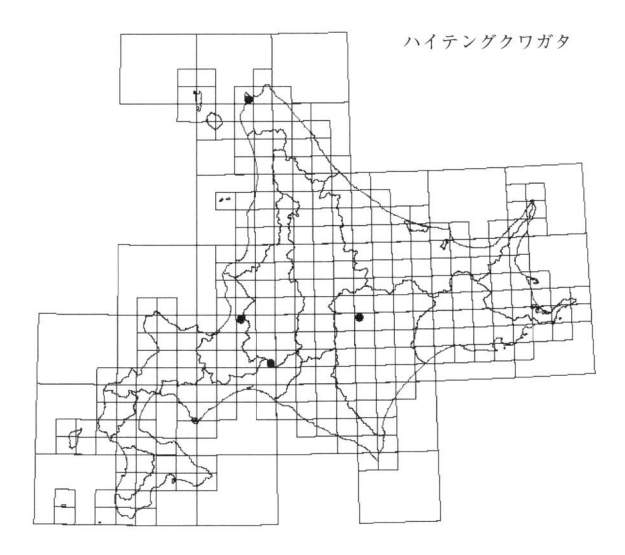

ハイテングクワガタ

535. コテングクワガタ (2.3.53.4：オオバコ科・旧ゴマノハグサ科)

Veronica serpyllifolia L. ssp. *serpyllifolia*

124　オオバコ科・ゴマノハグサ科

①邑田・米倉(2012)日本維管束植物目録 p.191 右, ②欧州原産, ③芝種子に混入・各地, ④野草の写真図鑑(1996)日本ヴォーグ社・WILD FLOWERS p.226, 五十嵐博(2001)北海道帰化植物便覧 p.103, 滝田謙譲(2001)北海道植物図譜 p.846・音威子府村・旭川市二子沢, 清水・森田・廣田(2001)全農教・日本帰化植物写真図鑑 p.304・写真は別種, 清水建美編(2003)平凡社・日本の帰化植物 p.191, 梅沢俊(2007)新北海道の花 p.100・千歳市支笏湖付近, 北海道(2010)ブルーリスト・B, 浅井元朗(2015)全農教・植調雑草大鑑 p.109, 旭川帰化植物研究会(2015)旭川の帰化植物 p.80, ⑤各地で確認済み

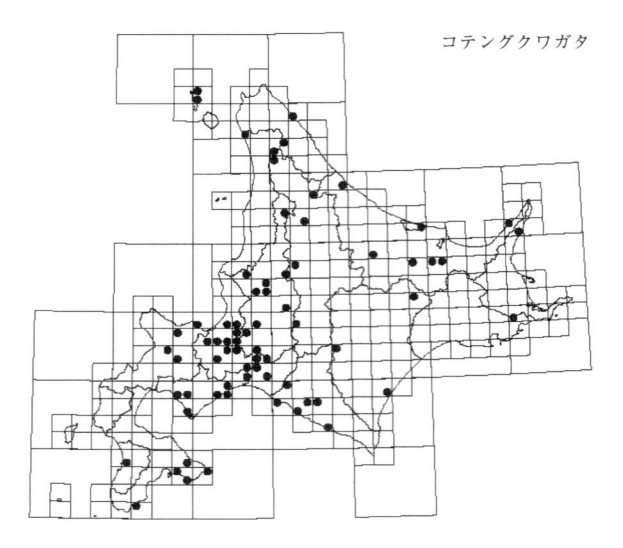

フサフジウツギ

コテングクワガタ

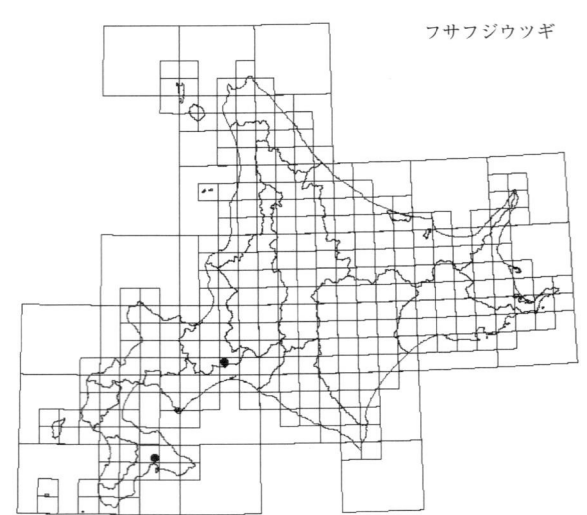

②欧州原産, ③植栽され稀に逸出, ④長田武正(1972)北隆館・日本帰化植物図鑑 p.58, 長田武正(1976)保育社・原色日本帰化植物図鑑 p.108, 五十嵐博(2001)北海道帰化植物便覧 p.99, 滝田謙譲(2001)北海道植物図譜 p.854・旭川市永山, 清水・森田・廣田(2001)全農教・日本帰化植物写真図鑑 p.298, 清水建美編(2003)平凡社・日本の帰化植物 p.188, 梅沢俊(2007)新北海道の花 p.39・長万部町, 北海道(2010)ブルーリスト・B, 旭川帰化植物研究会(2015)旭川の帰化植物 p.80, ⑤道内では黄色花は稀でシロバナモウズイカ(エサシソウ)の方が多い

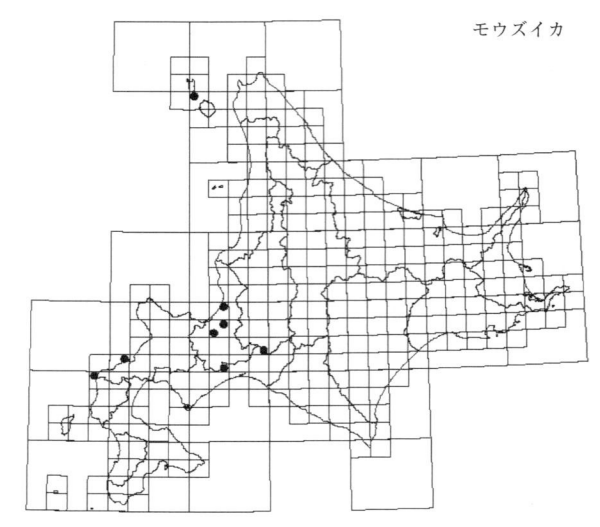

536. フサフジウツギ・チチブフジウツギ
　　 (2.3.53.5：ゴマノハグサ科：旧フジウツギ科)
　　 Buddleja davidii Franch.
①邑田・米倉(2012)日本維管束植物目録 p.192 左, ②中国原産, ③植栽され稀に逸出, ④長田武正(1976)保育社・原色日本帰化植物図鑑 p.162, 五十嵐博(2001)北海道帰化植物便覧 p.96, 北海道(2010)ブルーリスト・D, 植村ほか(2010)全農教・日本帰化植物写真図鑑(2) p.223, ⑤千歳市などで確認済み

537. モウズイカ・ニワタバコ(2.3.53.5：ゴマノハグサ科)
　　 Verbascum blattaria L.
①邑田・米倉(2012)日本維管束植物目録 p.192 右,

モウズイカ

シロバナモウズイカ・エサシソウ(2.3.53.5：ゴマノハグサ科)
Verbascum blattaria L. f. *erubescens* Brugger: Verbascum blattaria L. f. albiflora (Don) House
①邑田・米倉(2012)日本維管束植物目録 p.192 右，②欧州原産，③植栽され稀に逸出，④長田武正(1972)北隆館・日本帰化植物図鑑 p.58，長田武正(1976)保育社・原色日本帰化植物図鑑 p.108，原松次(1983)北海道植物図鑑(中)p.93・豊浦町，五十嵐博(2001)北海道帰化植物便覧 p.100，滝田謙譲(2001)北海道植物図譜 p.854・旭川市西神楽4線，清水・森田・廣田(2001)全農教・日本帰化植物写真図鑑 p.298，清水建美編(2003)平凡社・日本の帰化植物 p.189，梅沢俊(2007)新北海道の花 p.39・八雲町熊石，北海道(2010)ブルーリスト・B，旭川帰化植物研究会(2015)旭川の帰化植物 p.80，⑤日本海側での確認が多い

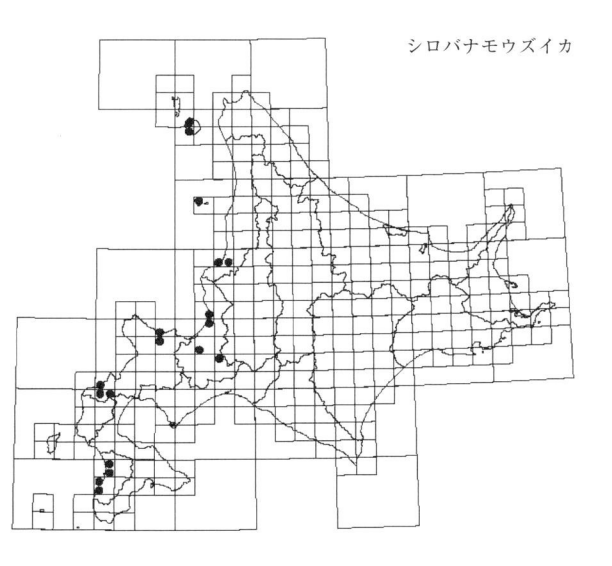

シロバナモウズイカ

538. シロモウズイカ(2.3.53.5：ゴマノハグサ科)
Verbascum lychnitis L. 【Plate 5 ⑦】
②欧州原産，③植栽され稀に逸出，④野草の写真図鑑(1996)日本ヴォーグ社・WILD FLOWERS p.217，五十嵐博(2013)北方山草 30：101-104，⑤苫小牧市ウトナイ湖で確認

中核真正双子葉類・バラ類　125

クロバナモウズイカ・クロモウズイカ
(2.3.53.5：ゴマノハグサ科)
Verbascum nigrum L.
①邑田・米倉(2012)日本維管束植物目録 p.192 右，②欧州原産，③植栽され稀に逸出，④野草の写真図鑑(1996)日本ヴォーグ社・WILD FLOWERS p.218: Dark Mullein，⑤2015年10月・天崎比良子氏からの画像同定依頼で確認した・札幌市豊平公園付近確認なので逸出と思われる・現地は未確認・今回は整理番号なし

539. ムラサキモウズイカ(2.3.53.5：ゴマノハグサ科)
Verbascum phoeniceum L.
①邑田・米倉(2012)日本維管束植物目録 p.192 右，②欧州原産，③植栽され稀に逸出，④五十嵐博(2001)北海道帰化植物便覧 p.100，北海道(2010)ブルーリスト・D，⑤未確認

540. ビロードモウズイカ・ニワタバコ
(2.3.53.5：ゴマノハグサ科)
Verbascum thapsus L.
①邑田・米倉(2012)日本維管束植物目録 p.192 右，②欧州原産，③不明・各地，④長田武正(1972)北隆館・日本帰化植物図鑑 p.59，長田武正(1976)保育社・原色日本帰化植物図鑑 p.107，原松次(1983)北海道植物図鑑(中)p.96・日高町，野草の写真図鑑

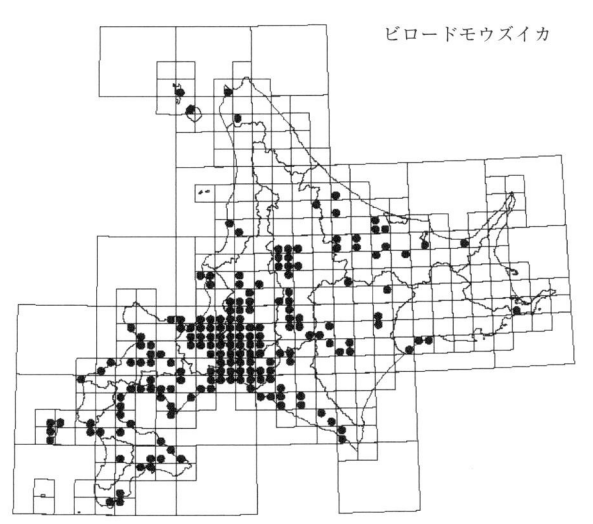

ビロードモウズイカ

(1996)日本ヴォーグ社・WILD FLOWERS p.217，山岸喬(1998)日本ハーブ図鑑 p.164，五十嵐博(2001)北海道帰化植物便覧 p.100，滝田謙譲(2001)北海道植物図譜 p.855・穂別町仁和下，清水・森田・廣田(2001)全農教・日本帰化植物写真図鑑 p.299，清水建美編(2003)平凡社・日本の帰化植物 p.189，梅沢俊(2007)新北海道の花 p.39・札幌市，北海道(2010)ブルーリスト・A3，浅井元朗(2015)全農教・植調雑草大鑑 p.177，旭川帰化植物研究会(2015)旭川の帰化植物 p.80，⑤各地で確認済み

541．アメリカアゼナ(2.3.53.6：アゼナ科・旧ゴマノハグサ科)
　Lindernia dubia (L.) Pennell ssp. *major* (Pursh) Pennell
　　タケトアゼナ(アゼナ科)
　Lindernia dubia (L.) Pennell ssp. *dubia*
①邑田・米倉(2012)日本維管束植物目録 p.192 右，②北米原産，③不明・稀，④長田武正(1972)北隆館・日本帰化植物図鑑 p.57，長田武正(1976)保育社・原色日本帰化植物図鑑 p.102，五十嵐博(2001)北海道帰化植物便覧 p.98，清水・森田・廣田(2001)全農教・日本帰化植物写真図鑑 p.294，清水建美編(2003)平凡社・日本の帰化植物 p.187，梅沢俊(2007)新北海道の花 p.225，北海道(2010)ブルーリスト・B，浅井元朗(2015)全農教・植調雑草大鑑 p.55，旭川帰化植物研究会(2015)旭川の帰化植物 p.80，⑤苫小牧市で確認済み

542．アニスヒソップ・ジャイアントヒソップ
　　(2.3.53.8：シソ科)　　【扉裏・Plate 6 ①】
　Agastache foeniculum O. Kuntze
②北米原産，③植栽され稀に逸出，④山岸喬(1998)日本ハーブ図鑑 p.104，⑤ 2015 年 8 月～9 月に苫小牧市 2 箇所で紫花と白花を別々に確認

543．セイヨウキランソウ・セイヨウジュウニヒトエ(2.3.53.8：シソ科)
　Ajuga reptans L.
①邑田・米倉(2012)日本維管束植物目録 p.193 左，②欧州原産，③植栽され稀に逸出，④野草の写真図鑑(1996)日本ヴォーグ社・WILD FLOWERS p.196，五十嵐博(2001)北海道帰化植物便覧 p.88，清水・森田・廣田(2001)全農教・日本帰化植物写真図鑑 p.266，清水建美編(2003)平凡社・日本の帰化植物 p.170，北海道(2010)ブルーリスト・B，旭川帰化植物研究会(2015)旭川の帰化植物 p.79，⑤札幌市，千歳市などで確認済み

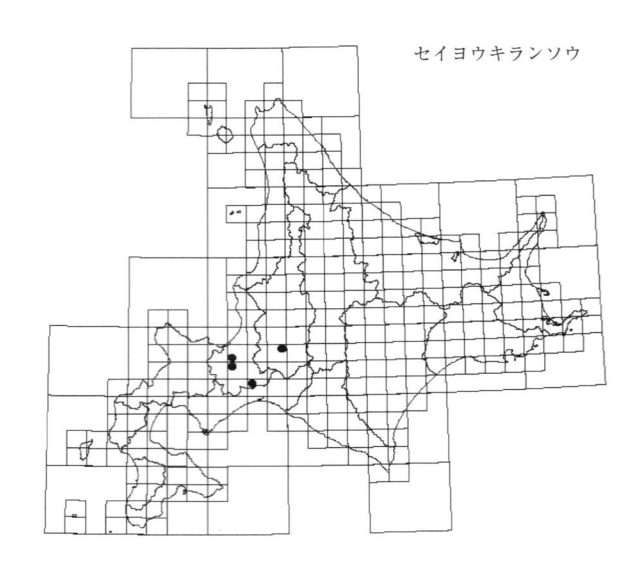

セイヨウキランソウ

544．カラミント・オオトウバナ(2.3.53.8：シソ科)
　Calamintha nepetoides Jord.　　【Plate 6 ②】
①邑田・米倉(2012)日本維管束植物目録 p.193 右，②欧州原産，③栽培され稀に逸出，④ M. Blamey & C. G. Wilson (1989) THE ILLUSTRATED FLORA of BRITAIN and NORTHERN EUROPE p.342・Calamintha nepeta ssp. glandulosa, 山岸喬(1998)日本ハーブ図鑑 p.208・Calamintha ascendens，⑤ 2015 年 9 月 7 日苫小牧市ウトナイ湖道の駅で初確認・アロニア植栽に混入の可能性

545．チシマオドリコソウ・イタチジソ
　　(2.3.53.8：シソ科)
　Galeopsis bifida Boenn.
　　シロバナチシマオドリコソウ
　Galeopsis bifida Boenn. f. *alba*
①邑田・米倉(2012)日本維管束植物目録 p.194 右，②ユーラシア原産，③不明・各地，④長田武正(1972)北隆館・日本帰化植物図鑑 p.68，長田武正

(1976)保育社・原色日本帰化植物図鑑 p.132, 原松次(1983)北海道植物図鑑(中)p.101・浜頓別町, 五十嵐博(2001)北海道帰化植物便覧 p.89, 滝田謙譲(2001)北海道植物図譜 p.805・釧路市春採, 清水・森田・廣田(2001)全農教・日本帰化植物写真図鑑 p.267, 清水建美編(2003)平凡社・日本の帰化植物 p.170・在来種, 梅沢俊(2007)新北海道の花 p.230・釧路市釧路, 北海道(2010)ブルーリスト・A3, 浅井元朗(2015)全農教・植調雑草大鑑 p.181, 旭川帰化植物研究会(2015)旭川の帰化植物 p.79, ⑤各地で確認済み・在来種説あり

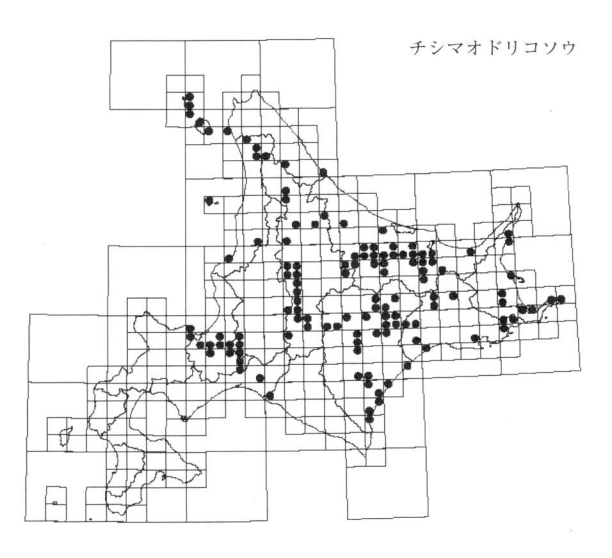

各地で確認済み

コバノカキドオシ

チシマオドリコソウ

546. コバノカキドオシ・セイヨウカキドオシ (2.3.53.8：シソ科)
Glechoma hederacea L. ssp. *hederacea*
①邑田・米倉(2012)日本維管束植物目録 p.195 左, ②欧州原産, ③植栽され各地に逸出, ④原松次(1992)札幌の植物 no.743, 市街地など, 野草の写真図鑑(1996)日本ヴォーグ社・WILD FLOWERS p.205, 五十嵐博(2001)北海道帰化植物便覧 p.89, 滝田謙譲(2001)北海道植物図譜 p.806・釧路市城山(カキドオシ春型は間違い), 清水建美編(2003)平凡社・日本の帰化植物 p.171, 滝田謙譲(2004)北海道植物図譜・補遺 p.31・美幌町田中・釧路市城山・弟子屈町和琴半島, 梅沢俊(2007)新北海道の花 p.232・新冠町, 北海道(2010)ブルーリスト・B, 旭川帰化植物研究会(2015)旭川の帰化植物 p.79, ⑤

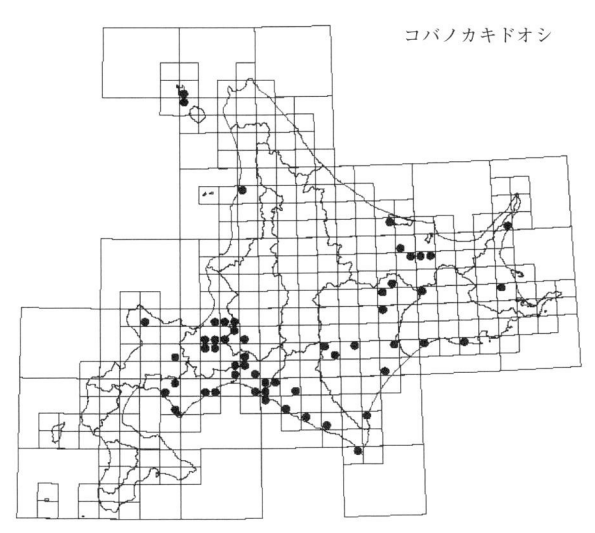

547. ホトケノザ(2.3.53.8：シソ科)
Lamium amplexicaule L.
①邑田・米倉(2012)日本維管束植物目録 p.195 右, ②欧州(本州)原産, ③移入種・稀, ④原松次(1985)北海道植物図鑑(下)p.25・伊達市, 野草の写真図鑑(1996)日本ヴォーグ社・WILD FLOWERS p.203, 五十嵐博(2001)北海道帰化植物便覧 p.89, 滝田謙譲(2001)北海道植物図譜 p.808・函館市八幡町・伊達市, 清水建美編(2003)平凡社・日本の帰化植物 p.12・史前帰化, 梅沢俊(2007)新北海道の花 p.230・釧路市西港, 北海道(2010)ブルーリスト・

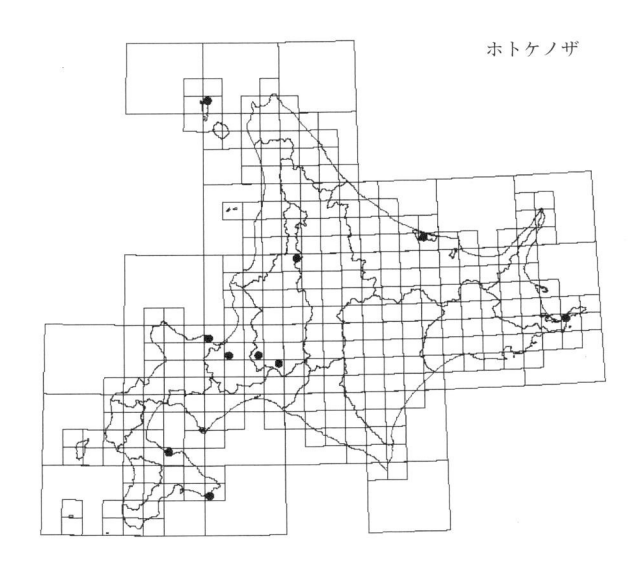

ホトケノザ

128　シソ科

B，浅井元朗(2015)全農教・植調雑草大鑑 p.180，⑤札幌市・函館市・森町などで確認済み

548. モミジバヒメオドリコソウ(2.3.53.8：シソ科)
　　Lamium dissectum With.: Lamium hibridum Vill.
①邑田・米倉(2012)日本維管束植物目録 p.195 右，②欧州原産，③不明・各地，④野草の写真図鑑(1996)日本ヴォーグ社・WILD FLOWERS p.203，五十嵐博(2001)北海道帰化植物便覧 p.90，清水・森田・廣田(2001)全農教・日本帰化植物写真図鑑 p.268，清水建美編(2003)平凡社・日本の帰化植物 p.171，滝田謙譲(2004)北海道植物図譜・補遺 p.32・幌延町下沼，梅沢俊(2007)新北海道の花 p.230・札幌市，北海道(2010)ブルーリスト・B，浅井元朗(2015)全農教・植調雑草大鑑 p.181，旭川帰化植物研究会(2015)旭川の帰化植物 p.79，⑤各地で確認済み

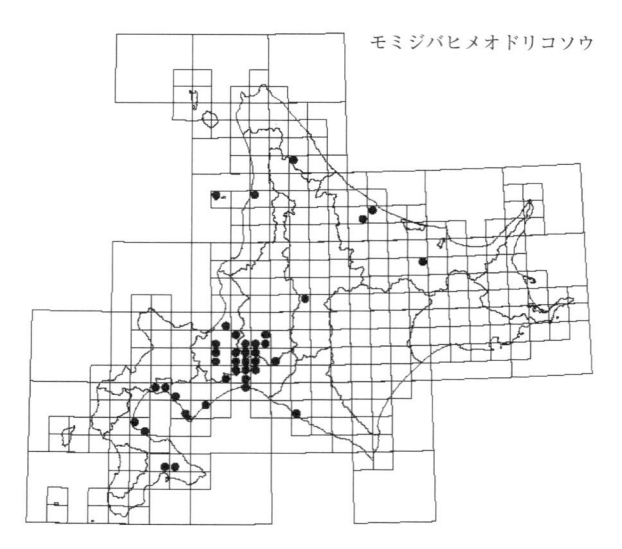

モミジバヒメオドリコソウ

549. フイリオドリコソウ(2.3.53.8：シソ科)
　　Lamium maculatum (L.) L.　【Plate 6 ③】
②欧州原産，③植栽され稀に逸出，④野草の写真図鑑(1996)日本ヴォーグ社・WILD FLOWERS p.202，北海道(2010)ブルーリスト・B，⑤近年・各地で確認済み

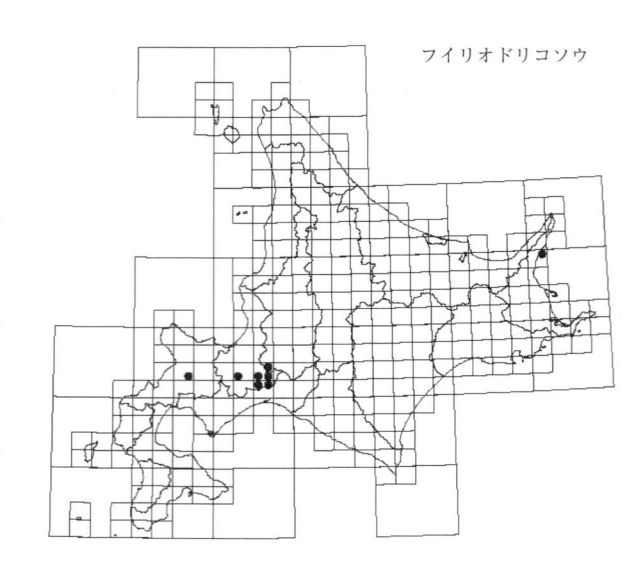

フイリオドリコソウ

550. ヒメオドリコソウ(2.3.53.8：シソ科)
　　Lamium purpureum L.
①邑田・米倉(2012)日本維管束植物目録 p.195 右，②欧州原産，③不明・各地，④長田武正(1972)北隆館・日本帰化植物図鑑 p.68，長田武正(1976)保育社・原色日本帰化植物図鑑 p.133，野草の写真図鑑(1996)日本ヴォーグ社・WILD FLOWERS p.203，五十嵐博(2001)北海道帰化植物便覧 p.90，滝田謙譲(2001)北海道植物図譜 p.807・旭川市新開，清水・森田・廣田(2001)全農教・日本帰化植物写真図鑑 p.268，清水建美編(2003)平凡社・日本の帰化植物 p.171，梅沢俊(2007)新北海道の花 p.230・札幌市，北海道(2010)ブルーリスト・A3，浅井元

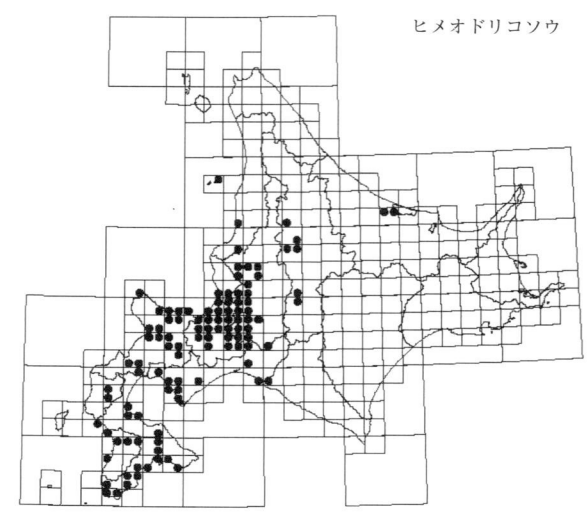

ヒメオドリコソウ

朗(2015)全農教・植調雑草大鑑 p.181, 旭川帰化植物研究会(2015)旭川の帰化植物 p.79, ⑤各地で確認済み

551. モミジバキセワタ(2.3.53.8：シソ科)
　　　Leonurus cardiaca L.
①邑田・米倉(2012)日本維管束植物目録 p.195 右, ②欧州原産, ③不明・稀, ④五十嵐博(2001)北海道帰化植物便覧 p.91, 滝田謙譲(2001)北海道植物図譜 p.809・札幌市北大構内, 清水・森田・廣田(2001)全農教・日本帰化植物写真図鑑 p.269, 清水建美編(2003)平凡社・日本の帰化植物 p.172・小樽市, 梅沢俊(2007)新北海道の花 p.232・札幌市北大構内, 北海道(2010)ブルーリスト・B, ⑤札幌市北大構内・遠軽町などで確認済み

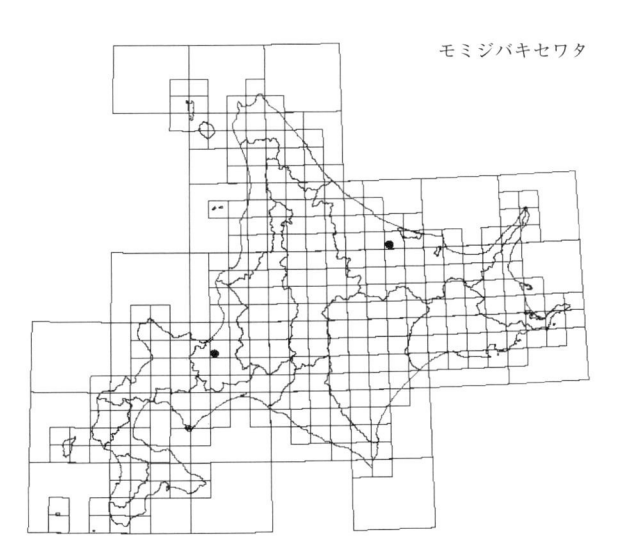

モミジバキセワタ

552. ラショウモンカズラ(2.3.53.8：シソ科)
　　　Meehania urticifolia (Miq.) Makino 【Plate 6 ④】
①邑田・米倉(2012)日本維管束植物目録 p.196 左, ②本州原産・移入種, ③植栽され稀に逸出, ④増補改訂新版・山に咲く花(2013)山渓ハンディ図鑑 2 p.423, ⑤札幌市西区平和で確認済み

553. セイヨウヤマハッカ・レモンバーム・コウスイハッカ(2.3.53.8：シソ科)
　　　Melissa officinalis L.
①邑田・米倉(2012)日本維管束植物目録 p.196 左, ②欧州原産, ③植栽され稀に逸出, ④野草の写真図鑑(1996)日本ヴォーグ社・WILD FLOWERS p.206, 山岸喬(1998)日本ハーブ図鑑 p.158, 五十嵐博(2001)北海道帰化植物便覧 p.91, 北海道(2010)ブルーリスト・B, ⑤中札内村で確認済み

554. ヨウシュハッカ・カナダハッカ(2.3.53.8：シソ科)
　　　Mentha arvensis L.
①邑田・米倉(2012)日本維管束植物目録 p.196 左, ②欧州原産, ③植栽され稀に逸出, ④長田武正(1972)北隆館・日本帰化植物図鑑 p.69, 野草の写真図鑑(1996)日本ヴォーグ社・WILD FLOWERS p.210, 五十嵐博(2001)北海道帰化植物便覧 p.91, 清水・森田・廣田(2001)全農教・日本帰化植物写真図鑑 p.270, 清水建美編(2003)平凡社・日本の帰化植物 p.172, 北海道(2010)ブルーリスト・B, ⑤札幌市で確認済み

555. アメリカハッカ(2.3.53.8：シソ科)
　　　Mentha × gentilis L.: Mentha × gracilis Sole (ヨウシュ×オランダ)
①邑田・米倉(2012)日本維管束植物目録 p.196 左, ②欧州・北米原産, ③植栽され稀に逸出, ④長田武正(1972)北隆館・日本帰化植物図鑑 p.70, 五十嵐博(2001)北海道帰化植物便覧 p.91, 滝田謙譲(2001)北海道植物図譜 p.815・大樹町ホロカヤントウ湖畔, 清水建美編(2003)平凡社・日本の帰化植物 p.173, 北海道(2010)ブルーリスト・B, ⑤札幌市で確認済み

556. ナガバハッカ・ケハッカ(2.3.53.8：シソ科)
　　　Mentha longifolia (L.) Huds.
①邑田・米倉(2012)日本維管束植物目録 p.196 左, ②ユーラシア原産, ③植栽され稀に逸出, ④長田武正(1972)北隆館・日本帰化植物図鑑 p.72, 清水・森田・廣田(2001)全農教・日本帰化植物写真図鑑 p.270, 清水建美編(2003)平凡社・日本の帰化植物 p.173, 梅沢俊(2007)新北海道の花 p.233・札幌市, 北海道(2010)ブルーリスト・B, ⑤札幌市で確認済み

130 シソ科

557. コショウハッカ・セイヨウハッカ・ペパーミント（2.3.53.8：シソ科）
Mentha × piperita L.
①邑田・米倉(2012)日本維管束植物目録 p.196 左，②欧州原産，③植栽され稀に逸出，④長田武正(1972)北隆館・日本帰化植物図鑑 p.70，長田武正(1976)保育社・原色日本帰化植物図鑑 p.136，山岸喬(1998)日本ハーブ図鑑 p.144，五十嵐博(2001)北海道帰化植物便覧 p.91，清水・森田・廣田(2001)全農教・日本帰化植物写真図鑑 p.271，清水建美編(2003)平凡社・日本の帰化植物 p.173，北海道(2010)ブルーリスト・B，旭川帰化植物研究会(2015)旭川の帰化植物 p.79，⑤各地で確認済み

558. メグサハッカ・ペニーロイヤルミント（2.3.53.8：シソ科）
Mentha pulegium L.
①邑田・米倉(2012)日本維管束植物目録 p.196 左，②欧州原産，③植栽され稀に逸出，④長田武正(1972)北隆館・日本帰化植物図鑑 p.69，長田武正(1976)保育社・原色日本帰化植物図鑑 p.137，野草の写真図鑑(1996)日本ヴォーグ社・WILD FLOWERS p.211，山岸喬(1998)日本ハーブ図鑑 p.142，清水・森田・廣田(2001)全農教・日本帰化植物写真図鑑 p.271，清水建美編(2003)平凡社・日本の帰化植物 p.173，北海道(2010)ブルーリスト・B，⑤札幌市で確認済み

559. ミドリハッカ・スペアミント（2.3.53.8：シソ科）
Mentha spicata L.
　　オランダハッカ・カーリーミント
Mentha spicata L. var. *crispa*
①邑田・米倉(2012)日本維管束植物目録 p.196 左，②欧州原産，③植栽され稀に逸出，④長田武正(1972)北隆館・日本帰化植物図鑑 p.71，長田武正(1976)保育社・原色日本帰化植物図鑑 p.135，山岸喬(1998)日本ハーブ図鑑 p.114，五十嵐博(2001)北海道帰化植物便覧 p.91，清水・森田・廣田(2001)全農教・日本帰化植物写真図鑑 p.272，清水建美編(2003)平凡社・日本の帰化植物 p.173，梅沢俊(2007)新北海道の花 p.233・札幌市円山山麓，北海道(2010)ブルーリスト・B，⑤札幌市で確認済み

560. マルバハッカ・アップルミント（2.3.53.8：シソ科）
Mentha suaveolens Ehrh.
①邑田・米倉(2012)日本維管束植物目録 p.196 左，②欧州原産，③植栽され稀に逸出，④長田武正(1972)北隆館・日本帰化植物図鑑 p.71，清水・森田・廣田(2001)全農教・日本帰化植物写真図鑑 p.272，清水建美編(2003)平凡社・日本の帰化植物 p.173，北海道(2010)ブルーリスト・B，⑤未確認

561. タイマツバナ・ヤグルマハッカ・モナルダ・ベルガモット（2.3.53.8：シソ科）【Plate 6 ⑤】
Monarda didyma L.
①邑田・米倉(2012)日本維管束植物目録 p.196 左，②北米東部原産，③植栽され稀に逸出，④山岸喬(1998)日本ハーブ図鑑 p.148，清水建美編(2003)平凡社・日本の帰化植物 p.174，持田・加藤(2008)植物地理・分類研究 56(1)：40-44：静内町など，佐々木純一氏情報(2008)：国領，北海道(2010)ブルーリスト・B，⑤長沼町，新ひだか町などで確認済み

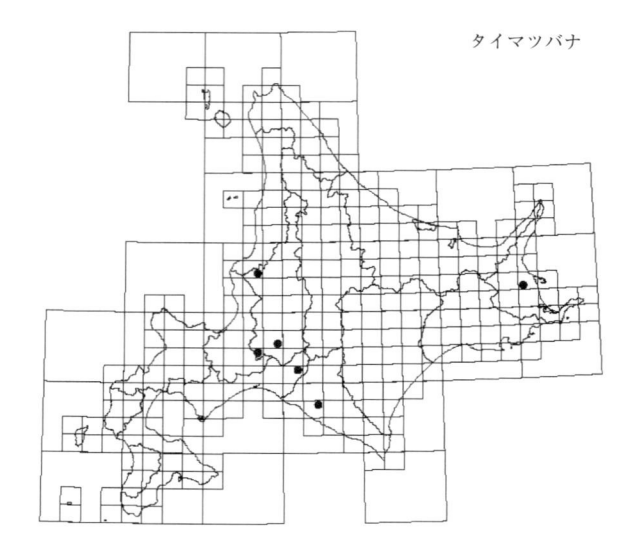

タイマツバナ

562. イヌハッカ・チクマハッカ・キャットニップ（2.3.53.8：シソ科）【Plate 6 ⑥】
Nepeta cataria L.

①邑田・米倉(2012)日本維管束植物目録 p.196 右, ②ユーラシア原産, ③植栽され各地に逸出, ④長田武正(1972)北隆館・日本帰化植物図鑑 p.73, 長田武正(1976)保育社・原色日本帰化植物図鑑 p.134, 五十嵐博(2001)北海道帰化植物便覧 p.92, 清水・森田・廣田(2001)全農教・日本帰化植物写真図鑑 p.273, 清水建美編(2003)平凡社・日本の帰化植物 p.174, 滝田謙譲(2004)北海道植物図譜・補遺 p.32・札幌市豊平区, 梅沢俊(2007)新北海道の花 p.108・札幌市中の島, 北海道(2010)ブルーリスト・B, ⑤札幌市, 小樽市などで確認済み

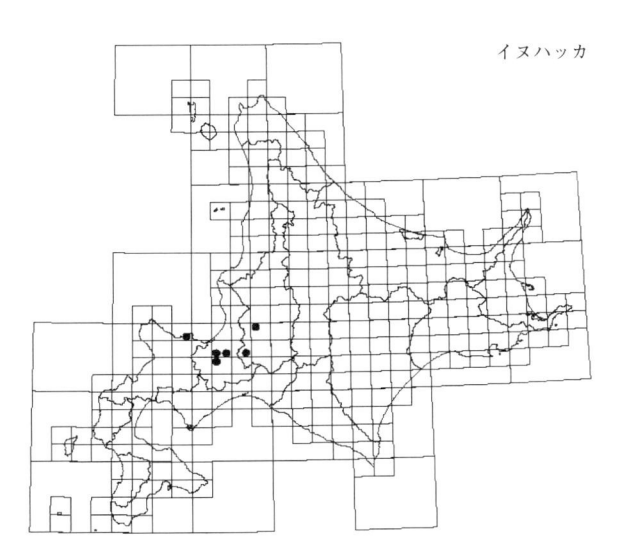

ハナハッカ

イヌハッカ

563. ハナハッカ・オレガノ(2.3.53.8：シソ科)
Origanum vulgare L.　　　　　　　【Plate 7 ①】
①邑田・米倉(2012)日本維管束植物目録 p.196 右, ②欧州原産, ③植栽され各地に逸出, ④野草の写真図鑑(1996)日本ヴォーグ社・WILD FLOWERS p.209, 山岸喬(1998)日本ハーブ図鑑 p.106, 北海道(2010)ブルーリスト・B, 植村ほか(2010)全農教・日本帰化植物写真図鑑(2) p.199, 五十嵐博(2012)新しい外来植物・ボタニカ 30：7-10・旭川市忠別川, 旭川帰化植物研究会(2015)旭川の帰化植物 p.79, ⑤札幌市, 由仁町などで確認済み

564. シソ・アカジソ(2.3.53.8：シソ科)
Perilla frutescens (L.) Britton var. *acuta* f. *purpurea* (Makino) Makino

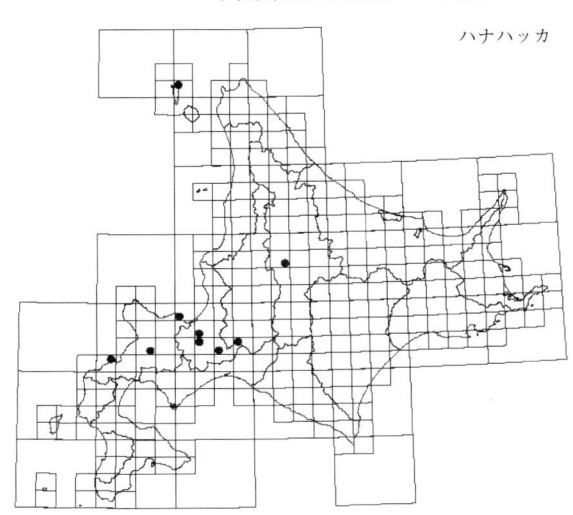

①邑田・米倉(2012)日本維管束植物目録 p.196 右, ②東南アジア原産, ③植栽され各地に逸出, ④五十嵐博(2001)北海道帰化植物便覧 p.92, 北海道(2010)ブルーリスト・B, ⑤各地で確認済み

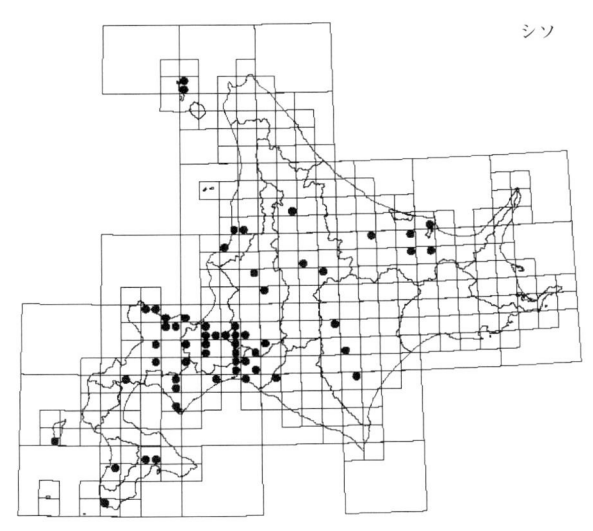

シソ

アオジソ(2.3.53.8：シソ科)
Perilla frutescens (L.) Britton var. *acuta* f. *viridis* (Makino) Makino
①邑田・米倉(2012)日本維管束植物目録 p.196 右, ②東南アジア原産, ③植栽され各地に逸出, ④五十嵐博(2001)北海道帰化植物便覧 p.92, 北海道(2010)ブルーリスト・B, ⑤各地で確認済み

132　シソ科

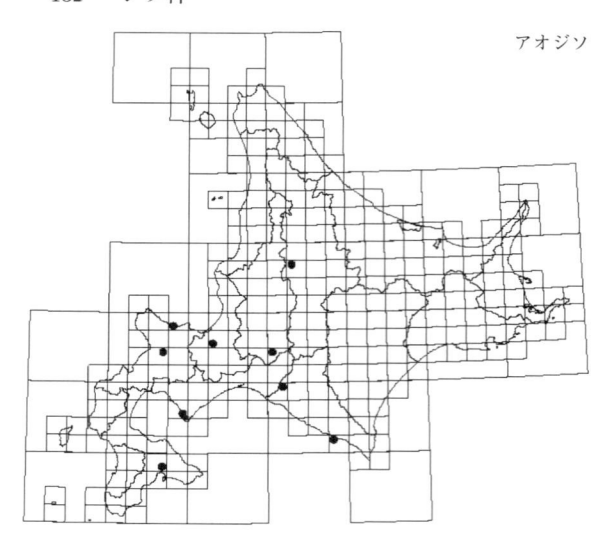

アオジソ

エゴマ(2.3.53.8：シソ科)
Perilla frutescens (L.) Britton var. *frutescens*
①邑田・米倉(2012)日本維管束植物目録 p.196 右，②東南アジア原産，③植栽され各地に逸出，④五十嵐博(2001)北海道帰化植物便覧 p.92，北海道(2010)ブルーリスト・B，旭川帰化植物研究会(2015)旭川の帰化植物 p.79，⑤札幌市円山公園などで確認済み

565. ハナトラノオ・カクトラノオ(2.3.53.8：シソ科)
Physostegia virginiana (L.) Benth.
①邑田・米倉(2012)日本維管束植物目録 p.196 右，

ハナトラノオ

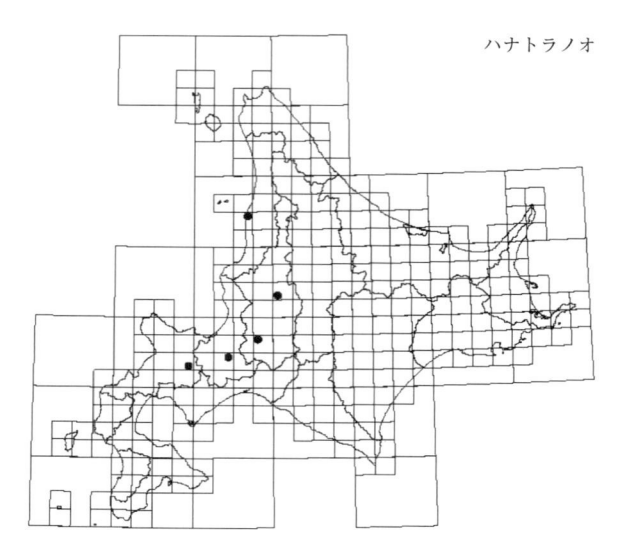

②北米原産，③植栽され稀に逸出，④五十嵐博(2001)北海道帰化植物便覧 p.92，清水・森田・廣田(2001)全農教・日本帰化植物写真図鑑 p.274，清水建美編(2003)平凡社・日本の帰化植物 p.175，梅沢俊(2007)新北海道の花 p.234・安平町追分，北海道(2010)ブルーリスト・B，⑤各地で確認済み

566. セイヨウウツボグサ(2.3.53.8：シソ科)
Prunella vulgaris L.　　　　　　　【Plate 7 ②】
①邑田・米倉(2012)日本維管束植物目録 p.197 左，②ユーラシア原産，③植栽され各地に逸出，④野草の写真図鑑(1996)日本ヴォーグ社・WILD FLOWERS p.206，山岸喬(1998)日本ハーブ図鑑 p.118，清水建美編(2003)平凡社・日本の帰化植物 p.174，北海道(2010)ブルーリスト・B，植村ほか(2010)全農教・日本帰化植物写真図鑑(2) p.200，浅井元朗(2015)全農教・植調雑草大鑑 p.185，⑤各地で確認済み・見るものは白花が多い

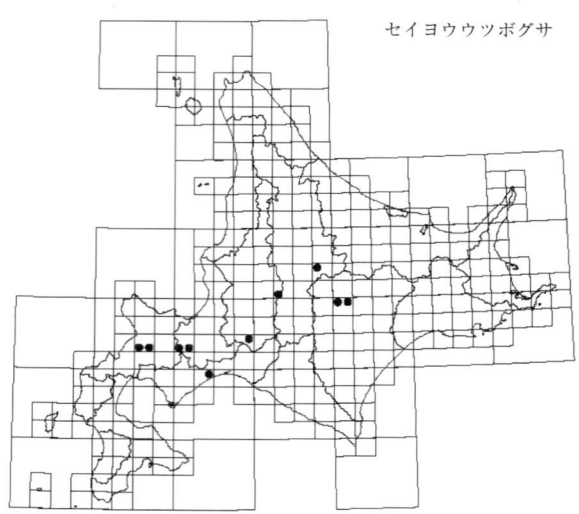

セイヨウウツボグサ

567. イヌヒメコヅチ(2.3.53.8：シソ科)
Salvia reflexa Hornem.
①邑田・米倉(2012)日本維管束植物目録 p.197 右，②北米原産，③不明・稀，④長田武正(1976)保育社・原色日本帰化植物図鑑 p.138，五十嵐博(2001)北海道帰化植物便覧 p.92，清水・森田・廣田(2001)全農教・日本帰化植物写真図鑑 p.274，清水建美編(2003)平凡社・日本の帰化植物 p.174，北海道

(2010)ブルーリスト・D，⑤未確認

568. チョロギ(2.3.53.8：シソ科)
  Stachys affinis Bunge
②中国原産，③不明・稀，④五十嵐博(2001)北海道帰化植物便覧 p.92，北海道(2010)ブルーリスト・D，⑤未確認

569. オトメイヌゴマ(2.3.53.8：シソ科)
  Stachys palustris L.
①邑田・米倉(2012)日本維管束植物目録 p.198 右，②欧州原産，③不明・稀，④五十嵐博(2001)北海道帰化植物便覧 p.93，清水建美編(2003)平凡社・日本の帰化植物 p.175・風連町，北海道(2010)ブルーリスト・D，植村ほか(2010)全農教・日本帰化植物写真図鑑(2) p.203，⑤画像を整理したところ根室市などで確認済み

570. オオバイヌゴマ(2.3.53.8：シソ科)
  Stachys sylvatica L. 【Plate 7 ③】
②欧州原産，③不明・稀，④野草の写真図鑑(1996)日本ヴォーグ社・WILD FLOWERS p.204，五十嵐博(2013)北方山草 30：101-104，⑤札幌市北大構内で確認済み

571. ニシキミゾホオズキ(2.3.53.10：ハエドクソウ科：旧ゴマノハグサ科)
  Mimulus luteus L.
①邑田・米倉(2012)日本維管束植物目録 p.199 左，②北米原産，③植栽され稀に逸出，④野草の写真図鑑(1996)日本ヴォーグ社・WILD FLOWERS p.219，五十嵐博(2001)北海道帰化植物便覧 p.99・弟子屈町確認のセイタカミゾホオズキは誤同定で本種，清水・森田・廣田(2001)全農教・日本帰化植物写真図鑑 p.296，清水建美編(2003)平凡社・日本の帰化植物 p.187，梅沢俊(2007)新北海道の花 p.38・弟子屈町，北海道(2010)ブルーリスト・B，⑤弟子屈町で確認済み

572. キリ(2.3.53.11：キリ科)
  Paulownia tomentosa (Thunb.) Steud.

①邑田・米倉(2012)日本維管束植物目録 p.199 左，②中国原産(史前帰化)，③植栽され稀に逸出，④佐藤孝夫(1990)北海道樹木図鑑 p.276，北海道(2010)ブルーリスト・B，⑤小樽市などで確認済み

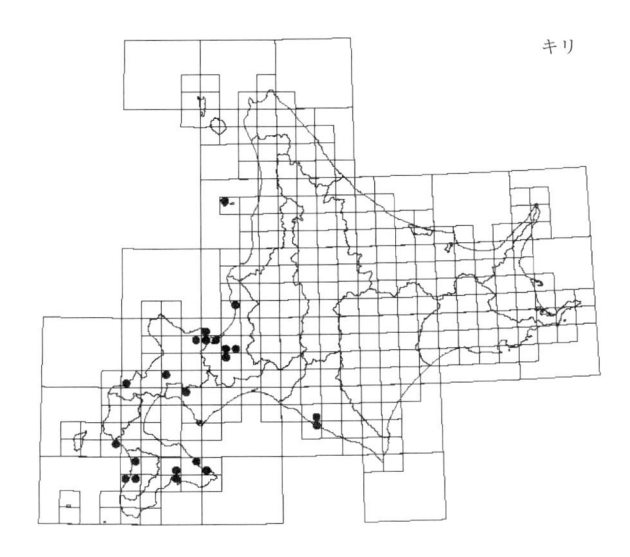

キリ

573. ヤセウツボ(2.3.53.13：ハマウツボ科)
  Orobanche minor Sm.
①邑田・米倉(2012)日本維管束植物目録 p.200 右，②欧州原産，③不明・稀，④長田武正(1972)北隆館・日本帰化植物図鑑 p.56，長田武正(1976)保育社・原色日本帰化植物図鑑 p.101，野草の写真図鑑(1996)日本ヴォーグ社・WILD FLOWERS p.232，清水・森田・廣田(2001)全農教・日本帰化植物写真図鑑 p.305，清水建美編(2003)平凡社・日本の帰化植物 p.192，**環境省・要注意外来生物**，⑤未確認

574. ホザキシオガマ(2.3.53.13：ハマウツボ科：旧ゴマノハグサ科)
  Pedicularis spicata Pall.
①邑田・米倉(2012)日本維管束植物目録 p.201 左，②欧州原産，③不明・稀，④五十嵐博(2001)北海道帰化植物便覧 p.99・横山春男(1951)十勝植物誌・足寄，滝田謙譲(2001)北海道植物図譜 p.839・士幌町糠平，北海道(2010)ブルーリスト・B，環境省(2012)レッドリスト指定は疑問，⑤未確認

575. キササゲ（2.3.53.16：ノウゼンカズラ科）
　　Catalpa ovata G. Don
①邑田・米倉(2012)日本維管束植物目録 p.202 左，②中国原産，③植栽され稀に逸出，④佐藤孝夫(1990)北海道樹木図鑑 p.276，北海道(2010)ブルーリスト・B，旭川帰化植物研究会(2015)旭川の帰化植物 p.80，⑤旭川市で確認済み

576. ヤナギハナガサ（2.3.53.17：クマツヅラ科）
　　Verbena bonariensis L. 　　　　　【Plate 7 ④】
①邑田・米倉(2012)日本維管束植物目録 p.202 右，②南米原産，③植栽され稀に逸出，④長田武正(1972)北隆館・日本帰化植物図鑑 p.75，長田武正(1976)保育社・原色日本帰化植物図鑑 p.140，五十嵐博(2001)北海道帰化植物便覧 p.88，清水・森田・廣田(2001)全農教・日本帰化植物写真図鑑 p.264，清水建美編(2003)平凡社・日本の帰化植物 p.168，北海道(2010)ブルーリスト・B，⑤北斗市，苫小牧市などで確認済み

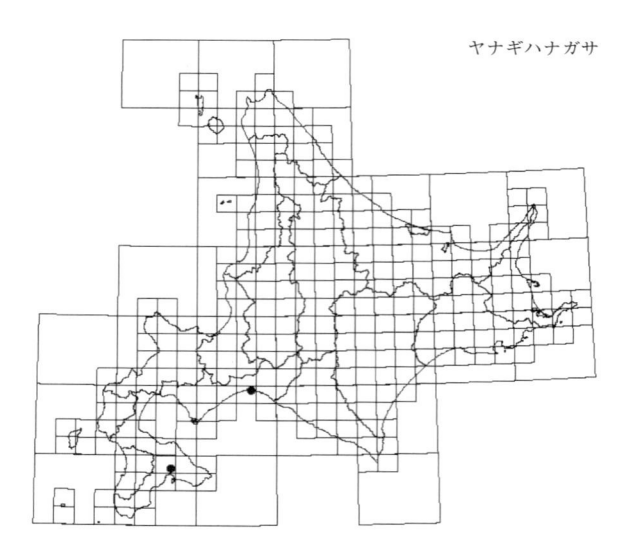

ヤナギハナガサ

577. アレチハナガサ（2.3.53.17：クマツヅラ科）
　　Verbena brasiliensis Vell.
①邑田・米倉(2012)日本維管束植物目録 p.202 右，②南米原産，③植栽され稀に逸出，④長田武正(1972)北隆館・日本帰化植物図鑑 p.75，長田武正(1976)保育社・原色日本帰化植物図鑑 p.140，五十嵐博(2001)北海道帰化植物便覧 p.88，清水・森田・廣田(2001)全農教・日本帰化植物写真図鑑 p.265，清水建美編(2003)平凡社・日本の帰化植物 p.168，北海道(2010)ブルーリスト・D，⑤未確認

578. ホコガタハナガサ・ムラサキバーベナ
　　（2.3.53.17：クマツヅラ科）　【扉裏・Plate 7 ⑥】
　　Verbena hastata L.
①邑田・米倉(2012)日本維管束植物目録 p.202 右，②北米原産，③植栽され稀に逸出，④山岸喬(1998)日本ハーブ図鑑 p.103・ムラサキバーベナ，⑤2015年8月7日に苫小牧市晴海町で初確認・その後は苫小牧市ウトナイ湖でも確認

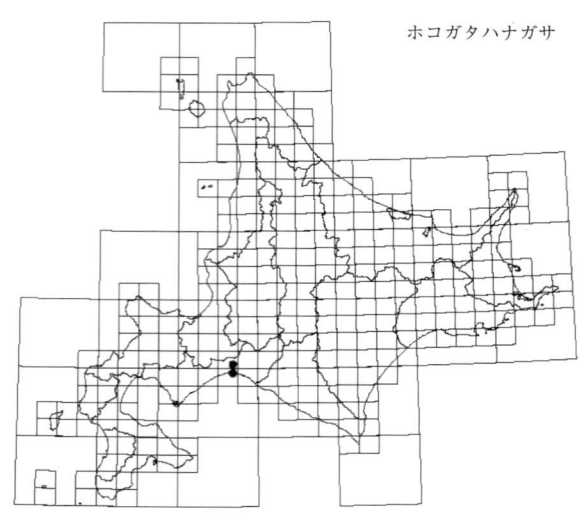

ホコガタハナガサ

579. ヒメクマツヅラ・ハマクマツヅラ
　　（2.3.53.17：クマツヅラ科）
　　Verbena litoralis Kunth
①邑田・米倉(2012)日本維管束植物目録 p.202 右，②北米原産，③植栽され稀に逸出，④清水・森田・廣田(2001)全農教・日本帰化植物写真図鑑 p.262，清水建美編(2003)平凡社・日本の帰化植物 p.169，丹羽真一(2014)北方山草 31：55-58・東川町忠別ダム湖畔，⑤未確認

580. クマツヅラ・バーベイン（2.3.53.17：クマツヅラ科）
　　Verbena officinalis L.
①邑田・米倉(2012)日本維管束植物目録 p.202 右，

②欧州(本州以南)原産，③不明・稀，④野草の写真図鑑(1996)日本ヴォーグ社・WILD FLOWERS p.196, 山岸喬(1998)日本ハーブ図鑑 p.102, 北海道(2010)ブルーリスト・B, ⑤名寄市などでの確認済みは移入起源

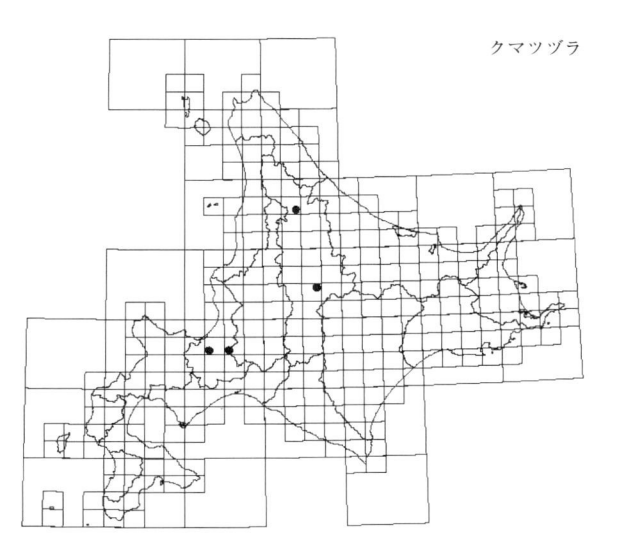

クマツヅラ

581. マルバクマツヅラ (2.3.53.17：クマツヅラ科)
Verbena stricta Vent. 【Plate 7 ⑤】
①邑田・米倉(2012)日本維管束植物目録 p.202 右, ②北米原産, ③不明・稀・消滅, ④清水建美編(2003)平凡社・日本の帰化植物 p.169, 五十嵐博(2013)北方山草 30：101-104, ⑤2014年に苫小牧市晴海町で確認したが2015年造成により消滅

582. ソバナ・マルバシャジン (2.3.55.1：キキョウ科) 【Plate 8 ①】
Adenophora remotiflora (Siebold et Zucc.) Miq.
①邑田・米倉(2012)日本維管束植物目録 p.204 左, ②本州原産, ③植栽され稀に逸出, ④永田芳男・畦上能力(1996)山に咲く花・山渓ハンディ図鑑2. p.87, 山渓カラー名鑑(1998)園芸植物 p.71, 五十嵐博(2001)北海道帰化植物便覧 p.104, 滝田謙譲(2001)北海道植物図譜 p.895・白滝村湧別川上流域, 北海道(2010)ブルーリスト・B, ⑤礼文島, 札幌市などで確認済み

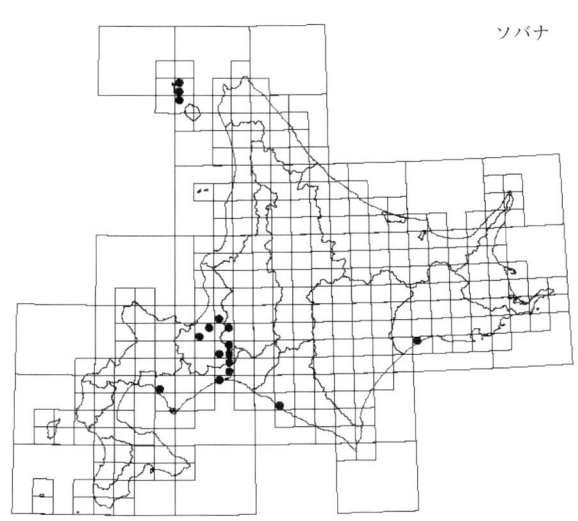

ソバナ

583. リンドウザキカンパヌラ・ハナヤツシロソウ (2.3.55.1：キキョウ科)
Canpanula glomerata L.
①邑田・米倉(2012)日本維管束植物目録 p.204 右, ②不明・園芸種, ③植栽され稀に逸出, ④山渓カラー名鑑(1998)園芸植物 p.72, 五十嵐博(2001)北海道帰化植物便覧 p.104, 北海道(2010)ブルーリスト・B, ⑤札幌市, 上川町などで確認済み

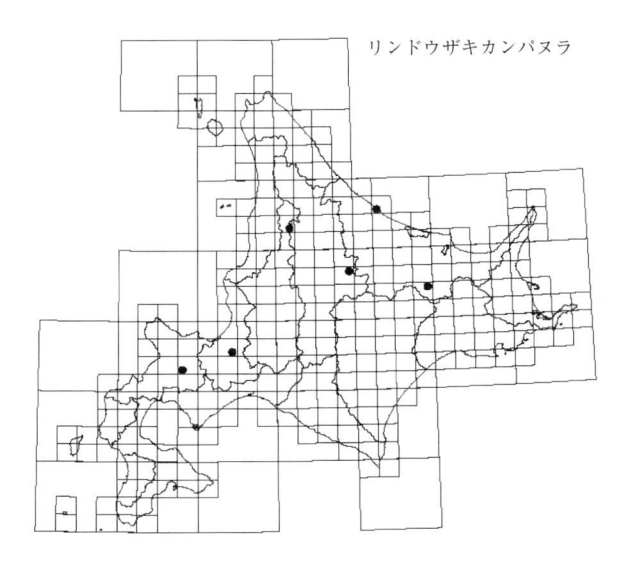

リンドウザキカンパヌラ

584. ホタルブクロ (キキョウ科)
Canpanula punctata Lam.
①邑田・米倉(2012)日本維管束植物目録 p.204 右, ②本州原産, ③植栽され稀に逸出, ④滝田謙譲

(2001)北海道植物図譜 p.896・旭川市旭山公園・栽培品の逸出, 北海道(2010)ブルーリスト・B, ⑤札幌市, 函館市などで確認済み

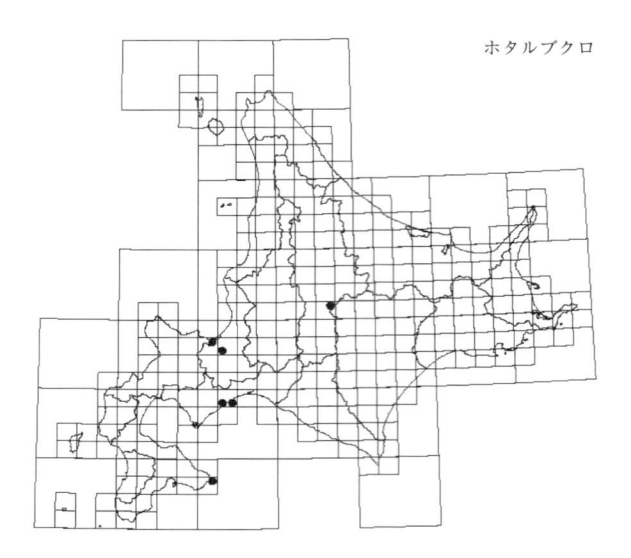

ホタルブクロ

585. ハタザオキキョウ・カンパヌラ(キキョウ科)
Canpanula rapunculoides L. 【Plate 8 ⑥】
②欧州原産, ③植栽され稀に逸出, ④原松次(1992)札幌の植物・カンパヌラ no.838・市街地, 野草の写真図鑑(1996)日本ヴォーグ社・WILD FLOWERS p.241, 五十嵐博(2001)北海道帰化植物便覧 p.105, 北海道(2010)ブルーリスト・B, ⑤白老町・新冠町・札幌市・江別市などで確認済み

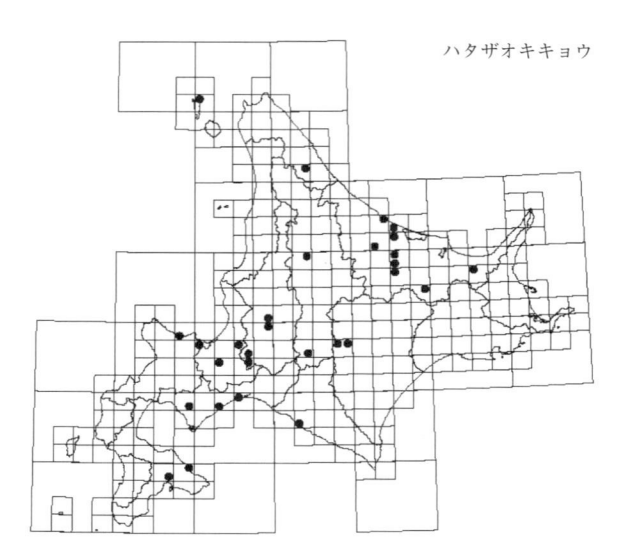

ハタザオキキョウ

586. ロベリアソウ・セイヨウミゾカクシ(キキョウ科)
Lobelia inflata L.
①邑田・米倉(2012)日本維管束植物目録 p.204 右, ②北米原産, ③不明・稀, ④長田武正(1972)北隆館・日本帰化植物図鑑 p.48, 長田武正(1976)保育社・原色日本帰化植物図鑑 p.89, 五十嵐博(2001)北海道帰化植物便覧 p.105, 滝田謙譲(2001)北海道植物図譜 p.901・標茶町別寒辺牛台林道, 清水建美編(2003)平凡社・日本の帰化植物 p.196, 梅沢俊(2007)新北海道の花 p.300, 植村ほか(2010)全農教・日本帰化植物写真図鑑(2) p.244, 北海道(2010)ブルーリスト・B, ⑤北斗市・苫小牧市2箇所などで確認済み

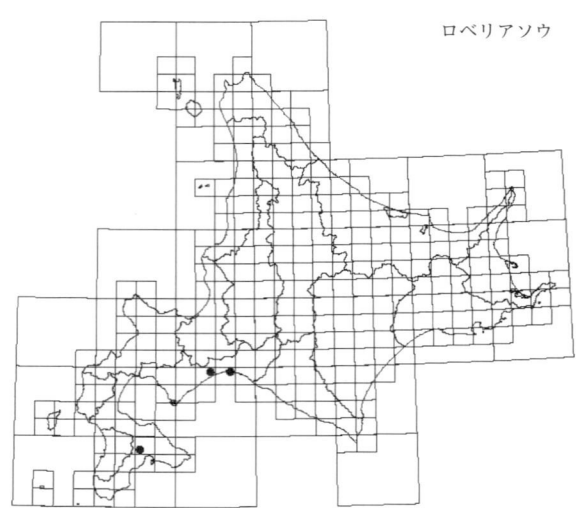

ロベリアソウ

587. アサザ・イヌジュンサイ・ハナジュンサイ
(2.3.55.2：ミツガシワ科)
Nymphoides peltata (S. G. Gmel.) Kuntze
①邑田・米倉(2012)日本維管束植物目録 p.205 左, ②本州原産, ③移入種・稀, ④滝田謙譲(2001)北海道植物図譜 p.744・幕別町千住の沼・移入, 北海道(2010)ブルーリスト・B, ⑤未確認

588. キバナノコギリソウ(2.3.55.4：キク科)
Achillea filipendulina Lam.
①邑田・米倉(2012)日本維管束植物目録 p.205 右, ②西アジア原産, ③植栽され稀に逸出, ④長田武

正(1976)保育社・原色日本帰化植物図鑑 p.26, 五十嵐博(2001)北海道帰化植物便覧 p.105, 清水・森田・廣田(2001)全農教・日本帰化植物写真図鑑 p.312, 清水建美編(2003)平凡社・日本の帰化植物 p.217, 北海道(2010)ブルーリスト・D, ⑤未確認

589. セイヨウノコギリソウ・ヤロー(2.3.55.4：キク科)
Achillea millefolium L.
①邑田・米倉(2012)日本維管束植物目録 p.205 右, ②欧州・コーカサス・イラン・シベリア・ヒマラヤ原産, ③植栽され各地に逸出, ④長田武正(1972)北隆館・日本帰化植物図鑑 p.1, 長田武正(1976)保育社・原色日本帰化植物図鑑 p.27, 原松次(1983)北海道植物図(中) p.41・釧路市, 野草の写真図鑑(1996)日本ヴォーグ社・WILD FLOWERS p.252, 山岸喬(1998)日本ハーブ図鑑 p.184, 五十嵐博(2001)北海道帰化植物便覧 p.105, 滝田謙譲(2001)北海道植物図譜 p.908・阿寒町双湖台付近, 清水・森田・廣田(2001)全農教・日本帰化植物写真図鑑 p.312, 清水建美編(2003)平凡社・日本の帰化植物 p.218, 梅沢俊(2007)新北海道の花 p.85・札幌市真駒内, 北海道(2010)ブルーリスト・A3, 浅井元朗(2015)全農教・植調雑草大鑑 p.164, 旭川帰化植物研究会(2015)旭川の帰化植物 p.80, ⑤各地で確認済み

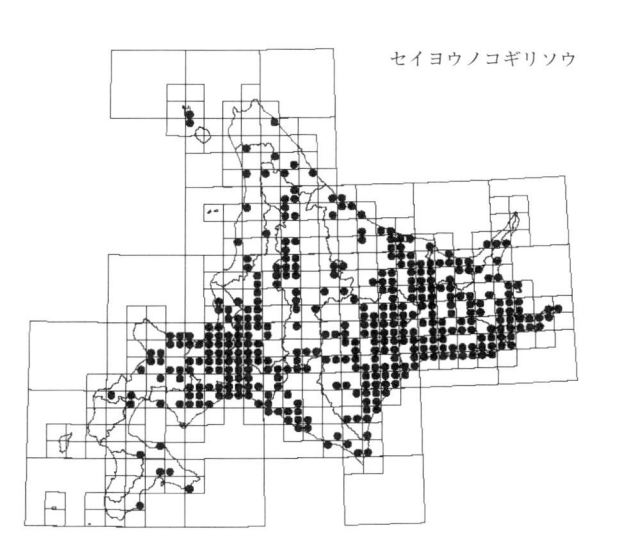

590. オオバナノノコギリソウ(2.3.55.4：キク科)
Achillea ptarmica L.
②欧州原産, ③植栽され稀に逸出, ④野草の写真図鑑(1996)日本ヴォーグ社・WILD FLOWERS p.253, 五十嵐博(2001)北海道帰化植物便覧 p.106, 北海道(2010)ブルーリスト・B, 旭川帰化植物研究会(2015)旭川の帰化植物 p.81, ⑤美深町などで八重咲タイプを確認済み

591. マルバフジバカマ(2.3.55.4：キク科)
Ageratina altissima (L.) R. M. King et H. Rob.: Eupatorium rugosum Houtt.
①邑田・米倉(2012)日本維管束植物目録 p.205 右, ②北米原産, ③植栽され稀に逸出, ④長田武正(1972)北隆館・日本帰化植物図鑑 p.22, 長田武正(1976)保育社・原色日本帰化植物図鑑 p.76, 五十嵐博(2001)北海道帰化植物便覧 p.118, 滝田謙譲(2001)北海道植物図譜 p.983・札幌市南区空き地, 清水・森田・廣田(2001)全農教・日本帰化植物写真図鑑 p.360, 清水建美編(2003)平凡社・日本の帰化植物 p.225, 梅沢俊(2007)新北海道の花 p.93・札幌市中央区市街地, 北海道(2010)ブルーリスト・B, ⑤札幌市北大周辺や大通り付近, 苫小牧市などで確認済み

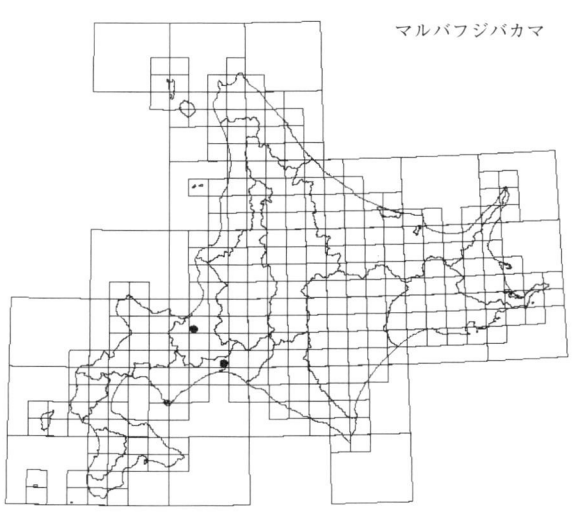

592. ブタクサ(2.3.55.4：キク科)
Ambrosia artemisiifolia L.: Ambrosia

artemisiaefolia L. var. elatior Desc.
①邑田・米倉(2012)日本維管束植物目録 p.206 左，②北米原産，③不明・各地，④長田武正(1972)北隆館・日本帰化植物図鑑 p.3，長田武正(1976)保育社・原色日本帰化植物図鑑 p.81，原松次(1983)北海道植物図(中)p.24・伊達市，五十嵐博(2001)北海道帰化植物便覧 p.106，滝田謙譲(2001)北海道植物図譜 p.911・旭川市石狩川の川原，清水・森田・廣田(2001)全農教・日本帰化植物写真図鑑 p.314，清水建美編(2003)平凡社・日本の帰化植物 p.198，梅沢俊(2007)新北海道の花 p.389・札幌市藻岩山スキー場，北海道(2010)ブルーリスト・**A2**，浅井元朗(2015)全農教・植調雑草大鑑 p.114，旭川帰化植物研究会(2015)旭川の帰化植物 p.81，**環境省・要注意外来生物**，⑤各地で確認済み

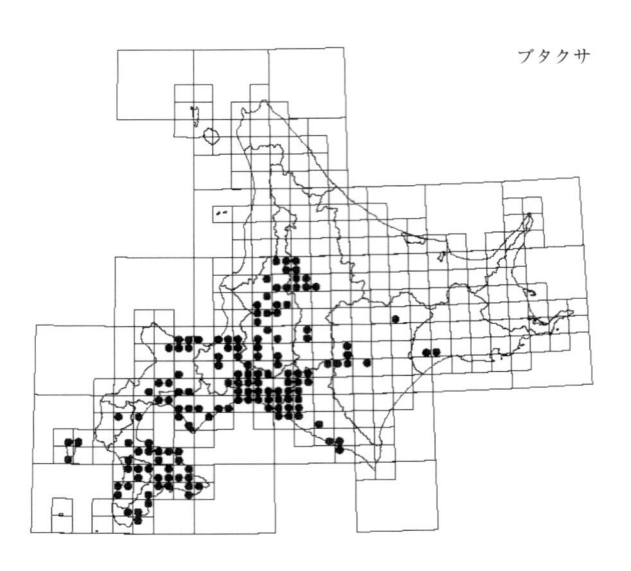

594. オオブタクサ・クワモドキ(2.3.55.4：キク科)
Ambrosia trifida L.
①邑田・米倉(2012)日本維管束植物目録 p.206 左，②北米原産，③不明・稀，④長田武正(1972)北隆館・日本帰化植物図鑑 p.4，長田武正(1976)保育社・原色日本帰化植物図鑑 p.83，五十嵐博(2001)北海道帰化植物便覧 p.107，清水・森田・廣田(2001)全農教・日本帰化植物写真図鑑 p.315，清水建美編(2003)平凡社・日本の帰化植物 p.199，滝田謙譲(2004)北海道植物図譜・補遺 p.40・小樽市第三埠頭，梅沢俊(2007)新北海道の花 p.389・小樽市第三埠頭，北海道(2010)ブルーリスト・**A3**，浅井元朗(2015)全農教・植調雑草大鑑 p.115，旭川帰化植物研究会(2015)旭川の帰化植物 p.81，**環境省・要注意外来生物**，⑤小樽港・帯広市などで確認済み

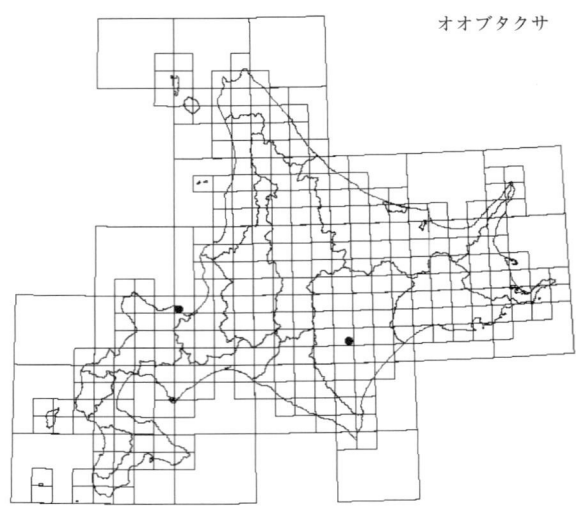

593. ブタクサモドキ(2.3.55.4：キク科)
Ambrosia psilostachya DC.
①邑田・米倉(2012)日本維管束植物目録 p.206 左，②北米原産，③不明・稀・消滅，④長田武正(1972)北隆館・日本帰化植物図鑑 p.3，長田武正(1976)保育社・原色日本帰化植物図鑑 p.82，五十嵐博(2001)北海道帰化植物便覧 p.107，清水・森田・廣田(2001)全農教・日本帰化植物写真図鑑 p.316，清水建美編(2003)平凡社・日本の帰化植物 p.199，北海道(2010)ブルーリスト・**B**，⑤門別町標本確認済み・その後消滅

595. エゾノチチコグサ(2.3.55.4：キク科)
Antennaria dioica (L.) Gaertn. 【Plate 8 ③】
①邑田・米倉(2012)日本維管束植物目録 p.206 右，②欧州原産・在来種は白花，③植栽され稀に逸出(桃色花)，④野草の写真図鑑(1996)日本ヴォーグ社・WILD FLOWERS p.250，滝田謙譲(2001)北海道植物図譜 p.912・津別町の山地・在来種，ヤマケイ情報箱(2003)レッドデータープランツ p.53・園芸種の件，梅沢俊(2007)新北海道の花 p.87・阿寒山系・園芸種の件，旭川帰化植物研究会(2009)旭川の帰化植物 p.31，北海道(2010)ブルーリスト・

B, ⑤札幌市, 苫小牧市などで確認済み

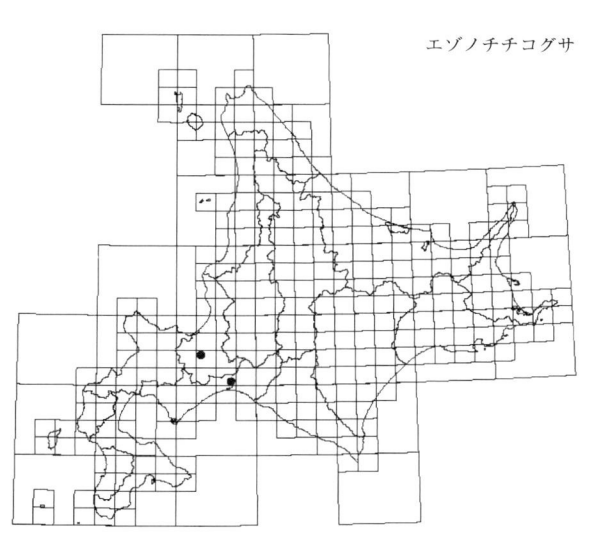

エゾノチチコグサ

596. キゾメカミツレ・アレチカミツレ
(2.3.55.4：キク科)
Anthemis arvensis L.
①邑田・米倉(2012)日本維管束植物目録 p.206 右, ②欧州・コーカサス・イラン原産, ③植栽され稀に逸出, ④長田武正(1972)北隆館・日本帰化植物図鑑 p.5, 長田武正(1976)保育社・原色日本帰化植物図鑑 p.28, 五十嵐博(2001)北海道帰化植物便覧 p.107, 清水・森田・廣田(2001)全農教・日本帰化植物写真図鑑 p.317, 清水建美編(2003)平凡社・日本の帰化植物 p.218, 北海道(2010)ブルーリスト・D, 旭川帰化植物研究会(2015)旭川の帰化植物 p.81, ⑤未確認

597. カミツレモドキ・シロカミツレ(2.3.55.4：キク科)
Anthemis cotula L.
①邑田・米倉(2012)日本維管束植物目録 p.206 右, ②欧州・北アフリカ・コーカサス・イラン・イラク原産, ③不明・稀, ④長田武正(1972)北隆館・日本帰化植物図鑑 p.5,37,38, 長田武正(1976)保育社・原色日本帰化植物図鑑 p.29, 五十嵐博(2001)北海道帰化植物便覧 p.107, 滝田謙譲(2001)北海道植物図譜 p.994・旭川市近文山公園, 清水・森田・廣田(2001)全農教・日本帰化植物写真図鑑 p.318,

清水建美編(2003)平凡社・日本の帰化植物 p.218, 梅沢俊(2007)新北海道の花 p.88・小樽市, 北海道(2010)ブルーリスト・A3, 浅井元朗(2015)全農教・植調雑草大鑑 p.150, 旭川帰化植物研究会(2015)旭川の帰化植物 p.81, **環境省・要注意外来生物**, ⑤各地で確認済み

598. コウヤカミツレ(2.3.55.4：キク科)
Anthemis tinctoria L.
①邑田・米倉(2012)日本維管束植物目録 p.206 右, ②欧州原産, ③植栽され稀に逸出, ④長田武正(1972)北隆館・日本帰化植物図鑑 p.5, 野草の写真図鑑(1996)日本ヴォーグ社・WILD FLOWERS p.251, 清水・森田・廣田(2001)全農教・日本帰化植物写真図鑑 p.319, 清水建美編(2003)平凡社・日本の帰化植物 p.218, 北海道(2010)ブルーリスト・B, 植村ほか(2010)全農教・日本帰化植物写真図鑑(2) p.247・斜里町, ⑤天売島・斜里町・羅臼町などで確認済み

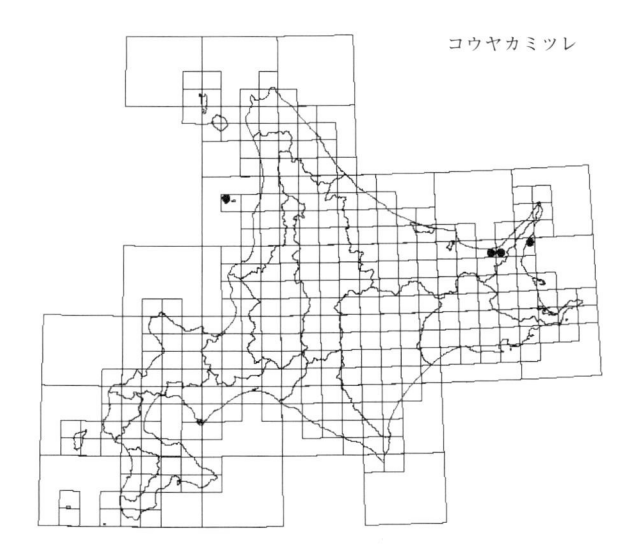

コウヤカミツレ

599. ゴボウ・ノラゴボウ・ニゲダシゴボウ
(2.3.55.4：キク科)
Arctium lappa L.
①邑田・米倉(2012)日本維管束植物目録 p.206 右, ②欧州〜中央アジア原産, ③野菜として栽培され各地に逸出, ④原松次(1992)札幌の植物 no.849, 野草の写真図鑑(1996)日本ヴォーグ社・WILD

140 キク科

FLOWERS p.262, 五十嵐博(2001)北海道帰化植物便覧 p.108, 滝田謙譲(2001)北海道植物図譜 p.915・釧路市桂恋海岸, 清水建美編(2003)平凡社・日本の帰化植物 p.230, 梅沢俊(2007)新北海道の花 p.209・札幌市藻岩山麓, 北海道(2010)ブルーリスト・A3, 旭川帰化植物研究会(2015)旭川の帰化植物 p.81, ⑤各地で確認済み

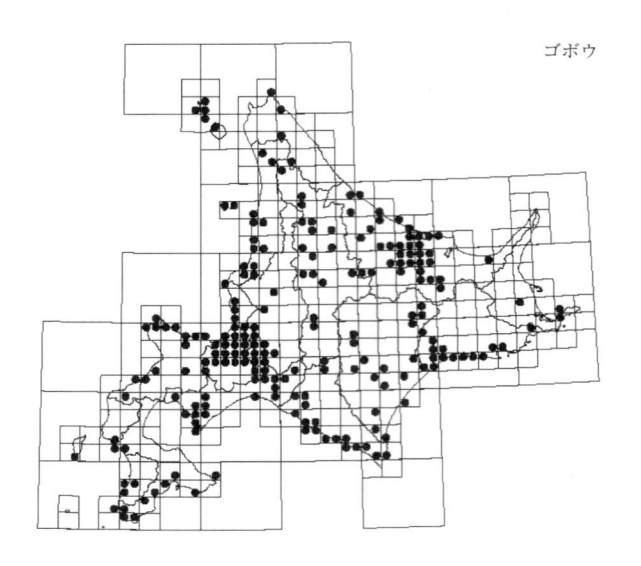

ゴボウ

600. ニガヨモギ(2.3.55.4：キク科)
Artemisia absinthium L.
②欧州原産, ③不明・稀, ④五十嵐博(2001)北海道帰化植物便覧 p.108, 北海道(2010)ブルーリスト・D, ⑤未確認

601. クソニンジン・ホソバニンジン(2.3.55.4：キク科)
Artemisia annua L.
①邑田・米倉(2012)日本維管束植物目録 p.206右, ②欧州原産, ③ヨモギ類緑化・稀, ④長田武正(1976)保育社・原色日本帰化植物図鑑 p.35, 原松次(1985)北海道植物図(下)p.21・函館市, 五十嵐博(2001)北海道帰化植物便覧 p.108, 清水・森田・廣田(2001)全農教・日本帰化植物写真図鑑 p.320, 清水建美編(2003)平凡社・日本の帰化植物 p.218, 北海道(2010)ブルーリスト・B, ⑤北広島市などで確認済み

602. カワラニンジン・ノニンジン(2.3.55.4：キク科)
Artemisia carvifolia Buch.-Ham.
①邑田・米倉(2012)日本維管束植物目録 p.206右, ②中国原産, ③ヨモギ類緑化・稀, ④五十嵐博(2001)北海道帰化植物便覧 p.108, 北海道(2010)ブルーリスト・B, ⑤北広島市で確認済み

603. ヨモギ・カズザキヨモギ(2.3.55.4：キク科)
Artemisia indica Willd. var. *maximowiczii* (Nakai) H. Hara
①邑田・米倉(2012)日本維管束植物目録 p.207左, ②本州以南原産, ③ヨモギ類緑化など・各地, ④原松次(1992)札幌の植物 no.855, 原松次(1983)北海道植物図(中)p.44・室蘭市, 五十嵐博(2001)北海道帰化植物便覧 p.109, 滝田謙譲(2001)北海道植物図譜 p.928・旭川市忠和石狩川の川原・本州からの移入説, 清水建美編(2003)平凡社・日本の帰化植物 p.219, 梅沢俊(2007)新北海道の花 p.14・札幌市定山渓, 北海道(2010)ブルーリスト・A3, 浅井元朗(2015)全農教・植調雑草大鑑 p.118, ⑤各地で確認済み・在来種説もある

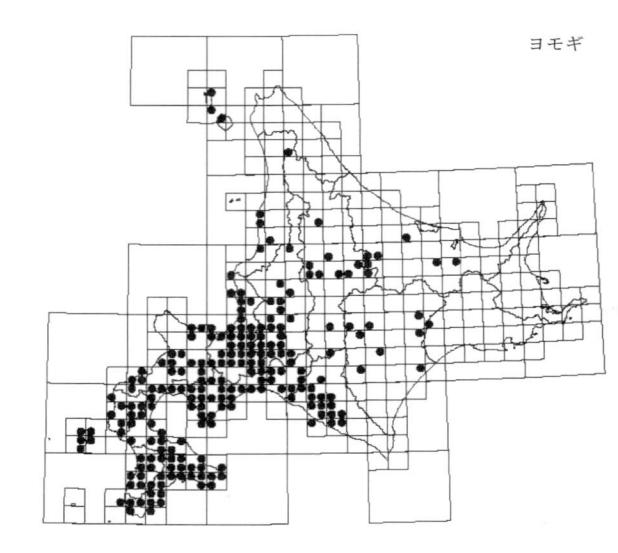

ヨモギ

604. ヒメヨモギ(2.3.55.4：キク科)
Artemisia lancea Vaniot
①邑田・米倉(2012)日本維管束植物目録 p.207左, ②本州以南原産(中国), ③ヨモギ類緑化・各地,

④五十嵐博(2001)北海道帰化植物便覧 p.109, 滝田謙譲(2001)北海道植物図譜 p.919・札幌市南区百松沢・弟子屈町屈斜路湖畔, 梅沢俊(2007)新北海道の花 p.14・札幌市, 北海道(2010)ブルーリスト・A3, ⑤各地で確認済み

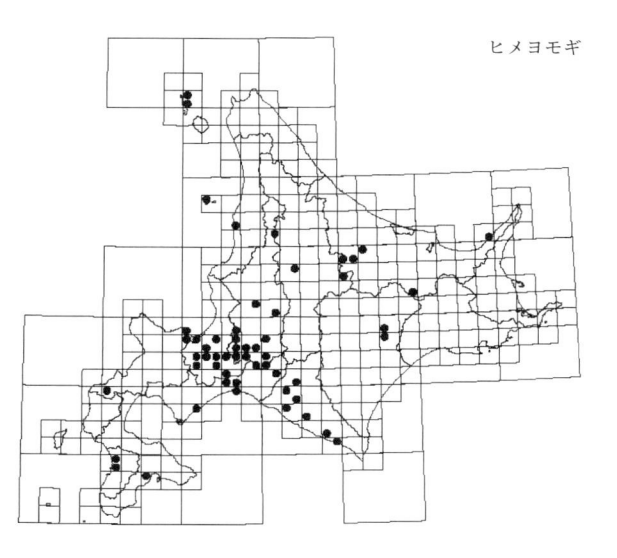

ヒメヨモギ

605. ヤブヨモギ・ブンゴヨモギ(2.3.55.4：キク科)
Artemisia rubripes Nakai
①邑田・米倉(2012)日本維管束植物目録 p.207 右, ②本州以南原産(中国), ③ヨモギ類緑化・各地, ④五十嵐博(2001)北海道帰化植物便覧 p.109, 滝田謙譲(2001)北海道植物図譜 p.929・阿寒町阿寒湖畔, 清水建美編(2003)平凡社・日本の帰化植物

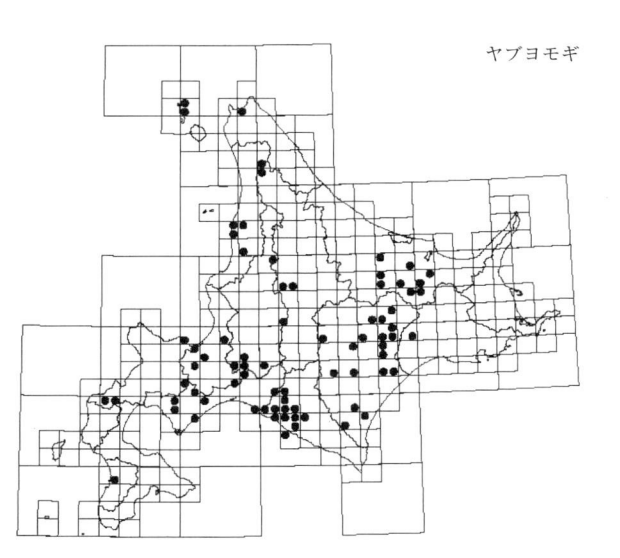

ヤブヨモギ

p.219, 梅沢俊(2007)新北海道の花 p.10・釧路市阿寒湖温泉周辺, 北海道(2010)ブルーリスト・A3, ⑤各地で確認済み

606. イワヨモギ(2.3.55.4：キク科)
Artemisia sacrorum Ledeb.
①邑田・米倉(2012)日本維管束植物目録 p.207 右, ②本州・中国原産, ③ヨモギ類緑化・稀, ④五十嵐博(2001)北海道帰化植物便覧 p.108, 滝田謙譲(2001)北海道植物図譜 p.920・釧路町初無敵の海岸, 梅沢俊(2007)新北海道の花 p.14・札幌市定山渓八剣山, 植村ほか(2010)全農教・日本帰化植物写真図鑑(2) p.252, ⑤各地で確認済み・在来種であるが法面緑化などによる移入種を各地で見かける

607. ハマヨモギ・ハマベヨモギ(2.3.55.4：キク科)
Artemisia scoparia Waldst. et Kit.
①邑田・米倉(2012)日本維管束植物目録 p.207 右, ②本州原産, ③ヨモギ類緑化・稀, ④滝田謙譲(2001)北海道植物図譜 p.925・室蘭市入江町茶津山, 北海道(2010)ブルーリスト・B, ⑤遠軽町で確認済み

608. ユウガギク(2.3.55.4：キク科)
Aster iinumae Kitam.: Kalimeris pinnatifida (Maxim.) Kitam.
①邑田・米倉(2012)日本維管束植物目録 p.208 右, ②本州原産, ③植栽され稀に逸出, ④滝田謙譲(2001)北海道植物図譜 p.940・当別町, 梅沢俊(2007)新北海道の花 p.296, 北海道(2010)ブルーリスト・B, 浅井元朗(2015)全農教・植調雑草大鑑 p.121, ⑤当別町の標本は確認済み

609. チョウセンシオン・チョウセンヨメナ
(2.3.55.4：キク科)
Aster koraiensis Nakai: Gymnaster koraiensis (Nakai) Kitam.
①邑田・米倉(2012)日本維管束植物目録 p.208 右, ②朝鮮原産, ③園芸種が稀に逸出, ④長田武正(1972)北隆館・日本帰化植物図鑑 p.27, 五十嵐博

(2001)北海道帰化植物便覧 p.121，清水・森田・廣田(2001)全農教・日本帰化植物写真図鑑 p.368，清水建美編(2003)平凡社・日本の帰化植物 p.211，北海道(2010)ブルーリスト・B，⑤各地で確認済み

610．ミヤコワスレ・ミヤマヨメナ(2.3.55.4：キク科)
Aster savatieri Makino: Gymnaster savatieri (Makino) Kitam.
①邑田・米倉(2012)日本維管束植物目録 p.208 右，②本州など・園芸種，③植栽され各地に逸出，④山渓カラー名鑑(1998)園芸植物 p.130，北海道(2010)ブルーリスト・B，⑤各地で確認済み

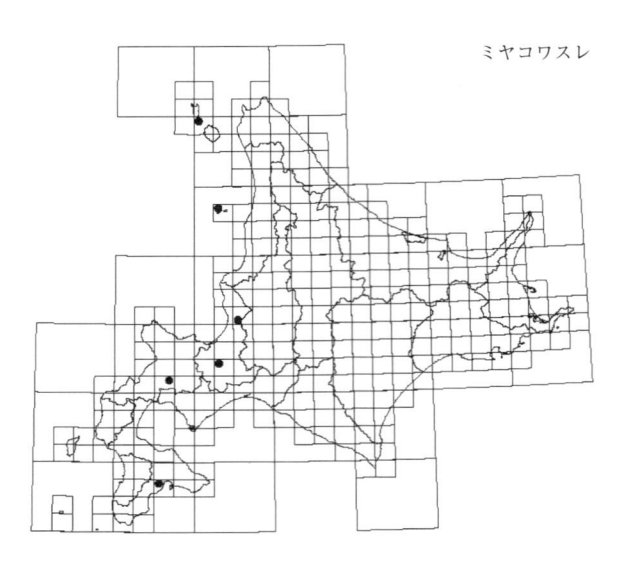

ミヤコワスレ

611．ヒナギク・デージー(2.3.55.4：キク科)
Bellis perennis L.
①邑田・米倉(2012)日本維管束植物目録 p.209 左，②欧州原産，③植栽され各地の芝生地などに逸出，④原松次(1992)札幌の植物 no.863，野草の写真図鑑(1996)日本ヴォーグ社・WILD FLOWERS p.246，五十嵐博(2001)北海道帰化植物便覧 p.111，梅沢俊(2007)新北海道の花 p.91・豊浦町，植村ほか(2010)全農教・日本帰化植物写真図鑑(2)p.255，北海道(2010)ブルーリスト・B，旭川帰化植物研究会(2015)旭川の帰化植物 p.81，⑤各地で確認済み

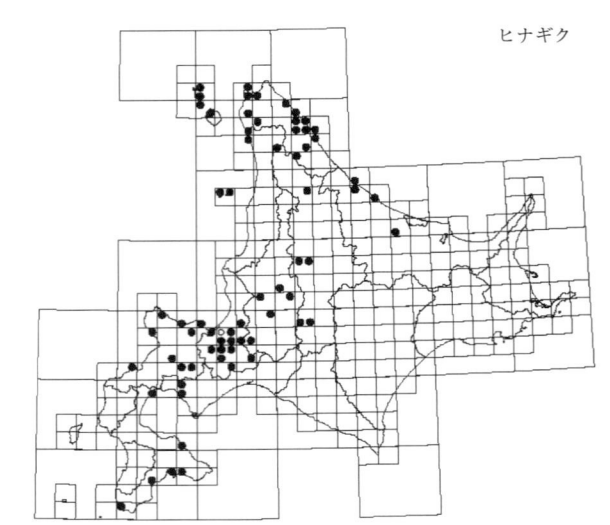

ヒナギク

612．アメリカセンダングサ・セイタカタウコギ(2.3.55.4：キク科)
Bidens frondosa L.
①邑田・米倉(2012)日本維管束植物目録 p.209 左，②北米原産，③不明・各地，④長田武正(1972)北隆館・日本帰化植物図鑑 p.9，長田武正(1976)保育社・原色日本帰化植物図鑑 p.54，原松次(1983)北海道植物図(中)p.48・室蘭市，五十嵐博(2001)北海道帰化植物便覧 p.111，滝田謙譲(2001)北海道植物図譜 p.944・釧路市材木町，清水・森田・廣田(2001)全農教・日本帰化植物写真図鑑 p.327，清水建美編(2003)平凡社・日本の帰化植物 p.200，梅沢俊(2007)新北海道の花 p.17・月形町，北海道(2010)ブルー

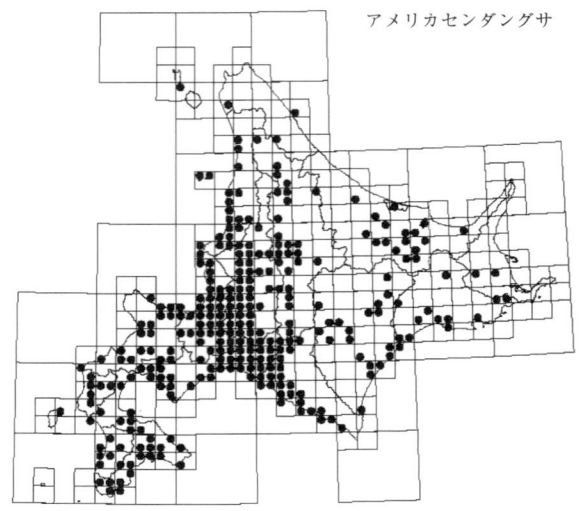

アメリカセンダングサ

リスト・A3, 旭川帰化植物研究会(2015)旭川の帰化植物 p.81, **環境省・要注意外来生物**, ⑤各地で確認済み

613. エゾギク(2.3.55.4：キク科)
Callistephus chinensis (L.) Nees 【Plate 8 ④】
②不明・園芸種, ③植栽され稀に逸出, ④山渓カラー名鑑(1998)園芸植物 p.106, 五十嵐博(2013)北方山草 30：101-104, ⑤千歳市流通の雪捨て場跡で 2011 年に確認済み・2015 年には消滅

614. ヒレアザミ・ヤハズアザミ(2.3.55.4：キク科)
Carduus crispus L. 【Plate 8 ⑤】
①邑田・米倉(2012)日本維管束植物目録 p.209 右, ②ユーラシア原産, ③不明・稀, ④長田武正(1972)北隆館・日本帰化植物図鑑 p.13, 野草の写真図鑑(1996)日本ヴォーグ社・WILD FLOWERS p.263, 清水・森田・廣田(2001)全農教・日本帰化植物写真図鑑 p.333, 清水建美編(2003)平凡社・日本の帰化植物 p.226, 北海道(2010)ブルーリスト・B, 浅井元朗(2015)全農教・植調雑草大鑑 p.156, ⑤遠軽町で確認済み・大空町での確認情報あり・未確認(北方山草29)・斜里町からも確認情報あり

615. ヤグルマギク(2.3.55.4：キク科)
Centaurea cyanus L.
①邑田・米倉(2012)日本維管束植物目録 p.210 左, ②欧州原産, ③植栽され稀に逸出, ④野草の写真図鑑(1996)日本ヴォーグ社・WILD FLOWERS p.269, 山岸喬(1998)日本ハーブ図鑑 p.202, 五十嵐博(2001)北海道帰化植物便覧 p.112, 清水・森田・廣田(2001)全農教・日本帰化植物写真図鑑 p.334, 清水建美編(2003)平凡社・日本の帰化植物 p.229, 北海道(2010)ブルーリスト・B, 浅井元朗(2015)全農教・植調雑草大鑑 p.157, ⑤佐呂間町などで確認済み

616. ヤグルマアザミ(2.3.55.4：キク科)
Centaurea jacea L. 【Plate 8 ②】
①邑田・米倉(2012)日本維管束植物目録 p.210 左, ②欧州原産, ③植栽され稀に逸出, ④長田武正(1976)保育社・原色日本帰化植物図鑑 p.21, 原松次(1985)北海道植物図鑑(下) p.17・苫小牧市, 滝田謙譲(1987)東北海道の植物 p.693・標茶町虹別, 五十嵐博(2001)北海道帰化植物便覧 p.112, 滝田謙譲(2001)北海道植物図譜 p.955・弟子屈町美幌峠, 清水建美編(2003)平凡社・日本の帰化植物 p.228, 梅沢俊(2007)新北海道の花 p.214・札幌市, 北海道(2010)ブルーリスト・B, ⑤遠軽町・札幌市・苫小牧市などで確認済み

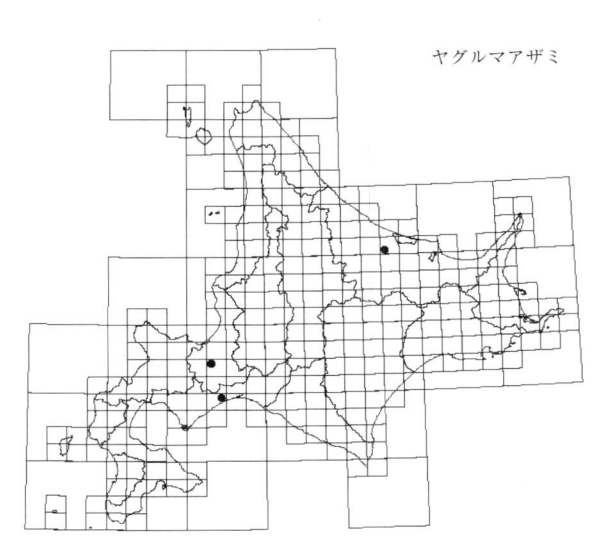

ヤグルマアザミ

617. シュッコンセントーレア(2.3.55.4：キク科)
Centaurea montana L.
②欧州原産, ③植栽され稀に逸出, ④野草の写真図鑑(1996)日本ヴォーグ社・WILD FLOWERS p.269, ⑤札幌市で確認済み

618. クロアザミ(2.3.55.4：キク科) 【Plate 9 ①】
Centaurea nigra L.
①邑田・米倉(2012)日本維管束植物目録 p.210 左, ②欧州原産, ③植栽され稀に逸出, ④長田武正(1976)保育社・原色日本帰化植物図鑑 p.22・広尾町, 野草の写真図鑑(1996)日本ヴォーグ社・WILD FLOWERS p.268, 五十嵐博(2001)北海道帰化植物便覧 p.112, 清水建美編(2003)平凡社・日本の帰化植物 p.228・広尾町, 滝田謙譲(2004)北海道植物図譜・補遺 p.43・増毛町阿分, 梅沢俊(2007)新北海道の花 p.214, 植村ほか(2010)全農教・日本帰化植物

144 キク科

写真図鑑(2)p.265，北海道(2010)ブルーリスト・B，⑤増毛町阿分・えりも町百人浜・北見市端野などで確認済み

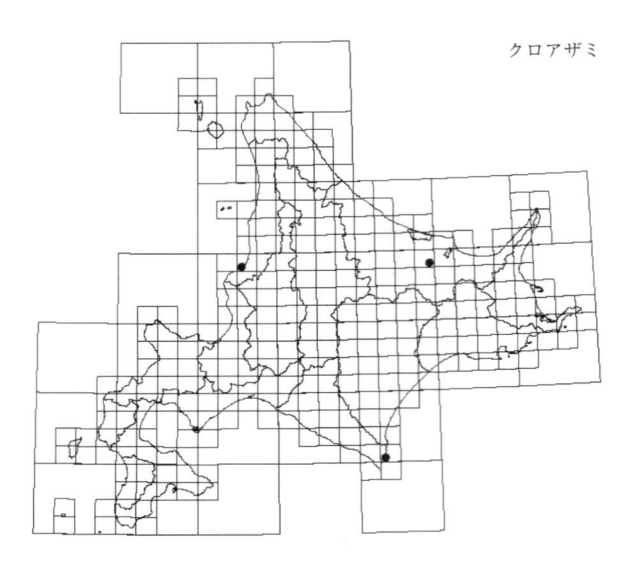

クロアザミ

619. イガヤグルマギク(2.3.55.4：キク科)
Centaurea solstitialis L.
①邑田・米倉(2012)日本維管束植物目録p.210左，②欧州原産，③植栽され稀に逸出，④長田武正(1972)北隆館・日本帰化植物図鑑p.15，長田武正(1976)保育社・原色日本帰化植物図鑑p.24，五十嵐博(2001)北海道帰化植物便覧p.112，清水建美編(2003)平凡社・日本の帰化植物p.228，植村ほか(2010)全農教・日本帰化植物写真図鑑(2)p.266，北海道(2010)ブルーリスト・D，⑤未確認

620. シロバナムショケギク(2.3.55.4：キク科)
Chrysanthemum cinerariaefolium Visiani
②欧州原産，③植栽され稀に逸出，④五十嵐博(2001)北海道帰化植物便覧p.112，北海道(2010)ブルーリスト・D，⑤未確認

621. アカバナムショケギク(2.3.55.4：キク科)
Chrysanthemum coeeineum Willd.
②欧州原産，③植栽され稀に逸出，④五十嵐博(2001)北海道帰化植物便覧p.112，北海道(2010)ブルーリスト・B，⑤札幌市手稲区で確認済み

622. キクタニギク・アワコガネギク(2.3.55.4：キク科) 【Plate 9 ②】
Chrysanthemum seticuspe (Maxim.) Hand.-Mazz. f. *boreale* (Makino) H. Ohashi et Yonek.：*Dendranthema boreale* (Makino) Kitam.
①邑田・米倉(2012)日本維管束植物目録p.210右，②本州原産，③ヨモギ類緑化，④滝田謙譲(2001)北海道植物図譜p.972・札幌市南区(栽培の逸出)，北海道(2010)ブルーリスト・B，植村ほか(2010)全農教・日本帰化植物写真図鑑(2)p.270，⑤札幌市南区百松沢・上ノ国町上ノ国ダム付近などで確認済み・林道のヨモギ類緑化で増加したものと推定

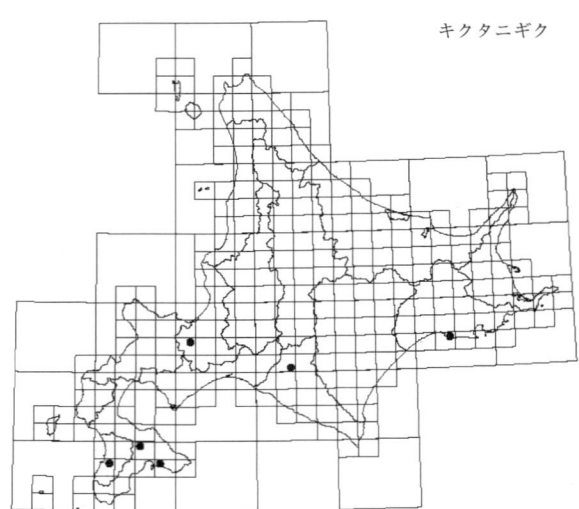

キクタニギク

623. キクニガナ・チコリー(2.3.55.4：キク科)
Cichorium intybus L.
①邑田・米倉(2012)日本維管束植物目録p.211左，②欧州原産，③不明・各地の道路沿いなどで確認，④長田武正(1972)北隆館・日本帰化植物図鑑p.17，原松次(1985)北海道植物図(下)p.20・苫小牧市，野草の写真図鑑(1996)日本ヴォーグ社・WILD FLOWERS p.270，山岸喬(1998)日本ハーブ図鑑p.174，五十嵐博(2001)北海道帰化植物便覧p.114，滝田謙譲(2001)北海道植物図譜p.1024・旭川市西神楽4線，清水・森田・廣田(2001)全農教・日本帰化植物写真図鑑p.337，清水建美編(2003)平凡社・日本の帰化植物p.231，梅沢俊(2007)新北海道の花p.295・石狩市石狩，北海道(2010)ブルーリスト・

中核真正双子葉類・バラ類 145

B，旭川帰化植物研究会(2015)旭川の帰化植物 p.81，⑤各地で確認済み

キクニガナ

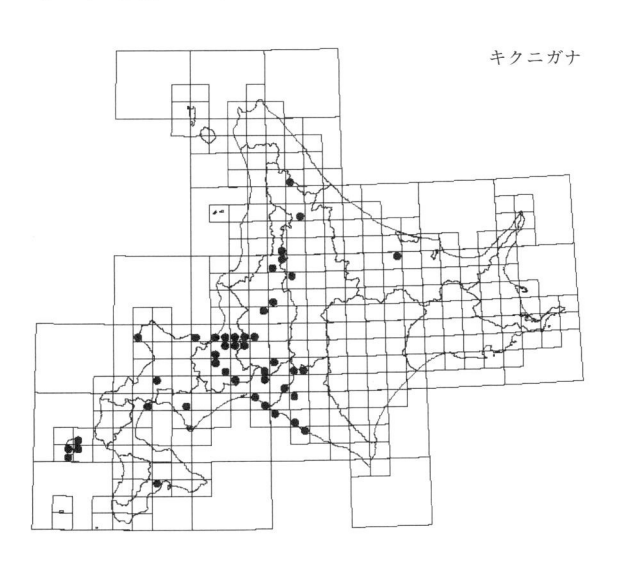

624. セイヨウトゲアザミ・カナダアザミ
   (2.3.55.4：キク科)
   Cirsium arvense (L.) Scop.
       シロバナセイヨウトゲアザミ
   Cirsium arvense (L.) Scop. f. *albiflorum* (Redf.) R. Hoffm.
   白花・札幌市羊ヶ丘：消滅，新篠津村，石狩市石狩灯台付近など
①邑田・米倉(2012)日本維管束植物目録 p.211 左，②欧州原産，③不明・各地，④原松次(1985)北海道植物図(下) p.20・江別市，野草の写真図鑑(1996)日本ヴォーグ社・WILD FLOWERS p.266，五十嵐博(2001)北海道帰化植物便覧 p.114，滝田謙譲(2001)北海道植物図譜 p.957・浜中町霧多布湿原・石狩市生振・えりも町桜岡，清水・森田・廣田(2001)全農教・日本帰化植物写真図鑑 p.338，清水建美編(2003)平凡社・日本の帰化植物 p.229，梅沢俊(2007)新北海道の花 p.210・札幌市藻岩山スキー場，北海道(2010)ブルーリスト・A3，浅井元朗(2015)全農教・植調雑草大鑑 p.143，旭川帰化植物研究会(2015)旭川の帰化植物 p.81，⑤各地で確認済み

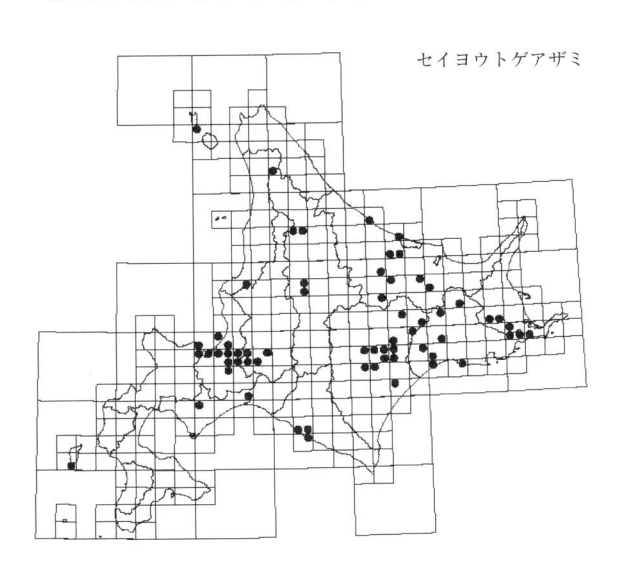

625. アメリカオニアザミ・セイヨウオニアザミ
   (2.3.55.4：キク科)
   Cirsium vulgare (Savi.) Ten.
①邑田・米倉(2012)日本維管束植物目録 p.213 右，②欧州原産，③不明・各地，④長田武正(1972)北隆館・日本帰化植物図鑑 p.13・共和町，長田武正(1976)保育社・原色日本帰化植物図鑑 p.16，桑原義晴(1966)後志の植物，原松次(1983)北海道植物図鑑(中) p.53・幌延町，原松次(1992)札幌の植物 no.885，野草の写真図鑑(1996)日本ヴォーグ社・WILD FLOWERS p.265，五十嵐博(2001)北海道帰化植物便覧 p.115，滝田謙譲(2001)北海道植物図譜 p.968・鶴居村キラコタン岬の牧場内，清水・森田・廣田(2001)全農教・日本帰化植物写真図鑑 p.339，清水建美編(2003)平凡社・日本の帰化植物 p.229，

セイヨウトゲアザミ

アメリカオニアザミ

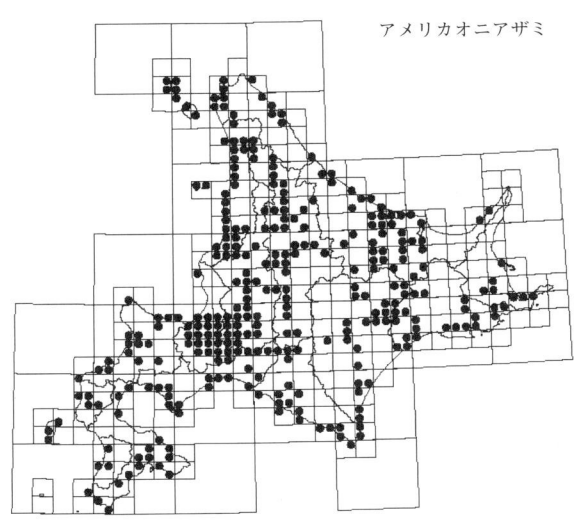

146 キク科

梅沢俊(2007)新北海道の花 p.213・日高町門別, 北海道(2010)ブルーリスト・**A2**, 浅井元朗(2015)全農教・植調雑草大鑑 p.142, 旭川帰化植物研究会(2015)旭川の帰化植物 p.81, **環境省・要注意外来生物**, ⑤各地で確認済み

626. アレチノギク・ノジオウギク(2.3.55.4：キク科)

Conyza bonariensis (L.) Cronquist

①邑田・米倉(2012)日本維管束植物目録 p.214 左, ②南米原産, ③不明・稀, ④長田武正(1972)北隆館・日本帰化植物図鑑 p.23, 長田武正(1976)保育社・原色日本帰化植物図鑑 p.42, 五十嵐博(2001)北海道帰化植物便覧 p.115, 清水・森田・廣田(2001)全農教・日本帰化植物写真図鑑 p.342, 清水建美編(2003)平凡社・日本の帰化植物 p.213, 滝田謙譲(2004)北海道植物図譜・補遺 p.43・厚真町浜厚真, 北海道(2010)ブルーリスト・**B**, 浅井元朗(2015)全農教・植調雑草大鑑 p.125, ⑤厚真町で確認済み

627. ヒメムカシヨモギ(2.3.55.4：キク科)

Conyza canadensis (L.) Cronquist: Erigeron canadensis L.

①邑田・米倉(2012)日本維管束植物目録 p.214 左, ②北米原産, ③不明・各地, ④長田武正(1972)北隆館・日本帰化植物図鑑 p.24, 長田武正(1976)保育社・原色日本帰化植物図鑑 p.44, 原松次(1983)北海道植物図鑑(中)p.29・札幌市, 原松次(1992)札幌の植物 no.890, 野草の写真図鑑(1996)日本ヴォーグ社・WILD FLOWERS p.248, 五十嵐博(2001)北海道帰化植物便覧 p.116, 滝田謙譲(2001)北海道植物図譜 p.975・釧路市桂恋海岸, 清水・森田・廣田(2001)全農教・日本帰化植物写真図鑑 p.353, 清水建美編(2003)平凡社・日本の帰化植物 p.213, 梅沢俊(2007)新北海道の花 p.219・札幌市石山, 北海道(2010)ブルーリスト・**A3**, 浅井元朗(2015)全農教・植調雑草大鑑 p.124, 旭川帰化植物研究会(2015)旭川の帰化植物 p.81, **環境省・要注意外来生物**, ⑤各地で確認済み

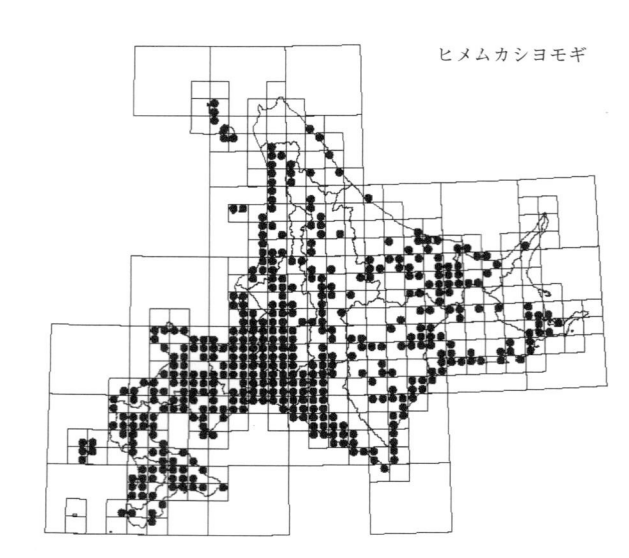

ヒメムカシヨモギ

ベニバナヒメムカシヨモギ(2.3.55.4：キク科)

Conyza canadensis f. *sp*.

②北米原産, ③不明・稀, ④浅井康宏(1987)植物研究雑誌 62(3)：80・函館市郊外の放牧地で稀に美しい濃桃色花があると報告しているが学名報告はない, ⑤未確認

ケナシヒメムカシヨモギ(2.3.55.4：キク科)

Conyza parva Cronq.: Conyza canadensis (L.) var. pusilla (Nutt.) Cronq.

①邑田・米倉(2012)日本維管束植物目録 p.214 左, ②北米原産, ③不明・稀, ④長田武正(1972)北隆館・日本帰化植物図鑑 p.24, 長田武正(1976)保育社・原色日本帰化植物図鑑 p.45, 五十嵐博(2001)北海道帰化植物便覧 p.116・分布情報は中居正雄(1994)苫小牧植物誌のみ, 清水建美編(2003)平凡社・日本の帰化植物 p.214, 清水・森田・廣田(2001)平凡社・日本帰化植物写真図鑑 p.358, ⑤未確認

628. オオアレチノギク(2.3.55.4：キク科)

Conyza sumatrensis (Retz.) E. Walker: Erigeron sumatrensis Retz.

①邑田・米倉(2012)日本維管束植物目録 p.214 左, ②南米原産, ③不明・稀, ④長田武正(1972)北隆館・日本帰化植物図鑑 p.23, 長田武正(1976)保育社・原色日本帰化植物図鑑 p.43, 五十嵐博(2001)北海道帰化植物便覧 p.116, 清水・森田・廣田(2001)

全農教・日本帰化植物写真図鑑 p.343,清水建美編(2003)平凡社・日本の帰化植物 p.214,北海道(2010)ブルーリスト・A3,**環境省・要注意外来生物**,浅井元朗(2015)全農教・植調雑草大鑑 p.124,⑤函館市・札幌市などで確認済み

629. オオキンケイギク(2.3.55.4：キク科)
Coreopsis lanceolata L. 　【Plate 9 ③】
①邑田・米倉(2012)日本維管束植物目録 p.214 左,②北米原産,③食指され各地に逸出,④長田武正(1972)北隆館・日本帰化植物図鑑 p.19,長田武正(1976)保育社・原色日本帰化植物図鑑 p.67,五十嵐博(2001)北海道帰化植物便覧 p.116,清水・森田・廣田(2001)全農教・日本帰化植物写真図鑑 p.344,清水建美編(2003)平凡社・日本の帰化植物 p.201,北海道(2010)ブルーリスト・A3,浅井元朗(2015)全農教・植調雑草大鑑 p.154,**環境省・特定外来生物**,⑤各地で確認済み

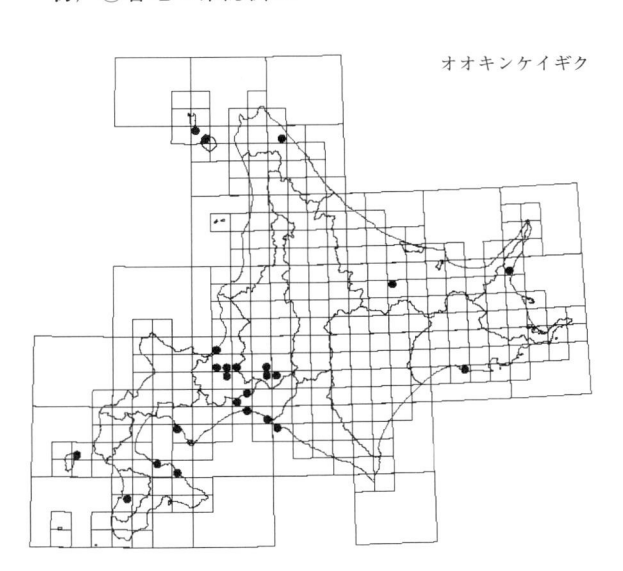

630. ハルシャギク・ジャノメギク(2.3.55.4：キク科) 　【Plate 9 ④】
Coreopsis tinctoria Nutt.
①邑田・米倉(2012)日本維管束植物目録 p.214 左,②北米原産,③植栽され稀に逸出,④長田武正(1972)北隆館・日本帰化植物図鑑 p.19,五十嵐博(2001)北海道帰化植物便覧 p.117,清水・森田・廣田(2001)全農教・日本帰化植物写真図鑑 p.345,清水建美編(2003)平凡社・日本の帰化植物 p.202,旭川帰化植物研究会(2009)旭川の帰化植物 p.32,北海道(2010)ブルーリスト・B,浅井元朗(2015)全農教・植調雑草大鑑 p.154,⑤紋別市,苫小牧市などで確認済み・ワイルドフラワーと称して河川緑地などに種子散布した経緯がある

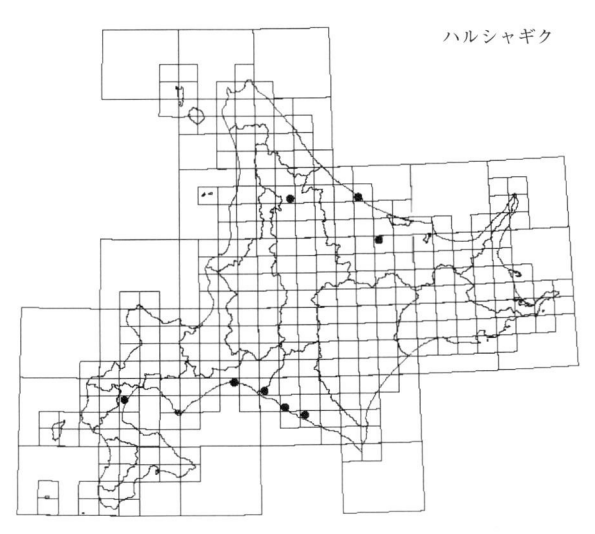

631. コスモス・オオハルシャギク・アキザクラ(2.3.55.4：キク科)
Cosmos bipinnatus Cav.
①邑田・米倉(2012)日本維管束植物目録 p.214 左,②メキシコ原産,③植栽され各地に逸出,④五十嵐博(2001)北海道帰化植物便覧 p.117,清水・森田・

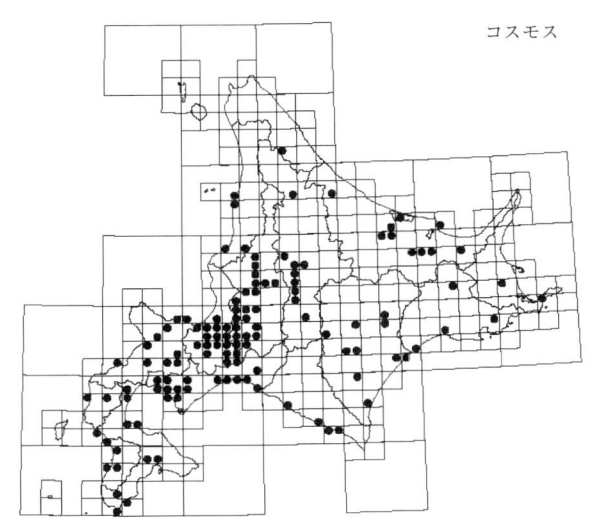

148 キク科

廣田(2001)全農教・日本帰化植物写真図鑑 p.346, 清水建美編(2003)平凡社・日本の帰化植物 p.202, 北海道(2010)ブルーリスト・B, 旭川帰化植物研究会(2015)旭川の帰化植物 p.81, ⑤各地で確認済み・ワイルドフラワーと称して河川緑地などに種子散布した経緯がある

632. キバナコスモス (2.3.55.4：キク科)
　　　Cosmos sulphureus Cav.
①邑田・米倉(2012)日本維管束植物目録 p.214 左, ②メキシコ原産, ③植栽され稀に逸出, ④長田武正(1972)北隆館・日本帰化植物図鑑 p.14, 清水・森田・廣田(2001)全農教・日本帰化植物写真図鑑 p.346, 清水建美編(2003)平凡社・日本の帰化植物 p.202, ⑤北斗市などで確認済み

633. セイヨウニガナ・ナイトウニガナ
　　　(2.3.55.4：キク科)
　　　Crepis capillaris (L.) Wallr.
①邑田・米倉(2012)日本維管束植物目録 p.214 右, ②欧州原産, ③不明・稀, ④清水建美編(2003)平凡社・日本の帰化植物 p.231, 北海道(2010)ブルーリスト・B, ⑤余市町, 利尻島などで確認済み

634. アレチニガナ (2.3.55.4：キク科)
　　　Crepis setosa Hallier f.
①邑田・米倉(2012)日本維管束植物目録 p.214 右, ②欧州原産, ③不明・稀, ④長田武正(1976)保育社・原色日本帰化植物図鑑 p.9, 五十嵐博(2001)北海道帰化植物便覧 p.117, 清水建美編(2003)平凡社・日本の帰化植物 p.231, 北海道(2010)ブルーリスト・B, ⑤未確認

635. ヤネタビラコ (2.3.55.4：キク科)
　　　Crepis tectorum L.
①邑田・米倉(2012)日本維管束植物目録 p.214 右, ②欧州原産, ③不明・各地, ④長田武正(1976)保育社・原色日本帰化植物図鑑 p.10, 五十嵐博(2001)北海道帰化植物便覧 p.117, 滝田謙譲(2001)北海道植物図譜 p.1026・釧路市安原, 清水・森田・廣田(2001)全農教・日本帰化植物写真図鑑 p.349, 清水

建美編(2003)平凡社・日本の帰化植物 p.231, 梅沢俊(2007)新北海道の花 p.19・釧路市西港, 北海道(2010)ブルーリスト・A3, 旭川帰化植物研究会(2015)旭川の帰化植物 p.81, ⑤各地で確認済み

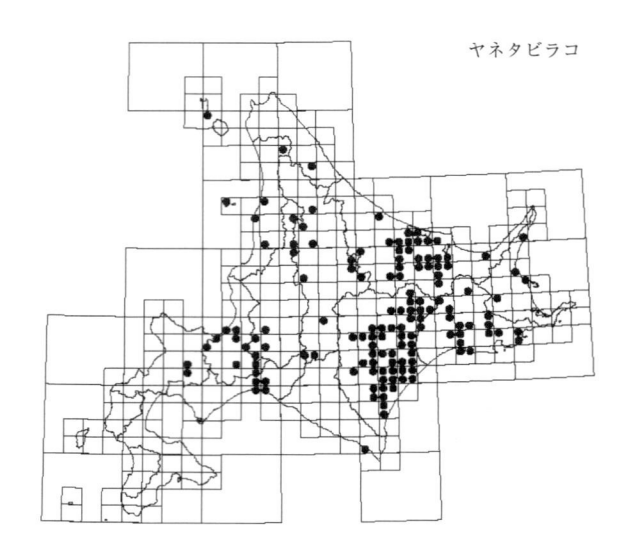

ヤネタビラコ

636. ムラサキバレンギク・パープルコーンフラワー (2.3.55.4：キク科) 【Plate 9 ⑤】
　　　Echinacea purpurea (L.) Moench.
②北米原産, ③植栽され稀に逸出, ④山岸喬(1998)日本ハーブ図鑑 p.206, 山渓カラー名鑑(1998)園芸植物 p.124, ⑤2015年8月に苫小牧市ウトナイ湖で初確認

637. ルリタマアザミ (2.3.55.4：キク科)
　　　Echinopus ritro L.
②欧州原産, ③植栽され稀に逸出, ④滝田謙譲(2001)北海道植物図譜 p.1002, 北海道(2010)ブルーリスト・B, ⑤小樽市, 北広島市などで確認済み

638. セイヨウヒゴタイ (2.3.55.4：キク科)
　　　Echinopus sphaerocephalus L.
①邑田・米倉(2012)日本維管束植物目録 p.214 右, ②欧州原産, ③植栽され稀に逸出, ④滝田謙譲(2001)北海道植物図譜 p.1002・中標津町東武佐・エキノプス, 北海道(2010)ブルーリスト・B, ⑤未確認

639. アメリカタカサブロウ（2.3.55.4：キク科）
Eclipta alba (L.) Hassk.
①邑田・米倉(2012)日本維管束植物目録 p.214 右, ②熱帯アメリカ原産, ③不明・稀, ④梅沢俊(2007)北方山草 24：2・函館市, 清水・森田・廣田(2001)全農教・日本帰化植物写真図鑑 p.350, 清水建美編(2003)平凡社・日本の帰化植物 p.202, 北海道(2010)ブルーリスト・B, ⑤酒井信氏の情報により函館市で確認済み

640. ダンドボロギク（2.3.55.4：キク科）
Erechtites hieracifolia (L.) Raf. ex DC.
①邑田・米倉(2012)日本維管束植物目録 p.215 左, ②北米原産, ③不明・各地, ④長田武正(1972)北隆館・日本帰化植物図鑑 p.22, 長田武正(1976)保育社・原色日本帰化植物図鑑 p.74, 五十嵐博(2001)北海道帰化植物便覧 p.118, 滝田謙譲(2001)北海道植物図譜 p.973・大成町貝取澗～釜歌野線, 清水・森田・廣田(2001)全農教・日本帰化植物写真図鑑 p.352, 清水建美編(2003)平凡社・日本の帰化植物 p.208, 北海道(2010)ブルーリスト・B, 浅井元朗(2015)全農教・植調雑草大鑑 p.126, 旭川帰化植物研究会(2015)旭川の帰化植物 p.82, ⑤各地で確認済み

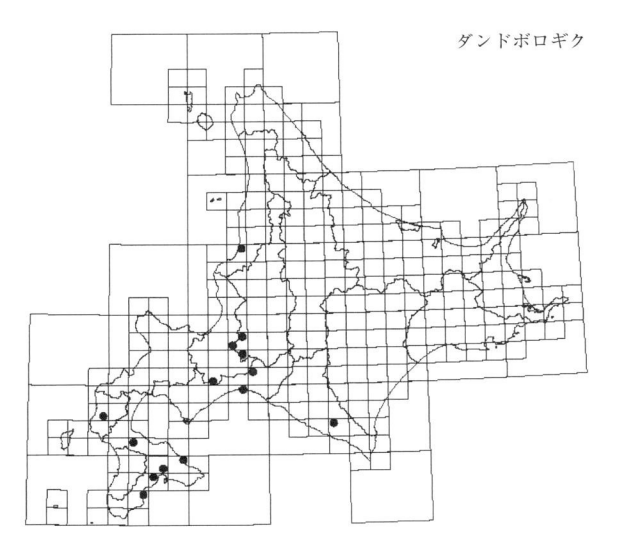

ダンドボロギク

641. ヒメジョオン（2.3.55.4：キク科）
Erigeron annuus (L.) Pers.: Stenactis annuus (L.) Cass.

ボウズヒメジョオン
Erigeron annuus (L.) Pers. f. *discoideus* Vict. et J. Rousseau
①邑田・米倉(2012)日本維管束植物目録 p.215 左, ②北米原産, ③不明・各地, ④長田武正(1972)保育社・日本帰化植物図鑑 p.25, 長田武正(1976)保育社・原色日本帰化植物図鑑 p.46, 原松次(1983)北海道植物図(中)p.28・厚沢部町, 五十嵐博(2001)北海道帰化植物便覧 p.133, 滝田謙譲(2001)北海道植物図譜 p.976・弟子屈町いなせランド, 清水・森田・廣田(2001)全農教・日本帰化植物写真図鑑 p.354, 清水建美編(2003)平凡社・日本の帰化植物 p.214, 梅沢俊(2007)新北海道の花 p.218・札幌市, 北海道(2010)ブルーリスト・A3, 浅井元朗(2015)全農教・植調雑草大鑑 p.122, 旭川帰化植物研究会(2015)旭川の帰化植物 p.82, **環境省・要注意外来生物**, ⑤各地で確認済み

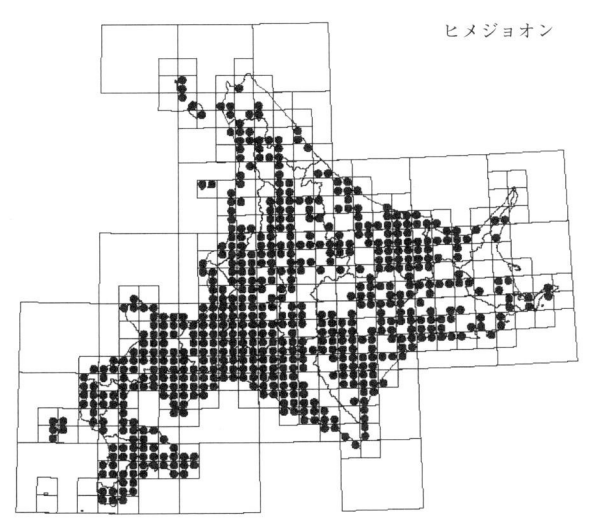

ヒメジョオン

642. ハルジオン・ハルジョオン（2.3.55.4：キク科）
Erigeron philadelphicus L.
①邑田・米倉(2012)日本維管束植物目録 p.215 左, ②北米原産, ③不明・各地, ④長田武正(1972)北隆館・日本帰化植物図鑑 p.26, 長田武正(1976)保育社・原色日本帰化植物図鑑 p.48, 原松次(1983)北海道植物図(中)p.29・伊達市, 五十嵐博(2001)北海道帰化植物便覧 p.118, 滝田謙譲(2001)北海道植

150 キク科

図譜 p.977・釧路市鶴ヶ岱, 清水・森田・廣田(2001)全農教・日本帰化植物写真図鑑 p.357, 清水建美編(2003)平凡社・日本の帰化植物 p.215, 梅沢俊(2007)新北海道の花 p.219・札幌市真駒内, 北海道(2010)ブルーリスト・A3, 浅井元朗(2015)全農教・植調雑草大鑑 p.123, 旭川帰化植物研究会(2015)旭川の帰化植物 p.82, **環境省・要注意外来生物**, ⑤各地で確認済み

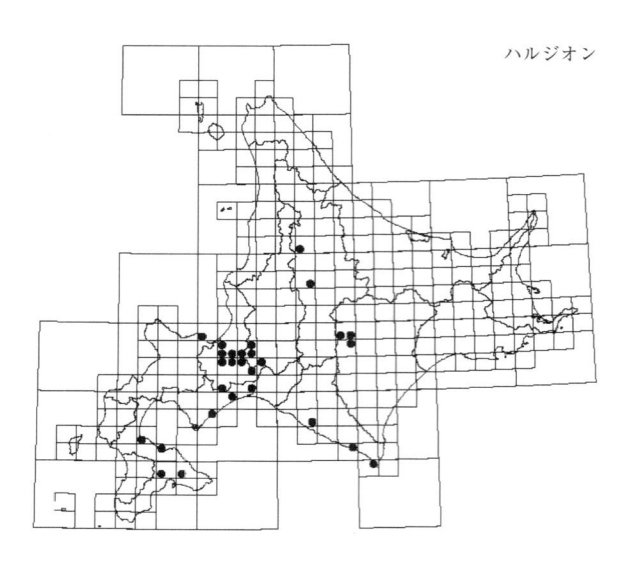

道帰化植物便覧 p.134, 滝田謙譲(2001)北海道植物図譜 p.976・根室市春国岱, 清水・森田・廣田(2001)全農教・日本帰化植物写真図鑑 p.355, 清水建美編(2003)平凡社・日本の帰化植物 p.215, 梅沢俊(2007)新北海道の花 p.219・苫小牧市, 北海道(2010)ブルーリスト・B, 浅井元朗(2015)全農教・植調雑草大鑑 p.123, 旭川帰化植物研究会(2015)旭川の帰化植物 p.82, ⑤各地で確認済み

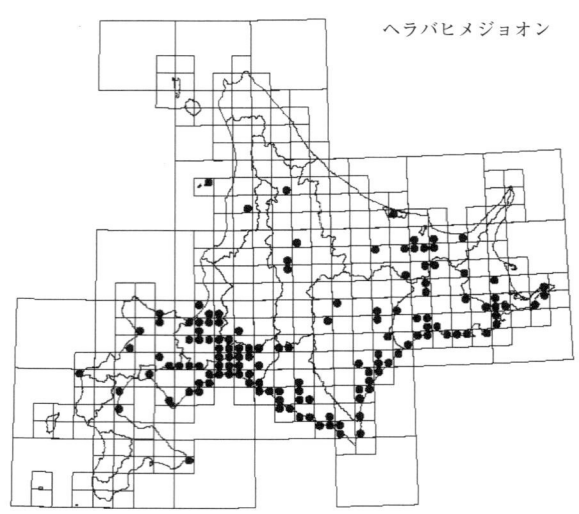

ハルジオン

ヘラバヒメジョオン

643. ヤナギバヒメジョオン(2.3.55.4：キク科)
Erigeron pseudiannuus Makino
①邑田・米倉(2012)日本維管束植物目録 p.215 左, ②北米原産, ③不明・稀, ④長田武正(1972)北隆館・日本帰化植物図鑑 p.26, 五十嵐博(2001)北海道帰化植物便覧 p.134, 清水・森田・廣田(2001)全農教・日本帰化植物写真図鑑 p.357, 清水建美編(2003)平凡社・日本の帰化植物 p.215, 梅沢俊(2007)新北海道の花 p.219・苫小牧市, 北海道(2010)ブルーリスト・B, ⑤未確認

645. イトバアワダチソウ(2.3.55.4：キク科)
Euthamia graminifolia (L.) Nutt.: Solidago graminifolia (L.) Salisb.　【Plate 9 ⑥】
①邑田・米倉(2012)日本維管束植物目録 p.215 右, ②北米原産, ③不明・稀, ④五十嵐博(2001)北海道帰化植物便覧 p.132, 清水・森田・廣田(2001)全農教・日本帰化植物写真図鑑 p.387, 清水建美編(2003)平凡社・日本の帰化植物 p.217・新篠津村, 北海道(2010)ブルーリスト・B, ⑤苫小牧市などで確認済み

644. ヘラバヒメジョオン(2.3.55.4：キク科)
Erigeron strigosus Muhl. ex Willd.
①邑田・米倉(2012)日本維管束植物目録 p.215 左, ②北米原産, ③不明・各地, ④長田武正(1972)北隆館・日本帰化植物図鑑 p.25, 長田武正(1976)保育社・原色日本帰化植物図鑑 p.47, 原松次(1983)北海道植物図(中)p.28・登別市, 五十嵐博(2001)北海

646. テンニンギク(2.3.55.4：キク科)
Gaillardia pulchella Foug.
①邑田・米倉(2012)日本維管束植物目録 p.216 左, ②北米原産, ③植栽され稀に逸出・消滅, ④五十嵐博(2001)北海道帰化植物便覧 p.118, 清水・森田・廣田(2001)全農教・日本帰化植物写真図鑑 p.361, 清水建美編(2003)平凡社・日本の帰化植物 p.202,

北海道(2010)ブルーリスト・B，⑤石狩市で確認済みだがその後消滅

647．コゴメギク(2.3.55.4：キク科)
　　Galinsoga parviflora Cav.
①邑田・米倉(2012)日本維管束植物目録 p.216 左，②熱帯アメリカ原産，③不明・稀・消滅，④長田武正(1972)北隆館・日本帰化植物図鑑 p.28，長田武正(1976)保育社・原色日本帰化植物図鑑 p.71，清水・森田・廣田(2001)全農教・日本帰化植物写真図鑑 p.362，清水建美編(2003)平凡社・日本の帰化植物 p.203，北海道(2010)ブルーリスト・B，浅井元朗(2015)全農教・植調雑草大鑑 p.161，⑤むかわ町で確認済み・その後消滅

648．ハキダメギク(2.3.55.4：キク科)
　　Galinsoga quadriradiata Ruiz et Pav.
①邑田・米倉(2012)日本維管束植物目録 p.216 左，②熱帯アメリカ原産，③不明・各地，④長田武正(1972)北隆館・日本帰化植物図鑑 p.28，長田武正(1976)保育社・原色日本帰化植物図鑑 p.70，原松次(1983)北海道植物図(中) p.68・旭川市，五十嵐博(2001)北海道帰化植物便覧 p.119，滝田謙譲(2001)北海道植物図譜 p.984・旭川市宮下通，清水・森田・廣田(2001)全農教・日本帰化植物写真図鑑 p.363，清水建美編(2003)平凡社・日本の帰化植物 p.203，梅沢俊(2007)新北海道の花 p.91・札幌市真駒内，北海道(2010)ブルーリスト・B，浅井元朗(2015)全農教・植調雑草大鑑 p.161，旭川帰化植物研究会(2015)旭川の帰化植物 p.82，⑤各地で確認済み

649．タチチチコグサ・ホソバノチチコグサモドキ(2.3.55.4：キク科)
　　Gamochaeta calviceps (Fernald) A. L. Cabrera: Gnaphalium calviceps Fern.
①邑田・米倉(2012)日本維管束植物目録 p.216 左，②北米原産，③不明・稀，④長田武正(1972)北隆館・日本帰化植物図鑑 p.29，長田武正(1976)保育社・原色日本帰化植物図鑑 p.79，五十嵐博(2001)北海道帰化植物便覧 p.119，清水・森田・廣田(2001)全農教・日本帰化植物写真図鑑 p.364，清水建美編(2003)平凡社・日本の帰化植物 p.222，北海道(2010)ブルーリスト・D，⑤過去に報告があるがエダウチチチコグサとの誤同定の可能性が考えられる種であり近年は見つからない・未確認

650．チチコグサモドキ(2.3.55.4：キク科)
　　Gamochaeta pensylvanica (Willd.) A. L. Cabrera: Gnaphalium pensylvanicum Willd.
①邑田・米倉(2012)日本維管束植物目録 p.216 左，②北米原産，③不明・稀，④長田武正(1972)北隆館・日本帰化植物図鑑 p.29，長田武正(1976)保育社・原色日本帰化植物図鑑 p.80，五十嵐博(2001)

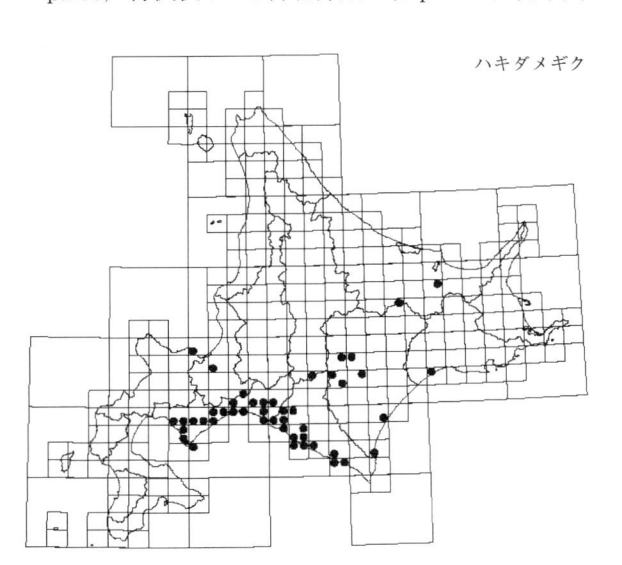

ハキダメギク

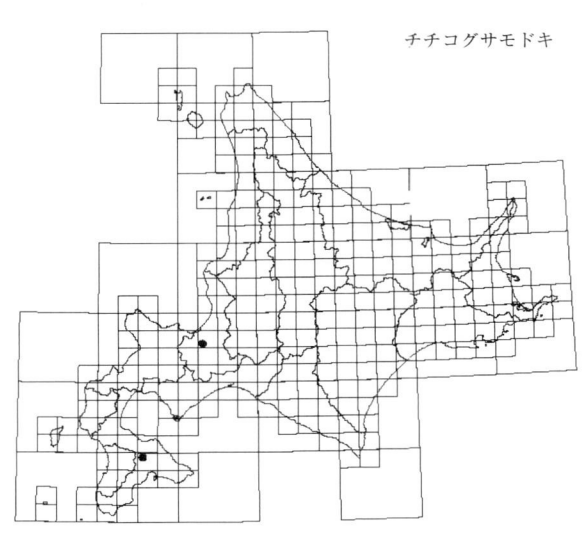

チチコグサモドキ

152　キク科

北海道帰化植物便覧 p.120 では削除種，清水・森田・廣田(2001)全農教・日本帰化植物写真図鑑 p.365，清水建美編(2003)平凡社・日本の帰化植物 p.223・北米原産，浅井元朗(2015)全農教・植調雑草大鑑 p.128，五十嵐博(2015)北方山草 32，⑤古い分布報告はないが 2014 年に北斗市や札幌市からの画像同定情報などが入った種・現地は未確認

651. ヒメチチコグサ・エゾノハハコグサ
　　(2.3.55.4：キク科)
　　Gnaphalium uliginosum L.
①邑田・米倉(2012)日本維管束植物目録 p.216 左，②アジア東部原産，③不明・各地，④原松次(1983)北海道植物図鑑(中)p.20・白老町，五十嵐博(2001)北海道帰化植物便覧 p.121，滝田謙讓(2001)北海道植物図譜 p.985・釧路市春採湖畔，清水建美編(2003)平凡社・日本の帰化植物 p.222・在来種，梅沢俊(2007)新北海道の花 p.389・在来種・むかわ町鵡川，北海道(2010)ブルーリスト・B，⑤在来種・外来種の諸説がある・各地で確認済み

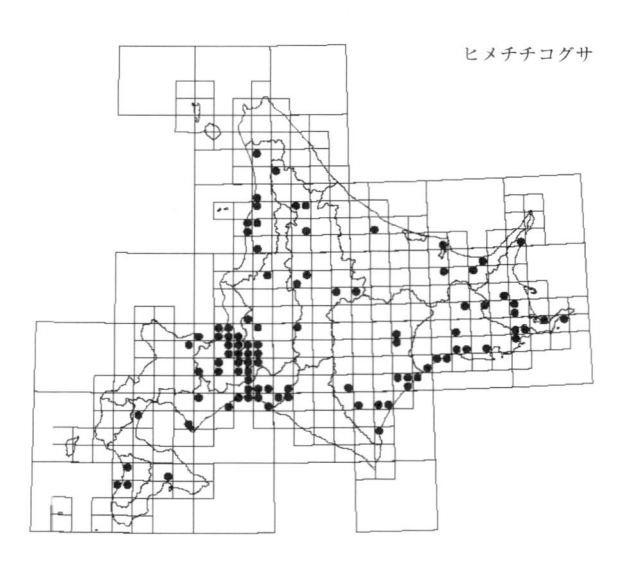

ヒメチチコグサ

652. ダンゴギク(2.3.55.4：キク科)
　　Helenium autumnale L. cv. Windley
①邑田・米倉(2012)日本維管束植物目録 p.216 左，②北米原産，③植栽園芸品種・稀，④清水・森田・廣田(2001)全農教・日本帰化植物写真図鑑 p.369・黄色花，清水建美編(2003)平凡社・日本の帰化植物 p.204・黄色花，⑤本種は赤茶色花の園芸品種で 2015 年 9 月 5 日に様似町エンルム岬で確認したが植栽起源と思われた

653. ヒマワリ(2.3.55.4：キク科)
　　Helianthus annuus L.
②中南米原産，③植栽され稀に逸出，④山岸喬(1998)日本ハーブ図鑑 p.196，五十嵐博(2001)北海道帰化植物便覧 p.121，北海道(2010)ブルーリスト・B，⑤旭川市などで確認済み

654. ホソバヒマワリ(2.3.55.4：キク科)
　　Helianthus maximilianii Schrad.　【Plate 10 ①】
②北米原産，③植栽または他の種子に混入・稀，④梅沢(2007)北方山草 24：1・芽室町芽室坂，北海道(2010)ブルーリスト・B，⑤芽室町芽室坂で確認済み

655. イヌキクイモ・チョロギイモ(2.3.55.4：キク科)
　　Helianthus strumosus L.
①邑田・米倉(2012)日本維管束植物目録 p.216 左，②北米原産，③不明・各地，④長田武正(1972)北隆館・日本帰化植物図鑑 p.32，長田武正(1976)保育社・原色日本帰化植物図鑑 p.63，原松次(1985)北海道植物図鑑(下)p.17・苫小牧市，五十嵐博(2001)北海道帰化植物便覧 p.122，滝田謙讓(2001)北海道

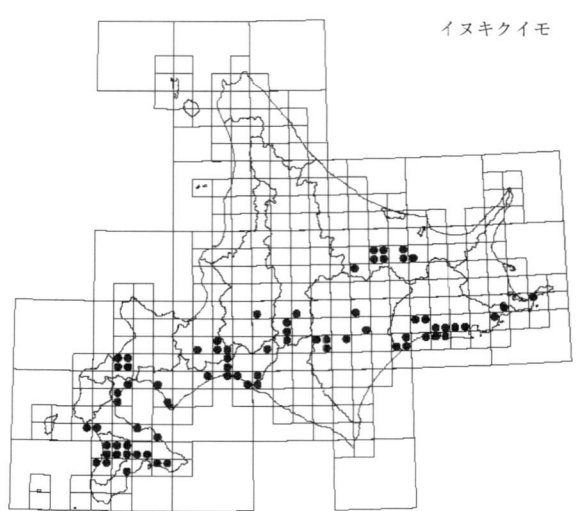

イヌキクイモ

植物図譜 p.988・釧路市鶴ヶ岱，清水・森田・廣田(2001)全農教・日本帰化植物写真図鑑 p.372，清水建美編(2003)平凡社・日本の帰化植物 p.204，梅沢俊(2007)新北海道の花 p.18・函館市函館，北海道(2010)ブルーリスト・B，浅井元朗(2015)全農教・植調雑草大鑑 p.162，⑤各地で確認済み・道内での開花は9月

656. キクイモ・ブタイモ(2.3.55.4：キク科)
Helianthus tuberosus L.
①邑田・米倉(2012)日本維管束植物目録 p.216左，②北米原産，③当初は作物として植栽され逸出・各地，④長田武正(1972)北隆館・日本帰化植物図鑑 p.32，長田武正(1976)保育社・原色日本帰化植物図鑑 p.62，原松次(1983)北海道植物図鑑(中) p.65・室蘭市，五十嵐博(2001)北海道帰化植物便覧 p.122，滝田謙譲(2001)北海道植物図鑑 p.989・旭川市西神楽4線，清水・森田・廣田(2001)全農教・日本帰化植物写真図鑑 p.372，清水建美編(2003)平凡社・日本の帰化植物 p.204，梅沢俊(2007)新北海道の花 p.18・厚沢部町，北海道(2010)ブルーリスト・A3，浅井元朗(2015)全農教・植調雑草大鑑 p.162，旭川帰化植物研究会(2015)旭川の帰化植物 p.82，**環境省・要注意外来生物**，⑤各地で確認済み・道内での開花は10月

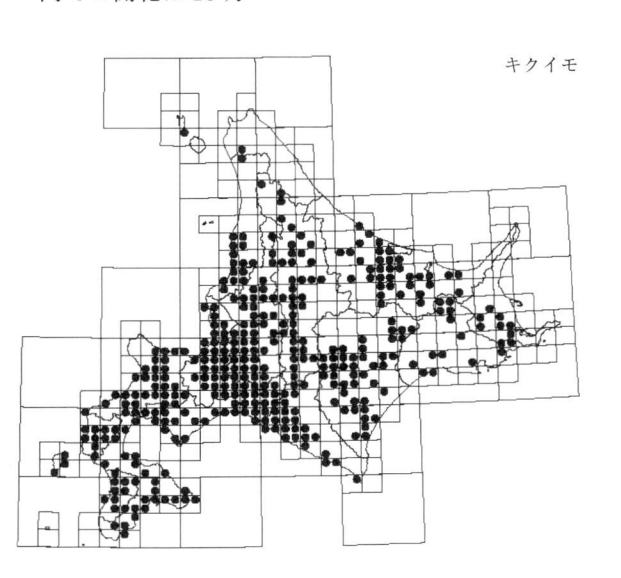

キクイモ

657. キクイモモドキ(2.3.55.4：キク科)
Heliopsis helianthoides (L.) Sweet
①邑田・米倉(2012)日本維管束植物目録 p.216左，②北米原産，③各地に植栽され逸出，④長田武正(1972)北隆館・日本帰化植物図鑑 p.32，五十嵐博(2001)北海道帰化植物便覧 p.123，清水・森田・廣田(2001)全農教・日本帰化植物写真図鑑 p.373，清水建美編(2003)平凡社・日本の帰化植物 p.204，滝田謙譲(2004)北海道植物図譜補遺 p.45・夕張市清水の沢駅付近，梅沢俊(2007)新北海道の花 p.18・札幌市，北海道(2010)ブルーリスト・B，⑤各地で確認済み・開花は8月

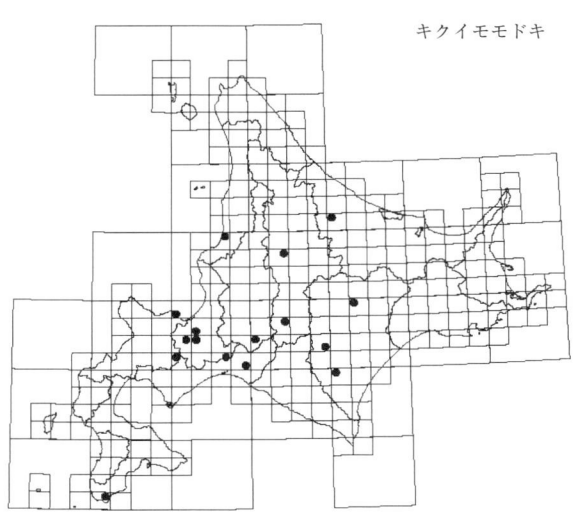

キクイモモドキ

658. ウズラバタンポポ(2.3.55.4：キク科)
Hieracium maculatum Sm.
①邑田・米倉(2012)日本維管束植物目録 p.216左，②欧州原産，③植栽され稀に逸出，④植村ほか(2010)全農教・日本帰化植物写真図鑑(2) p.276，五十嵐博(2015)北方山草 32，⑤苫小牧市・札幌市・岩内町などから確認情報があるが現地未確認

659. ブタナ(2.3.55.4：キク科)
Hypochaeris radicata L.: Hypochoeris radicata L.
①邑田・米倉(2012)日本維管束植物目録 p.216右，②欧州原産，③不明・各地，④長田武正(1972)北隆館・日本帰化植物図鑑 p.35，長田武正(1976)保育社・原色日本帰化植物図鑑 p.3，原松次(1983)北海

道植物図鑑(中)p.57・小樽市,五十嵐博(2001)北海道帰化植物便覧p.124,滝田謙譲(2001)北海道植物図譜p.1030・深川市鷹泊貯水池付近,清水・森田・廣田(2001)全農教・日本帰化植物写真図鑑p.375,清水建美編(2003)平凡社・日本の帰化植物p.232,梅沢俊(2007)新北海道の花p.22・札幌市,北海道(2010)ブルーリスト・**A2**,浅井元朗(2015)全農教・植調雑草大鑑p.155,旭川帰化植物研究会(2015)旭川の帰化植物p.82,**環境省・要注意外来生物**,タンポポモドキの和名は別種,⑤各地で確認済み

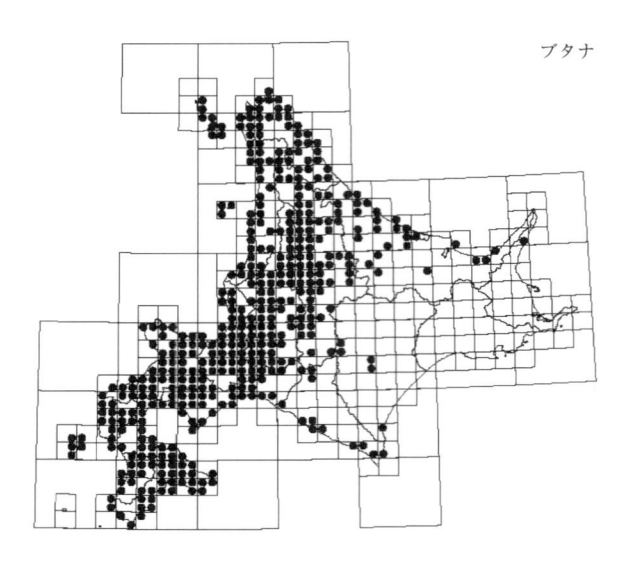

で確認済み

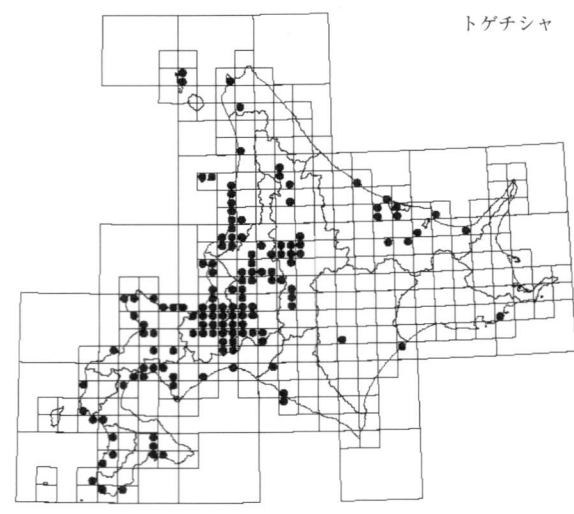

トゲチシャ

ブタナ

660. トゲチシャ・アレチジシャ・トゲジシャ
(2.3.55.4：キク科)

Lactuca serriola L.: Lactuca scariola L.
①邑田・米倉(2012)日本維管束植物目録p.217右,②欧州原産,③不明・各地,④長田武正(1972)北隆館・日本帰化植物図鑑p.36,長田武正(1976)保育社・原色日本帰化植物図鑑p.11,原松次(1983)北海道植物図鑑(中)p.64・北見市(マルバトゲヂシャ),五十嵐博(2001)北海道帰化植物便覧p.125,滝田謙譲(2001)北海道植物図譜p.1035・旭川市西神楽,清水・森田・廣田(2001)全農教・日本帰化植物写真図鑑p.376,清水建美編(2003)平凡社・日本の帰化植物p.233,梅沢俊(2007)新北海道の花p.26・札幌市,北海道(2010)ブルーリスト・**B**,浅井元朗(2015)全農教・植調雑草大鑑p.134,旭川帰化植物研究会(2015)旭川の帰化植物p.82,⑤各地

マルバトゲヂシャ

Lactuca serriola L. f. *integrifolia* (Gray) S. D. Prince et R. N. Carter: Lactuca scariola L. f. integrifolia

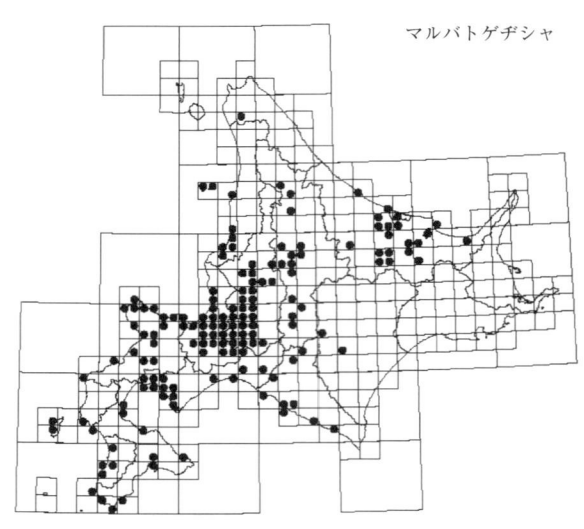

マルバトゲヂシャ

661. ナタネタビラコ・カラフトヤブタビラコ
(2.3.55.4：キク科)

Lapsana communis L.
①邑田・米倉(2012)日本維管束植物目録p.217右,②欧州原産,③ムギ畑周辺に多いので種子混入？・各地,④長田武正(1972)北隆館・日本帰化植

物図鑑 p.36, 野草の写真図鑑(1996)日本ヴォーグ社・WILD FLOWERS p.274, 五十嵐博(2001)北海道帰化植物便覧 p.126, 滝田謙譲(2001)北海道植物図譜 p.1039・弟子屈町碁石浜登山道, 清水・森田・廣田(2001)全農教・日本帰化植物写真図鑑 p.377, 清水建美編(2003)平凡社・日本の帰化植物 p.233, 梅沢俊(2007)新北海道の花 p.24・江別市, 北海道(2010)ブルーリスト・B, 浅井元朗(2015)全農教・植調雑草大鑑 p.153, 旭川帰化植物研究会(2015)旭川の帰化植物 p.82, ⑤各地で確認済み

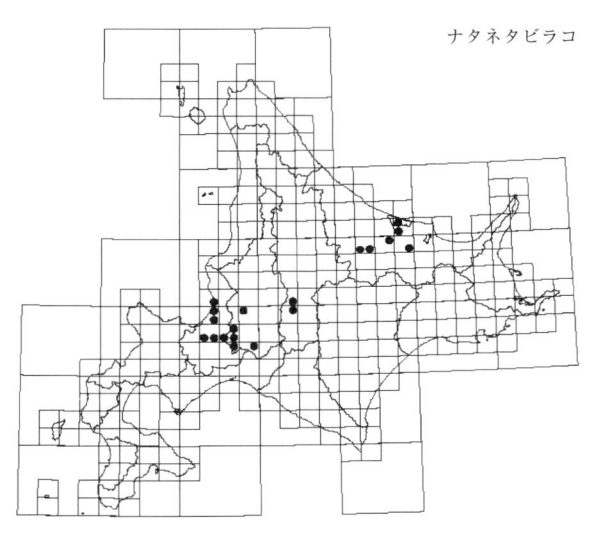

ナタネタビラコ

662. カワリミタンポポモドキ・タンポポモドキ (2.3.55.4：キク科)
Leontodon taraxacoides (Vill.) Mérat
①邑田・米倉(2012)日本維管束植物目録 p.217 右, ②欧州原産, ③不明・稀, ④五十嵐博(2001)北海道帰化植物便覧 p.126, 清水建美編(2003)平凡社・日本の帰化植物 p.233, 北海道(2010)ブルーリスト・D, 植村ほか(2010)全農教・日本帰化植物写真図鑑(2) p.278, ⑤未確認

663. フランスギク・(マーガレット) (2.3.55.4：キク科)
Leucanthemum vulgare Lam.: Chrysanthemum leucanthemum L.
①邑田・米倉(2012)日本維管束植物目録 p.218 左, ②欧州原産, ③植栽され各地に逸出, ④長田武正(1972)北隆館・日本帰化植物図鑑 p.18, 長田武正(1976)保育社・原色日本帰化植物図鑑 p.25, 原松次(1983)北海道植物図鑑(中)p.17・室蘭市, 野草の写真図鑑(1996)日本ヴォーグ社・WILD FLOWERS p.256, 五十嵐博(2001)北海道帰化植物便覧 p.113, 滝田謙譲(2001)北海道植物図譜 p.971・阿寒町双岳台, 清水・森田・廣田(2001)全農教・日本帰化植物写真図鑑 p.336, 清水建美編(2003)平凡社・日本の帰化植物 p.220, 梅沢俊(2007)新北海道の花 p.89・札幌市石山, 北海道(2010)ブルーリスト・A2, 浅井元朗(2015)全農教・植調雑草大鑑 p.164, 旭川帰化植物研究会(2015)旭川の帰化植物 p.82, フランスギクの英名はマーガレットであるがマーガレット：Argyranthemum frutescens・Chrysanthemum frutescens は別種である. **北海道(2015)指定外来種**, ⑤各地で確認済み

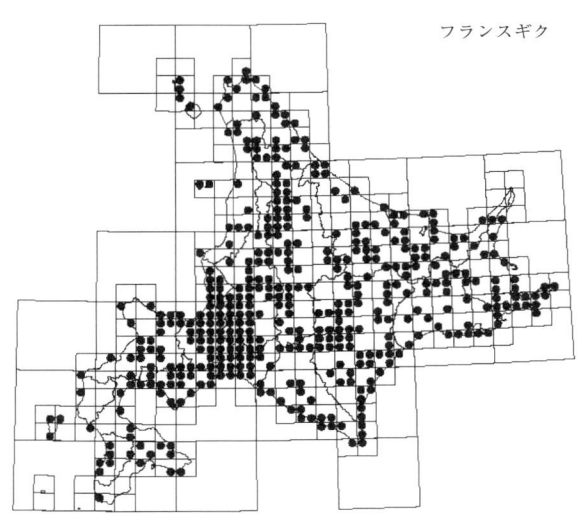

フランスギク

664. シャスターデージー (2.3.55.4：キク科)
Leucanthemum maximum (Ramond) DC.
②欧州原産・園芸種, ③観賞用に広く栽培され稀に逸出・フランスギクより頭花が大きい, ④清水建美編(2003)平凡社・日本の帰化植物 p.220, ⑤千歳市内(大学付近)で確認済みだが植栽された可能性もある

156 キク科

665. カミツレ・カミルレ(2.3.55.4：キク科)
　Matricaria chamomilla L.: Matricaria recutita L.
①邑田・米倉(2012)日本維管束植物目録 p.218 左，②欧州原産，③植栽され稀に逸出，④長田武正(1972)北隆館・日本帰化植物図鑑 p.37，長田武正(1976)保育社・原色日本帰化植物図鑑 p.30，山岸喬(1998)日本ハーブ図鑑 p.170，五十嵐博(2001)北海道帰化植物便覧 p.127，滝田謙譲(2001)北海道植物図譜 p.995・旭川市瑞穂，清水・森田・廣田(2001)全農教・日本帰化植物写真図鑑 p.377，清水建美編(2003)平凡社・日本の帰化植物 p.220，梅沢俊(2007)新北海道の花 p.88，北海道(2010)ブルーリスト・B，浅井元朗(2015)全農教・植調雑草大鑑 p.151，⑤未確認

666. コシカギク・オロシャギク(2.3.55.4：キク科)
　Matricaria matricarioides (Less.) Ced. Porter ex Britton
①邑田・米倉(2012)日本維管束植物目録 p.218 左，②アジア東北部原産，③不明・各地，④長田武正(1972)北隆館・日本帰化植物図鑑 p.38，長田武正(1976)保育社・原色日本帰化植物図鑑 p.31，原松次(1983)北海道植物図鑑(中) p.41，野草の写真図鑑(1996)日本ヴォーグ社・WILD FLOWERS p.254，五十嵐博(2001)北海道帰化植物便覧 p.127，滝田謙譲(2001)北海道植物図譜 p.996・釧路市緑ヶ岡，清水・森田・廣田(2001)全農教・日本帰化植物写真図鑑 p.379，清水建美編(2003)平凡社・日本の帰化植物 p.220，梅沢俊(2007)新北海道の花 p.25・釧路市西港，北海道(2010)ブルーリスト・B，浅井元朗(2015)全農教・植調雑草大鑑 p.151，旭川帰化植物研究会(2015)旭川の帰化植物 p.82，⑤各地で確認済み

667. ハマギク(2.3.55.4：キク科)
　Nipponanthemum nipponicum (Franch. ex Maxim.) Kitam.
①邑田・米倉(2012)日本維管束植物目録 p.218 右，②本州原産，③植栽され稀に逸出，④増補改訂新版・野に咲く花(2013)山溪ハンディ図鑑1・p.526，⑤苫小牧市などで確認済みだが植栽された可能性もある

668. エダウチチチコグサ・ホザキノチチコグサ(2.3.55.4：キク科)
　Omalotheca sylvatica (L.) Sch. Bip. et F. W. Schultz: Gnaphalium sylvaticum L.
①邑田・米倉(2012)日本維管束植物目録 p.218 右，②周北極地方原産，③不明・各地，④長田武正(1972)北隆館・日本帰化植物図鑑 p.30，五十嵐博(2001)北海道帰化植物便覧 p.120，滝田謙譲(2001)北海道植物図譜 p.986・豊浦町昆布岳・旭川市江丹別西里，清水・森田・廣田(2001)全農教・日本帰化植物写真図鑑 p.367，清水建美編(2003)平凡社・

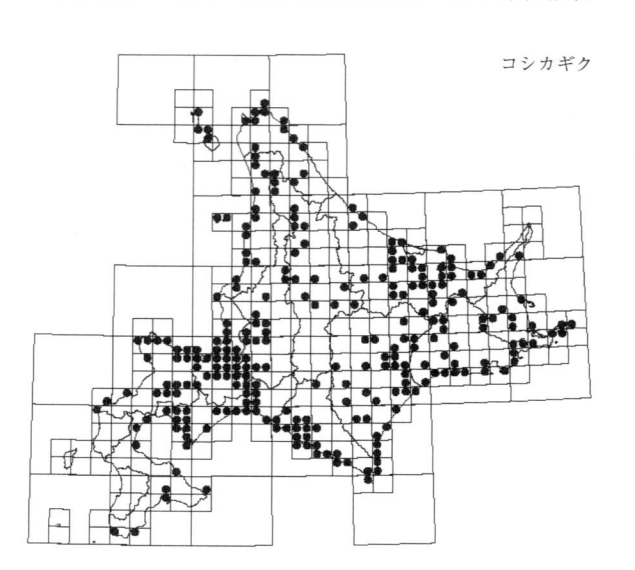

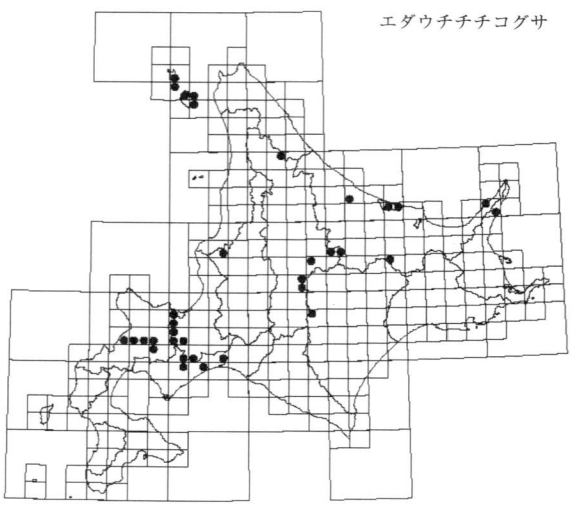

コシカギク

エダウチチチコグサ

日本の帰化植物 p.224, 梅沢俊(2007)新北海道の花 p.389・上川町, 北海道(2010)ブルーリスト・B, 旭川帰化植物研究会(2015)旭川の帰化植物 p.82, ⑤各地の林道などで確認済み

669. フキ・キョウブキ(2.3.55.4：キク科)
Petasites japonicus (Siebold et Zucc.) Maxim.
①邑田・米倉(2012)日本維管束植物目録 p.219 右, ②本州原産, ③栽培され稀に逸出, ④五十嵐博(2001)北海道帰化植物便覧 p.128, 北海道(2010)ブルーリスト・B, 浅井元朗(2015)全農教・植調雑草大鑑 p.163, ⑤札幌市などで確認済み

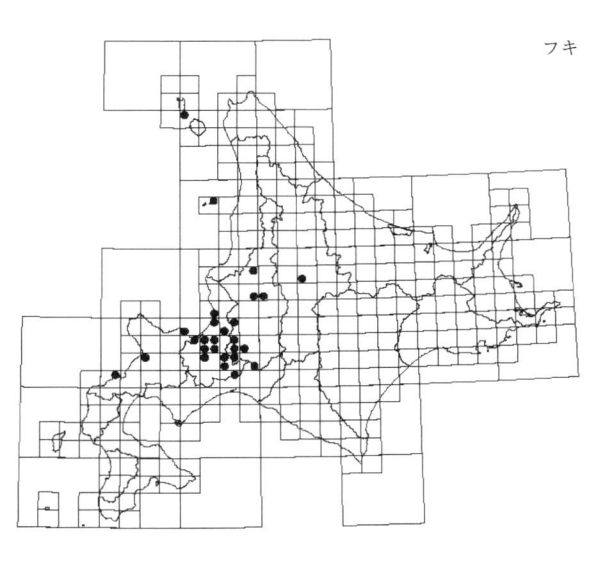

フキ

670. コウリンタンポポ・エフデタンポポ・エフデギク(2.3.55.4：キク科)
Pilosella aurantiaca (L.) F. Schultz et Sch. Bip.: Hieracium aurantiacum L.
①邑田・米倉(2012)日本維管束植物目録 p.220 左, ②欧州原産, ③植栽されることもある・各地, ④長田武正(1972)北隆館・日本帰化植物図鑑 p.34, 長田武正(1976)保育社・原色日本帰化植物図鑑 p.5, 原松次(1983)北海道植物図鑑(中)p.60・室蘭市, 野草の写真図鑑(1996)日本ヴォーグ社・WILD FLOWERS p.276, 五十嵐博(2001)北海道帰化植物便覧 p.123, 滝田謙譲(2001)北海道植物図譜 p.1027・弟子屈町清水の沢, 清水・森田・廣田(2001)全農教・日本帰化植物写真図鑑 p.374, 清水建美編(2003)平凡社・日本の帰化植物 p.232, 梅沢俊(2007)新北海道の花 p.18・占冠村, 北海道(2010)ブルーリスト・A2, 五十嵐博(2014)コウリンタンポポ(キク科)の仲間の分布・モーリー 36：14-17, 浅井元朗(2015)全農教・植調雑草大鑑 p.165, 旭川帰化植物研究会(2015)旭川の帰化植物 p.82, ⑤各地で確認済み

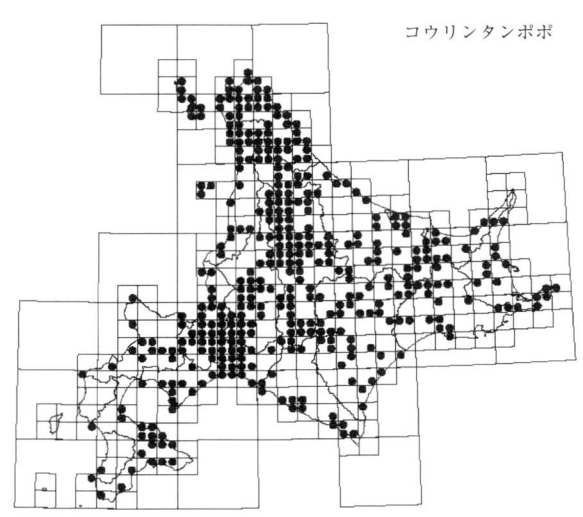

コウリンタンポポ

671. キバナコウリンタンポポ(2.3.55.4：キク科)
Pilosella caespitosa (Dumort.) P. D. Sell et C. West: Hieracium caespitosum Dumor
①邑田・米倉(2012)日本維管束植物目録 p.220 左, ②欧州原産, ③芝種子混入？・各地, ④長田武正(1972)北隆館・日本帰化植物図鑑 p.34, 五十嵐博(2001)北海道帰化植物便覧 p.124, 滝田謙譲(2001)北海道植物図譜 p.1027・足寄町芽登, 清水・森田・廣田(2001)全農教・日本帰化植物写真図鑑 p.374, 清水建美編(2003)平凡社・日本の帰化植物 p.232, 梅沢俊(2007)新北海道の花 p.18・札幌市, 北海道(2010)ブルーリスト・A2, 五十嵐博(2014)コウリンタンポポ(キク科)の仲間の分布・モーリー 36：14-17, 浅井元朗(2015)全農教・植調雑草大鑑 p.165, 旭川帰化植物研究会(2015)旭川の帰化植物 p.82, ⑤各地で確認済み・最近は十勝地方での確認が多い

158　キク科

キバナコウリンタンポポ

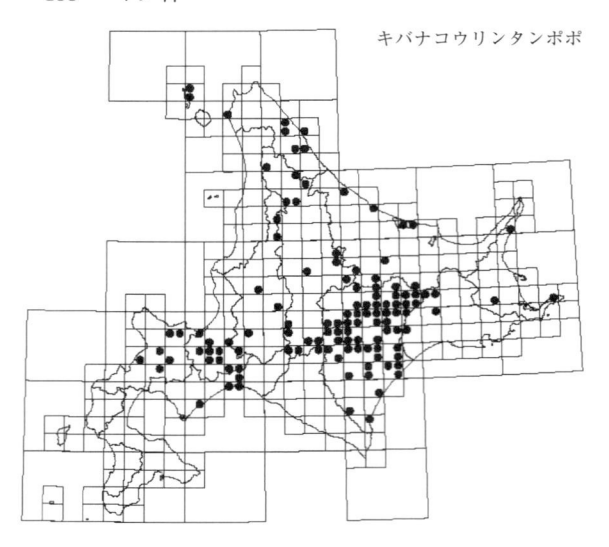

672. ハイコウリンタンポポ(2.3.55.4：キク科)
　Pilosella officinarum F. Schultz et Schultz-Bip.：
Hieracium pilosella　　　　　　　【Plate 10 ②】
②欧州原産，③芝種子混入？・稀，④野草の写真図鑑(1996)日本ヴォーグ社・WILD FLOWERS p.275，北海道(2010)ブルーリスト・B: Hieracium pilosella，五十嵐博(2012)新しい外来植物・ボタニカ 30：7-10・札幌市羊ヶ丘，苫小牧市晴海町，浅井元朗(2015)全農教・植調雑草大鑑 p.165，五十嵐博(2014)コウリンタンポポ(キク科)の仲間の分布・モーリー 36：14-17，⑤札幌市，苫小牧市，斜里町など各地で確認済み，分布図は情報産地も含む

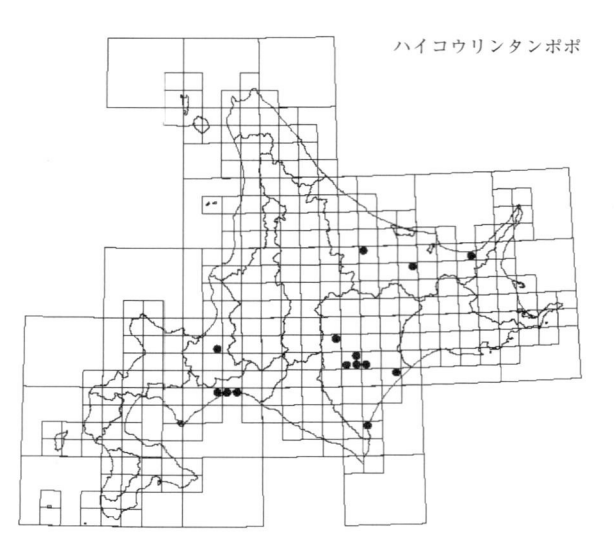

ハイコウリンタンポポ

673. キヌガサギク・アラゲハンゴンソウ
(2.3.55.4：キク科)
　Rudbeckia hirta L. var. *pulcherrima* Farw.
①邑田・米倉(2012)日本維管束植物目録 p.220 左，②北米原産，③植栽され各地に逸出，④長田武正(1972)北隆館・日本帰化植物図鑑 p.38，長田武正(1976)保育社・原色日本帰化植物図鑑 p.64，原松次(1983)北海道植物図鑑(中)p.68・森町，五十嵐博(2001)北海道帰化植物便覧 p.128，滝田謙譲(2001)北海道植物図譜 p.999・釧路町上別保，清水・森田・廣田(2001)全農教・日本帰化植物写真図鑑 p.380，清水建美編(2003)平凡社・日本の帰化植物 p.205，梅沢俊(2007)新北海道の花 p.30・夕張市，北海道(2010)ブルーリスト・B，旭川帰化植物研究会(2015)旭川の帰化植物 p.83，⑤各地で確認済み・大輪の園芸種も同様に逸出

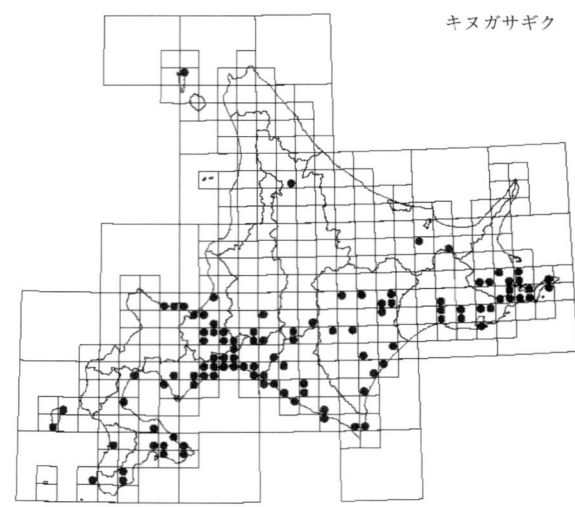

キヌガサギク

674. オオハンゴンソウ(2.3.55.4：キク科)
　Rudbeckia laciniata L. var. *laciniata*
①邑田・米倉(2012)日本維管束植物目録 p.220 左，②北米原産，③当初は植栽からの逸出・各地，④長田武正(1972)北隆館・日本帰化植物図鑑 p.39，長田武正(1976)保育社・原色日本帰化植物図鑑 p.65，原松次(1983)北海道植物図鑑(中)p.65・八雲町，五十嵐博(2001)北海道帰化植物便覧 p.129，滝田謙譲(2001)北海道植物図譜 p.1000・夕張市滝の上，清水・森田・廣田(2001)全農教・日本帰化植物

写真図鑑 p.381, 清水建美編(2003)平凡社・日本の帰化植物 p.205, 梅沢俊(2007)新北海道の花 p.30・新ひだか町, 北海道(2010)ブルーリスト・**A2**, 浅井元朗(2015)全農教・植調雑草大鑑 p.154, 旭川帰化植物研究会(2015)旭川の帰化植物 p.83, **環境省・特定外来生物**, ⑤各地で確認済み

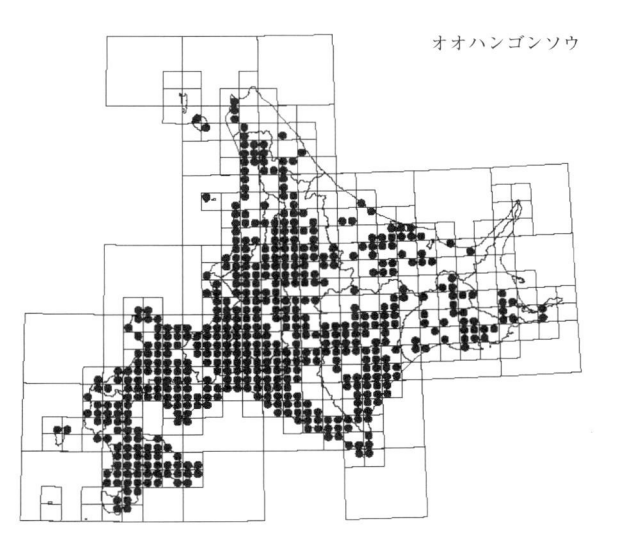

オオハンゴンソウ

ハナガサギク・ヤエザキオオハンゴンソウ(キク科)

Rudbeckia laciniata L. var. *hortensis* Bailey
②北米原産, ③植栽され各地に逸出, ④長田武正(1972)北隆館・日本帰化植物図鑑 p.39, 長田武正(1976)保育社・原色日本帰化植物図鑑 p.65, 原松

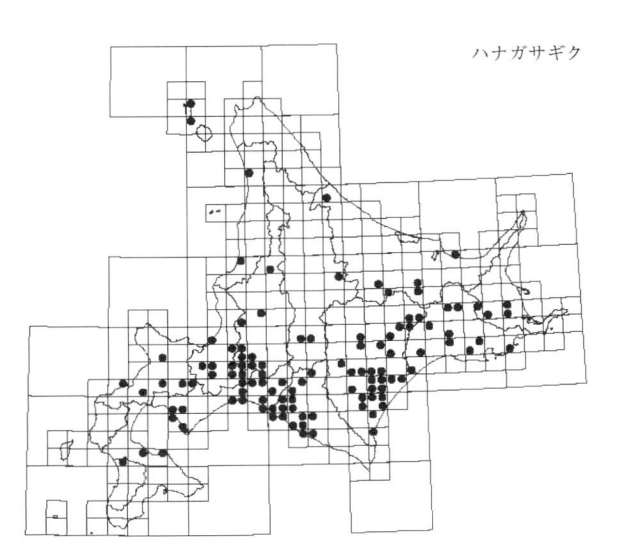

ハナガサギク

次(1983)北海道植物図鑑(中) p.65, 五十嵐博(2001)北海道帰化植物便覧 p.129, 滝田謙譲(2001)北海道植物図譜 p.1001・釧路市鶴丘, 清水・森田・廣田(2001)全農教・日本帰化植物写真図鑑 p.382, 清水建美編(2003)平凡社・日本の帰化植物 p.205, 梅沢俊(2007)新北海道の花 p.30・本別町, 北海道(2010)ブルーリスト・**A2**, 旭川帰化植物研究会(2015)旭川の帰化植物 p.83, **環境省・特定外来生物**, ⑤各地で確認済み・農家周辺に多い

675. ミツバオオハンゴンソウ(2.3.55.4：キク科)
Rudbeckia triloba L. 【扉裏・Plate 10 ④】
①邑田・米倉(2012)日本維管束植物目録 p.220 左, ②北米原産, ③植栽され稀に逸出, ④長田武正(1972)北隆館・日本帰化植物図鑑 p.39, 長田武正(1976)保育社・原色日本帰化植物図鑑 p.66, 五十嵐博(2001)北海道帰化植物便覧 p.130, 清水・森田・廣田(2001)全農教・日本帰化植物写真図鑑 p.383：オオミツバハンゴンソウは間違い, 清水建美編(2003)平凡社・日本の帰化植物 p.205, 北海道(2010)ブルーリスト・**B**, ⑤ 2015 年 8 月に苫小牧市晴海町で筆者は初確認(高橋誼 2000・三石が道内初記録)

676. ヤブボロギク・ヤコブボロギク・ヤコブコウリンギク(2.3.55.4：キク科)
Senecio jacobaea L.
①邑田・米倉(2012)日本維管束植物目録 p.221 右, ②欧州原産, ③不明・稀, ④野草の写真図鑑(1996)日本ヴォーグ社・WILD FLOWERS p.261, 清水建美編(2003)平凡社・日本の帰化植物 p.209, 利尻町博物館(2012)利尻研究 31・利尻山登山口駐車場, 五十嵐博(2012)新しい外来植物・ボタニカ 30：7-10・利尻島, ⑤画像・標本での確認のみ

677. ノボロギク(2.3.55.4：キク科)
Senecio vulgaris L.
①邑田・米倉(2012)日本維管束植物目録 p.222 左, ②欧州原産, ③不明・各地, ④長田武正(1976)保育社・原色日本帰化植物図鑑 p.75, 原松次(1983)北海道植物図鑑(中) p.37・伊達市, 野草の写真図鑑

(1996)日本ヴォーグ社・WILD FLOWERS p.260, 五十嵐博(2001)北海道帰化植物便覧 p.130, 滝田謙譲 (2001)北海道植物図譜 p.1013・釧路市春採, 清水・森田・廣田(2001)全農教・日本帰化植物写真図鑑 p.385, 清水建美編(2003)平凡社・日本の帰化植物 p.210, 梅沢俊(2007)新北海道の花 p.29・札幌市, 北海道(2010)ブルーリスト・A3, 浅井元朗(2015)全農教・植調雑草大鑑 p.149, 旭川帰化植物研究会(2015)旭川の帰化植物 p.83, ⑤各地で確認済み

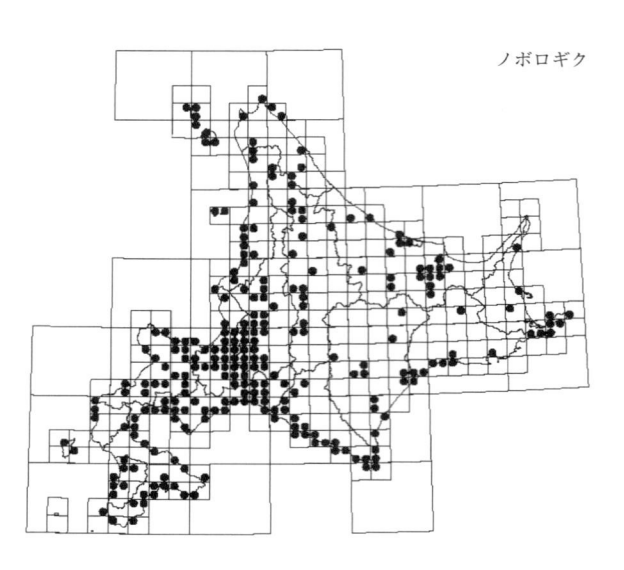

物図譜 p.1017・旭川市台場, 清水・森田・廣田(2001)全農教・日本帰化植物写真図鑑 p.388, 清水建美編(2003)平凡社・日本の帰化植物 p.216, 梅沢俊(2007)新北海道の花 p.31, 北海道(2010)ブルーリスト・**A2**, 浅井元朗(2015)全農教・植調雑草大鑑 p.136, 旭川帰化植物研究会(2015)旭川の帰化植物 p.83, **環境省・要注意外来生物**, ⑤各地で確認済み

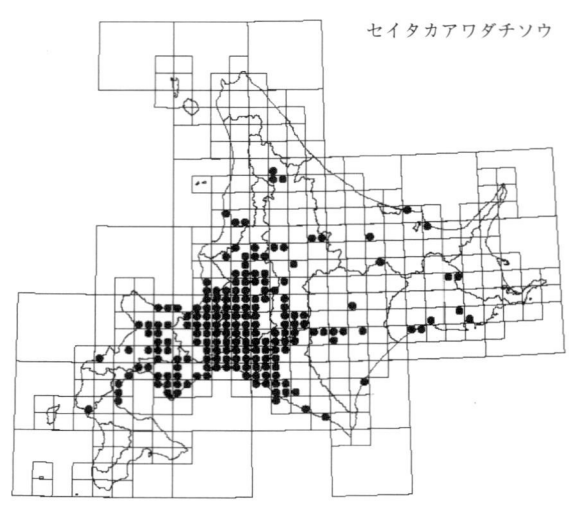

ノボロギク

セイタカアワダチソウ

678. ツキヌキオグルマ(2.3.55.4：キク科)
　　Silphium perfoliatum L.
①邑田・米倉(2012)日本維管束植物目録 p.222 左, ②北米原産, ③植栽され稀に逸出, ④原松次(1983)北海道植物図鑑(中)p.37・追分町(鉄道沿い), 五十嵐博(2001)北海道帰化植物便覧 p.130, 滝田謙譲(2001)北海道植物図譜 p.1016・早来町安平, 北海道(2010)ブルーリスト・B, ⑤安平町安平で確認済み

679. セイタカアワダチソウ(2.3.55.4：キク科)
　　Solidago altissima L.
①邑田・米倉(2012)日本維管束植物目録 p.222 左, ②北米原産, ③不明・各地, ④長田武正(1972)北隆館・日本帰化植物図鑑 p.41, 長田武正(1976)保育社・原色日本帰化植物図鑑 p.58, 原松次(1983)北海道植物図鑑(中)p.28・札幌市, 五十嵐博(2001)北海道帰化植物便覧 p.131, 滝田謙譲(2001)北海道植

680. カナダアキノキリンソウ(2.3.55.4：キク科)
　　Solidago canadensis L.
①邑田・米倉(2012)日本維管束植物目録 p.222 左, ②北米原産, ③不明・稀, ④長田武正(1972)北隆館・日本帰化植物図鑑 p.42, 長田武正(1976)保育社・原色日本帰化植物図鑑 p.57, 野草の写真図鑑(1996)日本ヴォーグ社・WILD FLOWERS p.245, 五十嵐博(2001)北海道帰化植物便覧 p.131, 清水・森田・廣田(2001)全農教・日本帰化植物写真図鑑 p.386, 清水建美編(2003)平凡社・日本の帰化植物 p.216, 北海道(2010)ブルーリスト・B, ⑤札幌市などで確認済み

681. オオアワダチソウ(2.3.55.4：キク科)
　　Solidago gigantea Aiton ssp. *serotina* (Kuntze) McNeill: Solidago gigantean var. leiophylla Fern.
①邑田・米倉(2012)日本維管束植物目録 p.222 左, ②北米原産, ③不明・各地, ④長田武正(1972)北隆

館・日本帰化植物図鑑 p.41, 長田武正(1976)保育社・原色日本帰化植物図鑑 p.59, 原松次(1983)北海道植物図鑑(中)p.28・早来町, 五十嵐博(2001)北海道帰化植物便覧 p.131, 滝田謙譲(2001)北海道植物図譜 p.1017・釧路市春採湖畔, 清水・森田・廣田(2001)全農教・日本帰化植物写真図鑑 p.389, 清水建美編(2003)平凡社・日本の帰化植物 p.217, 梅沢俊(2007)新北海道の花 p.31・札幌市, 北海道(2010)ブルーリスト・A2, 浅井元朗(2015)全農教・植調雑草大鑑 p.137, 旭川帰化植物研究会(2015)旭川の帰化植物 p.83, **環境省・要注意外来生物**, ⑤各地で確認済み

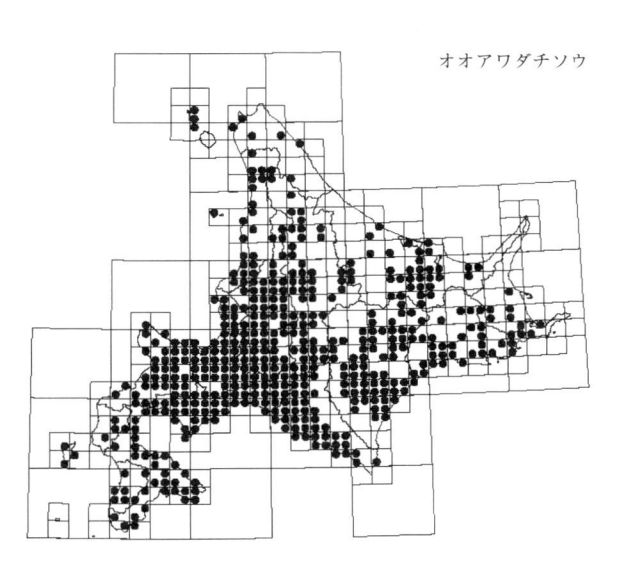

①邑田・米倉(2012)日本維管束植物目録 p.222 右, ②欧州原産, ③不明・各地, ④滝田謙譲(1987)東北海道の植物・タイワンハチジョウナで掲載は間違い, 野草の写真図鑑(1996)日本ヴォーグ社・WILD FLOWERS p.272, 五十嵐博(2001)北海道帰化植物便覧 p.132・タイワンハチジョウナは間違いでアレチノゲシに変更, 清水建美編(2003)平凡社・日本の帰化植物 p.234, 梅沢俊(2007)新北海道の花 p.32・根室市厚床, 北海道(2010)ブルーリスト・B, 植村ほか(2010)全農教・日本帰化植物写真図鑑(2) p.285, ⑤ハチジョウナに類似・各地で確認済み

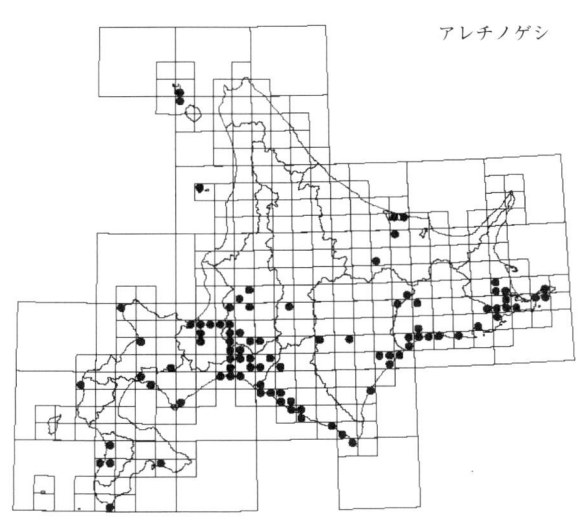

オオアワダチソウ

アレチノゲシ

682. トキワアワダチソウ・アツバアワダチソウ (2.3.55.4：キク科) 【Plate 10 ③】
Solidago sempervirens L.
①邑田・米倉(2012)日本維管束植物目録 p.222 左, ②北米原産, ③不明・稀, ④長田武正(1972)北隆館・日本帰化植物図鑑 p.42, 清水建美編(2003)平凡社・日本の帰化植物 p.217, 植村ほか(2010)全農教・日本帰化植物写真図鑑(2) p.286・松前町, 北海道(2010)ブルーリスト・B, ⑤笠康三郎氏の情報により松前町二越海岸で確認済み

683. アレチノゲシ(2.3.55.4：キク科)
Sonchus arvensis L. var. *uliginosus* (M. Bieb.) Nyman

684. オニノゲシ(2.3.55.4：キク科)
Sonchus asper (L.) Hill
①邑田・米倉(2012)日本維管束植物目録 p.222 右, ②欧州原産, ③不明・各地, ④長田武正(1972)北隆館・日本帰化植物図鑑 p.43, 長田武正(1976)保育社・原色日本帰化植物図鑑 p.8, 原松次(1983)北海道植物図鑑(中)p.64・室蘭市, 五十嵐博(2001)北海道帰化植物便覧 p.133, 滝田謙譲(2001)北海道植物図譜 p.1043・釧路市桂恋海岸, 清水・森田・廣田(2001)全農教・日本帰化植物写真図鑑 p.390, 清水建美編(2003)平凡社・日本の帰化植物 p.234, 梅沢俊(2007)新北海道の花 p.32・札幌市定山渓, 北海道(2010)ブルーリスト・B, 浅井元朗(2015)全農教・植調雑草大鑑 p.146, 旭川帰化植物研究会(2015)旭川の帰化植物 p.83, ⑤各地で確認済み

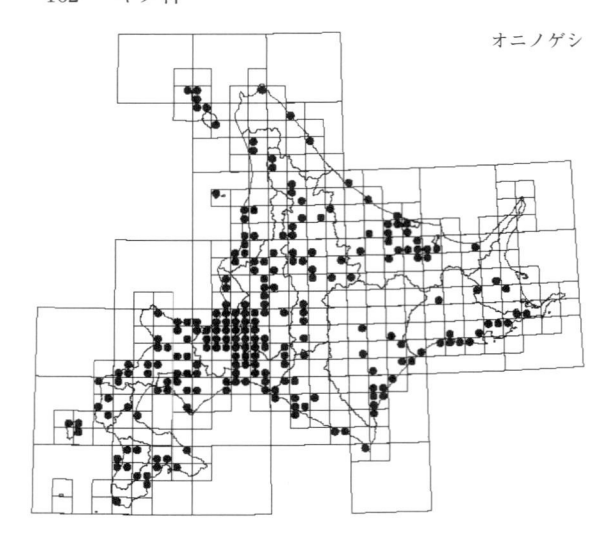

オニノゲシ

植物 p.211，梅沢俊(2007)新北海道の花 p.296・平取町，北海道(2010)ブルーリスト・**A3**，旭川帰化植物研究会(2015)旭川の帰化植物 p.81，**環境省・要注意外来生物**．⑤各地で確認済み

686．ユウゼンギク・メリケンコンギク・シノノメギク(2.3.55.4：キク科)

Symphyotrichum novi-belgii (L.) G. L. Nesom: Aster novi-belgii L.

シロバナユウゼンギク

Symphyotrichum novi-belgii f. *albiflora*: Aster novi-belgii f. albiflora

①邑田・米倉(2012)日本維管束植物目録 p.222右，②北米原産，③植栽され各地に逸出，④長田武正(1972)北隆館・日本帰化植物図鑑 p.6，長田武正(1976)保育社・原色日本帰化植物図鑑 p.38，原松次(1983)北海道植物図鑑(中)p.32・室蘭市，野草の写真図鑑(1996)日本ヴォーグ社・WILD FLOWERS p.247，五十嵐博(2001)北海道帰化植物便覧 p.110，滝田謙譲(2001)北海道植物図譜 p.935・釧路市鶴丘飛行場付近，清水・森田・廣田(2001)全農教・日本帰化植物写真図鑑 p.323，清水建美編(2003)平凡社・日本の帰化植物 p.211，梅沢俊(2007)新北海道の花 p.296・江別市，北海道(2010)ブルーリスト・**A3**，旭川帰化植物研究会(2015)旭川の帰化植物 p.81，⑤各地で確認済み・白花は各地で見かける

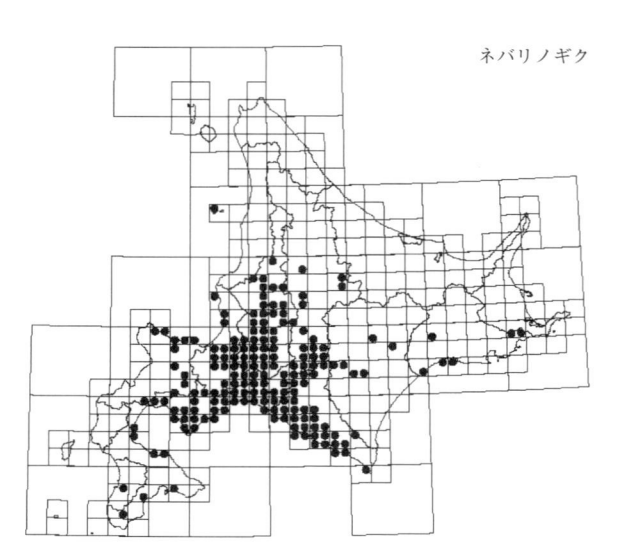

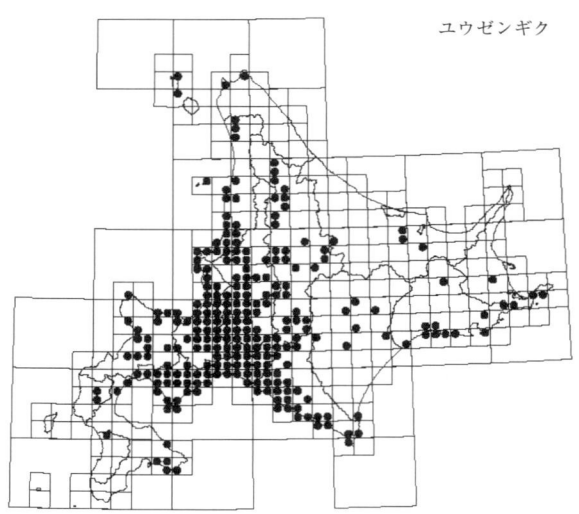

685．ネバリノギク・アメリカシオン(2.3.55.4：キク科)

Symphyotrichum novae-angliae (L.) G. L. Nesom: Aster novae-angliae L.

①邑田・米倉(2012)日本維管束植物目録 p.222右，②北米原産，③植栽され各地に逸出，④長田武正(1972)北隆館・日本帰化植物図鑑 p.6，長田武正(1976)保育社・原色日本帰化植物図鑑 p.38，原松次(1985)北海道植物図鑑(下)p.17・平取町，五十嵐博(2001)北海道帰化植物便覧 p.109，滝田謙譲(2001)北海道植物図譜 p.934・門別町富川町平松，清水・森田・廣田(2001)全農教・日本帰化植物写真図鑑 p.322，清水建美編(2003)平凡社・日本の帰化

ネバリノギク

ユウゼンギク

687. キダチコンギク（2.3.55.4：キク科）
Symphyotrichum pilosum（Willd.）G. L. Nesom: Aster pilosus Willd.
①邑田・米倉(2012)日本維管束植物目録 p.222 右，②北米原産，③植栽され稀に逸出，④長田武正(1972)北隆館・日本帰化植物図鑑 p.8，長田武正(1976)保育社・原色日本帰化植物図鑑 p.39，五十嵐博(2001)北海道帰化植物便覧 p.110，清水・森田・廣田(2001)全農教・日本帰化植物写真図鑑 p.324，清水建美編(2003)平凡社・日本の帰化植物 p.212，北海道(2010)ブルーリスト・B，⑤苫小牧市，小樽市などで確認済み

688. オオホウキギク・ナガエホウキギク（2.3.55.4：キク科）
Symphyotrichum subulatum（Michx.）G. L. Nesom var. *elongatum*（Bosserdet ex A. G. Jones et Lowry）S. D. Sundberg: Aster exilis Elliot
①邑田・米倉(2012)日本維管束植物目録 p.222 右，②北米南部原産，③不明・稀，④長田武正(1972)北隆館・日本帰化植物図鑑 p.8，滝田謙譲(2004)北海道植物図譜補遺 p.41・小樽市第三埠頭，清水建美編(2003)平凡社・日本の帰化植物 p.211，植村ほか(2010)全農教・日本帰化植物写真図鑑(2) p.254，⑤小樽市で確認済み

ホウキギク・アレチシオン（2.3.55.4：キク科）
S. subulatum（Michx.）G. L. Nesom var. *subulatum*: Aster subulatus Michx. var. sabdwicensis
①邑田・米倉(2012)日本維管束植物目録 p.223 左，②北米原産，③不明・稀，④長田武正(1972)北隆館・日本帰化植物図鑑 p.7，長田武正(1976)保育社・原色日本帰化植物図鑑 p.40，五十嵐博(2001)北海道帰化植物便覧 p.110，清水・森田・廣田(2001)全農教・日本帰化植物写真図鑑 p.324，清水建美編(2003)平凡社・日本の帰化植物 p.212，滝田謙譲(2004)北海道植物図譜・補遺 p.42・静内町古川，北海道(2010)ブルーリスト・B，浅井元朗(2015)全農教・植調雑草大鑑 p.121，⑤新ひだか町（旧静内町）で確認済み

689. ナツシロギク（2.3.55.4：キク科）
Tanacetum parthenium（L.）Schultz-Bip.: Chrysanthemum parthenium（L.）Bernh.
②欧州原産，③植栽され稀に逸出，④野草の写真図鑑(1996)日本ヴォーグ社・WILD FLOWERS p.255，山岸喬(1998)日本ハーブ図鑑 p.192，五十嵐博(2001)北海道帰化植物便覧 p.113，清水建美編(2003)平凡社・日本の帰化植物 p.221，梅沢俊(2007)新北海道の花 p.89・札幌市伏見，旭川帰化植物研究会(2009)旭川の帰化植物 p.33，北海道(2010)ブルーリスト・B，⑤札幌市で確認済み

690. ヨモギギク・タンジー（2.3.55.4：キク科）
Tanacetum vulgare L.: Chrysanthemum vulgare（L.）Bernh.
①邑田・米倉(2012)日本維管束植物目録 p.223 左，②欧州〜シベリア原産，③植栽され稀に逸出，④長田武正(1972)北隆館・日本帰化植物図鑑 p.18，原松次(1992)札幌の植物 no.878・石狩町・市街地・羊ヶ丘，野草の写真図鑑(1996)日本ヴォーグ社・WILD FLOWERS p.255，山岸喬(1998)日本ハーブ図鑑 p.190，五十嵐博(2001)北海道帰化植物便覧 p.113，清水・森田・廣田(2001)全農教・日本帰化植物写真図鑑 p.393，清水建美編(2003)平凡社・日本の帰化植物 p.221，梅沢俊(2007)新北海道の花 p.25，北海道(2010)ブルーリスト・B，旭川帰化植物研究会(2015)旭川の帰化植物 p.83，⑤苫小牧市，遠軽町などで確認済み

691. アカミタンポポ・キレハアカミタンポポ（2.3.55.4：キク科）
Taraxacum laevigatum（Willd.）DC.
①邑田・米倉(2012)日本維管束植物目録 p.223 左，②欧州原産，③当初は食用として導入され各地に逸出，④長田武正(1972)北隆館・日本帰化植物図鑑 p.44，長田武正(1976)保育社・原色日本帰化植物図鑑 p.2，原松次(1983)北海道植物図鑑(中) p.57，五十嵐博(2001)北海道帰化植物便覧 p.134，滝田謙譲(2001)北海道植物図譜 p.1046・旭川市旭山・旭川市上雨粉，清水・森田・廣田(2001)全農教・日本帰化植物写真図鑑 p.394，清水建美編(2003)平凡

社・日本の帰化植物 p.235，梅沢俊(2007)新北海道の花 p.21，北海道(2010)ブルーリスト・**A3**，浅井元朗(2015)全農教・植調雑草大鑑 p.138，旭川帰化植物研究会(2015)旭川の帰化植物 p.83，**環境省・要注意外来生物**，⑤各地で確認済み

692．セイヨウタンポポ・ショクヨウタンポポ
（2.3.55.4：キク科）
Taraxacum officinale Weber ex F. H. Wigg.
①邑田・米倉(2012)日本維管束植物目録 p.223 右，②欧州原産，③当初は食用として導入され各地に逸出，④長田武正(1972)北隆館・日本帰化植物図鑑 p.44，長田武正(1976)保育社・原色日本帰化植物図鑑 p.1，原松次(1983)北海道植物図鑑(中) p.57・虻田町，野草の写真図鑑(1996)日本ヴォーグ社・WILD FLOWERS p.273，山岸喬(1998)日本ハーブ図鑑 p.182，五十嵐博(2001)北海道帰化植物便覧 p.135，滝田謙譲(2001)北海道植物図譜 p.1047・釧路町天寧，清水・森田・廣田(2001)全農教・日本帰化植物写真図鑑 p.395，清水建美編(2003)平凡社・日本の帰化植物 p.235，梅沢俊(2007)新北海道の花 p.21・札幌市，北海道(2010)ブルーリスト・**A2**，浅井元朗(2015)全農教・植調雑草大鑑 p.138，旭川帰化植物研究会(2015)旭川の帰化植物 p.83，**環境省・要注意外来生物**，⑤各地で確認済み

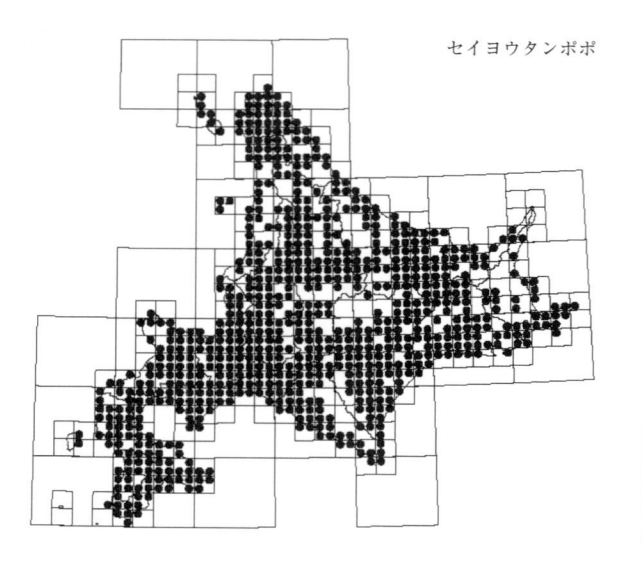

693．バラモンギク・キバナムギナデシコ
（2.3.55.4：キク科）
Tragopogon pratensis L.
①邑田・米倉(2012)日本維管束植物目録 p.224 左，②欧州原産，③植栽され稀に逸出，④長田武正(1976)保育社・原色日本帰化植物図鑑 p.12，野草の写真図鑑(1996)日本ヴォーグ社・WILD FLOWERS p.271，五十嵐博(2001)北海道帰化植物便覧 p.135，清水建美編(2003)平凡社・日本の帰化植物 p.235，北海道(2010)ブルーリスト・**B**，植村ほか(2010)全農教・日本帰化植物写真図鑑(2) p.292，⑤釧路市西港で確認済み

694．イヌカミツレ・イヌカミルレ(2.3.55.4：キク科)
Tripleurospermum maritimum (L.) Sch. Bip. ssp. *inodorum* (L.) Applequist: Matricaria perforata Merat
①邑田・米倉(2012)日本維管束植物目録 p.224 左，②欧州原産，③不明・各地(麦畑周辺に多いので種子が混入かも)，④長田武正(1972)北隆館・日本帰化植物図鑑 p.37，長田武正(1976)保育社・原色日本帰化植物図鑑 p.30，原松次(1985)北海道植物図鑑(下) p.21・江別市，五十嵐博(2001)北海道帰化植物便覧 p.127，滝田謙譲(2001)北海道植物図譜 p.994・白滝村奥白滝，清水・森田・廣田(2001)全農教・日本帰化植物写真図鑑 p.378，清水建美編

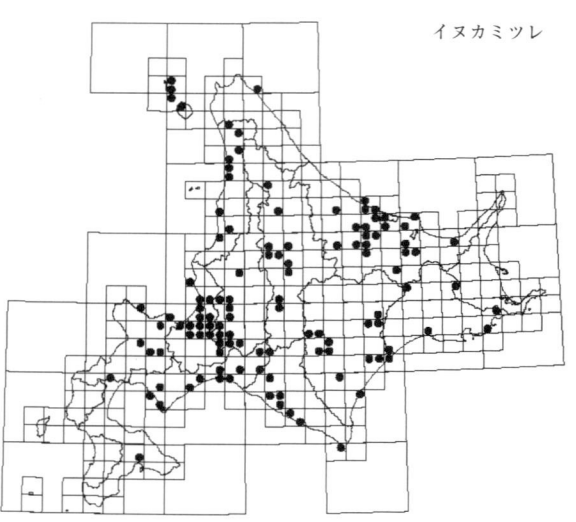

セイヨウタンポポ

イヌカミツレ

(2003)平凡社・日本の帰化植物 p.220, 梅沢俊(2007)新北海道の花 p.88・恵庭市, 北海道(2010)ブルーリスト・A3, 浅井元朗(2015)全農教・植調雑草大鑑 p.150, 旭川帰化植物研究会(2015)旭川の帰化植物 p.83, ⑤各地で確認済み

695. フキタンポポ(2.3.55.4：キク科)
Tussilago farfara L.
①邑田・米倉(2012)日本維管束植物目録 p.224 左, ②ユーラシア原産, ③植栽され稀に逸出, ④原松次(1992)札幌の植物 no.954・北大構内, 野草の写真図鑑(1996)日本ヴォーグ社・WILD FLOWERS p.259, 山岸喬(1998)日本ハーブ図鑑 p.198, 五十嵐博(2001)北海道帰化植物便覧 p.135, 滝田謙譲(2001)北海道植物図譜 p.1021・厚岸町樹木園付近・札幌市川沿, 清水・森田・廣田(2001)全農教・日本帰化植物写真図鑑 p.396, 清水建美編(2003)平凡社・日本の帰化植物 p.210, 梅沢俊(2007)新北海道の花 p.21・札幌市北海道(2010)ブルーリスト・B, ⑤各地で確認済み

696. ハチミツソウ・ハネミギク(2.3.55.4：キク科)
Verbesina alternifolia (L.) Britton ex Kearney
①邑田・米倉(2012)日本維管束植物目録 p.224 左, ②北米原産, ③蜜源植物として導入され稀に逸出, ④原松次(1992)札幌の植物 no.955・羊ヶ丘, 五十嵐博(2001)北海道帰化植物便覧 p.136, 清水・森田・廣田(2001)全農教・日本帰化植物写真図鑑 p.397, 清水建美編(2003)平凡社・日本の帰化植物 p.206, 北海道(2010)ブルーリスト・B, ⑤札幌市羊ヶ丘での確認のみ

697. オオオナモミ(2.3.55.4：キク科)
Xanthium orientale L. ssp. *orientale*: Xanthium occidentale Bertol.
①邑田・米倉(2012)日本維管束植物目録 p.224 左, ②メキシコ原産, ③不明・稀, ④長田武正(1972)北隆館・日本帰化植物図鑑 p.46, 長田武正(1976)保育社・原色日本帰化植物図鑑 p.85, 五十嵐博(2001)北海道帰化植物便覧 p.136, 清水・森田・廣田(2001)全農教・日本帰化植物写真図鑑 p.399, 清水建美編(2003)平凡社・日本の帰化植物 p.207, 北海道(2010)ブルーリスト・A3, 浅井元朗(2015)全農教・植調雑草大鑑 p.140, **環境省・要注意外来生物**, ⑤未確認

イガオナモミ(2.3.55.4：キク科)
Xanthium orientale L. ssp. *italicum*: Xanthium italicum Moretti
①邑田・米倉(2012)日本維管束植物目録 p.224 左, ②欧州原産, ③不明・各地, ④長田武正(1972)北隆館・日本帰化植物図鑑 p.47, 長田武正(1976)保育社・原色日本帰化植物図鑑 p.86, 原松次(1985)北海道植物図鑑(下) p.20・鵡川町, 五十嵐博(2001)北海道帰化植物便覧 p.136, 滝田謙譲(2001)北海道植物図譜 p.1022・旭川市石狩川河川敷, 清水・森田・廣田(2001)全農教・日本帰化植物写真図鑑 p.398, 清水建美編(2003)平凡社・日本の帰化植物 p.207, 梅沢俊(2007)新北海道の花 p.390, 北海道(2010)ブルーリスト・B, 浅井元朗(2015)全農教・植調雑草大鑑 p.140, 旭川帰化植物研究会(2015)旭川の帰化植物 p.83, ⑤各地で確認済み

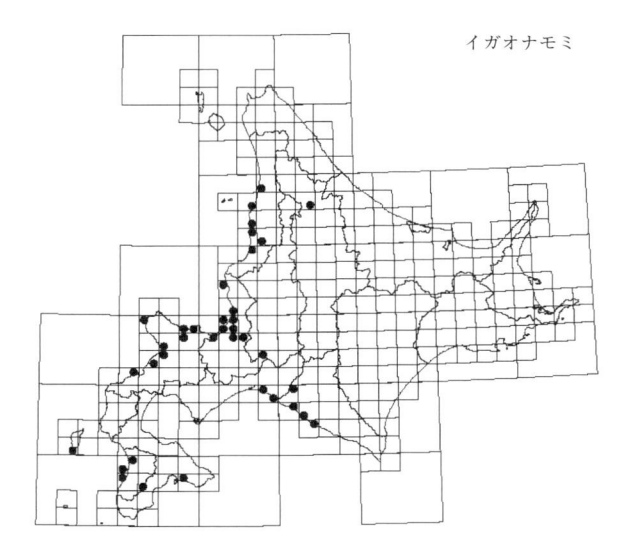

イガオナモミ

698. トゲオナモミ(2.3.55.4：キク科)
Xanthium spinosum L.
①邑田・米倉(2012)日本維管束植物目録 p.224 左, ②欧州原産, ③不明・稀, ④長田武正(1972)北隆館・日本帰化植物図鑑 p.47, 長田武正(1976)保育

社・原色日本帰化植物図鑑 p.87，五十嵐博(2001)北海道帰化植物便覧 p.137，清水・森田・廣田(2001)全農教・日本帰化植物写真図鑑 p.402・南米原産，清水建美編(2003)平凡社・日本の帰化植物 p.207・欧州原産，北海道(2010)ブルーリスト・D，⑤未確認

699. オナモミ(2.3.55.4：キク科)
Xanthium strumarium L. ssp. *sibiricum* (Patrin ex Widder) Greuter
①邑田・米倉(2012)日本維管束植物目録 p.224 左，②本州原産，③不明・各地・帰化？，④長田武正(1972)北隆館・日本帰化植物図鑑 p.46，長田武正(1976)保育社・原色日本帰化植物図鑑 p.84，原松次(1983)北海道植物図鑑(中) p.24・伊達市・在来種，五十嵐博(2001)北海道帰化植物便覧 p.137・参考掲載，滝田謙譲(2001)北海道植物図譜 p.1023・浜益村群別海岸・アジア大陸原産・帰化植物，清水建美編(2003)平凡社・日本の帰化植物 p.13・史前帰化，梅沢俊(2007)新北海道の花 p.390，在来種説もある，⑤各地で確認済み

700. セイヨウカノコソウ・コモンバレリアン
(2.3.56.2：スイカズラ科：旧オミナエシ科)
Valeriana officinalis L. 【Plate 10 ⑤】
②欧州原産，③植栽され稀に逸出，④野草の写真図鑑(1996)日本ヴォーグ社・WILD FLOWERS p.237，山岸喬(1998)日本ハーブ図鑑 p.88，五十嵐博(2012)新しい外来植物・ボタニカ 30：7-10，⑤占冠村双珠別・道路緑化起因の報告をしたが翌年の調査で付近の庭からの逸出と判明

701. ハコネウツギ・ベニウツギ(2.3.56.2：スイカズラ科)
Weigela coraeensis Thunb.
①邑田・米倉(2012)日本維管束植物目録 p.227 左，②本州原産，③植栽され稀に逸出，④原松次(1983)北海道植物図鑑(中) p.73・白老町「道内のものは野生化であろう」，佐藤孝夫(1990)北海道種目図鑑 p.281，五十嵐博(2001)北海道帰化植物便覧 p.104，滝田謙譲(2001)北海道植物図譜 p.883・奥尻町青苗，北海道(2010)ブルーリスト・B，⑤奥尻島・苫小牧市苫東などで確認済み

702. イワミツバ(2.3.57.3：セリ科)
Aegopodium podagraria L.
フイリイワミツバ
Aegopodium podagraria L. var. sp
①邑田・米倉(2012)日本維管束植物目録 p.229 左，②ユーラシア原産，③ミツバの代用として栽培され各地に逸出，④長田武正(1972)北隆館・日本帰化植物図鑑 p.86，原松次(1983)北海道植物図鑑(中) p.129・室蘭市，野草の写真図鑑(1996)日本ヴォーグ社・WILD FLOWERS p.155，五十嵐博(2001)北海道帰化植物便覧 p.78，滝田謙譲(2001)北海道植物図譜 p.642・札幌市厚別区，清水・森田・廣田(2001)全農教・日本帰化植物写真図鑑 p.216，清水建美編(2003)平凡社・日本の帰化植物 p.150，梅沢俊(2007)新北海道の花 p.124・札幌市，旭川帰化植物研究会(2009)旭川の帰化植物 p.28，北海道(2010)ブルーリスト・A2(大群落となる)，**北海道(2015)指定外来種**，⑤各地で確認済み

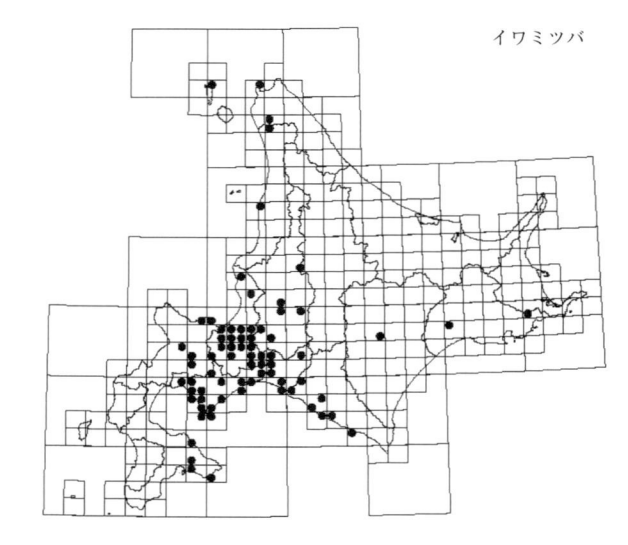

イワミツバ

703. イヌニンジン・フールズパセリ(2.3.57.3：セリ科)
Aethusa cynapium L.
①邑田・米倉(2012)日本維管束植物目録 p.229 左，②欧州原産，③不明・稀，④野草の写真図鑑(1996)日本ヴォーグ社・WILD FLOWERS p.162，五十嵐博(2001)北海道帰化植物便覧 p.78，北海道(2010)ブルーリスト・**A3**，⑤札幌市北大周辺で確認済み・薬学部からの逸出の可能性

704. ドクニンジン・ヘムロック(2.3.57.3：セリ科)
Conium maculatum L.
①邑田・米倉(2012)日本維管束植物目録 p.230 右，②欧州原産，③不明・稀，④長田武正(1972)北隆館・日本帰化植物図鑑 p.88，長田武正(1976)保育社・原色日本帰化植物図鑑 p.164，野草の写真図鑑(1996)日本ヴォーグ社・WILD FLOWERS p.159，五十嵐博(2001)北海道帰化植物便覧 p.79，滝田謙譲(2001)北海道植物図譜 p.661・釧路市材木町，清水・森田・廣田(2001)全農教・日本帰化植物写真図鑑 p.220，清水建美編(2003)平凡社・日本の帰化植物 p.152，梅沢俊(2007)新北海道の花 p.126，北海道(2010)ブルーリスト・**A3**，**環境省・要注意外来生物**，⑤札幌市北大構内で確認済み

705. コエンドロ・コリアンダー(2.3.57.3：セリ科)
Coriandrum sativum L.
①邑田・米倉(2012)日本維管束植物目録 p.230 右，②欧州原産，③植栽され稀に逸出，④長田武正(1972)北隆館・日本帰化植物図鑑 p.89，長田武正(1976)保育社・原色日本帰化植物図鑑 p.169，山岸喬(1998)日本ハーブ図鑑 p.72，五十嵐博(2001)北海道帰化植物便覧 p.79，清水・森田・廣田(2001)全農教・日本帰化植物写真図鑑 p.221，清水建美編(2003)平凡社・日本の帰化植物 p.152，旭川帰化植物研究会(2009)旭川の帰化植物 p.29，北海道(2010)ブルーリスト・B，⑤旭川市・長沼町などからの確認情報がある・現地未確認

706. ノラニンジン(2.3.57.3：セリ科)
Daucus carota L.

①邑田・米倉(2012)日本維管束植物目録 p.231 左，②欧州原産，③不明・各地，④長田武正(1972)北隆館・日本帰化植物図鑑 p.88，長田武正(1976)保育社・原色日本帰化植物図鑑 p.165，原松次(1983)北海道植物図鑑(中)p.136・広島町，野草の写真図鑑(1996)日本ヴォーグ社・WILD FLOWERS p.163，五十嵐博(2001)北海道帰化植物便覧 p.79，滝田謙譲(2001)北海道植物図譜 p.665・斜里町宇登呂，清水・森田・廣田(2001)全農教・日本帰化植物写真図鑑 p.222，清水建美編(2003)平凡社・日本の帰化植物 p.152，梅沢俊(2007)新北海道の花 p.131・札幌市南区常盤，旭川帰化植物研究会(2009)旭川の帰化植物 p.29，北海道(2010)ブルーリスト・**A3**，浅井元朗(2015)全農教・植調雑草大鑑 p.191，⑤各地で確認済み

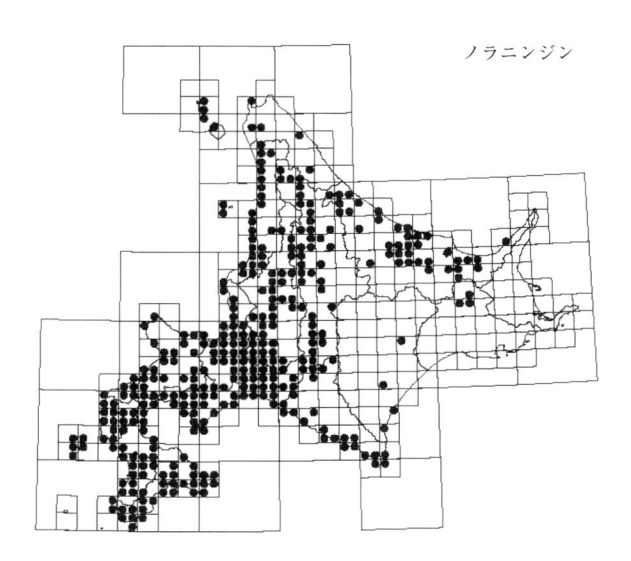

ノラニンジン

707. ウイキョウ・フェンネル(2.3.57.3：セリ科)
Foeniculum vulgare Mill.
①邑田・米倉(2012)日本維管束植物目録 p.231 左，②欧州・西アジア原産，③香辛料・花材として栽培され稀に逸出，④野草の写真図鑑(1996)日本ヴォーグ社・WILD FLOWERS p.157，山岸喬(1998)日本ハーブ図鑑 p.68，清水・森田・廣田(2001)全農教・日本帰化植物写真図鑑 p.223，清水建美編(2003)平凡社・日本の帰化植物 p.154，北海道(2010)ブルーリスト・B，⑤遠軽町，夕張市などで確認済み

168　セリ科

708. スイートシスリー (2.3.57.3：セリ科)
　　Myrrhis odorata (L.) Scop.
②欧州原産，③不明・稀，④野草の写真図鑑(1996)日本ヴォーグ社・WILD FLOWERS p.153，五十嵐博(2015)北方山草32，⑤村野道子氏より札幌市内での採集標本が届いたので同定・和名なし

709. パセリ・オランダセリ (2.3.57.3：セリ科)
　　Petroselinum crispum (Miller) A. W. Hill
②欧州原産，③植栽され稀に逸出，④ THE ILLUSTRATED FLORA of BRITAIN and NORTHERN EUROPE(1989) p.280，山岸喬(1998)日本ハーブ図鑑 p.78，北海道(2010)ブルーリスト・B，⑤札幌市などで確認済み

710. イギリスゼリ (2.3.57.3：セリ科)
　　Pimpinella major (L.) Hudson　　【Plate 10 ⑥】
②欧州原産，③不明・稀，④野草の写真図鑑(1996)日本ヴォーグ社・WILD FLOWERS p.155，五十嵐博(2012)新しい外来植物・ボタニカ30：7-10，⑤札幌市西岡公園で確認・2015年9月に再確認したところ駆除したようだが若干残っていた

＊五十嵐(2015)「2013年〜2014年に確認した新外来植物と白い花達．北方山草32：81-83」で報告したムシトリマンテマは2015年8月11日に現地を再確認したところフタマタマンテマであったので抹消した。

おわりに

　本便覧の 2014 年版を 2015 年 2 月末ころに完成させていたが，出版社が決まっていなかった。北海道大学総合博物館の高橋英樹先生に勧められ，北海道大学出版会にお願いすることになった。助成金があると出版しやすいとの高橋先生の言葉で，一般財団法人 前田一歩園財団に出版助成申請を行ったところ受理された。前田一歩園財団には，心からお礼申し上げる次第である。

　2015 年度は例年より 3 週間は早い 3 月 27 日からフィールド歩きを開始した。北海道大学出版会の成田氏から原稿の締め切りは 9 月末と言われたので 8 月末までは野外でデータを取ろうと考えた。9 月になっても新しい確認や各種の情報が届いた。原稿の修正作業は 8 月から始めた。2015 年も多くの確認があった。しかし，未確認地，未確認種も多い。

　多くの方々からの情報で本書は成り立っている。北方山草会，北海道植物友の会などの会員各氏から情報を頂いている。申し訳ないが謝辞の個人名は列記しないことにした。何分膨大な量の情報で抜け落ちも多い気がするので書き忘れが心配だからである。

　本便覧が今後の出版を企画している『FLORA of HOKKAIDO（北海道植物誌）』の下書きになれば幸いである。

2016 年 2 月　　五十嵐　博

和名索引

[ア]
アオゲイトウ(ヒユ科)　96
アオジソ(シソ科)　131
アオビユ(ヒユ科)　97
アオミミナグサ(ナデシコ科)　87
アカザ(ヒユ科)　98
アカジソ(シソ科)　131
アカツメクサ(マメ科)　49
アカナラ(ブナ科)　56
アカネ(アカネ科)　106
アカネグサ(ケシ科)　33
アカバナムショケギク(キク科)　144
アカバナヤエムグラ(アカネ科)　106
アカバナルリハコベ(サクラソウ科)　104
アカミタンポポ(キク科)　163
アキザクラ(キク科)　147
アクリスキンポウゲ(キンポウゲ科)　35
アケボノセンノウ(ナデシコ科)　91
アサ(アサ科)　55
アサガオ(ヒルガオ科)　113
アサザ(ミツガシワ科)　136
アスパラガス(キジカクシ科)　9
アズマネザサ(イネ科)　28
アツバアワダチソウ(キク科)　161
アップルミント(シソ科)　130
アツミゲシ(ケシ科)　33
アニスヒソップ(シソ科)　126
アマ(アマ科)　61
アマダオシ(ヒルガオ科)　112
アマドクムギ(イネ科)　26
アマナズナ(アブラナ科)　72
アミガサユリ(ユリ科)　4
アメリカアサガオ(ヒルガオ科)　113
アメリカアゼナ(アゼナ科)　126
アメリカイヌホオズキ(ナス科)　116
アメリカオニアザミ(キク科)　145
アメリカキンコジカ(アオイ科)　69
アメリカクサイ(イグサ科)　12
アメリカシオン(キク科)　162
アメリカスミレサイシン(スミレ科)　61
アメリカセンダングサ(キク科)　142
アメリカセンノウ(ナデシコ科)　89
アメリカタカサブロウ(キク科)　149
アメリカチョウセンアサガオ(ナス科)　114
アメリカヅタ(ブドウ科)　39
アメリカナデシコ(ナデシコ科)　88
アメリカネナシカズラ(ヒルガオ科)　112
アメリカハッカ(シソ科)　129
アメリカフウロ(フウロソウ科)　63

アメリカホオズキ(ナス科)　115
アメリカホド(マメ科)　40
アメリカホドイモ(マメ科)　40
アメリカヤガミスゲ(カヤツリグサ科)　12
アメリカヤマゴボウ(ヤマゴボウ科)　101
アライトツメクサ(ナデシコ科)　89
アラゲハンゴンソウ(キク科)　158
アラゲムラサキ(ムラサキ科)　107
アリッサム(アブラナ科)　78
アルケミラ(バラ科)　52
アルサククローバー(マメ科)　49
アルファルファ(マメ科)　45
アレチイヌノフグリ(オオバコ科)　122
アレチウリ(ウリ科)　56
アレチカミツレ(キク科)　139
アレチギシギシ(タデ科)　85
アレチキンギョソウ(オオバコ科)　119
アレチシオン(キク科)　163
アレチジシャ(キク科)　154
アレチナズナ(アブラナ科)　70
アレチニガナ(キク科)　148
アレチヌスビトハギ(マメ科)　41
アレチノギク(キク科)　146
アレチノゲシ(キク科)　161
アレチノチャヒキ(イネ科)　20
アレチハナガサ(クマツヅラ科)　134
アレチハマアカザ(ヒユ科)　97
アレチマツヨイグサ(アカバナ科)　65
アワコガネギク(キク科)　144
アワユキハコベ(ナデシコ科)　94

[イ]
イガオナモミ(キク科)　165
イガヤグルマギク(キク科)　144
イギリスゼリ(セリ科)　168
イギリスベンケイソウ(ベンケイソウ科)　37
イシカリキイチゴ(バラ科)　55
イシカリチャヒキ(イネ科)　19
イソコマツ(ベンケイソウ科)　38
イソホウキギ(ヒユ科)　100
イタチジソ(シソ科)　126
イタチハギ(マメ科)　39
イタドリ(タデ科)　83
イタリアポプラ(ヤナギ科)　59
イタリアンライグラス(イネ科)　25
イチビ(アオイ科)　67
イチョウ(イチョウ科)　1
イトコヌカグサ(イネ科)　13
イトスギトウダイ(トウダイグサ科)　57

172　和名索引

イトバアワダチソウ(キク科)　150
イヌカキネガラシ(アブラナ科)　81
イヌカミツレ(キク科)　164
イヌカミルレ(キク科)　164
イヌキクイモ(キク科)　152
イヌサフラン(イヌサフラン科)　4
イヌジュンサイ(ミツガシワ科)　136
イヌナギナタガヤ(イネ科)　31
イヌナズナ(アブラナ科)　74
イヌニンジン(セリ科)　167
イヌハッカ(シソ科)　130
イヌヒメコヅチ(シソ科)　132
イヌビユ(ヒユ科)　96
イヌホオズキ(ナス科)　116
イヌムギ(イネ科)　17
イヌムギモドキ(イネ科)　18
イヌムラサキ(ムラサキ科)　109
イブキノエンドウ(マメ科)　51
イモカタバミ(カタバミ科)　57
イワナズナ(アブラナ科)　71
イワフジ(マメ科)　41
イワミツバ(セリ科)　166
イワヨモギ(キク科)　141
インチンナズナ(アブラナ科)　77

[ウ]
ウイーピングラブグラス(イネ科)　22
ウイキョウ(セリ科)　167
ウォールフラワー(アブラナ科)　73
ウキアゼナ(オオバコ科)　117
ウスバアカザ(ヒユ科)　99
ウスベニタチアオイ(アオイ科)　67
ウスベニツメクサ(ナデシコ科)　94
ウスムラサキツリガネヤナギ(オオバコ科)　120
ウスユキナズナ(アブラナ科)　71
ウスユキマンネングサ(ベンケイソウ科)　38
ウズラバタンポポ(キク科)　153
ウツギ(アジサイ科)　102
ウノハナ(アジサイ科)　102
ウマゴヤシ(マメ科)　45
ウマダイコン(アブラナ科)　70
ウマノスズクサ(ウマノスズクサ科)　3
ウマノチャヒキ(イネ科)　20
ウラジロアカザ(ヒユ科)　99
ウラジロハコヤナギ(ヤナギ科)　58
ウロコナズナ(アブラナ科)　76
ウロコバアカザ(ヒユ科)　99
ウンランモドキ(オオバコ科)　120
ウンリュウヤナギ(ヤナギ科)　59

[エ]
エゴマ(シソ科)　132
エサシソウ(ゴマノハグサ科)　125
エゾギク(キク科)　143
エゾスズシロ(アブラナ科)　75
エゾスズシロモドキ(アブラナ科)　75
エゾチャヒキ(イネ科)　18

エゾノギシギシ(タデ科)　86
エゾノチチコグサ(キク科)　138
エゾノハハコグサ(キク科)　152
エゾノヘビイチゴ(バラ科)　52
エゾノミツモトソウ(バラ科)　53
エゾヘビイチゴ(バラ科)　52
エダウチチチコグサ(キク科)　156
エダウチチネズミムギ(イネ科)　25
エダウチミミナグサ(ナデシコ科)　87
エニシダ(マメ科)　41
エビラハギ(マメ科)　46
エフデギク(キク科)　157
エフデタンポポ(キク科)　157
エンバク(イネ科)　16

[オ]
オイランソウ(ハナシノブ科)　103
オウシュウアカマツ(マツ科)　1
オウシュウクロマツ(マツ科)　1
オウシュウトボシガラ(イネ科)　31
オウシュウマンネングサ(ベンケイソウ科)　37
オオアカバナ(アカバナ科)　64
オオアマナ(キジカクシ科)　10
オオアラセイトウ(アブラナ科)　79
オオアレチノギク(キク科)　146
オオアワガエリ(イネ科)　28
オオアワダチソウ(キク科)　160
オオイヌノフグリ(オオバコ科)　123
オオイワムラサキ(ムラサキ科)　109
オオウシノケグサ(イネ科)　23
オオオナモミ(キク科)　165
オオカナダオトギリ(オトギリソウ科)　62
オオカナダモ(トチカガミ科)　3
オオカニツリ(イネ科)　16
オオカラスノエンドウ(マメ科)　51
オオカワヂシャ　122
オオキツネガヤ(イネ科)　18
オオキンケイギク(キク科)　147
オオクサキビ(イネ科)　26
オオケタデ(タデ科)　84
オオシラタマソウ(ナデシコ科)　91
オオスズメウリ(ウリ科)　56
オオスズメノカタビラ(イネ科)　30
オオスズメノチャヒキ(イネ科)　18
オオスズメノテッポウ(イネ科)　14
オオセンナリ(ナス科)　114
オーチャードグラス(イネ科)　21
オオトウバナ(シソ科)　126
オオツメクサ(ナデシコ科)　93
オオツメクサモドキ(ナデシコ科)　93
オオツルイタドリ(タデ科)　83
オートムギ(イネ科)　16
オオナズナ(アブラナ科)　73
オーニソガラム(キジカクシ科)　10
オオバアカザ(ヒユ科)　99
オオバイヌゴマ(シソ科)　133
オオバナアメリカネナシカズラ(ヒルガオ科)　112

オオバナサカコザクラ(サクラソウ科)　104
オオバナノアカツメクサ(マメ科)　49
オオバナノノコギリソウ(キク科)　137
オオバヤシャブシ(カバノキ科)　56
オオハリソウ(ムラサキ科)　111
オオハルシャギク(キク科)　147
オオハンゴンソウ(キク科)　158
オオフサモ(アリノトウグサ科)　38
オオブタクサ(キク科)　138
オオベニタデ(タデ科)　84
オオヘビイチゴ(バラ科)　53
オオホウキギク(キク科)　163
オオマツヨイグサ(アカバナ科)　65
オオマンテマ(ナデシコ科)　93
オオムギ(イネ科)　25
オオムラサキツユクサ(ツユクサ科)　11
オオヤハズノエンドウ(マメ科)　51
オカノリ(アオイ科)　69
オキジムシロ(バラ科)　54
オシロイバナ(オシロイバナ科)　101
オダマキ(キンポウゲ科)　34
オッタチカタバミ(カタバミ科)　57
オトメイヌゴマ(シソ科)　133
オトメナデシコ(ナデシコ科)　88
オナモミ(キク科)　166
オニウシノケグサ(イネ科)　30
オニオオバコ(オオバコ科)　121
オニカラスムギ(イネ科)　17
オニカンゾウ(ススキノキ科)　7
オニコウガイゼキショウ(イグサ科)　12
オニツリフネソウ(ツリフネソウ科)　103
オニナスビ(ナス科)　115
オニノゲシ(キク科)　161
オニハマダイコン(アブラナ科)　72
オニヒジキ(ヒユ科)　101
オニマツヨイグサ(アカバナ科)　65
オニユリ(ユリ科)　4
オハツキガラシ(アブラナ科)　75
オランダイチゴ(バラ科)　52
オランダガラシ(アブラナ科)　78
オランダキジカクシ(キジカクシ科)　9
オランダゲンゲ(マメ科)　50
オランダセリ(セリ科)　168
オランダハッカ(シソ科)　130
オランダフウロ(フウロソウ科)　62
オランダミミナグサ(ナデシコ科)　87
オレガノ(シソ科)　131
オロシャギク(キク科)　156

[カ]
カーランツ(スグリ科)　37
カーリーミント(シソ科)　130
ガーリックマスタード(アブラナ科)　69
カイリョウポプラ(ヤナギ科)　59
カギザケハコベ(ナデシコ科)　89
カキネガラシ(アブラナ科)　81
カクトラノオ(シソ科)　132

カシュウ(タデ科)　84
カズザキヨモギ(キク科)　140
カスマグサ(マメ科)　51
カタガワヤガミスゲ(カヤツリグサ科)　12
カナダアキノキリンソウ(キク科)　160
カナダアザミ(キク科)　145
カナダハッカ(シソ科)　129
カナダブルーグラス(イネ科)　29
カナリークサヨシ(イネ科)　27
カナリーグラス(イネ科)　27
カナリーサード(イネ科)　27
カブラキンポウゲ(キンポウゲ科)　36
カミツレ(キク科)　156
カミツレモドキ(キク科)　139
カミルレ(キク科)　156
カモガヤ(イネ科)　21
カモメノチャヒキ(イネ科)　18
カラクサガラシ(アブラナ科)　77
カラクサケマン(ケシ科)　32
カラクサナズナ(アブラナ科)　77
カラクサハタザオ(アブラナ科)　74
カラシナ(アブラナ科)　71
カラスノエンドウ(マメ科)　51
カラスノチャヒキ(イネ科)　19
カラスムギ(イネ科)　16
カラナデシコ(ナデシコ科)　88
カラフトヒヨクソウ(オオバコ科)　122
カラフトホソバハコベ(ナデシコ科)　94
カラフトミミナグサ(ナデシコ科)　87
カラフトヤブタビラコ(キク科)　154
カラマツ(マツ科)　1
カラミント(シソ科)　126
カラメドハギ(マメ科)　42
カリフォルニアポピー(ケシ科)　32
ガレガ(マメ科)　41
カロライナポプラ(ヤナギ科)　59
カロリナポプラ(ヤナギ科)　59
カワヂシャモドキ(オオバコ科)　122
カワナデシコ(ナデシコ科)　88
カワラニンジン(キク科)　140
カワリミタンポポモドキ(キク科)　155
カンパヌラ(キキョウ科)　136

[キ]
キカラシ(アブラナ科)　80
キクイモ(キク科)　153
キクイモモドキ(キク科)　153
キクザキリュウキンカ(キンポウゲ科)　35
キクタニギク(キク科)　144
キクニガナ(キク科)　144
キクバオウレン(キンポウゲ科)　35
キクバガラシ(アブラナ科)　80
キクバスミレ(スミレ科)　60
キササゲ(ノウゼンカズラ科)　134
キショウブ(アヤメ科)　6
キゾメカミツレ(キク科)　139
キダチコンギク(キク科)　163

[キ]

キタミハタザオ(アブラナ科)　75
キツネノカミソリ(ヒガンバナ科)　8
キツネノテブクロ(オオバコ科)　118
キドニーベッチ(マメ科)　40
キヌイトソウ(イネ科)　28
キヌイトヌカキビ(イネ科)　26
キヌガサギク(キク科)　158
キバナウンラン(オオバコ科)　118
キバナカラスウリ(ウリ科)　56
キバナギョウジャニンニク(ヒガンバナ科)　7
キバナコウリンタンポポ(キク科)　157
キバナコスモス(キク科)　148
キバナダイコン(アブラナ科)　79
キバナツメクサ(マメ科)　48
キバナノコギリソウ(キク科)　136
キバナノレンリソウ(マメ科)　42
キバナハウチワマメ(マメ科)　44
キバナムギナデシコ(キク科)　164
キバナムラサキ(ムラサキ科)　108
キブネギク(キンポウゲ科)　34
キャットニップ(シソ科)　130
キュウリグサ(ムラサキ科)　111
キョウブキ(キク科)　157
キリ(キリ科)　133
キリアサ(アオイ科)　67
キレハアオイ(アオイ科)　68
キレハアカミタンポポ(キク科)　163
キレハイヌガラシ(アブラナ科)　80
キレハマツヨイグサ(アカバナ科)　65
キレハマメグンバイナズナ(アブラナ科)　76
キンギョソウ(オオバコ科)　117
ギンセンカ(アオイ科)　68
ギンセンソウ(アブラナ科)　78
ギンドロ(ヤナギ科)　58

[ク]

グーズベリー(スグリ科)　37
クオックグラス(イネ科)　22
クコ(ナス科)　114
クサキョウチクトウ(ハナシノブ科)　103
クサスギカズラ(キジカクシ科)　9
クサヨシ(イネ科)　27
クシガヤ(イネ科)　20
クジラグサ(アブラナ科)　74
クシロヒヨクソウ(オオバコ科)　122
クシロヤガミスゲ(カヤツリグサ科)　12
クスダマツメクサ(マメ科)　48
クソニンジン(キク科)　140
クチベニズイセン(ヒガンバナ科)　8
グビジンソウ(ケシ科)　33
クマツヅラ(クマツヅラ科)　134
クマノアシツメクサ(マメ科)　40
クラウンベッチ(マメ科)　47
クリーピングフェスク(イネ科)　23
クリーピングベント(イネ科)　14
クリムソンクローバー(マメ科)　49
クルマバザクロソウ(ザクロソウ科)　102
クレオメソウ(フウチョウソウ科)　69
クレソン(アブラナ科)　78
クロアザミ(キク科)　143
クロガラシ(アブラナ科)　72
クロコヌカグサ(イネ科)　14
クロッカス(アヤメ科)　5
クロバナエンジュ(マメ科)　39
クロバナモウズイカ(ゴマノハグサ科)　125
クロポプラ(ヤナギ科)　59
クロミキイチゴ(バラ科)　54
クロモウズイカ(ゴマノハグサ科)　125
クワガタスミレ(スミレ科)　60
クワクサ(クワ科)　56
クワモドキ(キク科)　138
グンバイナズナ(アブラナ科)　81

[ケ]

ケアリタソウ(ヒユ科)　100
ケイヌホオズキ(ナス科)　117
ケチョウセンアサガオ(ナス科)　114
ケナシハルガヤ(イネ科)　15
ケナシヒメムカシヨモギ(キク科)　146
ケハッカ(シソ科)　129
ケヤキ(ニレ科)　55
ゲンゲ(マメ科)　40
ケンタッキーブルーグラス(イネ科)　29

[コ]

コアカザ(ヒユ科)　98
コアサガオ(ヒルガオ科)　113
コアリタソウ(ヒユ科)　100
コイチゴツナギ(イネ科)　29
ゴウシュウアカザ(ヒユ科)　100
ゴウシュウアリタソウ(ヒユ科)　100
コウスイハッカ(シソ科)　129
ゴウダソウ(アブラナ科)　78
コウベナズナ(アブラナ科)　77
コウマゴヤシ(マメ科)　44
コウヤカミツレ(キク科)　139
コウリンタンポポ(キク科)　157
コエンドロ(セリ科)　167
コオニユリ(ユリ科)　5
コカナダモ(トチカガミ科)　3
コガネウマゴヤシ(マメ科)　45
コガネクサレダマ(サクラソウ科)　104
コカラスムギ(イネ科)　16
コゴメギク(キク科)　151
コゴメツメクサ(マメ科)　48
コゴメバオトギリ(オトギリソウ科)　62
コゴメハギ(マメ科)　45
コゴメバナ(バラ科)　55
コゴメミチヤナギ(タデ科)　84
ゴサイバ(アオイ科)　67
コシガキク(キク科)　156
コシナガワハギ(マメ科)　45
コシミノナズナ(アブラナ科)　77
コショウソウ(アブラナ科)　77

コショウハッカ(シソ科)　130
コスズメガヤ(イネ科)　22
コスズメノチャヒキ(イネ科)　18
コスモス(キク科)　147
コタネツケバナ(アブラナ科)　73
コツブアメリカヤガミスゲ(カヤツリグサ科)　12
コテングクワガタ(オオバコ科)　123
コトリトマラズ(メギ科)　34
コニシキソウ(トウダイグサ科)　58
コヌカグサ(イネ科)　13
コネズミムギ(イネ科)　25
コハコベ(ナデシコ科)　95
コバノカキドオシ(シソ科)　127
コバノハイキンポウゲ(キンポウゲ科)　36
コバンガラシ(アブラナ科)　74
コバンコナスビ(サクラソウ科)　104
コバンソウ(アブラナ科)　78
コバンソウ(イネ科)　17
コヒルガオ(ヒルガオ科)　111
ゴボウ(キク科)　139
コマツナギ(マメ科)　41
コマツヨイグサ(アカバナ科)　65
コマメグンバイナズナ(アブラナ科)　77
コムギ(イネ科)　31
コムギクサ(イネ科)　24
コムギセンノウ(ナデシコ科)　91
コメツブウマゴヤシ(マメ科)　44
コメツブツメクサ(マメ科)　48
コモンバレリアン(スイカズラ科)　166
コモンベッチ(マメ科)　51
コモンベント(イネ科)　13
ゴヨウアケビ(アケビ科)　33
コリアンダー(セリ科)　167
コリヤナギ(ヤナギ科)　59
コルチカム(イヌサフラン科)　4
コンフリー(ムラサキ科)　111

[サ]
サカコザクラ(サクラソウ科)　104
サクラマンテマ(ナデシコ科)　93
サナダムギ(イネ科)　24
サボンソウ(ナデシコ科)　89

[シ]
ジキタリス(オオバコ科)　118
シキンサイ(アブラナ科)　79
ジグザグクローバー(マメ科)　49
シソ(シソ科)　131
シダレヤナギ(ヤナギ科)　59
シナガワハギ(マメ科)　46
シナダレスズメガヤ(イネ科)　22
シノノメギク(キク科)　162
シバザクラ(ハナシノブ科)　103
シバツメクサ(ナデシコ科)　90
シバムギ(イネ科)　22
シベナガムラサキ(ムラサキ科)　108
シベリアメドハギ(マメ科)　43

和名索引　175

シマスズメノヒエ(イネ科)　27
シマヨシ(イネ科)　27
シモツケ(バラ科)　55
ジャイアントヒソップ(シソ科)　126
ジャーマンアイリス(アヤメ科)　6
シャクチリソバ(タデ科)　82
シャグマツメクサ(マメ科)　47
シャグマハギ(マメ科)　47
ジャコウアオイ(アオイ科)　68
ジャコウオランダフウロ(フウロソウ科)　63
シャスターデージー(キク科)　155
シャゼンムラサキ(ムラサキ科)　108
ジャノメギク(キク科)　147
シャボンソウ(ナデシコ科)　89
シュウカイドウ(シュウカイドウ科)　57
シュウメイギク(キンポウゲ科)　34
シュッコンセントーレア(キク科)　143
シュッコンソバ(タデ科)　82
シュッコンリナリア(オオバコ科)　119
ショカツサイ(アブラナ科)　79
ショクヨウタンポポ(キク科)　164
シラー(キジカクシ科)　10
シラゲガヤ(イネ科)　24
シラゲクサフジ(マメ科)　51
シラタマソウ(ナデシコ科)　93
シラホシムグラ(アカネ科)　105
シラユキナズナ(アブラナ科)　71
シロアカザ(ヒユ科)　98
シロアヤメ(アヤメ科)　6
シロイヌナズナ(アブラナ科)　70
シロガネツツキ(ベンケイソウ科)　38
シロカミツレ(キク科)　139
シロガラシ(アブラナ科)　80
シロザ(ヒユ科)　98
シロツメクサ(マメ科)　50
シロバナアカツメクサ(マメ科)　50
シロバナアメリカスミレサイシン(スミレ科)　61
シロバナキショウブ(アヤメ科)　6
シロバナシナガワハギ(マメ科)　45
シロバナセイヨウトゲアザミ(キク科)　145
シロバナチシマオドリコソウ(シソ科)　126
シロバナチョウセンアサガオ(ナス科)　113
シロバナヒメナデシコ(ナデシコ科)　88
シロバナピレネーフウロ(フウロソウ科)　63
シロバナヒレハリソウ(ムラサキ科)　111
シロバナマンテマ(ナデシコ科)　92
シロバナムシトリナデシコ(ナデシコ科)　90
シロバナムショケギク(キク科)　144
シロバナムラサキウマゴヤシ(マメ科)　45
シロバナムラサキツユクサ(ツユクサ科)　11
シロバナモウズイカ(ゴマノハグサ科)　125
シロバナユウゼンギク(キク科)　162
シロバナワスレナグサ(ムラサキ科)　110
シロバナワルナスビ(ナス科)　115
シロビユ(ヒユ科)　95
シロモウズイカ(ゴマノハグサ科)　125
シンジュ(ニガキ科)　67

シンワスレナグサ(ムラサキ科)　110

[ス]
スイートグラス(イネ科)　15
スイートシスリー(セリ科)　168
スイートバーナルグラス(イネ科)　15
スイートバイオレット(スミレ科)　60
スイセン(ヒガンバナ科)　8
スイセンノウ(ナデシコ科)　91
スイレン(スイレン科)　2
スギ(ヒノキ科)　1
スズメノチャヒキ(イネ科)　19
ストローブマツ(マツ科)　1
ストロベリークローバー(マメ科)　49
スナジミチヤナギ(タデ科)　84
スノードロップ(ヒガンバナ科)　8
スノープリンセス(スミレ科)　61
スノーフレイク(ヒガンバナ科)　8
スペアミント(シソ科)　130
スマフサモ(アリノトウグサ科)　38
スムーズブロームグラス(イネ科)　18
スモモ(バラ科)　54

[セ]
セイタカアワダチソウ(キク科)　160
セイタカカゼクサ(イネ科)　22
セイタカタウコギ(キク科)　142
セイタカミゾホオズキ(ハエドクソウ科)　133
セイヨウアカネ(アカネ科)　106
セイヨウアブラナ(アブラナ科)　72
セイヨウウキガヤ(イネ科)　23
セイヨウウツボグサ(シソ科)　132
セイヨウウンラン(オオバコ科)　119
セイヨウオオバコ(オオバコ科)　121
セイヨウオダマキ(キンポウゲ科)　34
セイヨウオトギリ(オトギリソウ)　62
セイヨウオニアザミ(キク科)　145
セイヨウカキドオシ(シソ科)　127
セイヨウカノコソウ(スイカズラ)　166
セイヨウカラシナ(アブラナ科)　71
セイヨウキランソウ(シソ科)　126
セイヨウキンポウゲ(キンポウゲ科)　35
セイヨウキンポウゲ(キンポウゲ科)　36
セイヨウグンバイナズナ(アブラナ科)　77
セイヨウコウボウ(イネ科)　15
セイヨウジュウニヒトエ(シソ科)　126
セイヨウスズラン(キジカクシ科)　10
セイヨウタンポポ(キク科)　164
セイヨウトゲアザミ(キク科)　145
セイヨウニガナ(キク科)　148
セイヨウヌカボ(イネ科)　16
セイヨウノコギリソウ(キク科)　137
セイヨウノダイコン(アブラナ科)　79
セイヨウハコヤナギ(ヤナギ科)　59
セイヨウハッカ(シソ科)　130
セイヨウハナダイコン(アブラナ科)　76
セイヨウヒゴタイ(キク科)　148

セイヨウヒルガオ(ヒルガオ科)　112
セイヨウフウチョウソウ(フウチョウソウ科)　69
セイヨウミゾカクシ(キキョウ科)　136
セイヨウミミナグサ(ナデシコ科)　87
セイヨウミヤコグサ(マメ科)　43
セイヨウヤブイチゴ(バラ科)　55
セイヨウヤマガラシ(アブラナ科)　71
セイヨウヤマハッカ(シソ科)　129
セイヨウヤマホロシ(ナス科)　115
セイヨウユキワリソウ(サクラソウ科)　104
セイヨウレンリソウ(マメ科)　42
セイヨウワサビ(アブラナ科)　70
セキチク(ナデシコ科)　88
セッカツメクサ(マメ科)　50
ゼニアオイ(アオイ科)　68
ゼニバアオイ(アオイ科)　68
セフリアブラガヤ(カヤツリグサ科)　13
セリバオウレン(キンポウゲ科)　35

[ソ]
ソバ(タデ科)　82
ソバカズラ(タデ科)　82
ソバナ(キキョウ科)　135

[タ]
タイマ(アサ科)　55
タイマツバナ(シソ科)　130
タイリンミミナグサ(ナデシコ科)　87
タケトアゼナ(アゼナ科)　126
タケニグサ(ケシ科)　33
タチアオイ(アオイ科)　67
タチイヌノフグリ(オオバコ科)　121
タチオオバコ(オオバコ科)　121
タチオランダゲンゲ(マメ科)　49
タチチチコグサ(キク科)　151
タチロウゲ(バラ科)　53
ダッタンソバ(タデ科)　82
タビラコ(ムラサキ科)　111
タマガラシ(アブラナ科)　78
タマキンポウゲ(キンポウゲ科)　36
タマザキクサフジ(マメ科)　47
タマスダレ(ヒガンバナ科)　9
タマナズナ(アブラナ科)　72
タヨウハウチワマメ(マメ科)　44
ダリスグラス(イネ科)　27
タワラムギ(イネ科)　17
ダンゴギク(キク科)　152
タンジー(キク科)　163
ダンドボロギク(キク科)　149
タンポポモドキ(キク科)　155

[チ]
チオノドクサ(キジカクシ科)　9
チクマハッカ(シソ科)　130
チゴフウロ(フウロソウ科)　63
チコリー(キク科)　144
チシマオドリコソウ(シソ科)　126

和名索引　177

チシマキンポウゲ(キンポウゲ科)　36
チチコグサモドキ(キク科)　151
チチブフジウツギ(ゴマノハグサ科)　124
チモシー(イネ科)　48
チモシーグラス(イネ科)　48
チャヒキグサ(イネ科)　16
チャヒキムギ(イネ科)　25
チャボツキミソウ(アカバナ科)　64
チャンパギク(ケシ科)　33
チューリップ(ユリ科)　5
チョウセンアサガオ(ナス科)　113
チョウセンゴヨウ(マツ科)　1
チョウセンゴヨウマツ(マツ科)　1
チョウセンシオン(キク科)　141
チョウセンヨメナ(キク科)　141
チョロギ(シソ科)　133
チョロギイモ(キク科)　152

[ツ]
ツキヌキオグルマ(キク科)　160
ツキミセンノウ(ナデシコ科)　92
ツキミタンポポ(アカバナ科)　64
ツクバネアサガオ(ナス科)　114
ツタバイヌノフグリ(オオバコ科)　122
ツタバウンラン(オオバコ科)　117
ツノミナズナ(アブラナ科)　73
ツボミオオバコ(オオバコ科)　121
ツメクサダオシ(ヒルガオ科)　112
ツメクサダマシ(マメ科)　49
ツルイタドリ(タデ科)　83
ツルタデ(タデ科)　83
ツルドクダミ(タデ科)　84
ツルニチニチソウ(キョウチクトウ科)　107
ツルヘビイチゴ(バラ科)　54
ツルマンネングサ(ベンケイソウ科)　38

[テ]
デージー(キク科)　142
テマリツメクサ(マメ科)　47
テリハノイバラ(バラ科)　54
テンニンギク(キク科)　150

[ト]
ドイツアヤメ(アヤメ科)　6
ドイツスズラン(キジカクシ科)　10
ドイツトウヒ(マツ科)　1
ドウカンソウ(ナデシコ科)　95
トールオートグラス(イネ科)　16
トールフェスク(イネ科)　30
トガリバツメクサ(マメ科)　47
トキワアワダチソウ(キク科)　161
トキワナズナ(アカネ科)　105
ドクダミ(ドクダミ科)　3
ドクニンジン(セリ科)　167
ドクムギ(イネ科)　26
トゲオナモミ(キク科)　165
トゲジシャ(キク科)　154

トゲシバ(イネ科)　26
トゲチシャ(キク科)　154
トゲナシムグラ(アカネ科)　105
トゲナシヤエムグラ(アカネ科)　105
トゲムギ(イネ科)　26
トゲムラサキ(ムラサキ科)　108
トチカガミ(トトカガミ科)　3
トネリコバノカエデ(ムクロジ科)　66
トマトダマシ(ナス科)　116

[ナ]
ナイトウニガナ(キク科)　148
ナガイモ(ヤマノイモ科)　3
ナガエアオイ(アオイ科)　69
ナガエホウキギク(キク科)　163
ナガバアメリカミコシガヤ(カヤツリグサ科)　13
ナガバギシギシ(タデ科)　85
ナガハグサ(イネ科)　29
ナガバハッカ(シソ科)　129
ナガミノアマナズナ(アブラナ科)　73
ナガミヒナゲシ(ケシ科)　33
ナギナタガヤ(イネ科)　32
ナタネタビラコ(キク科)　154
ナタネハタザオ(アブラナ科)　74
ナツシロギク(キク科)　163
ナツズイセン(ヒガンバナ科)　8
ナヨクサフジ(マメ科)　51

[ニ]
ニオイアラセイトウ(アブラナ科)　73
ニオイスミレ(スミレ科)　60
ニガイチゴ(バラ科)　55
ニガソバ(タデ科)　82
ニガヨモギ(キク科)　140
ニゲダシゴボウ(キク科)　139
ニコゲヌカキビ(イネ科)　21
ニシキミゾホオズキ(ハエドクソウ科)　133
ニセアカシヤ(マメ科)　46
ニセキツネガヤ(イネ科)　20
ニセコムギダマシ(イネ科)　13
ニラ(ヒガンバナ科)　7
ニレツオオムギ(イネ科)　24
ニワウルシ(ニガキ科)　67
ニワゼキショウ(アヤメ科)　7
ニワタバコ(ゴマノハグサ科)　124
ニワタバコ(ゴマノハグサ科)　125
ニワナズナ(アブラナ科)　78
ニワフジ(マメ科)　41
ニンニク(ヒガンバナ科)　7
ニンニクガラシ(アブラナ科)　69

[ヌ]
ヌカイトナデシコ(ナデシコ科)　89
ヌカススキ(イネ科)　14
ヌマイチゴツナギ(イネ科)　29
ヌマダイオウ(タデ科)　85

178　和名索引

[ネ]
ネギハタザオ(アブラナ科)　69
ネグンドカエデ(ムクロジ科)　66
ネズミホソムギ(イネ科)　25
ネズミムギ(イネ科)　25
ネバリノギク(キク科)　162
ネバリノミノツヅリ(ナデシコ科)　87
ネビキミヤコグサ(マメ科)　43
ネモフィラ(ハゼリソウ科)　107

[ノ]
ノギナガヒメカモジグサ(イネ科)　22
ノゲイヌムギ(イネ科)　17
ノゲイヌムギ(イネ科)　20
ノゲシバムギ(イネ科)　22
ノゲノムギ(イネ科)　20
ノコギリアカザ(ヒユ科)　100
ノジオウギク(キク科)　146
ノニレ(ニレ科)　55
ノニンジン(キク科)　140
ノハラガラシ(アブラナ科)　80
ノハラサンシキスミレ(スミレ科)　61
ノハラダイオウ(タデ科)　86
ノハラツメクサ(ナデシコ科)　93
ノハラナスビ(ナス科)　115
ノハラナデシコ(ナデシコ科)　88
ノハラヒジキ(ヒユ科)　100
ノハラヒナゲシ(ケシ科)　33
ノハラムラサキ(ムラサキ科)　109
ノハラワスレナグサ(ムラサキ科)　109
ノボリフジ(マメ科)　44
ノボロギク(キク科)　159
ノムラサキ(ムラサキ科)　109
ノラゴボウ(キク科)　139
ノラニンジン(セリ科)　167

[ハ]
バーベイン(クマツヅラ科)　134
パープルコーンフラワー(キク科)　148
ハイアオイ(アオイ科)　69
ハイウシノケグサ(イネ科)　23
バイカイカリソウ(メギ科)　34
ハイキジムシロ(バラ科)　53
ハイキンポウゲ(キンポウゲ科)　36
ハイコウリンタンポポ(キク科)　158
ハイコヌカグサ(イネ科)　14
ハイテングクワガタ(オオバコ科)　123
ハイニシキソウ(トウダイグサ科)　58
ハイミチヤナギ(タデ科)　84
バイモ(ユリ科)　4
ハイランドベント(イネ科)　13
ハエトリナデシコ(ナデシコ科)　90
ハガワリトボシガラ(イネ科)　23
ハキダメガヤ(イネ科)　21
ハキダメギク(キク科)　151
ハコネウツギ(スイカズラ科)　166
ハコベ(ナデシコ科)　95

ハゴロモイヌホオズキ(ナス科)　117
ハゴロモグサ(バラ科)　52
ハゴロモモ(ジュンサイ科)　2
パセリ(セリ科)　168
ハダカエンバク(イネ科)　16
ハタザオガラシ(アブラナ科)　80
ハタザオキキョウ(キキョウ科)　136
ハチミツソウ(キク科)　165
ハトノチャヒキ(イネ科)　18
ハナアオイ(アオイ科)　67
ハナガサギク(キク科)　159
ハナクサキビ(イネ科)　26
ハナジュンサイ(ミツガシワ科)　136
ハナショウブ(アヤメ科)　5
ハナスズシロ(アブラナ科)　76
ハナダイコン(アブラナ科)　79
ハナツメクサ(ハナシノブ科)　103
ハナツリフネソウ(ツリフネソウ科)　102
ハナトラノオ(シソ科)　132
ハナハッカ(シソ科)　131
ハナハマセンブリ(リンドウ科)　107
ハナビシソウ(ケシ科)　32
ハナヤエムグラ(アカネ科)　106
ハナヤツシロソウ(キキョウ科)　135
ハネミギク(キク科)　165
ハマギク(キク科)　156
ハマクマツヅラ(クマツヅラ科)　134
ハマダイコン(アブナラ科)　79
ハマチャヒキ(イネ科)　18
ハマベガラシ(アブラナ科)　74
ハマベマンテマ(ナデシコ科)　93
ハマベヨモギ(キク科)　141
ハマヨモギ(キク科)　141
ハマワスレナグサ(ムラサキ科)　109
バラモンギク(キク科)　164
ハリエンジュ(マメ科)　46
ハリナスビ(ナス科)　117
ハリヒジキ(ヒユ科)　101
ハルガヤ(イネ科)　15
ハルザキヤマガラシ(アブラナ科)　71
ハルジオン(キク科)　149
ハルシャギク(キク科)　147
ハルジョオン(キク科)　149
ハルノマツユキソウ(ヒガンバナ科)　8
バンクスマツ(マツ科)　1

[ヒ]
ヒアシンス(キジカクシ科)　10
ヒエ(イネ科)　22
ヒガンバナ(ヒガンバナ科)　8
ヒゲガヤ(イネ科)　20
ヒゲナガスズメノチャヒキ(イネ科)　18
ヒゲナガチャヒキ(イネ科)　20
ヒゲナデシコ(ナデシコ科)　88
ヒシモドキ(オオバコ科)　121
ビジョナデシコ(ナデシコ科)　88
ヒトフサニワゼキショウ(アヤメ科)　6

和名索引　179

ヒナウンラン(オオバコ科)	117
ヒナギク(キク科)	142
ヒナゲシ(ケシ科)	33
ヒナソウ(アカネ科)	105
ヒナマツヨイグサ(アカバナ科)	66
ヒナムラサキ(ムラサキ科)	110
ヒバリノチャヒキ(イネ科)	19
ヒマラヤソバ(タデ科)	82
ヒマワリ(キク科)	152
ヒメアマナズナ(アブラナ科)	73
ヒメオドリコソウ(シソ科)	128
ヒメカナリークサヨシ(イネ科)	28
ヒメカモジグサ(イネ科)	22
ヒメキンギョソウ(オオバコ科)	118
ヒメキンギョソウ(オオバコ科)	119
ヒメクマツヅラ(クマツヅラ科)	134
ヒメクリノイガ(イネ科)	20
ヒメグンバイナズナ(アブラナ科)	77
ヒメケイヌホオズキ(ナス科)	116
ヒメジョオン(キク科)	149
ヒメシロビユ(ヒユ科)	95
ヒメスイバ(タデ科)	85
ヒメタガラシ(キンポウゲ科)	35
ヒメタネツケバナ(アブラナ科)	73
ヒメタマナズナ(アブラナ科)	73
ヒメチチコグサ(キク科)	152
ヒメツルニチニチソウ(キョウチクトウ科)	107
ヒメナズナ(アブラナ科)	74
ヒメナデシコ(ナデシコ科)	88
ヒメヌカボ(イネ科)	13
ヒメハマアカザ(ヒユ科)	99
ヒメハルガヤ(イネ科)	15
ヒメヒオウギズイセン(アヤメ科)	5
ヒメフウロ(フウロソウ科)	64
ヒメボシタイトゴメ(ベンケイソウ科)	37
ヒメホシビジン(ベンケイソウ科)	37
ヒメマツヨイグサ(アカバナ科)	65
ヒメムカシヨモギ(キク科)	146
ヒメヤリクサヨシ(イネ科)	28
ヒメヨモギ(キク科)	140
ヒメリュウキンカ(キンポウゲ科)	35
ヒユ(ヒユ科)	97
ヒヨドリジョウゴ(ナス科)	115
ヒラミホシアサガオ(ヒルガオ科)	113
ヒルザキツキミソウ(アカバナ科)	66
ヒレアザミ(キク科)	143
ピレネーフウロ(フウロソウ科)	63
ヒレハリソウ(ムラサキ科)	111
ビロードクサフジ(マメ科)	51
ビロードホオズキ(ナス科)	115
ビロードモウズイカ(ゴマノハグサ科)	125
ヒロハウキガヤ(イネ科)	23
ヒロハギシギシ(タデ科)	86
ヒロハキンポウゲ(キンポウゲ科)	36
ヒロハセネガ(ヒメハギ科)	52
ヒロハノウシノケグサ(イネ科)	31
ヒロハノマンテマ(ナデシコ科)	92
ヒロハヒメハマアカザ(ヒユ科)	100
ヒロハレンリソウ(マメ科)	42
ビンボウカズラ(ブドウ科)	39

[フ]

フイリイワミツバ(セリ科)	166
フイリオオイタドリ(タデ科)	84
フイリオドリコソウ(シソ科)	128
フイリゲンジスミレ(スミレ科)	61
フウセンカズラ(ムクロジ科)	66
フールズパセリ(セリ科)	167
フェンネル(セリ科)	167
フキ(キク科)	157
フキカケスミレ(スミレ科)	61
フキタンポポ(キク科)	165
フクロウンラン(オオバコ科)	120
フクロナデシコ(ナデシコ科)	93
フサジュンサイ(ジュンサイ科)	2
フサスグリ(スグリ科)	37
フサフジウツギ(ゴマノハグサ科)	124
フジ(マメ科)	52
フシゲヒナマツヨイグサ(アカバナ科)	66
フシネハナカタバミ(カタバミ科)	57
ブタイモ(キク科)	153
ブタクサ(キク科)	137
ブタクサモドキ(キク科)	138
ブタナ(キク科)	153
フタバアオイ(ウマノスズクサ科)	3
フタバツルボ(キジカクシ科)	10
フタマタマンテマ(ナデシコ科)	91
フユガラシ(アブラナ科)	71
フラサバソウ(オオバコ科)	122
プラタナス(スズカケノキ科)	36
ブラックベント(イネ科)	14
フランスギク(キク科)	155
フランネルソウ(ナデシコ科)	91
プリケアナ(スミレ科)	61
プレーリーグラス(イネ科)	17
フレックス(フレックルス)(スミレ科)	61
フロックス(ハナシノブ科)	103
ブンゴヨモギ(キク科)	141

[ヘ]

ヘクソカズラ(アカネ科)	106
ペチュニア(ナス科)	114
ベニイタドリ(タデ科)	83
ベニウツギ(スイカズラ科)	166
ペニーロイヤルミント(シソ科)	130
ベニバナセンブリ(リンドウ科)	106
ベニバナツメクサ(マメ科)	49
ベニバナヒメムカシヨモギ(キク科)	146
ペパーミント(シソ科)	130
ヘムロック(セリ科)	167
ヘラオオバコ(オオバコ科)	120
ヘラバヒメジョオン(キク科)	150
ベルガモット(シソ科)	130
ベルベットグラス(イネ科)	24

ベルベットベント(イネ科)　13
ペレニアルライグラス(イネ科)　25

[ホ]
ホウキギ(ヒユ科)　97
ホウキギク(キク科)　163
ホウキグサ(ヒユ科)　97
ボウズヒメジョオン(キク科)　149
ホウセンカ(ツリフネソウ科)　103
ボウムギ(イネ科)　26
ホオズキ(ナス科)　114
ホコガタアカザ(ヒユ科)　97
ホコガタハナガサ(クマツヅラ科)　134
ホザキシオガマ(ハマウツボ科)　133
ホザキノチチコグサ(キク科)　156
ホザキマンテマ(ナデシコ科)　91
ホソアオゲイトウ(ヒユ科)　96
ホソガラシ(アブラナ科)　75
ホソザケキンポウゲ(キンポウゲ科)　36
ホソセイヨウヌカボ(イネ科)　15
ホソノゲムギ(イネ科)　24
ホソバアオゲイトウ(ヒユ科)　96
ホソバウンラン(オオバコ科)　119
ホソバキンポウゲ(キンポウゲ科)　36
ホソバコロミア(ハナシノブ科)　103
ホソバニンジン(キク科)　140
ホソバノチチコグサモドキ(キク科)　151
ホソバヒマワリ(キク科)　152
ホソバヤナギハナシノブ(ハナシノブ科)　103
ホソミナズナ(アブラナ科)　73
ホソムギ(イネ科)　25
ホタルブクロ(キキョウ科)　135
ホップツメクサ(マメ科)　48
ホテイアオイ(ミズアオイ科)　11
ホトケノザ(シソ科)　127
ホナガアオゲイトウ(ヒユ科)　96
ホナガイヌビユ(ヒユ科)　97
ポプラ(ヤナギ科)　59

[マ]
マーガレット(キク科)　155
マカラスムギ(イネ科)　16
マキバスミレ(スミレ科)　60
マキバヌマハコベ(ヌマハコベ科)　102
マシュマロー(アオイ科)　67
マツバウンラン(オオバコ科)　120
マツバトウダイ(トウダイグサ科)　57
マツバボタン(スベリヒユ科)　102
マツモト(ナデシコ科)　93
マツモトセンノウ(ナデシコ科)　93
マツヨイグサ(アカバナ科)　66
マツヨイセンノウ(ナデシコ科)　92
マメアサガオ(ヒルガオ科)　113
マメグンバイナズナ(アブラナ科)　77
マルスグリ(スグリ科)　37
マルバアメリカアサガオ(ヒルガオ科)　113
マルバキンポウゲ(キンポウゲ科)　36

マルバクマツヅラ(クマツヅラ科)　135
マルバシャジン(キキョウ科)　135
マルバトゲヂシャ(キク科)　154
マルバハギ(マメ科)　42
マルバハッカ(シソ科)　130
マルバフジバカマ(キク科)　137
マルバヤハズソウ(マメ科)　42
マンシュウニレ(ニレ科)　55
マンダラゲ(ナス科)　113
マンテマモドキ(ナデシコ科)　91

[ミ]
ミズガラシ(アブラナ科)　78
ミゾダイオウ(タデ科)　86
ミソハギ(ミソハギ科)　64
ミチタネツケバナ(アブラナ科)　73
ミツデスミレ(スミレ科)　60
ミツバアケビ(アケビ科)　33
ミツバオオハンゴンソウ(キク科)　159
ミツバツメクサ(マメ科)　51
ミドリハッカ(シソ科)　130
ミナトアカザ(ヒユ科)　100
ミナトイヌムギ(イネ科)　17
ミナトカラスムギ(イネ科)　16
ミミイヌガラシ(アブラナ科)　79
ミヤガラシ(アブラナ科)　79
ミヤギノハギ(マメ科)　43
ミヤコワスレ(キク科)　142
ミヤマオダマキ(キンポウゲ科)　34
ミヤマハギ(マメ科)　42
ミヤマヨメナ(キク科)　142

[ム]
ムカゴイチゴツナギ(イネ科)　28
ムギクサ(イネ科)　25
ムギセンノウ(ナデシコ科)　86
ムギナデシコ(ナデシコ科)　86
ムクゲチャヒキ(イネ科)　18
ムシクサ(オオバコ科)　122
ムシトリナデシコ(ナデシコ科)　90
ムシトリマンテマ　168
ムスカリ(キジカクシ科)　10
ムスクマロー(アオイ科)　68
ムツバアカネ(アカネ科)　106
ムラサキウマゴヤシ(マメ科)　45
ムラサキウンラン(オオバコ科)　118
ムラサキウンラン(オオバコ科)　119
ムラサキカタバミ(カタバミ科)　57
ムラサキツメクサ(マメ科)　49
ムラサキツユクサ(ツユクサ科)　11
ムラサキドジョウツナギ(イネ科)　24
ムラサキナギナタガヤ(イネ科)　32
ムラサキノマイ(カタバミ科)　57
ムラサキバーベナ(クマツヅラ科)　134
ムラサキバレンギク(キク科)　148
ムラサキビユ(ヒユ科)　96
ムラサキモウズイカ(ゴマノハグサ科)　125

ムレスズメ(マメ科)　40

[メ]
メギ(メギ科)　34
メグサハッカ(シソ科)　130
メドウフェスク(イネ科)　31
メドウフォックステイル(イネ科)　14
メハルガヤ(イネ科)　15
メマツヨイグサ(アカバナ科)　64
メリケンコンギク(キク科)　162

[モ]
モウコガマ(ガマ科)　11
モウズイカ(ゴマノハグサ科)　124
モナルダ(シソ科)　130
モミジバキセワタ(シソ科)　129
モミジバスズカケノキ(スズカケノキ科)　36
モミジバヒメオドリコソウ(シソ科)　128
モミジバヘビイチゴ(バラ科)　54
モモイロシロツメクサ(マメ科)　50
モントブレチア(アヤメ科)　5

[ヤ]
ヤイトバナ(アカネ科)　106
ヤエザキオオハンゴンソウ(キク科)　159
ヤエザキズイセン(ヒガンバナ科)　8
ヤエズイセン(ヒガンバナ科)　8
ヤエヤマブキ(バラ科)　53
ヤギムギ(イネ科)　13
ヤクナガイヌムギ(イネ科)　17
ヤグルマアザミ(キク科)　143
ヤグルマギク(キク科)　143
ヤグルマセンノウ(ナデシコ科)　89
ヤグルマハッカ(シソ科)　130
ヤコブコウリンギク(キク科)　159
ヤコブボロギク(キク科)　159
ヤサカフウロ(フウロソウ科)　63
ヤセウツボ(ハマウツボ科)　133
ヤセチャヒキ(イネ科)　20
ヤチイヌガラシ(アブラナ科)　80
ヤナギウンラン(オオバコ科)　119
ヤナギハナガサ(クマツヅラ科)　134
ヤナギバヒメジョオン(キク科)　150
ヤナギバレンリソウ(マメ科)　42
ヤネタビラコ(キク科)　148
ヤハズアザミ(キク科)　143
ヤハズナズナ(アブラナ科)　71
ヤバネオオムギ(イネ科)　24
ヤバネムギ(イネ科)　24
ヤブカラシ(ブドウ科)　39
ヤブガラシ(ブドウ科)　39
ヤブカンゾウ(ススキノキ科)　7
ヤブボロギク(キク科)　159
ヤブヨモギ(キク科)　141
ヤブラン(キジカクシ科)　10
ヤマゴボウ(ヤマゴボウ科)　101
ヤマブキ(バラ科)　53

ヤマユリ(ユリ科)　4
ヤマワサビ(アブラナ科)　70
ヤリクサヨシ(イネ科)　27
ヤロー(キク科)　137
ヤワゲフウロ(フウロソウ科)　63

[ユ]
ユウガギク(キク科)　141
ユウゼンギク(キク科)　162
ユキゲユリ(キジカクシ科)　9
ユキノハナ(ヒガンバナ科)　8
ユキヤナギ(バラ科)　55

[ヨ]
ヨウシュコウボウ(イネ科)　15
ヨウシュコナスビ(サクラソウ科)　104
ヨウシュセトガヤ(イネ科)　14
ヨウシュチョウセンアサガオ(ナス科)　113
ヨウシュハッカ(シソ科)　129
ヨウシュヤマゴボウ(ヤマゴボウ科)　101
ヨークシャーフォッグ(イネ科)　24
ヨーロッパアカマツ(マツ科)　1
ヨーロッパクロマツ(マツ科)　1
ヨーロッパタイトゴメ(ベンケイソウ科)　37
ヨーロッパトウヒ(マツ科)　1
ヨモギ(キク科)　140
ヨモギギク(キク科)　163
ヨレツオオムギ(イネ科)　25

[ラ]
ラショウモンカズラ(シソ科)　129
ラッキョウ(ヒガンバナ科)　7
ラフコンフリー(ムラサキ科)　111

[リ]
リードカナリーグラス(イネ科)　27
リスノシッポ(イネ科)　24
リボングラス(イネ科)　27
リュウキンカ(キンポウゲ科)　35
リンドウザキカンパヌラ(キキョウ科)　135

[ル]
ルーサン(マメ科)　45
ルピナス(マメ科)　44
ルフォリフォリアバラ(バラ科)　54
ルリカラクサ(ハゼリソウ科)　107
ルリタマアザミ(キク科)　148
ルリムスカリ(キジカクシ科)　10

[レ]
レッドトップ(イネ科)　13
レッドフェスク(イネ科)　23
レディスマントル(バラ科)　52
レモンバーム(シソ科)　129
レンギョウ(モクセイ科)　117
レンゲソウ(マメ科)　40

[ロ]
ロイルツリフネソウ(ツリフネソウ科)　103
ロサグラウカ(バラ科)　54
ロベリアソウ(キキョウ科)　136
ロボウガラシ(アブラナ科)　74

[ワ]
ワイルドロケット(アブラナ科)　74

ワサビ(アブラナ科)　76
ワサビダイコン(アブラナ科)　70
ワスレナグサ(ムラサキ科)　110
ワタゲツメクサ(マメ科)　40
ワタリミヤコグサ(マメ科)　43
ワルタビラコ(ムラサキ科)　108
ワルナスビ(ナス科)　115
和名なし(ヒユ科)　97

学名索引

[A]

Abutilon theophrasti　67
Acer negundo　66
Achillea filipendulina　136
Achillea millefolium　137
Achillea ptarmica　137
Adenophora remotiflora　135
Aegilops cylindrica　13
Aegopodium podagraria　166
Aegopodium podagraria var. sp　166
Aethusa cynapium　167
Agastache foeniculum　126
Ageratina altissima　137
Agropyron desertorum　13
Agrostemma githago　86
Agrostis alba　13
Agrostis canina　13
Agrostis capillaris　13
Agrostis gigantea　13
Agrostis nigra　14
Agrostis stolonifera　14
Ailanthus altissima　67
Aira caryophyllea　14
Ajuga reptans　126
Akebia × pentaphylla var. pentaphylla　33
Akebia trifoliata　33
Alchemilla japonica　52
Alchemilla mollis　52
Alchemilla vulgaris　52
Alliaria petiolata　69
Allium chinense　7
Allium moly　7
Allium sativum　7
Allium tuberosum　7
Alnus sieboldiana　56
Alopecurus pratensis　14
Althaea officinalis　67
Althaea rosea　67
Alyssum alyssoides　70
Amaranthus albus　95
Amaranthus blitum　96
Amaranthus hybridus　96
Amaranthus lividus　96
Amaranthus powelii　96
Amaranthus retroflexus　96
Amaranthus tricolor ssp. mangostanus　97
Amaranthus tricolor var. mangostanus　97
Amaranthus viridis　97
Ambrosia artemisiaefolia var. elatior　137

Ambrosia artemisiifolia　137
Ambrosia psilostachya　138
Ambrosia trifida　138
Amorpha fruticosa　39
Amsinckia barbata　107
Amsinckia lycopsoides　108
Amsinckia menziesii　107
Anagllis arvensis f. arvensis　104
Androsace filiformis　104
Androsace septentrionalis　104
Anemone hupehensis var. japonica　34
Antennaria dioica　138
Anthemis arvensis　139
Anthemis cotula　139
Anthemis tinctoria　139
Anthoxanthum aristatum　15
Anthoxanthum nitens　15
Anthoxanthum odoratum　15
Anthoxanthum odoratum ssp. alpinum　15
Anthoxanthum odoratum var. glabrescens　15
Anthyllis vulneraria　40
Antirrhinum majus　117
Antirrhinum orontium　119
Apera interrupta　15
Apera spica-venti　16
Apios americana　40
Aquilegia flabellata var. flabellata　34
Aquilegia flabellata var. pumila　34
Aquilegia vulgaris　34
Arabidopsis thaliana　70
Arctium lappa　139
Arenaria serpyllifolia var. viscida　87
Argyranthemum frutescens　155
Aristolochia debilis　3
Armoracia rusticana　70
Arrhenatherum elatius　16
Artemisia absinthium　140
Artemisia annua　140
Artemisia carvifolia　140
Artemisia indica var. maximowiczii　140
Artemisia lancea　140
Artemisia rubripes　141
Artemisia sacrorum　141
Artemisia scoparia　141
Asarum caulescens　3
Asparagus cochinchinensis　9
Asparagus officinalis　9
Asperugo procumbens　108
Aster exilis　163

Aster iinumae 141
Aster koraiensis 141
Aster novae-angliae 162
Aster novi-belgii 162
Aster novi-belgii f. albiflora 162
Aster pilosus 163
Aster savatieri 142
Aster subulatus var. sabdwicensis 163
Astragalus sinicus 40
Atriplex hastata 97
Atriplex nitens 97
Atriplex prostrata 97
Aurinia saxatilis 71
Avena barbata 16
Avena fatua 16
Avena nuda 16
Avena sativa 16
Avena sterilis ssp. ludoviciana 17

[B]
Bacopa reotoundiflolia 117
Bacopa rotundifolia 117
Barbarea vulgaris 71
Bassia scoparia 97
Begonia grandis 57
Bellis perennis 142
Berberris thunbergii 34
Berteroa incana 71
Bidens frondosa 142
Brassica juncea 71
Brassica napus 72
Brassica nigra 72
Briza maxima 17
Bromus carinatus 17
Bromus catharticus 17
Bromus commutatus 18
Bromus diandrus 18
Bromus hordeaceus 18
Bromus hordeaceus ssp. molloformis 18
Bromus inermis 18
Bromus japonicus 19
Bromus molliformis 18
Bromus racemosus 19
Bromus rigidus 18
Bromus secalinus 19
Bromus sitchensis 20
Bromus sterilis 20
Bromus tectorum 20
Buddleja davidii 124

[C]
Cabomba caroliniana 2
Cakile edentula 72
Calamintha nepetoides 126
Callistephus chinensis 143
Caltha palustris var. nipponica 35
Calystegia hederacea 111

Camelina alyssum 72
Camelina microcarpa 73
Camelina sativa 73
Cannabis sativa 55
Canpanula glomerata 135
Canpanula punctata 135
Canpanula rapunculoides 136
Capsella bursa-pastoris var. bursa-pastoris 73
Caragana sinica 40
Cardamine debilis 73
Cardamine hirsuta 73
Cardamine parviflora 73
Cardiospermum halicacabum 66
Carduus crispus 143
Carex bebbii 12
Carex crawfordii 12
Carex scoparia 12
Carex unilateralis 12
Carex vulpinoidea 13
Catalpa ovata 134
Cayratia japonica 39
Cenchrus longispinus 20
Centaurea cyanus 143
Centaurea jacea 143
Centaurea montana 143
Centaurea nigra 143
Centaurea solstitialis 144
Centaurium erythraea 106
Centaurium pulchellum 107
Centaurium tenuiflorum 107
Cerastium arvense 87
Cerastium glomeratum 87
Cerastium grandiflorum 87
Chaenorhinum minus 117
Chamaesyce maculata 58
Chamaesyce prostrata 58
Cheiranthus cheiri 73
Chenopodium album 98
Chenopodium album var. centrorubrum 98
Chenopodium ambrosoides var. pubescens 100
Chenopodium ficifolium 98
Chenopodium glaucum 99
Chenopodium hybridum 99
Chenopodium leptophyllum 99
Chenopodium murale 100
Chenopodium pratericola 100
Chenopodium pumilio 100
Chionodoxa luciliae 9
Chorispora tenella 73
Chrysanthemum cinerariaefolium 144
Chrysanthemum coeeineum 144
Chrysanthemum frutescens 155
Chrysanthemum leucanthemum 155
Chrysanthemum parthenium 163
Chrysanthemum seticuspe f. boreale 144
Chrysanthemum vulgare 163
Cichorium intybus 144

Cirsium arvense　145
Cirsium arvense f. albiflorum　145
Cirsium vulgare　145
Cleome hassleriana　69
Cleome spinosa　69
Colchicum autumnale　4
Collomia linearis　103
Conium maculatum　167
Conringia orientalis　74
Convallaria majalis　10
Convolvulus arvensis　112
Conyza bonariensis　146
Conyza canadensis　146
Conyza canadensis f. sp　146
Conyza canadensis var. pusilla　146
Conyza parva　146
Conyza sumatrensis　146
Coptis japonica var. anemonifolia　35
Coptis japonica var. major　35
Coreopsis lanceolata　147
Coreopsis tinctoria　147
Coriandrum sativum　167
Coronilla varia　47
Coronopus didymus　77
Cosmos bipinnatus　147
Cosmos sulphureus　148
Crepis capillaris　148
Crepis setosa　148
Crepis tectorum　148
Crocosmia × crocosmiiflora　5
Crocus vernus　5
Cryptomeria japonica　1
Cuscuta campestris　112
Cuscuta epilinum　112
Cuscuta epithymum　112
Cuscuta epithymum ssp. trifolii　112
Cuscuta pentagona　112
Cymbalaria muralis　117
Cynosurus cristatus　20
Cynosurus echinatus　20
Cytisus scoparius　41

[D]
Dactyis glomerata　21
Datura innoxia　114
Datura metel　113
Datura meteloides　114
Datura stramonium f. stramonium　113
Datura stramonium f. tatura　113
Datura wrightii　114
Daucus carota　167
Dendranthema boreale　144
Descurainia sophia　74
Desmodium paniculatum　41
Deutzia crenata　102
Dianthus armeria　88
Dianthus barbatus　88

Dianthus chinensis　88
Dianthus deltoides　88
Dianthus deltoides f. albiflora　88
Dichanthelium acuminatum　21
Digitalis purpurea　118
Dinebra arabica　21
Dinebra retroflexa　21
Dioscorea polystachya　3
Diplotaxis muralis　74
Diplotaxis tenuifolia　74
Draba nemorosa　74
Draba verna　74
Dysphania chilensis　100
Dysphania pumilio　100

[E]
Echinacea purpurea　148
Echinochloa esculenta　22
Echinopus ritro　148
Echinopus sphaerocephalus　148
Echium plantagineum　108
Echium vulgare　108
Eclipta alba　149
Egeria densa　3
Eichhornia crassipes　11
Elodea nuttallii　3
Elymus repens　22
Elymus repens var. aristatum　22
Elytrigia repens　22
Elytrigia repens var. aristata　22
Epilobium hirsutum　64
Epimedium diphyllum　34
Eragrostis curvula　22
Eragrostis minor　22
Eragrostis poaeoides　22
Erechtites hieracifolia　149
Erigeron annuus　149
Erigeron annuus f. discoideus　149
Erigeron canadensis　146
Erigeron philadelphicus　149
Erigeron pseudiannuus　150
Erigeron strigosus　150
Erigeron sumatrensis　146
Erodium cicutarium　62
Erodium moschatum　63
Erophila verna　74
Erucastrum gallicum　75
Erysimum cheiranthoides　75
Erysimum repandum　75
Eschschlzia californica　32
Eupatorium rugosum　137
Euphorbia chamaesyce　58
Euphorbia cyparissias　57
Euphorbia maculata　58
Euphorbia prostrata　58
Euphorbia supina　58
Euthamia graminifolia　150

Eutrema japonicum   75

[F]
Fagopyrum cymosum   82
Fagopyrum dibotrys   82
Fagopyrum esculentum   82
Fagopyrum tataricum   82
Fallopia convolvulus   82
Fallopia dentatoalata   83
Fallopia dumetorum   83
Fallopia japonica   83
Fallopia japonica f. elata   83
Fallopia multiflora   84
Fallopia sachalinensis sp   84
Fatoua villosa   56
Festuca arundianacea   30
Festuca gigantea   31
Festuca heterophylla   23
Festuca pratensis   31
Festuca rubra   23
Ficaria verna   35
Foeniculum vulgare   167
Forsythia suspensa   117
Fragaria ananassa   52
Fragaria vesca   52
Fritilaria thunbergii   4
Fumaria officinalis   32

[G]
Gaillardia pulchella   150
Galanthus nivalis   8
Galega orientalis   41
Galeopsis bifida   126
Galeopsis bifida f. alba   126
Galinsoga parviflora   151
Galinsoga quadriradiata   151
Galium aparine   105
Galium mollugo   105
Galium spurium var. spurium   105
Gamochaeta calviceps   151
Gamochaeta pensylvanica   151
Geranium carolinianum   63
Geranium molle   63
Geranium purpureum   63
Geranium pusillum   63
Geranium pyrenaicum   63
Geranium pyrenaicum f. alba   63
Geranium robertianum   64
Ginkgo biloba   1
Glechoma hederacea ssp. hederacea   127
Glyceria fluitans   23
Glyceria occidentalis   23
Glyceria notata   23
Glyceria striata   24
Gnaphalium calviceps   151
Gnaphalium pensylvanicum   151
Gnaphalium sylvaticum   156

Gnaphalium uliginosum   152
Gymnaster koriaiensis   141
Gymnaster savatieri   142
Gypsophila muralis   89

[H]
Helenium autumnale cv. Windley   152
Helianthus annuus   152
Helianthus maximilianii   152
Helianthus strumosus   152
Helianthus tuberosus   153
Heliopsis helianthoides   153
Hemerocallis fulva var. kwanso   7
Hesperis martronalis   76
Hibiscus trionum   68
Hieracium aurantiacum   157
Hieracium caespitosum   157
Hieracium maculatum   153
Hieracium pilosella   158
Hierochloe odorata   15
Holcus lanatus   24
Holosteum umbellatum   89
Hordeum distichon   24
Hordeum jubatum   24
Hordeum murinum   25
Hordeum vulgare   25
Houstonia caerulea   105
Houttuynia cordata   3
Hyacinthus orientalis   10
Hydrocharis dubia   3
Hypericum majus   62
Hypericum perforatum   62
Hypericum perforatum var. angustifolium   62
Hypochaeris radicata   153
Hypochoeris radicata   153

[I]
Impatiens balfourii   102
Impatiens balsamina   103
Impatiens glandulifera   103
Indigofera decora   41
Indigofera pseudotinctoria   41
Ipomoea hederacea   113
Ipomoea hederacea var. integriuscula   113
Ipomoea lacunosa   113
Ipomoea nil   113
Iris ensata   5
Iris germanica   6
Iris pseudacorus   6
Iris pseudacorus f. albiflorum   6
Iris sanguinea f. albiflora   6

[J]
Juncus dudleyi   12
Juncus validus   12

学名索引 | 187

[K]
Kalimeris pinnatifida　141
Kerria japonica　53
Kerria japonica f. plena　53
Kochia scoparia　97
Kochia scoparis var. littorea　100
Kummerowia stipulacea　42

[L]
Lactuca scariola　154
Lactuca scariola f. integrifolia　154
Lactuca serriola　154
Lactuca serriola f. integrifolia　154
Lamium amplexicaule　127
Lamium dissectum　128
Lamium hibridum　128
Lamium maculatum　128
Lamium purpureum　128
Lappula squarrosa　109
Lapsana communis　154
Larix kaempferi　1
Lathyrus latifolius　42
Lathyrus pratensis　42
Lathyrus sylvestris　42
Leontodon taraxacoides　155
Leonurus cardiaca　129
Lepidium apetalum　77
Lepidium bonariense　76
Lepidium campestre　76
Lepidium densiflorum　77
Lepidium didymus　77
Lepidium perfoliatum　77
Lepidium sativum　77
Lepidium virginicum　77
Lespedeza cyrtobotrya　42
Lespedeza inschanica　42
Lespedeza juncea　43
Lespedeza thunbergii　43
Leucanthemum maximum　155
Leucanthemum vulgare　155
Leucojum aestivum　8
Lilium auratum　4
Lilium lancifolium　4
Lilium leichtlinii f. pseudotigrinum　5
Linaria bipartita　118
Linaria canadensis　120
Linaria dalmatica　118
Linaria genistifolia ssp. dalmatica　118
Linaria maroccana　119
Linaria purpurea　119
Linaria vulgaris　119
Lindernia dubia ssp. dubia　126
Lindernia dubia ssp. major　126
Linum usitatissimum　61
Liriope muscari　10
Lithospermum arvense　109
Lobelia inflata　136

Lobularia maritima　78
Lolium × hybridum　25
Lolium multiflorum　25
Lolium perenne　25
Lolium remotum　26
Lolium rigidum　26
Lolium temulentum　26
Lotus corniculatus　43
Lotus glaber　43
Lotus pedunculatus　43
Lotus tenuis　43
Lotus ulginosus　43
Lunaria annua　78
Lupinus luteus　44
Lupinus polyphyllus　44
Lychnis chalcedonica　89
Lychnis coronaria　91
Lychnis sieboldii　93
Lycium chinense　114
Lycoris radiata　8
Lycoris sanguinea　8
Lycoris × squamigera　8
Lysimachia nummularia　104
Lysimachia punctata　104
Lythrum anceps　64

[M]
Macleaya cordata　33
Malva alcea　68
Malva mauritiana　68
Malva moschata　68
Malva neglecta　68
Malva pusilla　69
Malva sylvestris var. mauritiana　68
Malva verticillata var. crispa　69
Matracaria perforata　164
Matricaria chamomilla　156
Matricaria matricarioides　156
Matricaria recutita　156
Medicago lupulina　44
Medicago minima　44
Medicago polymorpha　45
Medicago sativa　45
Medicago sativa ssp. falcata　45
Medicago sativa ssp. falcata f. alba　45
Meehania urticifolia　129
Melilotus alba　45
Melilotus indicus　45
Melilotus officinalis ssp. albus　45
Melilotus officinalis ssp. suaveolens　46
Melilotus suaveolens　46
Melissa officunalis　129
Mentha arvensis　129
Mentha × gentilis　129
Mentha × gracilis　129
Mentha longifolia　129
Mentha × piperita　130

Mentha pulegium　　130
Mentha spicata　　130
Mentha spicata var. crispa　　130
Mentha suaveolens　　130
Mimulus luteus　　133
Mirabilis jalapa　　101
Misopates orontium　　119
Mollugo verticillata　　102
Monarda didyma　　130
Montia linearis　　102
Muscari armenicum　　10
Muscari botryoides　　10
Muscari neglectum　　10
Myosotis arvensis　　109
Myosotis discolor　　109
Myosotis scorpioides　　110
Myosotis scorpioides f. albiflora　　110
Myriophyllum aquaticum　　38
Myriophyllum brasiliense　　38
Myrrhis odorata　　168

[N]
Narcissus poeticus　　8
Narcissus tazetta var. chinensis　　8
Narcissus tazetta var. plenus　　8
Nasturtium officinale　　78
Nemecia strumosa　　120
Nemophila maculata　　107
Nepeta cataria　　130
Neslia paniculata　　78
Nicandra physalodes　　114
Nipponanthemum nipponicum　　156
Nuttallanthus canadensis　　120
Nymphaea hybrida　　2
Nymphoides peltata　　136

[O]
Oenothera acaulis cv. aurea　　64
Oenothera biennis　　64
Oenothera glazioviana　　65
Oenothera jamesii　　65
Oenothera laciniata　　65
Oenothera parviflora　　65
Oenothera perennis　　66
Oenothera speciosa　　66
Oenothera stricta　　66
Omalotheca sylvatica　　156
Origanum vulgare　　131
Ornithogalum umbellatum　　10
Orobanche minor　　133
Orychophragmus violaceus　　79
Oxallis articulata　　57
Oxallis corymbosa　　57
Oxallis debilis ssp. corymbosa　　57
Oxallis dillenii　　57
Oxallis regnellii　　57
Oxallis stricta　　57

[P]
Paederia foetida　　106
Panicum capillare　　26
Panicum dichotomiflorum　　26
Panicum acuminatum　　21
Panicum lanuginosum　　21
Papaver dubium　　33
Papaver rhoeas　　33
Papaver setigerum　　33
Papaver somniferum ssp. setigerum　　33
Parthenocissus inserta　　39
Paspalum dilatatum　　27
Paulownia tomentosa　　133
Pedicularis spicata　　133
Penstemon cobaea　　120
Perilla frutescens var. acuta f. purpurea　　131
Perilla frutescens var. acuta f. viridis　　131
Perilla frutescens var. frutescens　　132
Persicaria orientalis　　84
Persicaria pilosa　　84
Petasites japonicus　　157
Petroselinum crispum　　168
Petunia × hybrida　　114
Phalaris arundinacea　　27
Phalaris arundinacea var. picta　　27
Phalaris canariensis　　27
Phalaris minor　　28
Phleum pretense　　28
Phlox paniculata　　103
Phlox subulata　　103
Physalis alkeckengi var. franchetii　　114
Physalis heterophylla　　115
Physostegia virginiana　　132
Phytolacca acinosa　　101
Phytolacca americana　　101
Picea abies　　1
Pilosella aurantiaca　　157
Pilosella caespitosa　　157
Pilosella officinarum　　158
Pimpinella major　　168
Pinus banksiana　　1
Pinus koraiensis　　1
Pinus nigra　　1
Pinus storobus　　1
Pinus sylvestris　　1
Plagiobothrys scouleri　　110
Plantago lanceolata　　120
Plantago major　　121
Plantago virginica　　121
Platanus × acerifolia　　36
Pleioblastus chino　　28
Pleuropterus multiflorus　　84
Poa bulbosa var. vivipara　　28
Poa compressa　　29
Poa palustris　　29
Poa pratensis　　29
Poa trivialis　　30

Polygala senega var. latifolia   52
Polygonum arenastrum   84
Polygonum aviculare ssp. depressum   84
Populus alba   58
Populus angulata   59
Populus × euroamericana   59
Populus nigra var. italica   59
Portulaca grandiflora   102
Potentilla anglica   53
Potentilla norvegica   53
Potentilla recta   53
Potentilla reptans   54
Potentilla supina   54
Primula farinosa   104
Prunella vulgaris   132
Prunus salicina   54

[Q]
Quercus rubra   56

[R]
Ranunculus abortivus   35
Ranunculus acris   35
Ranunculus auricomus   36
Ranunculus bulbosus   36
Ranunculus ficaria   35
Ranunculus langinosus   36
Ranunculus polyanthemos   36
Ranunculus repens   36
Ranunculus repens var. major   36
Raphanus raphanistrum   79
Raphanus sativus var. hortensis f. raphanistroides   79
Rapistrum rugosum var. venosum   79
Reynoutria japonica   83
Ribes grossularia   37
Ribes rubrum   37
Ribes uva-crispa   37
Robinia pseudoacacia   46
Rorippa austrica   79
Rorippa nasturtium-aquaticum   78
Rorippa sylvenstris   80
Rosa grauca   54
Rosa luciae   54
Rosa rubrifolia   54
Rubia argyi   106
Rubia tinctorum   106
Rubus alleghaniensis   54
Rubus armeniacus   55
Rubus exsul   55
Rubus microphyllus   55
Rudbeckia hirta var. pulcherrima   158
Rudbeckia laciniata var. hortensis   159
Rudbeckia laciniata var. laciniata   158
Rudbeckia triloba   159
Rumex acetosella   85
Rumex acetosella ssp. pyrenaicus   85
Rumex aquaticus   85

Rumex conglomeratus   85
Rumex crispus   85
Rumex hydrolapathum   86
Rumex obtusifolius   86
Rumex × pretensis   86

[S]
Sagina procumbens   89
Salix babylonica   59
Salix koriyanagi   59
Salix matsudana var. tortuosa   59
Salsola kali   100
Salsola ruthenica   101
Salsola tragus   101
Salvia reflexa   132
Sanginaria canadensis   33
Saponaria offcinalis   89
Schedonorus arundianaceus   30
Schedonorus giganteus   31
Schedonorus pratensis   31
Scilla bifolia   10
Scirpus georgianus   13
Scleranthus annuus   90
Securigera varia   47
Sedum acre   37
Sedum dasyphyllum   37
Sedum hispanicum   38
Sedum sarmentosum   38
Senecio jacobaea   159
Senecio vulgaris   159
Sherardia arvensis   106
Sicyos angulatus   56
Sida spinosa   69
Silene alba   92
Silene armeria   90
Silene armeria f. albiflora   90
Silene coeli-rosa   91
Silene conoidea   91
Silene coronaria   91
Silene dichotoma   91
Silene dioica   91
Silene gallica   92
Silene latifolia ssp. alba   92
Silene noctiflora   92
Silene pendula   93
Silene sieboldii   93
Silene uniflora   93
Silene vulgaris   93
Silphium perfoliatum   160
Sinapis alba   80
Sinapis arvensis   80
Sisymbrium altissimum   80
Sisymbrium officinale   81
Sisymbrium orientale   81
Sisyrinchium atlanticum   7
Sisyrinchium mucronatum   6
Sisyrinchium rosulatum   7

Solanum americanum 116
Solanum carolinense 115
Solanum carolinense f. albiflorum 115
Solanum dulcamara 115
Solanum lyratum var. lyratum 115
Solanum nigrum 116
Solanum physalifolium var. nitidibaccatum 116
Solanum ptychanthum 116
Solanum rostratum 116
Solanum sarachioides 117
Solanum sarrachoides 117
Solanum sisymbriifolium 117
Solanum triflorum 117
Solidago altissima 160
Solidago canadensis 160
Solidago gigantea ssp. serotina 160
Solidago gigantean var. leiophylla 160
Solidago graminifolia 150
Solidago sempervirens 161
Sonchus arvensis var. uliginosus 161
Sonchus asper 161
Spergula arvensis var. arvensis 93
Spergula arvensis var. maxima 93
Spergula arvensis var. sativa 93
Spergularia rubra 94
Spiraea japonica 55
Spiraea thunbergii 55
Stachys affinis 133
Stachys palustris 133
Stachys sylvatica 133
Stellaria graminea 94
Stellaria holostea 94
Stellaria media 95
Stenctis annuus 149
Symphyotrichum novae-angliae 162
Symphyotrichum novi-belgii 162
Symphyotrichum novi-belgii f. albiflora 162
Symphyotrichum pilosum 163
Symphyotrichum subulatum var. elongatum 163
Symphyotrichum subulatum var. subulatum 163
Symphytum asperum 111
Symphytum officinale 111
Symphytum officinale f. alba 111
Symphytum × uplandicum 111

[T]
Tanacetum parthenium 163
Tanacetum vulgare 163
Taraxacum laevigatum 163
Taraxacum officinale 164
Tarenaya hassleriana 69
Thladiantha dubia 56
Thlaspi arvense 81
Tradescantia ohiensis 11
Tradescantia ohiensis f. alba 11
Tradescantia virginiana 11
Tragopogon pratensis 164

Trapella sinensis 121
Trifolium arvense 47
Trifolium aureum 47
Trifolium campestre 48
Trifolium dubium 48
Trifolium fragiferum 49
Trifolium hybridum 49
Trifolium incarnatum 49
Trifolium medium 49
Trifolium pratense 49
Trifolium pretense f. albiflorum 50
Trifolium repens 50
Trifolium repens f. roseum 50
Trifolium tridentatum 51
Trigonotis peduncularis 111
Tripleurospermum maritimum ssp. inodorum 164
Triticum aestivum 31
Tritonia × crocosmaeflora 5
Tulipa gesnariana 5
Tussilago farfara 165
Typha laxmanni 11

[U]
Ulmus pumila 55

[V]
Vaccaria hispanica 95
Vaccaria pyramidata 95
Valeriana officinalis 166
Verbascum blattaria 124
Verbascum blattaria f. albiflora 125
Verbascum blattaria f. erubescens 125
Verbascum lychnitis 125
Verbascum nigrum 125
Verbascum phoeniceum 125
Verbascum thapsus 125
Verbena bonariensis 134
Verbena brasiliensis 134
Verbena hastata 134
Verbena litoralis 134
Verbena officinalis 134
Verbena stricta 135
Verbesina alternifolia 165
Veronica arvensis 121
Veronica catenata 122
Veronica chamaedrys 122
Veronica chamaedrys ssp. vindobonensis 122
Veronica hederaefolia 122
Veronica hederifolia 122
Veronica opaca 122
Veronica peregrina 122
Veronica persica 123
Veronica repens 123
Veronica serpyllifolia ssp. serpyllifolia 123
Vicia sativa 51
Vicia sepium 51
Vicia tetrasperma 51

Vicia villosa ssp. varia   51
Vicia villosa ssp. villosa   51
Vinca major   107
Vinca minor   107
Viola arvensis   60
Viola odorata   60
Viola palmata   60
Viola sororia   61
Viola sororia Freckles   61
Viola sororia Priceana   61
Viola sororia Snow Princess   61
Viola tricolor   61
Viola × tricolor   61
Viola variegata   61
Vulpia bromoides   31
Vulpia. myuros   32
Vulpia octoflora   32

[W]
Weigela coraeensis   166
Wisteria floribunda   52

[X]
Xanthium italicum   165
Xanthium occidentale   165
Xanthium orientale ssp. italicum   165
Xanthium orientale ssp. orientale   165
Xanthium spinosum   165
Xanthium stumarium ssp. sibiricum   166

[Z]
Zelkova serrata   55
Zephyranthes candida   9

五十嵐 博（いがらし ひろし）
1949 年 東京都練馬区生まれ。
1968 年 東京都立園芸高等学校卒業。
1968〜1978 年 札幌市・東京都などで造園会社に勤務
1979〜2013 年 札幌市で独立して有限会社を設立
1997 年 北海道野生植物研究所を設立・所長
2001 年 『北海道帰化植物便覧 2000 年版』を自費出版
現　在 北方山草会事務局・公益財団法人　北海道新聞野生生物基金・評議員。
　　　　北海道植物全種の分布図作成をライフワークとしている。

本書は一般財団法人 前田一歩園財団の助成を受けて出版できました

北海道外来植物便覧―2015 年版―

2016 年 3 月 10 日　第 1 刷発行

著　　者　　五十嵐　博
発 行 者　　櫻井 義秀

発行所　北海道大学出版会
札幌市北区北 9 条西 8 丁目 北海道大学構内（〒 060-0809）
Tel. 011(747)2308・Fax. 011(736)8605・http://www.hup.gr.jp

㈱アイワード　　　　　　　　　　　　　Ⓒ 2016　五十嵐 博
ISBN 978-4-8329-8225-3

新 北 海 道 の 花	梅沢　俊著	四六変・464頁 価格2800円
北海道のシダ入門図鑑	梅沢　俊著	B5・148頁 価格3400円
北海道の湿原と植物	辻井達一 橘ヒサ子 編著	四六・266頁 価格2800円
写真集北海道の湿原	辻井　達一 岡田　操 著	B4変・252頁 価格18000円
普及版北海道主要樹木図譜	宮部　金吾著 工藤　祐舜 須崎　忠助画	B5・188頁 価格4800円
植物生活史図鑑 I 春の植物 No.1	河野昭一監修	A4・122頁 価格3000円
植物生活史図鑑 II 春の植物 No.2	河野昭一監修	A4・120頁 価格3000円
植物生活史図鑑 III 夏の植物 No.1	河野昭一監修	A4・124頁 価格3000円
日 本 産 花 粉 図 鑑	三好　教夫 藤木　利之著 木村　裕子	B5・852頁 価格18000円
札 幌 の 植 物 ―目録と分布表―	原　松次編著	B5・170頁 価格3800円
北 海 道 高 山 植 生 誌	佐藤　謙著	B5・708頁 価格20000円
サロベツ湿原と稚咲内砂丘 林帯湖沼群―その構造と変化	冨士田裕子編著	B5・272頁 価格4200円
千 島 列 島 の 植 物	高橋　英樹著	B5・602頁 価格12500円
雑 草 の 自 然 史 ―たくましさの生態学―	山口裕文編著	A5・248頁 価格3000円
帰 化 植 物 の 自 然 史 ―侵略と攪乱の生態学―	森田竜義編著	A5・304頁 価格3000円
攪 乱 と 遷 移 の 自 然 史 ―「空き地」の植物生態学―	重定南奈子 露崎　史朗 編著	A5・270頁 価格3000円
植 物 地 理 の 自 然 史 ―進化のダイナミクスにアプローチする―	植田邦彦編著	A5・216頁 価格2600円
植 物 の 自 然 史 ―多様性の進化学―	岡田　博 植田邦彦編著 角野康郎	A5・280頁 価格3000円
高 山 植 物 の 自 然 史 ―お花畑の生態学―	工藤　岳編著	A5・238頁 価格3000円
花 の 自 然 史 ―美しさの進化学―	大原　雅編著	A5・278頁 価格3000円
森 の 自 然 史 ―複雑系の生態学―	菊沢喜八郎 甲山　隆司 編	A5・250頁 価格3000円

――――――北海道大学出版会――――――

価格は税別